Innovationsfähigkeit technologieorientierter Netzwerke

Messung - Dimensionen – Zusammenhänge

von

Daniel Knödler

Oldenbourg Verlag München

Dissertation Technische Universität Dresden, 2013

Europa fördert Sachsen.

ESF

Europäischer Sozialfonds

Gefördert aus Mitteln
der Europäischen Union

Lektorat: Dr. Stefan Giesen
Herstellung: Tina Bonertz
Titelbild: www.thinkstockphotos.de
Einbandgestaltung: hauser lacour

Bibliografische Information der Deutschen Nationalbibliothek
Die Deutsche Nationalbibliothek verzeichnet diese Publikation in der Deutschen Nationalbibliografie; detaillierte bibliografische Daten sind im Internet über http://dnb.dnb.de abrufbar.

Library of Congress Cataloging-in-Publication Data
A CIP catalog record for this book has been applied for at the Library of Congress.

© 2013 Oldenbourg Wissenschaftsverlag GmbH
Rosenheimer Straße 143, 81671 München, Deutschland
www.degruyter.com/oldenbourg
Ein Unternehmen von De Gruyter

Gedruckt in Deutschland

Dieses Papier ist alterungsbeständig nach DIN/ISO 9706.

ISBN   978-3-486-77133-6
eISBN   978-3-486-78147-2

Inhaltsverzeichnis

Abkürzungsverzeichnis

AMOS	Analysis of Moment Structures
Anm.	Anmerkung(en)
ANOVA	Analysis of Variance
BSC	Balanced Score Card
bspw.	beispielsweise
CBV	Competence-based View
CFA	Confirmatory Factor Analysis
DCV	Dynamic Capability-based View
CSO	Composite Second Order
DEV	Durchschnittlich erklärte/erfasste Varianz
ebd.	ebenda
EFA	Exploratory Factor Analysis
et al.	et alii (und andere)
FR	Faktorreliabilität
Hervorheb.	Hervorhebung(en)
insb.	insbesondere
i.O.	im Original
IR	Institutionelle Reflexivität
ITC	Item-to-Total Correlation
KBV	Knowledge-based View
KMU	Kleine und mittlere Unternehmen
LISREL	Linear Structural Relationships
LVS	Latent Variable Score
MANOVA	Multivariate Analysis of Variance
MIS	Management Information Systems
Mgmt.	Management
m.W.n.	meines Wissens nach
NIS	Nationale Innovation System

o.V.	ohne Verlag
PLS	Partial Least Squares
RBV	Resource-based View
RIS	Regional Innovation System
RV	Relational View
S.	Seite
SEM	Structural Equation Model
SPSS	Statistical Package for the Social Sciences
vgl.	vergleiche
VAF	Variance accounted for (Mediation)
VIF	Variance Inflation Factor
VRIN	Valuable, Rare, In-imitable, Non-substitutable
ZfB	Zeitschrift für Betriebswirtschaft
zfbf	Zeitschrift für betriebswirtschaftliche Forschung

Tabellenverzeichnis

Abbildungsverzeichnis

Teil I
Einleitung

1 Hintergrund der Arbeit

Seit Mitte der 1980er Jahre ergänzt die Netzwerkperspektive die betriebswirtschaftliche Organisations- und Innovationsforschung. Traditionell eher auf einzelne Organisationen fokussiert, hatten interorganisationale Beziehungen bis dahin eher eine untergeordnete Rolle. Sie waren vielmehr Kontingenzen in zahlreichen betriebswirtschaftlichen und industriesoziologischen Modellen.[1] Im Zuge wachsender Bedeutung von Vernetzung und Kooperation in der betrieblichen Praxis wird dieser Fokus auf die traditionelle Analyseeinheit der Betriebswirtschaftslehre, das einzelne Unternehmen in spezifischen Umweltsituationen[2], stärker hinterfragt und erweitert.[3] Mitunter wird vom Wettbewerb der Netzwerke gesprochen.[4]

Dies gilt auch in Bezug auf Innovationen. Ein wachsender Teil der Innovationsleistung wird nicht mehr quasi-autonom in einzelnen Organisationen beziehungsweise Unternehmen erbracht.[5] Vielfältige interorganisationale Beziehungsgeflechte wie regionale Cluster[6], Netzwerke[7], Konsortien und andere Kooperationsformen[8] prägen den Innovationsprozess und werden zum *„dominant mode of innovative activity"*[9]. Diese *„Sichtweise, den Motor für Innovationen nicht nur allein auf der einzelbetrieblichen Ebene zu sehen, sondern einem Netzwerk [...] verschiedener Organisationen die wesentliche Rolle zur Innovationsgenerierung zuzusprechen, hat sich in den letzten Jahren zunehmend durchgesetzt."*[10] Innovationen beziehungsweise Innovationsfähigkeit wird als ein entscheidender Wettbewerbsvorteil sowohl von Unternehmen als auch Netzwerken gesehen.[11] So stellen Miles, Snow & Miles (2000) für das erfolgreiche Unternehmen im 21. Jahrhundert fest: *„The ability to innovate [..] comes from a skill that is underdeveloped in most companies: collaboration. Knowing how to collaborate helps a company to create and transfer knowledge. Knowledge creation and utilization, in turn, lead to innovation. Companies that understand this long-linked process, and make the appropriate investments needed to establish and maintain it, will be the big winners in the twenty-first century global economy"*[12]. Auch Roberts (2001) kommt

---

[1] Vgl. Windeler (2001).
[2] Vgl. Mintzberg (1989).
[3] Vgl. Picot & Reichwald (1994).
[4] Vgl. bspw. Powell, Koput & Smith-Doerr (1996); Araujo & Brito (1998); Ritter & Gemünden (2003); Lemmens (2004); von der Oelsnitz & Tiberius (2007); Altmann & Wuddel (2008).
[5] Vgl. Rammert (1997); Pyka, Gilbert & Ahrweiler (2003); Hirsch-Kreinsen (2007); de Man (2008).
[6] Vgl. bspw. Sydow, Windeler & Lerch (2007).
[7] Vgl. bspw. Duschek (2002); Semlinger (1993).
[8] Vgl. bspw. Bolz (2008).
[9] Ahrweiler, de Jong & Windrum (2003), S. 196.
[10] Deitmer (2004), S. 42 f. Innovation als i.w.S. netzwerkbasiertes Phänomen findet sich in Ansätzen jedoch auch schon bei Hayek (1945).
[11] Vgl. Gulati, Nohria & Zaheer (2000).
[12] Miles, Snow & Miles (2000), S. 1.

im Ergebnis einer Längsschnittstudie zu den Kooperationen von 400 forschungsintensiven Unternehmen zu dem Schluss, dass sowohl ein Trend zu einer zunehmenden Abwicklung von Innovationsaktivitäten in Netzwerken stattfindet und das sich dieses Vorgehen positiv auf das Unternehmensergebnis und die Unternehmensziele auswirkt.[13]

Organisationen ziehen neue Ideen aus der Zusammenarbeit mit anderen Unternehmen, Universitäten sowie öffentlichen und privaten Forschungseinrichtungen.[14] *„Die Zukunft wird zunehmend schlagkräftigen Netzwerken von Unternehmen gehören, die ihre Innovationsprozesse gemeinsam optimieren."*[15] In der betrieblichen Innovationspraxis steigt damit zugleich die Bedeutung von Innovationsaktivitäten als auch von Vernetzung und somit von *Innovationsnetzwerken.*[16] Diese sollen es den beteiligten Unternehmen ermöglichen, auf einen Pool komplementärer technologischer Ressourcen, Wissen und Kompetenzen zuzugreifen und gleichzeitig die Risiken, die mit Innovationen verbunden sind, zu reduzieren und untereinander zu verteilen.[17] Einer der wesentlichen Gründe für Innovationsnetzwerke wird darin gesehen, dass ein Alleingang bei der Innovationsentwicklung zunehmend unwirtschaftlich wird. Denn die Beherrschung aller notwendigen Technologien, Prozesse und Kompetenzen kann sich für ein einzelnes Unternehmen als zu komplex, unsicher und ressourcenintensiv gestalten.[18] Es scheint, *„no firm can innovate or survive without a network"*[19], denn *„networks allow it to access key resources from its environment, such as information, access, capital, goods, services and so on that have the potential to maintain or enhance a firm's competitive advantage"*[20]. Es kommt, so die Zielstellung der Beteiligten, zu interorganisationalen, d.h. gemeinsam entwickelten Innovationen aus Netzwerken heraus.[21] *„These days, only slightly more than half (55%) of innovation is generated internally."*[22] Dies zeigt sich beispielsweise in der sinkenden Entwicklungs- und Produktionstiefe von Unternehmen.[23] Dieser Trend setzt sich durch die zunehmende Diversifizierung des Innovationsportfolios vieler Unternehmen eher fort.[24] *„A crucial implication in modern conceptualizations of innovation lies in the recognition that multiple functions, actors and resources within and between firms' boundaries are necessary to transform innovative ideas into economically successful innovations."*[25]

Dass Innovationen in Netzwerken und damit Innovationsnetzwerke von hoher Bedeutung sind, kann folglich als Konsens gelten.[26] Die Motive der Beteiligten sind vielfältig und

---

[13] Vgl. Roberts (2001), S. 25 ff.

[14] Vgl. bspw. Cantner & Graf (2006), S. 463 mit Bezug zu Powell (1990). Als *Open Innovation* (Chesbrough (2003)) öffnet sich der Innovationsprozess von Unternehmen sogar mitunter für eine unbegrenzte Zahl unterschiedlicher privater wie kommerzieller Akteure.

[15] Duschek (2002), S. 2.

[16] Vgl. Gerybadze (2004), S. 192 f.; Rycroft & Kash (2004), S. 194; Hirsch-Kreinsen (2007), S. 122 ff.

[17] Vgl. bspw. Ritter (1998).

[18] Vgl. Rycroft & Kash (2004), S. 194.

[19] DeBresson & Amesse (1991), S. 369.

[20] Gulati, Nohria & Zaheer (2000), S. 207.

[21] Vgl. Hippe (1996).

[22] Jamrog (2006), S. 13.

[23] Siehe bspw. Borchert & Hagenhoff (2004), S. 4.

[24] Vgl. Dilk et al. (2008); Troy (2004).

[25] Sammarra & Biggiero (2008), S. 804.

[26] Vgl. Pittaway et al. (2004); S. 161.

fanden dementsprechend Berücksichtigung in der Innovations- und Managementforschung.[27] Fehlende Ressourcen[28], hohe finanzielle Aufwendungen für Forschung und Entwicklung[29], Risikoteilung externer Zwänge und Unsicherheiten[30], Unterstützung durch staatliche Innovationsförderung[31], Synergieeffekte durch Beziehungsrenditen[32] und Zugang zu bisher nicht bedienten Märkten sowie das Lernen von Partnern[33] sind nur einige Gründe.[34]

Werden die verschiedenen organisationalen Akteure betrachtet, reichen die Beispiele von Netzwerken unter KMU bis zu großen Automobilherstellern[35] und multinationalen Zulieferern.[36] Die Bedeutung von Innovationsnetzwerken wird insbesondere in Hochtechnologiebranchen betont, wo Unternehmen in einem dynamischen Umfeld oft und schnell auf neues Wissen und Technologien angewiesen sind.[37] Besonders in Phasen mit Technologieschüben und in turbulenten Krisen- und Umbruchzeiten, wie beispielsweise weltweit die Jahre 2007 bis 2012, werden Innovationsnetzwerke als geeignete Form zur Lösung von Innovationsproblemen gesehen.[38]

Doch „*innovation networks are perhaps the most difficult, thought-requiring but important of the types of business network conceivable.*"[39] Wie also gelingt es, interorganisationale Innovationen in einem solchen Netzwerk zu generieren beziehungsweise *was ist unter der Innovationsfähigkeit von Netzwerken zu verstehen*? In der Behandlung dieser Frage aus einer Netzwerkperspektive heraus zeigt sich eine wesentliche Forschungslücke.

2 Forschungslücke

Die Fragestellung nach einer inhaltlich differenzierten Konzeption der Innovationsfähigkeit interorganisationaler Netzwerke ist aus mehreren Gründen interessant und relevant. Es wird nach wie vor ein hohes Ausmaß an Netzwerkversagen konstatiert.[40] Derweil ist die wirtschaftspolitische Förderung von Forschungs- und Entwicklungsaktivitäten, beispielsweise durch Mittel von EU-Förderprogrammen, oftmals an die Bildung von Innovationsnetzwerken gebunden.[41] Eine bessere Kenntnis über das Wesen der Innovationsfähigkeit von Netzwerken

---

[27] Vgl. Veugelers (1998); Marxt (2004).

[28] Siehe bspw. Gulati, Nohria & Zaheer (2000); Mildenberger (2000).

[29] Siehe bspw. Günther (2003).

[30] Siehe bspw. Pfeffer & Salancik (1978).

[31] Siehe bspw. Eickelpasch, Kauffeld & Pfeiffer (2002).

[32] Siehe bspw. Dyer & Singh (1998).

[33] Siehe bspw. Powell, Koput & Smith-Doerr (1996); Contractor, Kim & Beldona (2001).

[34] Weitere sehen die Netzwerkbeziehungen selber als eine der wichtigsten Ressourcen von Unternehmen, beispielsweise Håkansson (1987); Clegg & Hardy (1996); Dyer & Singh (1998).

[35] Die *Global Hybrid Cooperation* der Konzerne General Motors, Daimler, Chrysler und BMW stellt ein prominentes Beispiel dar; vgl. General Motors (2006).

[36] Vgl. Hensel (2007).

[37] Vgl. Teece (2007).

[38] Vgl. Hirsch-Kreinsen (2007), S. 122 ff.

[39] Cooke (1996), S. 159.

[40] Vgl. bspw. Koch & Fuchs (2000); Park & Ungson (2001); Kale, Dyer & Singh (2002); Sydow (2008); Werle (2011).

[41] Vgl. Ahrweiler, de Jong & Windrum (2003), S. 201.

und damit ihrer entscheidenden Gestaltungsparameter hat folglich praktische Relevanz für das Netzwerkmanagement sowie die Netzwerkbeauftragten von Unternehmen, welche sich an Innovationsnetzwerken beteiligen.[42] Hier kann eine entsprechende Forschungsarbeit einen anwendungsbezogenen Beitrag leisten.

Aus wissenschaftlicher Perspektive bildet die Schnittstelle von strategischer Management-, Organisations- und Innovationsforschung zur Netzwerkforschung einen zentralen Bezugspunkt für die Untersuchung der Innovationsfähigkeit. Insbesondere die Organisations- und Strategieforschung haben sich schon früh mit dem Thema Netzwerk beschäftigt.[43] Die Frage nach einer inhaltlichen Konzeption der Innovationsfähigkeit auf Netzwerkebene ist allerdings bislang weitestgehend unbeantwortet und stellt eine deutliche Forschungslücke dar. Es dominiert eine organisationszentrierte Sicht, welche *organisationalen* Fähigkeiten zur Schaffung von Innovationen beitragen. Unternehmen wird i.d.R. Innovationsfähigkeit attestiert, wenn diese systematisch Innovationen hervorbringen können. Ritter & Gemünden (2003) konstatieren beispielsweise, es sei *„timely to discuss the innovation benefits relationships and networks can offer and how to realize these"*[44] und fragen *„how to design organizations so that they can be successful members of networks"*[45]. Somit wird die fördernde Wirkung von Vernetzung und Kooperation auf einzelne Organisationen, deren Innovationsleistung und den Unternehmenserfolg vielfach erforscht.[46] Es existieren theoretische wie empirisch untersuchte Konzepte der organisationalen Innovationsfähigkeit im Kontext von Kooperationen beziehungsweise Netzwerken.[47] Den in dieser Hinsicht erfolgreichen Organisationen wird oft eine Netzwerkkompetenz zugesprochen.[48] Diese Perspektive fokussiert jedoch auf die organisationale Ebene, spiegelt folglich die organisationale Innovationsleistung und -fähigkeit *mit Hilfe von* Netzwerken wieder. Auf dieser analytischen Mikroebene der *egocentric/ego network studies* stehen Netzwerk und Innovation für die einzelne Organisation in einem Mittel-Zweck-Verhältnis. Betriebswirtschaftlich ist dies allerdings nur *eine* relevante Perspektive. Dann aus strategischer, mittel- bis langfristiger Sicht ist die Kenntnis von organisationalen Stellgrößen allein kaum ausreichend, um gemeinsam mit wichtigen Wirtschaftspartnern Innovationen zu schaffen. Im Wettbewerb der Netzwerke genügt es nicht (mehr), wenn ein Unternehmen für sich erfolgreich ist.[49] Um

---

[42] Vgl. auch Sydow (2008), der allgemeiner die Frage nach Interessensgruppen einer Netzwerkevaluationspraxis aufgreift.

[43] Vgl. Sydow (2010), S. 415.

[44] Ritter & Gemünden (2003), S. 695; weiter hierzu auch Ritter & Gemünden (1999).

[45] Ritter & Gemünden (2003), S. 695.

[46] Allgemein bspw. Büchel et al. (1997); Teece, Pisano & Shuen (1997); Eisenhardt & Martin (2000); Pittaway et al. (2004); Jansen (2006); Rothaermel & Hess (2007). Für Venture Capital siehe bspw. Schefczyk (2001); für joint ventures in Informations- und Kommunikationstechnologie bspw. Keil et al. (2008); für Serviceinnovationen bspw. Agarwal & Selen (2009).

[47] Siehe bspw. Lipparini & Sobrero (1994); Meagher & Rogers (2004); Rothaermel & Hess (2007); Rasmus (2012).

[48] Vgl. bspw. Ritter & Gemünden (2003a) sowie ähnlich Johnson & Sohi (2003) zu Lernaktivitäten und *partnering competence* der Organisation.

[49] Vgl. bspw. Powell, Koput & Smith-Doerr (1996); Araujo & Brito (1998); Ritter & Gemünden (2003); Lemmens (2004); von der Oelsnitz & Tiberius (2007); Altmann & Wuddel (2008).

langfristige Wettbewerbsvorteile zu erzielen, ist auch Innovationsfähigkeit und Erfolg auf der Verbundebene des Netzwerks notwendig.[50]

Am anderen Ende des Perspektivenspektrums der netzwerkorientierten Innovationsforschung verorten sich Konzepte auf einer Makroebene. Sie wollen Innovationsfähigkeit von Regionen und Nationen als *Regional Innovation Systems* respektive *National Innovation Systems* erklären und messen.[51] Auch hierbei werden einzelne Netzwerke jedoch wiederum als Mittel zur Steigerung der Innovationsleistung auf anderer Aggregationsebene betrachtet.

Das *Innovationsnetzwerk als primäre Forschungseinheit*, analytisch folglich zwischen Miro- und Makroebene, ist in Relation zur organisationszentrierten Perspektive noch weitestgehend unerforscht in Bezug auf Innovationsprozesse[52] und insbesondere auf die spezifische Fragestellung nach der Innovations*fähigkeit*.[53] Dabei steht das gesamte Netzwerk als Forschungseinheit im Fokus. Es wird nicht aus der Sicht einer Organisation auf ihre jeweils individuellen Vernetzungen oder Partnerschaften geschaut. Vielmehr ist das interorganisationale Innovationsnetzwerk i.S.d. Zusammenschlusses der Netzwerkmitglieder zu betrachten. Dabei handelt es sich um *„komplex-reziproke und relativ stabile Beziehungen [..], in denen auf kooperative Art und Weise (dauerhafte) Wettbewerbsvorteile generiert werden, die sich in innovativen Produkten und/oder Prozessen ausdrücken."*[54] Obwohl solche Innovationnetzwerke kein neues Phänomen sind[55] und sich die Netzwerkforschung zunehmend interdisziplinär gestaltet[56], fehlt es aus organisations- wie managementtheoretischem Blickwinkel weitgehend an einer inhaltlich differenzierten Betrachtung der Innovationsfähigkeit *von* Netzwerken.[57] Borchert & Hagenhoff (2005) weisen in einer Literaturanalyse darauf hin, dass beispielsweise kaum gestaltungsorientierte Ansätze für das Management von Innovationsnetzwerken vorliegen. Sie sehen eine Ursache darin, dass bis dato keine operationalisierten und theoretisch tragfähigen Konzepte der Innovationsfähigkeit auf dieser Analyseebene vorliegen.[58] Dies zeigt den Bedarf zur Aufarbeitung des Themas durch eine inhaltlich differenzierte Konzeption der Innovationsfähigkeit auf Netzwerkebene sowohl für die Managementpraxis als auch für die theoretisch-konzeptionelle Forschungslücke.

---

[50] Vgl. bspw. Dyer & Singh (1998); Lemmens (2004); von der Oelsnitz & Tiberius (2007); Altmann & Wuddel (2008).

[51] Bspw. Lundvall (2009); Lundvall (1992); OECD (2005); Reith, Pichler & Dirninger (2006); Scherrer (2006).

[52] Vgl. Duschek (2002), S. 34; Kutschker (2005), S. 1135.

[53] Auch bei Duschek (2002), eine der wohl am meisten rezipierten Arbeiten zum Thema Innovation im Kontext von Netzwerken in der deutschsprachigen, wirtschaftswissenschaftlichen Netzwerkforschung, erfolgt keine explizite Konzipierung und Definition der Innovations*fähigkeit*. Im Fokus steht die Erklärung von rentengenerierenden (Innovations)Prozessen im Wechsel zwischen Organisations- und Netzwerkebene.

[54] Duschek (2002), S. 44.

[55] Vgl. bspw. Van de Ven (1993), S. 212 ff.; Semlinger (1998), S. 11.

[56] Mit Verweis auf die sozialwissenschaftliche Technik- und Innovationsforschung siehe bspw. Berghoff & Sydow (2007); Hirsch-Kreinsen (2007).

[57] Eine Übersicht zu Schwerpunkten der Netzwerkforschung liefert Sydow (2006), S. 426.

[58] Vgl. Borchert & Hagenhoff (2005).

3 Zielstellung und forschungsleitende Fragen

Wenn es um die Frage geht, was die Innovationsfähigkeit von Netzwerken ausmacht, dann liegt das grundlegende Interesse der Arbeit darin, „*Veränderungsfähigkeit statt nur Veränderung zu erfassen, basierend auf zwei Prämissen. Erstens: Wenn Erfolgsfaktoren verderblich sind und man nicht weiß, was künftig für Erfolg sorgen wird, nützt es wenig, das Vergangene möglichst genau zu erfassen. Zweitens: Wettbewerbsvorteile, vor allem nachhaltige, lassen sich nicht dadurch erlangen, dass man marktverfügbares Standardwissen anwendet. Zu kopieren, was Erfolgreiche machen (best practice), kann eigentlich nur im «rasenden Stillstand» (Paul Virilio) enden. Man muss eigenes Wissen, eigene Kompetenzen aufbauen, um sich vom Gros des Wettbewerbs zu unterscheiden (Alleinstellungsmerkmale, Einzigartigkeit).*"[59]

Die konkrete Zielstellung der Arbeit basiert auf diesem grundlegenden Interesse und fokussiert auf die geschilderte Problemlage beziehungsweise Forschungslücke. Es soll eine Kozeption der Innovationsfähigkeit von Netzwerken entwickelt werden, welche nicht primär auf Outputgrößen, wie der Anzahl von Patenten[60], und nicht ausschließlich auf Inputgroßen, wie den Ausgaben für Forschung und Entwicklung[61], basiert. Denn es hilft wenig zu wissen, *dass* Innovationen entstehen, wenn unklar bleibt, *wie* dies geschieht. Vielmehr soll daher die innere Beschaffenheit i.S.v. differenzierten Aspekten der Innovationsfähigkeit theoretisch fundiert und konzeptionell in ein Modell überführt werden. Die Modellannahmen werden operationalisiert, um sie anhand einer quantitativ-empirischen Erhebung zu beurteilen. Die Forschungseinheit wird spezifiziert als interorganisationale Innovationsnetzwerke, da diese qua Definition eine Innovationsorientierung aufweisen, Innovationsfähigkeit hier folglich von besonderer Bedeutung ist. Auf Basis der Datenanalyse werden Implikationen für die Managementpraxis sowie die Forschung abgeleitet. Es ist nicht das primäre Anliegen dieser Arbeit, operationale Innovationsmanagementpraktiken zu untersuchen oder eine explizite Theorieanalyse und -entwicklung einzelner Innovationstheorien auf Netzwerkebene zu btreiben.

Aus dieser Zielstellung heraus lassen sich die folgenden forschungsleitenden Fragen formulierten:

1. Wie kann die Innovationsfähigkeit von Netzwerken theoretisch-konzeptionell fundiert werden?
2. Welche inhaltlichen Aspekte zeichnen diese Fähigkeit auf Netzwerkebene aus und welche wesentlichen Einflussfaktoren wirken auf sie?
3. Wie lässt sich Innovationsfähigkeit operationalisieren und empirisch erfassen?
4. Welche Implikationen ergeben sich aus der Kenntnis inhaltlich differenzierter Apekte der Innovationsfähigkeit für die weitere Forschung und Managementpraxis?

---

[59] Moldaschl (2007), S. 36 (Hervorh. i.O.) mit Referenz zu Virilio (1992).
[60] Vgl. bspw. Neely et al. (2001).
[61] Vgl. bspw. Henderson & Cockburn (1994).

4 Aufbau der Arbeit

In **Teil I** wurden einleitend Forschungslücke und Relevanz des Themas aufgezeigt. **Teil II** legt zum einen die wissenschaftstheoretischen Grundlagen der Arbeit. Insbesondere widmet sich der Teil einer Beschreibung der Forschungseinheit Innovationsnetzwerk und des Forschungsgegenstandes Innovationsfähigkeit. Damit werden das grundlegende Verständnis und die Perspektive der Arbeit auf Netzwerke dargestellt. Zum anderen werden aus einem Überblick zum Stand der Forschung erste Hinweise auf mögliche inhaltliche Aspekte und theortisch-konzeptionelle Fundierungen der Innovationsfähigkeit gewonnen. **Teil III** baut auf dieser Basis auf und erarbeitet i.S.d. ersten Forschungsfrage theoretische Bezugspunkte swie deren Implikationen für ein Konstrukt der Innovationsfähigkeit. Dieses wird, der zweten Forschungsfrage folgend, somit inhaltlich differenziert erörtert. **Teil IV** greift den entwickelten theoretisch-konzeptionellen Bezugsrahmen auf und formuliert Hypothesen sowie ein Untersuchungsmodell für die anschließende empirische Erhebung. **Teil V** stellt die methodischen Aspekte der Datenerhebung, der Modelloperationalisierung sowie der Datenanalyse dar. **Teil VI** unternimmt zunächst eine Beschreibung der erzielten Datengrundlage. Die Gtebeurteilung der entwickelten Operationalisierungen von Modellvariablen gibt Aufschluss über die dritte Forschungsfrage. Die empirische Analyse des Untersuchungsmodells und eine Ergebnisdiskussion zeigen, dass der theoretisch-konzeptionelle Bezugsrahmen eine adäquate Fundierung für die Innovationsfähigkeit von Netzwerken darstellt. Die darauf basierenden Hypothesen werden in großem Umfang bekräftigt. Die empirische Analyse gibt somit neben der theoretisch-konzeptionellen Argumentation ebenfalls eine datengestützte Antwort auch auf die erste und zweite Forschungsfrage. **Teil VII** fasst die Arbeit zusammen, zieht aus den gewonnenen Erkenntnissen Implikationen für Forschung un Managementpraxis und widmet sich damit der vierten Forschungsfrage. Ein Fazit greift alle eingangs formulierten foschungsleitenden Fragen auf und schließt die Arbeit ab.

Teil II
Grundlagen

Dieser Teil der Arbeit legt die Grundlagen für eine folgende theoretisch-konzeptionelle Fundierung (Teil III) und anschließende empirische Untersuchung (Teil IV–VI) eines Modells der Innovationsfähigkeit von Netzwerken. Hierfür erfolgt zunächst eine wissenschaftstheoretische Einordnung (Abschnitt 1). Anschließend werden zentrale terminologische und phänomenologisch-inhaltliche Aspekte der Forschungseinheit Innovationsnetzwerk (Abschnitt 2) und des Forschungsgegenstands Innovationsfähigkeit (Abschnitt 3) erläutert. Es folgt eine erste Einordnung bestehender Forschungsschwerpunkte im Schnittstellenbereich von Innovation und Netzwerkforschung (Abschnitt 4.1) sowie eine Betrachtung relevanter Arbeiten zu Konstrukten und Merkmalen der Innovationsfähigkeit im Netzwerkkontext (Abschnitt 4.2). Hieraus werden zusammenfassend erste grundlegende Implikationen für eine theoretisch-konzeptionelle Fundierung eines Konstrukts der Innovationsfähigkeit von Innovationsnetzwerken aufgezeigt (Abschnitt 5).

1 Wissenschaftstheoretische Grundlage des Forschungsansatzes

Realwissenschaftliche Forschung ist i.d.R. durch grundlegende Annahmen eines Forschungs- und Erkenntnisprogramms geprägt, welches als Orientierungssystem für wissenschaftliches Arbeiten dient.[1] Hierzu zählen vor allem methodologische und theoretische Leitideen. Die theoretischen Leitideen werden detailliert in Teil III dargestellt. Methodologische Leitideen stellen die grundlegenden, formalen Erkenntnis- und Erklärungswege einer Arbeit dar. Sie werden im Folgenden dargestellt.

Grundidee der Erklärung
Die realwissenschaftliche Forschung ist bestrebt, Erkenntnisse über reale Phänomene und komplexe Zusammenhänge und Wechselwirkungen zu erlangen.[2] Ziel der Arbeit ist es, auf Basis theoretisch-konzeptioneller Fundierung und empirischer Prüfung eines Modells, Aussagen über die Innovationsfähigkeit von Netzwerken zu treffen und Implikationen für weiterführende Forschung sowie die Praxis des Innovations- und Netzwerkmanagements zu formulieren. Die Innovationsfähigkeit stellt i.S.d. Erklärungsidee damit den zu erklärenden Sachverhalt/den Untersuchungsgegenstand dar (Explanandum). Aussagen darüber, was diese Fähigkeit ausmacht, welche Grundlagen, Einflussfaktoren und Randbedingungen Auswirkungen haben (Explanans), sollen theoretisch wie empirisch erörtert werden. Eine erste dskriptive Darstellung des Explanandum geht den erklärenden Untersuchungsschritten notwendiger Weise voraus, ist jedoch gerade bei komplexen, abstrakten Phänomenen wie der

---

[1] Vgl. hier und im Folgenden Fritz (1995), S. 17 ff.
[2] Vgl. Popper (1966, 1993).

Innovationsfähigkeit inhaltlich nur begrenzt sinnvoll möglich (vgl. Abschnitt 3.2). Es bedarf für eine detaillierte Abbildung und Erfassung geeigneter Modellvorstellungen und Operationalisierungen. Dies greift die deduktiv-nomologische Erklärungsmethode auf, wonach das Explanandum aus dem Explanans abgeleitet und erklärt wird.[3] Basis hierfür sind jedoch i.d.R. deterministische Aussagen oder Gesetzmäßigkeiten, welche sich in den realwissenschaftlich orientierten Wirtschafts- und Sozialwissenschaften kaum treffen lassen und zugunsten stochastischer Hypothesen oder Tendenz- und Wahrscheinlichkeitsaussagen entfallen.[4] Als Erweiterung der deduktiv-nomologischen Methode tritt hier der Propensitätsansatz der Erklärung in den Vordergrund.[5] Die Ableitung des Explanandum aus dem Explanans ist dabei auch mit Hilfe indeterministischer, d.h. probabilistischer Hypothesen möglich. Deterministische Aussagen stellen demnach nur einen Spezialfall dar, in dem Erklärungshypothesen in jeder Situation und unter allen möglichen Bedingungen sämtliche Ursachen für den zu erklärenden Sachverhalt erfassen. Probabilistische Erklärungen erfassen nicht alle denkbaren Ursachen. Das Erklärungsmodell ist damit situations- und wahrnehmungsabhängig.[6] Dies gilt, beruhend auf einer Multikausalitätsannahme realer Phänomene, auch für die vorliegende Untersuchung.

Grundannahme der Multikausalität sozio-ökonomischer Phänomene

Merkmal eines deduktiv-nomologischen Vorgehens ist die Ableitung theoretisch-logischer Hypothesen, welche auf Basis theoretischer Überlegungen einen Sachverhalt erklären sollen. Insofern stellen die verwendeten Theorien begründete Zusammenhangsannahmen dar, weche dem Erkenntnisinteresse der Arbeit in Form von Modellbildung dienlich sein können. Die deduzierten Erklärungshypothesen werden in ihrer Aussagekraft vom situativen Kontext des Sachverhalts beeinflusst. Der situative Ansatz geht daher davon aus, dass *one-best-way* Aussagen zugunsten situationsadäquater Annahmen und Aussagen zu relativieren sind. Ziel ist es, „*Situationsmodelle bzw. Quasi-Theorien mittlerer Reichweite*"[7] zu schaffen. Deren Aussagen können nicht allumfassend sein, jedoch unter begründeten Modellannahmen und Situationsbedingungen möglichst realitätsnahe, spezifische, differenzierte Erklärungen mit hohem empirischen Gehalt bereitstellen.[8] Hierfür ist die Multikausalität empirischer, realer Phänomene zu berücksichtigen. Entsprechend wird angenommen, dass die Innovationsfähigkeit von Netzwerken auf multiplen Faktoren beruht, welche wiederum durch verschiedene Grundlagen in ihrer Ausprägung beeinflusst werden können. Dies ist bei der Wahl theoretischer Fundierungen entsprechend zu beachten.

Theoretisches Vorgehen

Die Modellbildung und Erklärung des Sachverhalts kann prinzipiell auf Basis einer einzelnen Theorie (monotheoretisches Vorgehen) oder mehrerer Theorien (theoretischer Pluralismus) geschehen. Für die methodologischen Leitideen der Propensität und Multikausalität wird

---

[3] Auch als Hempel-Oppenheim- und Hempel-Popper-Schema bezeichnet; vgl. Hempel & Oppenheim (1948); Popper (1982).
[4] Vgl. bspw. Fritz (1995), S. 21.
[5] Vgl. Popper (1995).
[6] Vgl. Fritz (1995); Popper & Eccles (1997).
[7] Staehle (1981), S. 216.
[8] Vgl. Fritz (1995), S. 24.

i.d.R. auf den theoretischen Pluralismus verwiesen.[9] Steht im Vordergrund das Interesse des Erkenntnisfortschritts bezogen auf ein empirisches Phänomen und die Erklärung eines konkreten Sachverhalts, haben Theorien eine dienende Funktion.[10] Im Mittelpunkt steht nicht die Prüfung eines einzelnen theoretischen Ansatzes, sondern die Klärung eines praktischen Problems oder einer empirischen Forschungslücke. Im Rahmen einer solch problemgeleiteten Forschung dienen Theorien zur Identifizierung derjenigen Variablen, welche eine Erklärung des Phänomens, seiner Grundlagen und des Zusammenhangs mit situativen Faktoren möglichst adäquat ermöglichen. Kritiker sehen die Nutzung unterschiedlicher theoretischer Ansätze allerdings als problematisch, insbesondere wenn sie von divergierenden Voraussetzungen ausgehen.[11] Daher sind die grundlegenden Basisannahmen explizit zu berücksichtigen. Im Rahmen der vorliegenden Arbeit werden somit nur Ansätze genutzt, weche dem Grunde nach kommensurabel und gegenseitig anschlussfähig sind (vgl. hierzu Teil III.5).

Dieses theoretische Vorgehen erlaubt einerseits eine multiperspektivische Betrachtung eines Forschungsgegenstandes und berücksichtigt damit die Annahmen von Situationsabhängigkeit, Probabilität und Multikausalität. Andererseits wird die Gefahr axiomatisch bedingter Ergebnisverzerrungen minimiert. Auf Basis relevanter Literaturbeiträge zeigen sich hier insbesondere ressourcen- und fähigkeitsorientierte Ansätze als vielversprechend (vgl. Abschnitte 4.2, 4.3 & 5). Teil III der Arbeit verdeutlicht jedoch, dass durch die Verbindung mit einer regelorientierten Perspektive die theoretisch-konzeptionelle Erklärungsmöglichkeit verbessert und die Operationalisierung präzisiert werden kann. Die Perspektiven beziehungsweise Ansätze erweisen sich als kommensurabel, da sie zum einen primär organisationale sowie interorganisationale Faktoren in den Vordergrund ihrer Erklärung von Innovation und Veränderung stellen[12], jedoch auch einen spezifischen Bezug zu externen Kontextelementen konzeptionell fassen. Gemeinsam sind ihnen des Weiteren die explizite oder implizite Annahme einer grundlegenden Ressourcenbasis sowie insbesondere die Leitidee des methodologischen Individualismus.

Liberaler methodologischer Individualismus

Der liberale methodologische Individualismus bildet eine weitere wissenschaftliche Leitidee der vorliegenden Arbeit. Dabei werden sozio-ökonomische Phänomene prinzipiell auf das Handeln von individuellen Akteuren zurückgeführt.[13] Organisationen beziehungsweise Organisationsformen wie Netzwerke werden jedoch als Quasi-Handlungsträger mit Quasi-Verhalten und -Eigenschaften verstanden.[14] Dies ermöglicht eine Konzeption von Sachverhalten, hier der Innovationsfähigkeit, auf überindividueller Ebene. Im Gegensatz zum kategorischen Individualismus sind Individualaussagen nicht zwingend nötig, sondern es besteht die Möglichkeit zum Einbezug von institutionellen, regel- und strukturorientierten

---

[9] Vgl. ebd. S. 26.

[10] Vgl. Hauenschild (2003).

[11] Vgl. bspw. Freiling (2001), S. 15 ff.

[12] Von den Basisannahmen hierzu weniger kommensurabel wären bspw. ein marktbasiertes Paradigma (vgl. u.a. Porter (1979); Porter (1985)) oder Konzepte der neoklassischen Mikroökonomie und Transaktionskostentheorie; siehe hierzu auch Freiling (2001a), S. 63.

[13] Vgl. Diekmann (2000), S. 102 ff.

[14] Vgl. Fritz (1995), S. 28.

Zusammenhängen in einen Erklärungsrahmen. Der liberale methodologische Individualismus erlaubt damit die theoretische Fundierung, Operationalisierung und Analyse der
Innovationsfähigkeit von Netzwerken, welche im institutionellen Sinne als sozio-
ökonomische Organisationsformen aufgefasst werden (vgl. Abschnitt 2.2), ohne dabei auf
Erklärungsmöglichkeiten auf Basis individuellen Verhaltens verzichten zu müssen, wenn
diese theoretisch-konzeptionell sinnvoll sind. Aus dieser Leitidee heraus bilden interorganisationale Innovationsnetzwerke die Forschungseinheit der vorliegenden Untersuchung.
Dabei stehen nicht einzelne Unternehmen und ihre individuellen Kooperationsbeziehungen
im Fokus. Netzwerke werden nicht primär aus einer rein unternehmensbezogenen Nutzen-
sicht (Mikroperspektive) oder als personale Netzwerke betrachtet, sondern als eigenständige
Organisationsformen interorganisationaler Innovationsaktivitäten.[15]

2 Forschungseinheit Innovationsnetzwerk

Interorganisationale Netzwerke stellen, neben Märkten und Unternehmen, eine Organisationsform zur arbeitsteiligen Koordination zumeist wirtschaftlicher Tätigkeiten dar.[16] Mitunter
als „*Organisation of the Future*"[17] gepriesen, entwickelt sich ein wachsendes wissenschaftliches Interesse an ihnen, so dass sie seit den 1980er Jahren vermehrt in den Fokus der
betriebswirtschaftlichen Forschung sowie der managementnahen Literatur gerückt sind.[18]
Die Verbreitung führt dazu, dass der Begriff des Netzwerks quasi ubiquitär und in vielerlei
Hinsicht im alltäglichen, zu wissenschaftlichen Zwecken oft zu wenig differenzierten
Sprachgebrauch zur Mode geworden ist. Er ist somit einer starken Heterogenität unterwor-
fen. Mildenberger (1998) beklagt die „babylonische Begriffsvielfalt", Verwirrung und die
Aufweichung der Begriffsinhalte, die mit der steigenden Anzahl von Arbeiten und Untersu-
chungsansätzen einhergehe.[19] Partnerschaften, Kooperationen und Zusammenschlüsse
diverser Art von Organisationen und Personen[20] werden als Netzwerke betrachtet. Gerum &
Stieglitz (2004) folgend reicht „*das Spektrum [..] von dyadischen Partnerschaften bis zu
mehr als zwei, aber weniger als hundert oder gar tausenden von Akteuren*"[21]. Meist wird
jedoch von mindestens drei, eher mehr Akteuren in einem Netzwerk ausgegangen.[22] Aus
einer *inter*organisationalen Netzwerkperspektive sind die Akteure verschiedene Organisationen. Daneben werden auch Kooperationen, Koalitionen und Akteurskonstellationen in

---

[15] Damit bedient sich die Untersuchung einer zwischen Mikro- und externer Makroperspektive liegenden internen Makrosicht auf Netzwerke und greift somit die einleitend beschriebene Forschungslücke
auf. Diese Betrachtungsebene schlägt beispielsweise Hippe (1996) vor, wenn ein spezifisches Partialin-
teresse, hier das der Innovationsfähigkeit, von ganzen Netzwerken vorliegt. Zur Unterscheidung von
Mikro- externer und interner Makroperspektive auf Netzwerk siehe Abschnitt 2.1.

[16] Vgl. Siebert (1999), S. 8.

[17] Hinterhuber & Levin (1996), S.43. Ähnlich auch Miles, Snow & Miles (2000).

[18] Vgl. Morath (1996), S. 9; Windeler (2001), S. 334.

[19] Vgl. Mildenberger (1998), S. 3; ebd. S.15.

[20] Siehe bspw. Fliaster (2007) für einen stark personenbezogenen, human- und sozialkapitalbasierten
Ansatz der kombinativen Innovation, der allerdings nicht auf interorganisationale (Innovations)Netzwerke als Analyseeinheit Bezug nimmt.

[21] Gerum & Stieglitz (2004), S. 145.

[22] Siehe bspw. Sydow (1991); Semlinger (1993); Duschek (2002); Klaus (2002).

Organisationen mitunter als Netzwerke betrachtet. Hierbei handelt es sich um eine *intra*organisationale Netzwerkwerkperspektive auf personale Akteure in Organisationen. Diese Sicht wird hier nicht weiter thematisiert. Die Arbeit bezieht sich auf Innovationsnetzwerke, bestehend aus mehreren organisationalen Partnern.

Festzuhalten ist, dass mittels des Netzwerkbegriffs unterschiedliche Phänomene und Gegenstände beschrieben werden. Folglich ist weder ein geschlossenes Begriffsverständnis[23] noch eine allgemein akzeptierte Netzwerktheorie[24] oder *die* Netzwerkperspektive auszumachen. Dies gilt für Netzwerke allgemein und für Innovationsnetzwerke im Spezifischen.[25] Gerade diese *„oftmalige Diffusität vorliegender Netzwerkperspektiven trägt dazu bei, dass der Gegenstand ‚Netzwerk‘ sich einer genaueren Bestimmung entzieht. Umgekehrt findet die Vielschichtigkeit und Vielfältigkeit des Gegenstands seinen Ausdruck in diffusen Perspektiven.“*[26] Eine Unterscheidung von Netzwerkperspektive, Netzwerke als Gegenstand der Forschung und Netzwerke als Forschungseinheit ist daher essenziell für das grundlegende Verständnis der Arbeit und wird im Folgenden vorgenommen.[27] Ohne sie droht eine Beliebigkeit auf der konzeptionellen und phänomenologischen Ebene der Innovationsfähigkeit. Darauf aufbauend wird die Besonderheit von Innovationsnetzwerken als Forschungseinheit mit ihren charakteristischen Merkmalen dargelegt (Abschnitt 2.2).[28]

2.1 Netzwerk als Perspektive, Gegenstand und Einheit der Foschung

Die *Netzwerkperspektive* drückt aus, wie, d.h. auf welche Weise ein Forschungsgegenstand betrachtet wird.[29] Es ist eine *„besondere Sicht der Realität, um zu einer Ordnung beobachteter Fakten und Ausprägungen zu gelangen“*[30]. Sie wird zur Untersuchung verschiedenartiger Phänomene genutzt.[31] Dabei ist es zweitrangig, auf welcher Betrachtungsebene, d.h. auf welche Forschungseinheit bezogen eine solche Sicht eingenommen wird. Beispielsweise wird die soziale Netzwerkanalyse angewandt, um Kommunikationsprozesse in Unternehmen

---

[23] Vgl. schon früh Barnes (1972), weiter Windeler (2001), S. 16 ff.

[24] Vgl. Sydow (1992), S. 125; Windeler (2001), S. 347; Klaus (2002), S. 15 f.; Ritter & Gemünden (2003), S. 695. Für einen Überblick verwendeter ökonomischer, politökonomischer und interorganisationstheoretischer Ansätze der Netzwerkforschung siehe bspw. Sydow (1992), S. 224 ff.; Zentes, Swoboda & Morschett (2005), S. 57 ff. sowie zu sozialwissenschaftlichen Ansätzen bspw. Weyer & Abel (2000); Stegbauer (2008).

[25] Vgl. Pyka, Gilbert & Ahrweiler (2003), S. 171.

[26] Windeler (2001), S. 33.

[27] Siehe ausführlicher hierzu Windeler (2001), S. 33 ff.

[28] Dieses Verständnis von Innovationsnetzwerken soll einen adäquaten terminologischen Bezugspunkt und konzeptionellen Bezugsrahmen für das zu entwickelnde Innovationsfähigkeitskonstrukt schaffen. Es liegt mir fern, hier einen Vorschlag zum allgemein gültigen Begriffsverständnis des Netzwerks als Forschungseinheit zu formulieren. Sensu Mildenberger trägt dies möglicherweise zwar zur dargestellten Heterogenität mit einer weiteren Arbeit bei, darf jedoch auch nach Moldaschl (2010) als Beitrag zu einem diskussionsoffenen, pluralistischen Wissenschaftsverständnis gesehen werden.

[29] Vgl. Nohria (1992).

[30] Bellmann & Hippe (1996), S. 8.

[31] Vgl. Betts & Stouder (2004).

oder einzelnen Teams zu untersuchen.[32] Es handelt sich hier um eine Netzwerkperspektive auf ein *intra*organisationales Phänomen. Forschungsgegenstand sind in diesem Fall Kommunikationsprozesse, Forschungseinheit ist das einzelne Unternehmen respektive Team. Der Forschungsgegenstand wird jedoch aus einer relationalen, d.h. beziehungsorientierten Sicht betrachtet. Dies konstituiert die Netzwerkperspektive.

Netzwerke können auch direkt *Gegenstand* der Forschung sein. Dies ist beispielsweise der Fall, wenn Art und Beschaffenheit eines interorganisationalen Unternehmensnetzwerks aus Sicht von einzelnen Unternehmen analysiert werden. Von Interesse ist hierbei u.a., wie ein Netzwerk vom Management zu gestalten ist, um Zulieferer und/oder Abnehmer stärker an Innovationsprozessen des eigenen Unternehmens zu beteiligen.[33] Das Netzwerk ist daher, obgleich reduziert auf die Sicht des zentralen Unternehmens, der Forschungsgegenstand. Die Forschungseinheit hingegen bleibt das Unternehmen oder ggf. einzelne F&E-Abteilungen, in denen die Innovationsprozesse verortet werden. Die Perspektive auf das Netzwerk ist dabei nicht zwingend eine relationale, wenn ausschließlich *eine* Sicht, die des Unternehmens, auf interorganisationale Beziehungen besteht.

Ein Netzwerk bildet eine *Forschungseinheit*, wenn es den Rahmen für ein zu erforschendes Phänomen i.S.d. Erkenntnisinteresses darstellt. Sind beispielsweise Wissensaustauschprozesse zwischen mehreren kooperierenden Unternehmen zentrales Interesse einer Arbeit und werden diese Prozesse nicht aus der Sicht eines einzelnen dieser Unternehmen sondern in ihrer Gesamtheit betrachtet, dann werden sie als eingebettet in eine Netzwerkstruktur verstanden.[34] Forschungsgegenstand sind daher i.d.R. multilaterale Phänomene, weitestgehend independent von einzelnen Netzwerkakteuren, gleichwohl beeinflusst von der Beschaffenheit und den Charakteristika des Netzwerks insgesamt, in welches sie eingebettet sind.

Von Belang ist eine Unterscheidung von Netzwerk als Forschungseinheit oder Forschungsgegenstand für diese Arbeit aus zwei Gründen: Sie bezieht sich (1.) auf Innovationsnetzwerke als Forschungs*einheit*. Im Vordergrund steht damit zunächst eine Beschreibung, *was* als Innovationsnetzwerk verstanden wird, d.h. eine Darstellung des Netzwerks mit seinen charakteristischen Merkmalen. Sie ist nicht zuletzt für die Stichprobenauswahl einer empirischen Prüfung entscheidend. Primär dient sie hier jedoch zur konzeptionellen Verortung des Forschungsgegenstandes. Denn bezogen auf die Forschungseinheit existiert ein zentrales Erkenntnisinteresse. Dieses stellt den eigentlichen Forschungs*gegenstand* der vorliegenden Arbeit dar – die Innovationsfähigkeit – welche damit als ein Phänomen auf Netzwerkebene verstanden wird. Sie wird explizit nicht als eine organisationale Fähigkeit eines Unternehmens zur Kooperation oder zum kooperativen Innovationsmanagement betrachtet. Forschungseinheit wäre dann das Unternehmen. Die Arbeit weist damit (2.) eine Netzwerkperspektive auf dieses Phänomen auf, was im Verlauf (vgl. Teil II.5 und insb. Teil III) auch in der relationalen Konzeption des Innovationsfähigkeitskonstrukts deutlich wird.

Sowohl Forschungseinheit (Netzwerk) als auch Forschungsgenstand (Innovationsfähigkeit) bedürfen einer terminologischen Spezifikation. Während sich Innovationsnetzwerke dabei in Realiter als empirisches Phänomen beobachten und damit beschreiben lassen, zeigen die

---

[32] Bspw. Cross et al. (2007) und die dort angegebene Literatur.
[33] Bspw. Koufteros, Edwin-Cheng & Lai (2007).
[34] Vgl. bspw. Sydow (2004); Sydow, Windeler & Lerch (2007).

Ausführungen in Abschnitt 3.2, dass es sich bei der Innovationsfähigkeit um eine latente Größe handelt. Zwar lässt sich gegebenenfalls die Wirkung von Innovationsfähigkeit be-obachten – konkrete Innovationen als Outputgröße – nicht jedoch die Fähigkeit selber als Potentialgröße. Für ihre Erfassung ist ein Konstrukt notwendig. Entwicklung und Test eines theoretischen Modells, welches dieses Konstrukt abbildet, sind die zentralen Anliegen dieser Arbeit. Insbesondere die inhaltlichen Merkmale beziehungsweise Facetten des zentralen Konstrukts werden im Verlauf der Arbeit stärker konzeptionell und theoretisch gestützt herausgearbeitet. Im Folgenden wird zunächst, aufbauend auf den in der Literatur identifi-zierten charakterisierenden Merkmalen von Innovationsnetzwerken und unter Rekurs auf Typologien interorganisationaler Netzwerke, ein Begriffsverständnis von Innovationsnetz-werken als Forschungseinheit und damit Bezugsrahmen des Innovationsfähigkeitskonstrukts geschaffen.

2.2 Merkmale von Innovationsnetzwerken

Duschek (2002) weist auf das Problem hin, dass insbesondere in der Forschung zu Innovati-onsnetzwerken der Begriff selbst oft nur *„implizit in den (Gesamt-)Kontext der jeweiligen Ausführungen eingebettet [ist], so dass sich selten klare Begriffskonturen zeigen.“*[35] Auffal-lend ist mitunter das gänzliche Fehlen einer expliziten Definition.[36] Für eine systematische Weise der Begriffsexplikation bieten sich Typologien an, da sie i.d.R. einer gegenstandbezo-genen Beschreibung dienen. Es sind Darstellungen von Unterscheidungsmerkmalen einzelner Typen in einer Gesamtheit von Objekten. Die relevanten Objekte können damit anhand ihrer jeweiligen Merkmale einzelnen oder mehreren Typen zugeordnet werden. Im Gegensatz zu Theorien, welche primär eine erklärende Funktion haben, dienen Typologien folglich der Deskription.[37] Idealtypologien versuchen dabei, Unterscheidungsmerkmale in extremen, reinen Ausprägungen zu erfassen. Real existierende Objekte sind damit nur annäherungsweise zu beschreiben.[38] Realtypologien hingegen beschreiben und unterscheiden in der Praxis existierende Objekte.

Netzwerktypologien sind solche Klassifizierungssysteme. Sie sollen eine Zuordnung und Unterscheidung unterschiedlicher Netzwerke aufgrund spezifischer Netzwerkmerkmale ermöglichen. Diesbezüglich zeigen Sydow et al. (2003) drei Basiskategorien auf.[39] In der Kategorie *Prozess* werden Spezifika der Entstehung, Evolution, zeitlichen Begrenzung sowie Koordination und Steuerung von Netzwerken zur Differenzierung zugrunde gelegt. Die Kategorie *Inhalt* umfasst Differenzierungsmöglichkeiten, welche auf Inhaltsaspekte wie Strukturen, Positionen, Beziehungsarten/ -qualität und Eigenschaften der Netzwerkmitglieder fokussieren. In der Kategorie *Funktion* dienen Aspekte wie Zweck, Ergebnis oder Wirkung der Netzwerktätigkeit als Abgrenzungsmerkmale. Entlang dieser typologischen Basiskatego-

---

[35] Duschek (2002), S. 35 (Anmerk. DPK). Bellmann & Haritz (2001), S. 285 sprechen daher auch zaghaft vom „*Versuch einer Begriffsbestimmung*“.
[36] Vgl. Duschek (2002), S. 34.
[37] Vgl. Hempel (1965).
[38] McKelvey (1975), S. 510 sieht Idealtypologien daher auch weniger geeignet „*to be used in empirical research because it results in theoretical categories not usually found empirically*“.
[39] Vgl. Sydow et al. (2003), S. 48 ff. sowie Sydow (2010), S. 379 ff.

rien werden im Folgenden Merkmale von interorganisationalen Innovationsnetzwerken herausgearbeitet. Dies geschieht aufbauend auf Corsten (2001), der hierfür u.a. die (intendierte) Wirkung des Netzwerks, die Koordinationsrichtung, die Kooperationsrichtung und die Akteurszusammensetzung vorschlägt.[40]

Innovation als funktionaler Zweck mit eher langfristiger intendierter Wirkung von Innovationsnetzwerken

Für Hippe (1996) ist ein entscheidendes Merkmal der Konstitution von Netzwerken, dass die beteiligten Organisationen ein übergeordnetes, gemeinsames Ziel verfolgen. Dieses bestimmt den Kooperationszweck, die intendierte Wirkung beziehungsweise Funktion des Netzwerks.[41] Eine Differenzierung nach dieser Netzwerkfunktion stellt eine Möglichkeit der Typisierung dar. Sie kann dabei unterschiedlich konkrete funktionsbezogene Formen annehmen. So existieren reine Informationsnetzwerke, in denen vor allem eine wechselseitige Information und Kenntnisnahme über die jeweiligen Aktivitäten und relevanten (Branchen)informationen stattfinden. Daneben finden sich Wissens- und Lernnetzwerke. Bei diesem Typus steht das gemeinsame Lernen durch Erfahrungsaustausch im Fokus. Sie sollen den Beteiligten zu neuem Wissen verhelfen. Innovationsnetzwerke stellen demgegenüber eine Organisationsform dar, deren Funktion die Generierung von Innovationen ist. Der Definition von Fritsch et al. (1998) folgend, findet dabei sowohl ein Informations- und Wissens- als auch Ressourcenaustausch statt.[42] Es sollen konkrete Innovationen – neue Produkte, Dienstleistungen oder Technologien – gemeinsam zum Vorteil der Beteiligten geschaffen werden.[43] Diese *Zweckausrichtung auf gemeinsame Innovationen* grenzt Innovationsnetzwerke beispielsweise von reinen Einkauf- und Vertriebsnetzwerken ab und ermöglicht als ein wesentliches Merkmal von Innovationsnetzwerken damit eine Charakterisierung aus funktionstypologischer Sicht.

Unter prozessualen Aspekten stellt die Dauer der gemeinsamen Zielverfolgung ein weiteres Merkmal von Innovationsnetzwerken dar.[44] Innovationen können nur solang gemeinsam hervorgebracht und Innovationsprozesse gemeinsam verfolgt werden, wie das Netzwerk besteht. Viele Innovationsprozesse sind ihrer Planung folgend zwar eher temporär angelegt, d.h. sie verfügen über ein mehr oder weniger definiertes Ende: die Zielerreichung mit Fertigstellung einer bestimmten Innovation. Dies gilt für radikale Innovationen sowie inkrementelle Innovationen, wenn sie als Abfolge sukzessiver kleinerer Einzelinnovationen betrachtet werden.[45] Beispiele wie das Euregio Bodensee zeigen jedoch, dass auch temporäre Innovationsvorhaben in langfristig angelegten Innovationsnetzwerken verfolgt werden.[46] Sie realisieren auf diese Art potentiell mehrere Innovationen und folgen kontinuierlich einer

---

[40] Vgl. Corsten (2001), S. 7 ff.

[41] Vgl. Hippe (1996).

[42] Vgl. Fritsch et al. (1998), S. 246 f.

[43] Vgl. Bellmann & Haritz (2001), S. 285; Duschek (2002), S. 44; Borchert, Goos & Hagenhoff (2004), S. 7.

[44] Vgl. Corsten (2001), S. 7 ff.

[45] In Realiter ist vielmehr davon auszugehen, dass Innovationen nicht vollständig planbar sowie zeitlich und inhaltlich oft schwer abgrenzbar sind.

[46] Vgl. Wüthrich, Philipp & Frentz (1997).

gemeinsamen Zielausrichtung beziehungsweise formulieren eine Innovationsstrategie.[47] Daher handelt es sich eher um *„eine auf Dauer angelegte Zusammenarbeit [...] zum Zwecke der kontinuierlichen Hervorbringung von Innovationen.*"[48] Ein Innovationsnetzwerk ist somit nicht die sporadische, auf einzelne Projekte im Rahmen der Auftragsforschung beschränkte Zusammenarbeit, welche für einzelne Akteure im Zuge ihrer individuellen innovationsbezogenen Strategieformulierungen opportun erscheint.[49] Es kann vielmehr als *langfristige, relativ stabile Zusammenarbeit* betrachtet werden, deren Funktion die Schaffung einzelner oder mehrerer Innovationen im Rahmen eines gemeinsam zu erbringenden Arbeitsprogramms ist.[50] Damit können die jeweiligen Innovationsvorhaben projektartigen Charakter aufweisen, das Netzwerk für diese Projekte besteht jedoch i.d.R. über die einzelnen Projektabschlüsse beziehungsweise Innovationen hinaus.[51] Gleichwohl besteht die Möglichkeit, dass im Zeitverlauf einzelne Akteure wechseln und dass die Intensität der konkreten Zusammenarbeit fluktuiert.[52]

Hierarchische und heterarchische Steuerungsprozesse

Netzwerken ist als eher kooperative Organisationsform mehrerer Organisationen eine Koexistenz von Interdependenz und Autonomie inhärent.[53] In rein marktlichen Beziehungen sind die Geschäftspartner unabhängig. Innerhalb einzelner Organisationen sind demgegenüber typischerweise hierarchische Beziehungen von (einseitiger) Abhängigkeit prägend. Als Organisationsform zwischen Markt und Hierarchie können Netzwerke Elemente von Abhängigkeit und Unabhängigkeit aufweisen. Die relative Autonomie von Netzwerkpartnern ergibt sich zum einen aus der Freiwilligkeit der Zusammenarbeit, einer grundsätzlich möglichen Austrittsoption aus dem Netzwerk und der rechtlichen Unabhängigkeit der Beteiligten. Des Weiteren können Netzwerke für die Beteiligten die Abhängigkeit vom Marktgeschehen und von weniger planbaren *arm's-length* Markttransaktionen reduzieren helfen, indem sie den Handlungsspielraum für einzelne Organisationen, beispielsweise durch Ausgrenzung direkter Wettbewerber, erweitern.[54] Dadurch nimmt jedoch gleichzeitig die wirtschaftliche und strategische Interdependenz der Netzwerkpartner untereinander, bezogen auf die gemeinsame Innovationsstrategie und Innovationsvorhaben, zu. Bei diesem *„Paradoxon der Kooperation*"[55] gilt es abzuwägen, ob für die einzelnen Beteiligten der potentielle Netzwerknutzen aus Sicherheit, Synergien und zusätzlichen Kompetenzen und Ressourcen die Nachteile der möglichen Autonomieeinbußen und relativen Einschränkungen der Entscheidungsfreiheit übertrifft.[56] Dieses Spannungsfeld von rechtlicher Autonomie und

---

[47] Vgl. Bellmann & Haritz (2001), S. 285.
[48] Wohlgemuth (2002), S. 280; ähnlich auch Cooke (1996); Becker & Dietz (2002); Duschek (2002).
[49] Vgl. Hagenhoff (2008), S. 44 ff.
[50] Vgl. Sauer (1999), S. 21; Schuh & Friedli (1999), S. 224; Becker & Dietz (2002), S. 236; Drewello & Wurzel (2002), S. 20; Gerybadze (2004). S. 199. Zur Innovation als gemeinsames Arbeitsprogramm in Abgrenzung zur Auftragsforschung siehe Hauschild & Salomo (2007), S. 81 f.
[51] Vgl. Szeto (2000).
[52] Vgl. Schön & Pyka (2012).
[53] Vgl. Hirsch-Kreinsen (2002).
[54] Vgl. Grabher (1993), S. 8 ff.
[55] Boettcher (1974), S. 42.
[56] Jarillo (1988), S. 37 spricht von einer Mindestanforderung des Anreiz-Beitrag-Gleichgewichts.

wirtschaftlicher Interdependenz bedingt die Notwendigkeit zur Steuerung und Koordination der Netzwerkakteure und ihrer Aktivitäten und Verpflichtungen.[57]

Eine grundsätzliche Koordinationsfunktion durch Netzwerkmanager beziehungsweise -koordinatoren kann als prinzipieller Bestandteil interorganisationaler Innovationsnetzwerke erachtet werden.[58] Bei der Art der Steuerungsprozesse kann dabei zwischen einer *eher hierarchischen* und *eher heterarchischen* Steuerung unterschieden werden.[59] Hierarchische Netzwerke sind monozentrisch gestaltet. Die Steuerung geht richtungsweisend von einer oder wenigen fokalen Organisationen aus, welche das Netzwerk dominieren.[60] Heterarchische Netzwerke verteilen die Steuerungsprozesse hingegen auf viele oder alle Netzwerkteilnehmer und sind damit polyzentrisch organisiert.[61] Die unterschiedliche Richtung beziehungsweise Art der Steuerungsprozesse bietet damit grundsätzlich die Möglichkeit einer prozessualen Typisierung von Netzwerken. So zeigt Jarillo (1988), dass in strategischen Netzwerken eine fokale *hub firm* die Zusammenarbeit strategisch lenkt.[62] In Bezug auf Innovationsnetzwerke konnte dies bis dato nicht geklärt werden.[63] Prinzipiell muss davon ausgegangen werden, dass Innovationsnetzwerke sowohl durch eher hierarchische Steuerungsprozesse von einzelnen dominanten Netzwerkpartnern, wie auch durch heterarchische Prozesse verteilt auf viele Akteure ohne Dominanz einzelner geführt werden können.[64] Eine Charakterisierung allein anhand einer dieser Ausprägungen ist für Innovationsnetzwerke nicht konstituierend.[65]

---

[57] Vgl. Klaus (2002), S. 19. Zumeist wird diese Koordination unter den (Management)Mechanismen der Partnerselektion, der Allokation von Aufgaben, Ressourcen und Verantwortlichkeiten, der Regulation i.S.v. Regeln und Routinen der Abstimmung von Aufgaben und Ressourcen aufeinander, sowie der Evaluation der Netzwerkaktivitäten zusammengefasst; vgl. bspw. Sydow (2008), S. 5 ff.

[58] Vgl. Hirsch-Kreinsen (2002), S. 108; Pfirrmann (2007), S. 97 ff.

[59] Vgl. bspw. Santoro & McGill (2005).

[60] Dejung (2007) zeigt beispielhaft die kontextbezogene Nutzung von Hierarchie und netzwerkartiger Kooperation als alternative Steuerungsformen aus Sicht eines individuellen Unternehmens. Gleichwohl geht der Hierarchiebegriff dabei einher mit der (Re)Integration von Aktivitäten in die Organisation und führt in letzter Konsequenz zum Verschwinden des Netzwerks.

[61] Vgl. Borchert, Goos & Hagenhoff (2004), S. 6. In heterarchischen Netzwerken kann die Koordination in Abstimmung der Mitglieder auch einem der Partner beziehungsweise einem Netzwerkkoordinator übergeben werden; siehe bspw. Sydow et al. (2003), S. 84. Dies ist nicht gleichbedeutend mit hierarchischer Steuerung durch ein dominierendes Netzwerkmitglied.

[62] Vgl. Jarillo (1988), S. 32.

[63] Dilk et al. (2008), S. 693 gehen bspw. davon aus, dass eine Mischung hierarchischer und heterarchischer Koordination in Innovationsnetzwerken die Regel ist.

[64] Ähnliches gilt bspw. für Franchisenetzwerke, denen bei formal-rechtlicher Selbstständigkeit der Netzwerkpartner (Franchisenehmer) trotzdem oft dominante Franchisegeber quasi-hierarchisch gegenüberstehen. Allein die Wahl der Organisationsform beziehungsweise die Charakterisierung als Franchisenetzwerk lässt damit nicht grundsätzlich auf das Ausmaß hierarchischer oder heterarchischer Steuerungsprozesse schließen; vgl. Rometsch & Sydow (2006).

[65] Vgl. auch Stadlbauer, Hess & Wittenberg (2007), S. 268 zum Einsatz von Managementinstrumenten in Netzwerken. Auch hier konnte kein Einfluss der Form der Netzwerksteuerung festgestellt werden.

Austauschbeziehungen in vertikaler, horizontaler und komplementärer Kooperationsrichtung

Austausch- beziehungsweise Kooperationsbeziehungen stellen einen inhaltlichen Aspekt eines Netzwerks dar.[66] Ritter (1998) folgend weisen Innovationsnetzwerke insbesondere einen *technologieorientierten Austausch von Wissen, Kompetenzen und Ressourcen* zwischen den Mitgliedern auf, welcher im Hinblick auf gemeinsame Innovationen relevant ist. Dies folgt der funktionalen Ausrichtung und schließt reine Absatz- oder Beschaffungsbeziehungen aus.[67] So finden sich Innovationsnetzwerke vor allem in technologieintensiven Branchen.[68] Die Richtung der Kooperationsbeziehungen bezieht sich auf die Positionen der Mitglieder, welche diese in der (industriellen) Wertschöpfungskette primär einnehmen. *Vertikale* Netzwerke setzen sich aus Mitgliedern direkt aufeinanderfolgender Stufen zusammen. In einem solchen Netzwerk kooperieren Organisationen ausschließlich zwischen vor- und nachgelagerten Stufen.[69] Ist hierbei der Zweck die gemeinsame Innovation, dann wird von vertikalen Innovationsnetzwerken gesprochen.[70] Sie stellen eine auf den Prozess und die Vermarktung von Innovationen ausgerichtete, koordinierte, eher kooperative Zusammenarbeit zwischen Akteuren dar, welche untereinander in einem Zulieferverhältnis stehen.[71] In *horizontalen* Netzwerken hingegen befinden sich die Mitglieder auf der gleichen Stufe. So sind Netzwerke unter Automobilherstellern genauso möglich wie Netzwerke allein unter Zulieferern.[72] Auch hier sind funktional auf gemeinsame Innovationen ausgerichtete Netzwerke möglich.[73] Eine *diagonale* Kooperationsrichtung liegt vor, wenn sich die Zusammenarbeit nicht auf reine horizontale oder vertikale Stufen beschränkt, d.h. wenn jeweils mehrere Organisationen sowohl auf unterschiedlichen als auch der gleichen Stufe kooperieren. Es sind meist Beziehungen zwischen Technikherstellern, Nutzern und Zulieferern, zum Teil aus verschiedenen Branchen.[74] Sie werden daher als komplementäre Netzwerke bezeichnet.[75] Austauschbeziehungen finden damit sowohl entlang als auch quer zur Wertschöpfungskette statt. Insgesamt ist festzuhalten, dass Innovationsnetzwerke sowohl eine primär horizontale wie vertikale als auch eine komplementäre Ausrichtung der Kooperationsbeziehungen aufweisen können.[76]

---

[66] Die mathematisch und graphisch geprägte strukturelle Netzwerkanalyse verdeutlicht die inhaltliche Sicht auf Netzwerke als Geflecht. Demnach besteht ein Netzwerk aus Knoten und Kanten, welche die Netzwerkmitglieder und ihre Beziehungen untereinander darstellen. Siehe auch Håkansson (1987), S. 14.

[67] Vgl. Ritter (1998); Kowol (1998).

[68] Vgl. Schilling (2005), S. 25 f.

[69] Vgl. Wildemann (1997), S. 417.

[70] Vgl. Fischer & Huber (2005).

[71] Vgl. Hippe (1996), S. 25.

[72] Prominente Beispiele finden sind u.a. in der Automobilindustrie bei General Motors (2006) beziehungsweise bei Wildemann (1998).

[73] Vgl. bspw. Fritsch et al. (1998); Koschatzky (2001).

[74] Vgl. bspw. Kowol & Krohn (1995), S. 78; Borchert, Goos & Hagenhoff (2004), S. 7 ff; Hirsch-Kreinsen (2007), S. 123.

[75] Vgl. Schöne (2000), S. 9.

[76] Ähnlich Bellmann & Haritz (2001); Dilk et al. (2008).

Art und Herkunft der Netzwerkmitglieder

Netzwerke lassen sich inhaltlich anhand ihrer räumlichen Ausbreitung charakterisieren. Sie ergibt sich aus der geographischen Verteilung der Mitglieder. Regionale Netzwerke bestehen aus Akteuren einer räumlich relativ eng begrenzten Umgebung. Die Akteure sind typischerweise *embedded* in regionale Wirtschaftsräume, die meist durch eine ökonomische und soziale Vernetzung gekennzeichnet sind.[77] Oftmals streben solche Netzwerke meist aus KMU gemeinsame Größenvorteile, *economies of scale*, an.[78] Prinzipiell können Netzwerke, die ihre Ausdehnung nicht selber beschränken, jedoch auch aus weltweit ansässigen Mitgliedern bestehen. Zur Unterscheidung bietet sich die Abstufung in regionale, überregionale und nationale sowie länderüberspannende, d.h. internationale Netzwerke an.[79] Auch Innovationsnetzwerke können grundsätzlich anhand ihrer regionalen Ausbreitung beschrieben werden. Generell kann jedoch nicht davon ausgegangen werden, dass sie sich nur einer dieser Ausprägungen zuordnen lassen, dass sie beispielsweise ausschließlich in regional eingegrenzten Kontexten entstehen und aktiv sein können.[80] Zwar wird in der Literatur die Bedeutung von räumlicher und kultureller Nähe (*proximity*)[81] u.a. für den Aufbau von Vertrauen und Wissensaustausch in Netzwerken als stabilitäts- und kooperationsfördernder Faktor thematisiert.[82] Doch gerade hoch spezialisierte Unternehmen finden mitunter keine geeigneten Kooperationspartner ausschließlich im regionalen Umfeld.[83] Innovationsnetzwerke bilden sich insbesondere aufgrund zunehmender Spezialisierung und gleichzeitiger Innovationsdynamik in globalen Wertschöpfungs- und Innovationsprozessen (vgl. Abschnitt 4.2). Die Bedeutung regionaler Nähe für Wissensaustausch, Innovation und Kompetenzsynergien wird daher zunehmend in Frage gestellt.[84] Eine spezifische Ausprägung der Regionalität kann folglich nicht als charakterisierendes Merkmal von Innovationsnetzwerken gelten.[85]

Die Akteurszusammensetzung weist nicht nur einen geographischen Verteilungsaspekt auf, sondern bezieht sich vor allem auf die Art der Akteure. Da es sich um interorganisationale Innovationsnetzwerke handelt, werden hier personale Netzwerke[86] sowie Netzwerke *in* Organisationen ausgeschlossen. Bezugnehmend auf die Art der Organisationen verweist Hirsch-Kreinsen (2007) auf das Vorhandensein von *„Akteuren wie wissenschaftlichen Instituten, Normungsausschüssen, Fachcommunities“*[87] hin. Innovationsnetzwerke umfassen neben Unternehmen damit insbesondere forschungsorientierte Einrichtungen. Sie bestehen

---

[77] Vgl. Granovetter (1985); Morath (1996).

[78] Vgl. Klaus (2002), S. 60 ff.

[79] Ähnlich bspw. Cooke (1996), S. 161.

[80] Vgl. Cooke (1996), S. 161. Eine rein regionale Konzentration wird meist für Kompetenznetzwerke angenommen, siehe bspw. Dieckmann (1999); Nix (2005); Meier zu Köcker (2008).

[81] Siehe Boschma (2005); Knoben & Oerlemans (2006).

[82] Vgl. bspw. Raueiser (2005); Biggiero & Sammarra (2008); Kauffeld-Monz & Fritsch (2010). Eine kritische Diskussion zum Stellenwert von Vertrauen in Kooperationsbeziehungen findet sich bei Wurche (1994), S. 143 ff.

[83] Vgl. Eraydin & Armatli-Köroglu (2005).

[84] Vgl. Gertler (2003); Simmie (2003); Boschma (2005).

[85] Vgl. auch Lewin & Peeters (2009); Contractor et al. (2012).

[86] Bspw. bei Cantner & Graf (2006).

[87] Hirsch-Kreinsen (2007), S. 123; ähnlich Kowol & Krohn (1995); Cooke (1996); Kowol (1998); Sauer (1999); Soete, Wurzel & Drewello (2002); Voßkamp (2004); Kirschten (2006); Strebel & Hasler (2007).

damit aus *organisationalen Akteuren unterschiedlicher Art.*[88] Dies wird als weiteres charakterisierendes Merkmal betrachtet. Der relative Anteil von Forschungseinrichtung kann dabei u.U. Einfluss auf das Ausmaß an Innovationen des Netzwerks haben, da der wesentliche Auftrag dieser Akteure neuen Erkenntnissen und Innovationen gilt. Der Forschungsanteil eines Innovationsnetzwerks ist daher im Zuge der Modellentwicklung und -analyse zu berücksichtigen.

Begriffsverständnis des Innovationsnetzwerks

Insgesamt ist festzuhalten, dass Innovationsnetzwerke sich nicht ausschließlich über eine einzelne Typologie beschreiben lassen. Es kann davon ausgegangen werden, dass in Innovationsnetzwerken grundsätzlich der Zweck beziehungsweise die Funktion der Generierung von Innovationen dominiert. Die organisationalen Akteure verfügen daher über eine gemeinsame Zielausrichtung auf Innovationen. Diese wird tendenziell langfristig verfolgt, da Innovationsnetzwerke langfristige Wettbewerbsvorteile schaffen sollen. Inhaltlich überwiegen technologieorientierte Austauschbeziehungen zwischen Unternehmen und Forschungseinrichtungen. Weitere Merkmale können in unterschiedlicher Ausprägung auftreten, sodass sich Kombination von Merkmalsausprägungen ergeben. Dies ist für empirisch zu beschreibende, d.h. real existierende Phänomene, diese stellen Innovationsnetzwerke als Forschungseinheit dar, insofern zu erwarten, als dass die meisten reinen Typologien idealtypische Differenzierungen vornehmen. Demnach können Innovationsnetzwerke sowohl hierarchisch wie heterarchisch koordiniert werden. Die Mitglieder können sowohl auf vor- und nachgelagerten Stufen der Wertschöpfungskette, auf der gleichen Stufe oder komplementär zueinander tätig sein. Auch die regionale Ausdehnung eines Netzwerks kann differieren.[89] Die entsprechenden Merkmalsausprägungen werden im Verlauf der Arbeit u.a. bei der Stichprobenbeschreibung (vgl. Teil VI) berücksichtigt.

Es ergibt sich folgendes Begriffsverständnis für interorganisationale Innovationsnetzwerke als Forschungseinheit dieser Arbeit:

> Innovationsnetzwerke sind ökonomische Formen der innovationsbezogenen, relativ stabilen, interorganisationalen Zusammenarbeit zwischen mehr als drei Unternehmen und Forschungseinrichtungen, um auf kooperative Art und Weise Wettbewerbsvorteile zu generieren. Diese drücken sich in innovativen Produkten, Dienstleistungen und/oder Prozessen aus. Innovationsnetzwerke verfügen dafür über eine kollektive, funktionale Zielausrichtung auf Innovationen. Hierzu ermöglichen sie vor allem einen technologieorientierten Austausch von Wissen, Kompetenzen und Ressourcen zwischen den Netzwerkmitgliedern, welche formal selbständig sind, in Bezug auf die Innovationsaktivitäten jedoch wirtschaftlich abhängig sein können.[90]

---

[88] Dies können staatliche Akteure, wissenschaftliche Institute, Hochschulen, etc. sein; vgl. Duschek (2002), S. 45; Hauschild & Salomo (2007), S. 84.

[89] Behnken (2010), S. 381 f. zeigt in Fallstudien Beispiele vertikaler Innovationsnetzwerke der Luftfahrindustrie, die außerdem von zentralen Hub-Firms dominiert und regional konzentriert sind. Sie lassen sich somit unterschiedlichen Typologien zuordnen.

[90] Dem Sinne nach vergleichbare Definitionen finden sich in Beiträgen von Sydow (1992); Kutschker (1994); Friese (1998); Hippe (1996); Bellmann & Haritz (2001); Duschek (2002); Borchert & Hagenhoff (2004); Sydow (2006a).

Kategorie		Charakteristika
Funktionale Aspekte/ Zweck		▪ Generierung gemeinsamer Innovationen zum Erzielen und Sichern von Wettbewerbsvorteilen
Inhaltl. Aspekte	Akteure	▪ organisationale Akteure ▪ Unternehmen sowie wissenschaftliche Institute/ Forschungseinrichtungen ▪ eine regional begrenzte Verteilung der Akteure ist möglich, jedoch nicht notwendig
	Beziehungen	▪ i.d.R. technologiebezogene Austausch- und Nutzenbeziehung von Wissen, Kompetenzen und Ressourcen ▪ rechtliche Unabhängigkeit der Akteure bei möglicher wirtschaftlicher Abhängigkeit bezogen auf die Innovationsaktivitäten ▪ sowohl horizontale, wie vertikale und komplementäre Beziehungen sind möglich
Prozessuale und zeitliche Aspekte		▪ hierarchische sowie heterarchische Steuerungsprozesse möglich ▪ auch bei befristeten, distinkten Innovationsvorhaben nicht notwendigerweise eine zeitliche Existenzbegrenzung des Netzwerks

Tabelle 1: Merkmale von Innovationsnetzwerken
Quelle: Eigene Darstellung

3 Forschungsgegenstand Innovationsfähigkeit

Innovationen und damit Innovationsfähigkeit werden immer mehr als eine Schlüsselkomponente zur Wettbewerbsfähigkeit von Unternehmen und Netzwerken sowie allgemein zum Wohlstand von Nationen betrachtet.[91] Hierüber scheint weitgehend Einigkeit zu herrschen. Eine gemeinsam geteilte Definition des Innovationsbegriffs sowie der Innovationsfähigkeit existiert jedoch bis heute weder in der wissenschaftlichen Diskussion noch in der betrieblichen Praxis.[92] Eine Ursache kann, wie im Fall der Netzwerkforschung, im Fehlen einer in sich geschlossenen und umfassenden Innovationstheorie liegen.[93] Im Folgenden werden daher zunächst die terminologischen Grundlagen für das Verständnis von Innovation (Abschnitt 3.1) und Innovationsfähigkeit (Abschnitt 3.2) für diese Arbeit dargelegt.

3.1 Innovation

Etymologisch ist der Begriff Innovation eine Ableitung des lateinischen *innovatio* mit der Bedeutung Neuerung, Neuheit, Neueinführung oder Erneuerung.[94] Definitionen zur Innovation ist daher das Element der Neuheit und Veränderung eines Zustandes oder Prozesses

---

[91] Vgl. bspw. Ladwig (1996); Tidd, Bessant & Pavitt (2001).
[92] Vgl. Greiling (1998), S. 31.
[93] Vgl. Duschek (2002), S. 14; einen Überblick liefern bspw. Macharzina & Wolf (2005).
[94] Vgl. Vahs & Burmester (1998), S. 45.

gemein.[95] Im weitesten Sinne kann Innovation als *etwas der Art nach Verändertes* betrachtet werden.[96] Im Schrifttum haben vor allem die Arbeiten von Schumpeter die Innovationsforschung und das Verständnis von Innovation sowohl in Forschung wie in der betrieblichen Praxis über Dekaden maßgeblich beeinflusst. Für ihn ist Innovation zwar eine Neuerung, gleichwohl nicht jede Neuerung eine Innovation. Entscheidend in Schumpeters Innovationsverständnis ist die endogene Entwicklung. Darunter versteht er *„nur solche Veränderungen des Kreislaufs des Wirtschaftslebens [...], die die Wirtschaft aus sich selbst heraus zeugt"*[97]. Solch eine Veränderung aus sich selbst heraus ist *„eine besonders praktische und gedanklich unterscheidbare Erscheinung, die nicht vorkommt unter den Erscheinungen des Kreislaufs oder der Gleichgewichtstendenz, sondern nur wie eine äußere Macht in sie hineinwirkt"*[98]. Innovation ist demnach die Einführung eines neuen Elements oder die radikal neue Kombination bestehender Elemente und Produktionsmittel im Wirtschaftskreislauf.[99] Entwicklungen wären somit vor allem dann als Innovationen zu verstehen, wenn sie diskontinuierlich ablaufen, wenn sie *„kraft ihres Wesens einen ‚großen' Schritt und eine ‚große' Veränderung bedeuten"*[100]. Das traditionelle, von der Nationalökonomie Schumpeters geprägte Verständnis von Innovation ist daher i.d.R. das eines nachweisbaren, eher radikalen Fortschritts. Als Ausgangspunkt hierfür sieht Schumpeter vor allem den schöpferisch-gestalterischen Unternehmer als Innovator im Wirtschaftskreislauf.[101] Der Akt des unternehmerischen Schaffens durch die Einführung des Neuen ist dabei auch an einen destruktiven Prozess der *„schöpferischen Zerstörung"*[102] des Alten gebunden.

Für DeBresson & Amesse (1991) ist im Kontext von interorganisationalen Netzwerken *„the Schumpeterian legacy [..] self-evident. If innovation consists of new technical combinations, networks provide the flexibility with which to exploit opportunities for the recombination of various components. Networks can be a privileged way of innovating."*[103] Eine zu stark individualistische Sicht – die des einzelnen Innovators und Unternehmers – mit Fokus auf technische Merkmale von Innovationen vernachlässigt jedoch beispielsweise sozio-ökonomische oder strukturelle Aspekte sowie, insbesondere im Hinblick auf Netzwerke, Interaktion i.S.d. Austausches von materiellen und immateriellen Ressourcen und Kompetenzen organisationaler Akteure.[104] Entscheidend bei der Betrachtung von Innovation in Netzwerken ist außerdem der funktionale Zielaspekt von Interaktion und Austausch – die Innovationsgenerierung als Zweck von Innovationsnetzwerken (vgl. Abschnitt 2.2). So werden in der Betriebswirtschaftslehre Innovationen zumeist als die am Markt eingeführten Neuerungen verstanden (Innovation im engeren Sinne), welche sich dort bewähren und

---

[95] Vahs & Burmester (1998), S. 43 f. und Hauschild & Salomo (2007), S. 4 f. liefern eine Zusammenstellung ausgewählter Definitionen von Innovation der vergangenen Dekaden.
[96] Vgl. Hamel (1996), S. 323 ff.
[97] Schumpeter (1964), S. 95.
[98] Schumpeter (1964), S. 95.
[99] Vgl. Schumpeter (1931), S. 100 f.
[100] Schumpeter (1961), S. 109, Hervorh. i.O.
[101] Vgl. Schumpeter (1912), S. 140 sowie S. 158.
[102] Hauschild & Salomo (2007), S. 11.
[103] DeBresson & Amesse (1991), S. 364.
[104] Vgl. bspw. Van de Ven, Angle & Poole (1989); Ortmann et al. (1990).

durchsetzen (Innovation im weiteren Sinne).[105] Sie sind somit Zweck beziehungsweise Mittel, um Wettbewerbsvorteile zu erreichen.[106]

Deutlich wird, ähnlich wie bei Schumpeter, dass als Innovationen solche Neuerungen angesehen werden, welche dem Markt, *„dem Konsumentenkreise [...], dem betreffenden Industriezweig"*[107] noch nicht bekannt sind beziehungsweise eine neuartige Problemlösung oder Bedarfsbefriedigung darstellen. Damit wird Innovation zumeist als Produkt beziehungsweise produktbezogene Innovation, i.d.R. resultierend aus Forschungs- und Entwicklungsarbeit, verstanden. Um ein genaueres Verständnis von der *Fähigkeit zur Innovation* zu entwickeln, greifen rein markt- und produktbezogene Sichtweisen auf das Phänomen Innovation jedoch zu kurz. Denn sozio-kulturelle Neuerungen oder organisatorische Innovationen, beispielsweise neue Managementsysteme und -verfahren, neue Prozesse und Strukturen in Unternehmen und Netzwerken, werden dabei vernachlässigt, sind jedoch ebenfalls in einer Betrachtung von Innovation und Innovationsfähigkeit zu berücksichtigen.[108] Denn organisatorische Innovationen sind oft grundlegend für innovative Produkte.[109] *„... innovation activity [...] relies on highly skilled workers, on interactions with other firms and public research institutions, and on an organisational structure that is conducive to learning and exploiting knowledge."*[110]

Diese breitere Perspektive auf Innovation gibt beispielsweise die Definition des Oslo-Manuals wieder:[111] *„An innovation is the implementation of a new or significantly improved product (good or service), or process, a new marketing method, or a new organisational method in business practices, workplace organisation or external relations."*[112] Sie zeigt, beispielhaft für zahlreiche vergleichbare Definitionen, verschiedene Aspekte des Phänomens Innovation auf. Sie weist zum einen auf den Objektbezug von Innovationen (Produkt, Prozess, Organisation etc.) hin. Zum anderen erlaubt sie eine Differenzierung des Ausmaßes an Veränderung (radikal neu, in Teilen inkrementell verändert). Des Weiteren impliziert sie unterschiedliche Bezugsebenen von Innovation (neu für die Organisation, den Markt, in interorganisationalen Beziehungen beziehungsweise im Netzwerk).

Eine solche breite Perspektive ist notwendig, wenn Innovationen im Kontext von technologieorientierten Innovationsnetzwerken als Ergebnis eines sozio-ökonomischen Interaktionsprozesses mehrerer organisationaler Akteure innerhalb von Netzwerkregeln, -strukturen und -prozessen betrachtet werden.[113] Die vorliegende Arbeit orientiert sich daher am Verständnis des Oslo-Manuals. Denn mit der Zielstellung, ein Modell der Innovations*fähigkeit* von Netzwerken zu entwickeln, muss das Verständnis von Innovation, insbesondere im Hinblick auf die verschiedenen Bezugsebenen, der Komplexität des Phänomens Rech-

---

[105] Vgl. Vahs & Burmester (2005), S. 44.

[106] Vgl. Teece (2007; 2009).

[107] Schumpeter (1931), S. 100.

[108] Vgl. Stadlbauer, Hess & Wittenberg (2007), S. 268; Knödler & Schirmer (2013).

[109] Vgl. Keuken & Sassenbach (2010), S. 5.

[110] OECD & Eurostat (2005). S. 28.

[111] Das Oslo-Manual ist ein von der OECD erarbeitetes Manuskript, welches *„guidelines for the collection and use of data on innovation activities in industry"* zusammenstellt; vgl. OECD (2012).

[112] OECD & Eurostat (2005), S. 46.

[113] Vgl. zu den Merkmalen von Innovationsnetzwerken Abschnitt 2.2. Siehe auch Duschek (2002), S. 23 ff.; zur sozialen und politischen Dimension des Innovationsprozesses siehe bspw. Frost & Egri (1991).

nung tragen. Im Folgenden werden die zentralen Aspekte der Innovation – Objekt, Perspektive, Bezugsebene sowie Intensität – detaillierter dargestellt.[114]

Innovationsobjekte

Innovationsobjekte drücken den Gegenstandsbereich der Innovation (*was ist die Neuerung?*) aus. Zumeist wird zwischen Produkt- und Dienstleistungsinnovationen sowie Prozess- und Technologieinnovationen unterschieden. Am weitesten verbreitet und mitunter ausschließliches Differenzierungskriterium ist die Klassifizierung in Produkt- und Prozessinnovationen.[115] Seltener werden auch organisatorische Innovationen behandelt.[116] Marr (1980) versteht unter Produkt- und Prozessinnovationen im Wesentlichen die „*Erweiterung des naturwissenschaftlich-technischen Wissens als Ergebnis erfolgreicher Forschungs- und Entwicklungstätigkeit*"[117]. Sie stellen Quellen einer wirtschaftlichen Entwicklung dar. Als *Prozessinnovationen* werden neuartige Verfahren und Techniken bei der Kombination von Produktionsfaktoren verstanden. Sie beziehen sich zumeist auf die konkrete Herstellung eines bestimmten Gutes und sollen Qualitätssteigerung, Kostensenkung, Risikominderung oder eine Verringerung von Durchlaufzeiten ermöglichen. Sie verändern daher vor allem technische Abläufe der Produkterstellung. Ziel von Prozessinnovationen ist die Effizienzsteigerung der Leistungserstellung.[118]

Produktinnovationen hingegen sind neue oder merklich verbesserte Produkte, welche am Markt eingeführt werden. Es sind Veränderungen im Leistungsprogramm, welche sowohl das Ersetzen bisheriger wie auch die Erweiterung und Veränderung bestehender Angebote einschließen. Sie zielen auf die Effektivitätssteigerung i.S. des Markterfolgs.[119]

Wesentliches Unterscheidungsmerkmal von Produkt- und Prozessinnovationen ist die Betrachtung eines Ergebnis*zustandes* (Produkt) gegenüber einer Ergebnis*erzielung* (Prozess). Diese Unterscheidung ist jedoch nicht trennscharf.[120] Eine Vermengung von Produkt- und Prozessinnovationen stellt die *Dienstleistungsinnovation* dar.[121] Dienstleistungen werden verstanden als Bereitstellung oder Einsatz von Leistungsfähigkeit. Diese äußert sich im Prozess der Kombination von internen (Personal, Werkzeug oder Geschäftsräume) und externen Faktoren (der Kunde/Dienstleistungsbezieher und sein Eigentum) mit dem Ziel der Nutzenstiftung (beispielsweise eine Autowartung).[122] Dienstleistungsinnovationen beziehen sich folglich sowohl auf die materielle Neuerung von Faktoren, die im Zuge der Dienstleistung zum Einsatz kommen, als auch auf den Prozess und den Kontext ihrer Kombination.

Technologieinnovationen unterscheiden sich von Produktinnovationen dadurch, dass ihnen i.d.R. eine definitive Marktpositionierung beziehungsweise Zielausrichtung an spezifischen Marktsegmenten oder Nutzergruppen fehlt. Sie sind stärker generisch.[123] Technologie be-

---

[114] Vgl. auch Gerpott (1999); Hauschild & Salomo (2007); Bolz (2008).
[115] Vgl. Marr (1980), S. 950 f.; Brockhoff (1999), S. 37; Hauschild & Salomo (2007), S. 9.
[116] Siehe bspw. Pleschak (1996); Brockhoff (1999); Gerpott (1999); Vahs & Burmester (2005).
[117] Marr (1980), S. 950 f.
[118] Vgl. Biemans (1992), S. 10; Hauschild & Salomo (2007), S. 9.
[119] Vgl. Reichwald & Piller (2006), S. 102.
[120] Vgl. Homburg & Krohmer (2003), S. 809 ff.
[121] Vgl. Hauschild & Salomo (2007), S. 9.
[122] Vgl. Meffert & Bruhn (2000), S. 28.
[123] Vgl. Phillips (2001), S. 19.

zeichnet hierbei die anwendungsbezogene Nutzung von theoretischen Forschungserkenntnissen. Diese Nutzung kann in vielfältiger Weise in unterschiedlichen Produkt- und Prozessinnovationen zum Tragen kommen, welche auf den neuen Technologien aufbauen.[124] *Organisatorische Innovationen* sind Veränderungen in der Ablauf- oder Aufbaustruktur von Organisationen und Netzwerken.[125] Sie beziehen sich auf interne Prozesse, Praktiken, Regeln, Verfahren und Instrumente zu deren Steuerung. Die Abgrenzung von Prozessinnovationen ist zwar nicht überschneidungsfrei, kann jedoch anhand der Zielausrichtung von Prozessinnovationen – Verbesserung der *Produkt*erstellung – erfolgen. Organisatorische Innovationen beziehen sich nicht primär auf einzelne konkrete Produkte, sondern beispielsweise auf die Reorganisation von Geschäftsbereichen, die Umstrukturierung von gesamten *Order-to-Market* Prozessen, die Implementierung neuer Verfahren und Instrumente des Wissensaustausches oder eine stärkere Ausrichtung als Netzwerkorganisation. Ziel dieser Innovationen ist die effektivere und effizientere Gestaltung des Zusammenwirkens individueller und organisationaler Akteure.[126]

Zwischen den verschiedenen Innovationsobjekten ergeben sich Interdependenzen. So bedingen Produktinnovationen nicht selten Prozessinnovationen sowie organisatorische Neuerungen und Umstrukturierungen. Die unterschiedlichen Gegenstandsbereiche (bspw. interne Prozessinnovationen respektive externe Produktinnovationen) legen außerdem nahe, dass Innovationen auf unterschiedlichen Bezugsebenen und daher als relativ betrachtet werden müssen.

Bezugsebenen und Perspektiven

Als die drei Bezugsebenen von Innovationen können Organisation, Markt/Branche und Netzwerk unterschieden werden.[127] Insbesondere die Darstellung von Prozessinnovationen sowie organisatorischen Innovationen erfolgt meist vor dem Hintergrund *einzelner Organisationen* oder Organisationseinheiten. Neuerungen dieser Art beziehen sich auf interne Abläufe und Strukturen. Für die Organisation sind beispielsweise neue Managementmethoden, signifikant veränderte Regeln im internen Qualitätscontrolling oder die Umstellung von Reihen- auf Inselfertigung aus *subjektiver Perspektive und auf der Bezugsebene der Organisation* Innovationen. Dennoch können sie von außen betrachtet, d.h. ´objektiv´ in der Wirtschaft beziehungsweise in anderen Organisationen bereits vorhanden sein. „*Betriebswirtschaftlich sind [jedoch] alle aus [..]individueller Sicht erstmalig relevanten Neuheiten Innovationen.*"[128]

Insbesondere Produkt- und Dienstleistungsinnovationen werden hingegen meist auf der Bezugsebene des relevanten *Marktes oder der Branche* betrachtet. Neue Produkte stellen dann Innovationen dar, wenn sie auf bisher nicht vorhandene Weise Bedarfe am Markt decken. Sie sind aus Sicht der Marktteilnehmer, d.h. relevanter Lieferanten, Wettbewerber und Abnehmer, neu.

---

[124] Zum Teil auch als *Systeminnovationen* bezeichnet; vgl. bspw. Hauschild & Salomo (2007), S. 13 f.

[125] Zum Teil auch als *Strukturinnovation* bezeichnet; vgl. bspw. Vahs & Burmester (2005), S. 79 f.

[126] Vgl. Wahren (2004), S. 20; Knödler & Schirmer (2013).

[127] Eine individuelle Ebene, d.h. Neuerungen aus Sicht einzelner Mitarbeiter, Experten oder Führungskräfte (vgl. Hauschild & Salomo (2007), S. 24), wird hier nicht weiter diskutiert, da sie im Rahmen der Modellentwicklung auf Netzwerkebene nicht relevant ist.

[128] Trommsdorff & Schneider (1990), S. 3 (Hervorh. DPK); ähnlich Hauschild & Salomo (2007), S. 26.

Aus der Netzwerkperspektive stellt das *Netzwerk* eine Organisationsform dar. Es bildet eine weitere Bezugsebene für Innovationen. So kann eine signifikante Neuerung der Kommunikationsabläufe beim Netzwerkreporting eine organisatorische Innovation auf Netzwerkebene darstellen. Diese Neuerung ist somit für das Netzwerk neu, jedoch nicht notwendigerweise für einzelne Netzwerkmitglieder, d.h. auf der Ebene der jeweiligen Akteursorganisationen. Durch die Differenzierung der drei Bezugsebenen wird erstens die mögliche Interdependenz dieser sowie der Innovationsgegenstände deutlich. Verbessert sich durch oben genannte organisatorische Innovation auf Netzwerkebene beispielsweise der Austausch von Wissen und Ressourcen der Netzwerkpartner untereinander, ist dies eine potentielle Grundlage für Produkt- oder Technologieinnovationen, welche dann netzwerkextern am Markt eingeführt werden können. Zweitens wird ersichtlich, dass keine vom Betrachter und damit der jeweiligen Bezugsebene unabhängige, absolute und in diesem Sinne objektive Perspektive auf Innovation existiert.[129] Dies ist auch bei der näheren Betrachtung des Neuheitsgrades von Innovationen zu berücksichtigen.

Innovationsintensität

Die Innovationsintensität oder der Neuheitsgrad einer Innovation sollen Aufschluss über den Umfang der Veränderungen gegenüber einem bisherigen Zustand geben. Dies wird beeinflusst von der subjektiven Perspektive und Betrachtungsebene, auf welche sich die Innovation bezieht.[130] Die Einschätzung der Innovationintensität ist folglich vom Wissens- und Erfahrungsstand eines Beurteilenden beim Vergleich eines neuen mit einem bestehenden Objekt zu einem bestimmten Zeitpunkt abhängig.[131]

Zumeist werden dabei *radikale und inkrementelle Innovationen* unterschieden.[132] Die Einschätzung bewegt sich auf einem Kontinuum zwischen den zwei Extremen sehr geringe Änderung (inkrementell) und fundamentaler Neuerung (radikal).[133] Als inkrementelle Innovationen werden dabei Neuerungen bezeichnet, welche auf der Weiterentwicklung bereits bestehender Produkte, Prozesse, Technologien etc. basieren. Das Vorhandene wird funktional verbessert, in veränderter Form oder Art und Weise hergestellt oder, bezogen auf die

---

[129] Vgl. Duschek (2002), S. 15. Eine Ausnahme bildet ein Innovationsverständnis, was auf globaler Ebene basiert. Hierbei wird nur das als Innovation betrachtet, was in der Geschichte der Menschheit erstmalig neu ist. Diese Perspektive scheint für eine betriebswirtschaftliche Netzwerkforschung jedoch ungeeignet (vgl. hierzu Hauschild & Salomo (2007), S. 26).

[130] Vgl. Salomo (2003), S. 403.

[131] Vgl. Schlaak (1999), S. 16 f.

[132] Dies wird kontrovers diskutiert. Hauschild & Salomo (2007), S. 16 ff. geben einen Überblick zur Heterogenität der Mess- und Klassifizierungsansätze des Innovationsgrades. Neben dichotomen Unterscheidungen existieren Ordinalskalen sowie multidimensionale Ansätze und Scoringverfahren (siehe auch Schlaak (1999)). Die Diskussion unterschiedlicher Klassifizierungsmöglichkeiten des Innovationsgrades wird hier nicht fortgeführt. Sie ist für die Entwicklung eines Modells der Innovations*fähigkeit* i.S. einer Potenzialgröße nicht zielführend, da sie sich auf Innovationsobjekte als Output bzw. Outcome eines solchen Potenzials bezieht. Die relevanten inhaltlichen Charakteristika der Fähigkeit finden dabei keine Entsprechung. Eine Konzeption der Innovationsfähigkeit anhand ihres Outputs (viele radikale Innovationen als Äquivalenz bzw. Bestimmungs*basis* stark ausgeprägter Fähigkeit) unterliegt der einleitend geschilderten Tautologieproblematik.

[133] Vgl. Gerpott (1999), S. 43.

jeweilige Bezugsebene, in einen neuen Kontext gestellt.[134] Radikale Innovationen stellen etwas gänzlich Neues dar.[135] Sie sind Sprünge oder Brüche in der Entwicklung des Innovationsgegenstands.[136]

Innovationsverständnis der Arbeit

Aus der Gesamtbetrachtung der dargestellten Aspekte, insbesondere unter Berücksichtigung der Bezugsebene Netzwerk und den Charakteristika von Innovationsnetzwerken, ergibt sich folgendes Innovationsverständnis für diese Arbeit:

> Als *netzwerkexterne Marktinnovationen* werden Produkte, Dienstleistung und technologische Neuerungen verstanden, welche aus Sicht des Netzwerks neu oder verändert sind und aus dem Netzwerk heraus erfolgreich von Netzwerkmitgliedern am relevanten Markt eingeführt werden.
>
> *Interne Netzwerkinnovationen* sind auf Netzwerkebene eingeführte Neuerungen von Strukturen, Prozessen, methodischen Maßnahmen zur Netzwerkkoordination und -steuerung sowie interne Dienstleistungen für Netzwerkmitglieder, welche aus Sicht des Netzwerks neu oder verändert sind.

Eingeschlossen in dieses Innovationsverständnisses sind damit Produkt- und Prozessinnovationen, Technologie- und Dienstleistungsinnovationen sowie organisatorische Innovationen. Diese können von eher inkrementeller Veränderung bis zur radikalen Neuerung reichen. Das Verständnis folgt damit weitgehend dem des Oslo-Manuals. Ergänzend dazu und anders als gängige Definitionen, welche Innovationen vor dem Hintergrund der Forschungseinheit Organisation beschreiben, erlaubt die vorliegende Definition in Bezug auf den besonderen Charakter der Forschungseinheit dieser Arbeit jedoch auch eine explizite Differenzierung in externe Marktinnovationen und interne Netzwerkinnovationen. Eine allgemeine Definition von *der* Innovation ist hier nicht sinnvoll.

Diese Unterscheidung ist zum einen aufgrund der Berücksichtigung unterschiedlicher Bezugsebenen von und Perspektiven auf Innovation notwendig. So sind prozessuale wie organisatorische Innovationen interne Neuerungen aus subjektiver Perspektive einer Organisation. Innovationsnetzwerke als eine Organisationsform unternehmensübergreifender Tätigkeiten weisen jedoch eigene Strukturen, Prozesse, Regeln und spezifische Methoden der Netzwerksteuerung auf. Diese können, wie in einzelnen Organisationen, Veränderungen erfahren oder durch Neuerungen ersetzt werden. Die Bezugsebene solcher internen Netzwerkinnovationen ist das jeweilige Innovationsnetzwerk. Die Neuerung bestimmt sich damit aus subjektiver Perspektive des Netzwerks und auf Netzwerkebene. Demgegenüber beziehen sich neue Produkte, Technologien und Dienstleistungen, welche nicht für die eigenen Netzwerkmitglieder bestimmt sind, auf eine netzwerkexterne Marktebene. Dieser relevante Markt entspricht den Innovationsschwerpunkten des Netzwerks. Da auf dieser Bezugsebene des Marktes eine netzwerkexterne, objektive Einschätzung von Innovationen über alle Branchen hinweg empirisch nicht darstellbar ist, wird auch hierbei die subjektive Beurteilung aus Sicht des Netzwerks gewählt.

---

[134] Vgl. Wahren (2004). S. 14 f.
[135] Vgl. ebd.
[136] Vgl. Bergmann (2000), S. 31.

Des Weiteren impliziert das Verständnis, dass Innovationen nicht zwingend Ergebnis eines geplanten Prozesses oder einer vollkommen rationalen Abfolge von Entscheidungen sein müssen, sondern auch emergent entstehen können. Zwar werden externe Marktinnovationen bewusst am Markt eingeführt, ihre Entwicklung ist jedoch nicht notwendigerweise vollständig geplant. Insbesondere eine Reihe von inkrementellen Innovationen kann einer Emergenz entspringen. Sie beruht unter anderem auf der Wahrnehmung netzwerkinterner und -externer Möglichkeiten oder Notwendigkeiten und den damit verbundenen Problemerkenntnissen, Chancen und Lösungsideen im Zeitverlauf. Dieser Verlauf ist nicht zwingend vorhersehbar. Innovationen stellen lediglich den veränderten Zustand oder die veränderten Eigenschaften eines Produktes, Prozesses, etc. zu einem spezifischen Zeitpunkt dar. Welche Faktoren jedoch zur Erreichung dieses Zustandes förderlich oder notwendig sind, wird im Verständnis von Innovation selber nicht erfasst. Die Fähigkeit zur Innovation, als eigentlicher Forschungs*gegenstand* dieser Arbeit, ist phänomenologisch wie analytisch und daher auch konzeptionell von der Innovation als Ergebnis zu differenzieren. Aspekte dieser Fähigkeit werden im Folgenden diskutiert.

3.2 Innovationsfähigkeit

Der Begriff *Fähigkeit* bezeichnet allgemein ein latent vorhandenes, handlungsgerichtetes Vermögen, einen bestimmten Vorgang potenziell auszuführen.[137] Die zwei Begriffsbestandteile *Innovation* und *Fähigkeit* zeigen in ihrer Synthese den spezifischen Bezug, d.h. worauf ein solches Vermögen gerichtet ist: Innovationen als die Ergebnisse von Handlungen wurden in Abschnitt 3.1 beschrieben.

> Grundlegend stellt Innovationsfähigkeit von Netzwerken damit ein auf die Schaffung von Neuerungen gerichtetes Vermögen dar. Unter Berücksichtigung des Innovations- und Netzwerkverständnisses dieser Arbeit handelt es sich um eine Fähigkeit von Netzwerken, innovative Produkte, Technologien oder Dienstleistungen im Netzwerk zu entwickeln und erfolgreich am externen Markt einzuführen sowie netzwerkintern neuartige Strukturen, Prozesse und Methoden zu etablieren.

Dieses grundlegende Verständnis allein ist jedoch problematisch, da es oftmals in einer tautologischen Verwendung des Fähigkeitsbegriffs resultiert, wenn dieser nicht weiter theoretisch-konzeptionell differenziert und operationalisiert wird:[138] *„A [..] capability to innovate can be thought of as the potential [...] to generate innovative outputs."*[139] Demnach wäre ein Unternehmen oder Netzwerk innovationsfähig, wenn es Innovationen hervorbringt. Für das Verständnis von Innovationsfähigkeit ist dies nicht ausreichend. Dennoch spiegelt sich die Problematik in zahlreichen Ansätzen und Innovationsaudits wider, welche nur wenig konzeptionell gestützt sind und damit i.d.R. kaum eine Argumentation bieten, warum bestimmte Input- und Outputgrößen für die Messung der Innovationsfähigkeit herangezogen werden.[140]

---

[137] Vgl. Rentzl (2004), S. 32.
[138] Vgl. Rasche & Wolfrum (1994), S. 511.
[139] Neely et al. (2001), S. 117.
[140] Für einen Überblick siehe bspw. Knödler, Schirmer & Gühne (2011).

Outputorientierte Ansätze nutzen Daten über Art, Anzahl und Intensität der *Ergebnisse* dieses Vermögens eines innovativen Agierens, d.h. die Innovationen selber. Bei Instrumenten dieses Typus werden meist Produkt- und Dienstleistungsinnovationen beziehungsweise als *Proxys* Patente eines Unternehmens innerhalb eines bestimmten Zeitraums, oft drei Jahre, gezählt. Mitunter wird zudem erfasst, welcher Anteil des Umsatzes oder welche Kosteneinsparungen mit diesen Innovationen verbunden sind.

Inputorientierte Ansätze schließen aus dem Vorhandensein bestimmter operationaler Kompetenzen und Ressourcen auf die Höhe der Innovationsfähigkeit. Grundlage sind meist die sogenannten Erfolgsfaktoren von innovativen Unternehmen. Sie reichen u.a. von Unternehmenskultur, finanziellen Ressourcen, Markt- und Kundenorientierung, Lernen und Wissensmanagement über Strategie, Technologie, Prozesse und Strukturen, Kooperationen bis zu Feedbackschleifen und Controllingsystemen. Einen häufig verwendeten Indikator stellen die F&E-Ausgaben als Prädiktor der Innovationsfähigkeit dar.[141]

Eine solche Konzeption der Fähigkeit, welche bei hohem Input eine meist deterministische Schlussfolgerung auf stark ausgeprägte Innovationsfähigkeit zieht, sagt im Grunde jedoch nichts über die eigentlichen Charakteristika beziehungsweise inhaltlichen Dimensionen der Fähigkeit selbst aus. Eine Ursache wird u.a. in methodischen Problemen bei der Operationalisierung verwendeter Mess- und Strukturmodelle sowie im oftmals mangelnden theoretisch-konzeptionellen Rahmen von Fähigkeitskonstruktionen gesehen.[142] Auf der anderen Seite ergibt sich insbesondere bei den Ansätzen, welche die Innovationsfähigkeit ausschließlich anhand des Innovationsoutputs messen, wiederum die genannte Tautologieproblematik. Auch sie ermöglichen daher keine Aussagen über den Charakter und die Facetten der zugrundeliegenden Fähigkeit. „*... most competence definitions [...] are based on functional characteristics, i.e. what are the effects caused by a competence? [...] However, this only explains part of the truth about competencies. What about the structural characteristics? What are the **elements** of a competence and its relations?*"[143]

Das hier dargelegte Verständnis kann folglich nur als erste Arbeitsdefinition und grundsätzliche Basis dienen. Denn zentrales Anliegen dieser Arbeit ist es, die wesentlichen Einflussfaktoren und insbesondere die Dimensionen der Innovationsfähigkeit darzustellen.[144] Hierfür reicht eine Betrachtung der In- und Outputseite nicht aus. Mit diesen Indikatoren alleine sind keine fundierten *inhaltlichen* Aussagen, auf denen Implikationen aufbauen können, möglich.[145] Es bedarf der theoretisch-konzeptionellen Fundierung[146] und empirischen Analyse[147] von inhaltlichen Facetten oder Dimensionen. Dies wird in den Teilen III und IV der Arbeit, respektive Teil VI aufgegriffen.

---

[141] Bspw. Henderson & Cockburn (1994).

[142] Vgl. Brown & Eisenhardt (1995); Albers & Hildebrandt (2006).

[143] Drejer (2001), S. 135 (Hervorh. DPK).

[144] Vgl. 2. Forschungsfrage: *Welche inhaltlichen Aspekte zeichnen diese Fähigkeit auf Netzwerkebene aus und welche wesentlichen Einflussfaktoren wirken auf sie?*

[145] Vgl. 4. Forschungsfrage: *Welche Implikationen ergeben sich aus der Kenntnis inhaltlich differenzierter Aspekte der Innovationsfähigkeit für die weitere Forschung und Managementpraxis?*

[146] Vgl. 1. Forschungsfrage: *Wie kann die Innovationsfähigkeit von Netzwerken theoretisch-konzeptionell fundiert werden?*

[147] Vgl. 3. Forschungsfrage: *Wie lässt sich Innovationsfähigkeit operationalisieren und empirisch erfassen?*

Da weder einzelne Ressourcen, Wissen oder operationale Kompetenzen auf der Inputseite, noch die fertige Innovation als Ergebnis auf der Outputseite gleichbedeutend mit der eigentlichen Innovations*fähigkeit* sind, liegt diese analytisch zwischen In- und Output. Auf dieser Zwischenebene scheint es sich um ein Bündel von Faktoren zu handeln, welche sich in der Innovationsfähigkeit vereinen beziehungsweise diese bilden. Greiling (1998) beispielsweise versteht unter Innovationsfähigkeit *„aufgrund der fehlenden exakten Definitionsvorschläge in der Literatur [...] einen individuellen, gegenwärtigen und/oder zukünftigen Innovationsbedarf zu suchen, zu erkennen, zu bewerten, zu formulieren und ihn zum Abschluss zur Anwendung zu bringen."*[148] Dies deutet auf mehrere Aktivitäten oder Elemente hin, welche in ihrem Zusammenwirken Innovationsinputs in Innovationsoutputs transformieren.[149] Daraus ziehen Lawson & Samson (2001) die Schlussfolgerung: *„Innovation capability is [..] a higher-order integration capability, that is, the ability to mould and manage multiple capabilities."*[150] Eine so verstandene Innovationsfähigkeit stellt sich als Metafähigkeit dar, welche Inputs i.S.v. operationalen Kompetenzen sowie Ressourcen als Basis nutzt, steuert, verändert und integriert. Hierfür ist Un (2002) folgend auch Wissen eine entscheidende Grundlage: *„innovation capability is [the] ability to mobilize the knowledge embodied in [..] employees and combine it to create new knowledge resulting in product and/or process innovation."*[151] Diese ersten Hinweise deuten auf ein komplexes, latentes Konstrukt hin. Als solches ist Innovationsfähigkeit nicht unmittelbar beobacht- oder messbar. Ihre Erfassung bedarf zunächst der theoretisch gestützten Darstellung konzeptioneller Facetten sowie ihrer Grundlagen. Eine darauf aufbauende Operationalisierung verlangt ferner die Wahl relevanter Indikatoren zur Messung dieser. Aus dem folgenden Überblick zum Stand der Forschung im Schnittstellenbereich von Innovation und Netzwerken sollen daher erste Hinweise auf mögliche Elemente und Indikatoren für ein Konstrukt der Innovationsfähigkeit auf Netzwerkebene gewonnen werden.

4 Innovation und Innovationsfähigkeit in der Netzwerkforschung

Neben der terminologischen und funktionalen Verbindung – Innovation als funktionaler Zweck und Begriffsbestandteil von Innovationsnetzwerken – werden das Innovieren und Netzwerken zunehmend als treibende Aktivitäten zur Steigerung und Wahrung der Wettbewerbsfähigkeit von Organisationen gesehen. Es scheint selbstredend, dass eine Verknüpfung dieser beiden Wettbewerbsfaktoren nicht nur für Unternehmen eine betriebswirtschaftliche Überlegung darstellt, sondern auch als Themenfeld in der Forschung von Interesse ist. Der vorangegangene Abschnitt zeigt allerdings die Notwendigkeit einer theoretisch gestützten und inhaltlich differenzierten Konzeption der Innovationsfähigkeit auf. Dies stellt das zentrale Anliegen der Arbeit dar. Eine Einordnung in die Innovationsnetzwerkforschung (vgl. Abschnitt 4.2) sowie eine Analyse zum Stand der Forschung theoretisch-konzeptioneller und

---

[148] Greiling (1998), S. 31.
[149] Vgl. auch Mairesse & Mohnen (2002); Wang & Ahmed (2004).
[150] Lawson & Samson (2001), S. 380.
[151] Un (2002), S. E1.

empirischer Beiträge zu Konstrukten der Innovationsfähigkeit im Kontext von Netzwerken (vgl. Abschnitt 4.3) soll im Folgenden die Grundlagen hierfür bereitstellen. Dafür ist zunächst jedoch zu klären, welche Betrachtungsperspektiven geeignet sind, um konzeptionelle Aussagen über inhaltliche Aspekte von Innovationsfähigkeit zu treffen.

4.1   Eingrenzung der Betrachtungsperspektive

Grundlegend lassen sich Makro- von Mikroperspektiven in der Netzwerkforschung unterscheiden.[152] Die *Mikrosicht* fokussiert auf einzelne Netzwerkteilnehmer. Forschungseinheiten sind Organisationen und ihre individuellen, oft dyadischen Kooperationen.[153] Diese werden als inter-organisationale[154] wie auch inter-personale[155] Beziehungen konzipiert und in ihrer Summe als das Netzwerk *des* Unternehmens betrachtet. Pittaway et al. (2004) fassen die Bedeutung dieser Beziehungen in einem Review wie folgt zusammen: „*Networks are critical not only for accessing knowledge to create in-house innovations, or for the diffusion of technological innovation, but they are equally important for learning about innovative work practices that other organizations have developed or adopted*"[156]. Das Netzwerk ist aus einer solchen Mikroperspektive zwar ein Mittel zur Erreichung primär unternehmensspezifischer Innovationsziele. Es stellt u.a. eine potenzielle Quelle für externes Wissen und Ressourcen und eine Möglichkeit der Risikostreuung dar.[157] Die Mikroperspektive ermöglicht jedoch nur begrenzt Aussagen über Phänomene auf der gesamten Netzwerkebene, da sie beispielsweise indirekte Beziehungen, d.h. Verbindungen zu Wissen und Ressourcen, welche durch direkte Kontakte nur vermittelt werden, i.d.R. nicht berücksichtigt. Gleichwohl erscheint eine Betrachtung auch von Beiträgen aus der Mikroperspektive lohnenswert, wenn diese relationale Aspekte der Innovationsgenerierung wie die Art und Weise der Interaktion mit einzelnen Partnern berücksichtigen. Zudem ist die Funktion von Innovationsnetzwerken die gemeinsame Schaffung von Innovationen zum Erlangen oder Erhalten von Wettbewerbsvorteilen. Letzter Aspekt wird zumeist eher aus einer Mikroperspektive betrachtet.

---

[152] Ähnlich Hippe (1996), S. 34, der diese Unterscheidung jedoch nur auf strategische Netzwerke bezieht und hierbei insbesondere die dominante Rolle der fokalen Unternehmen hervorhebt. Die Unterscheidung bietet sich jedoch ebenfalls zur Strukturierung der Netzwerkforschung allgemein an. In Anlehnung an Ritter & Gemünden (2003), S. 693 können für die Analyse von interorganisationalen Beziehungen grundlegend fünf Ebenen unterschieden werden: (a) die Einzelinteraktion/Austausch, (b) die dyadische Beziehung *zweier* Organisationen, (c) ähnliche Beziehungen i.S.e. spezialisierten Beziehungsportfolios *einer* Organisation, (d) das Netz aller Beziehungen *einer* Organisation sowie (e) das Netzwerk aus mehreren Organisationen und ihrer multilateralen Interorganisationsbeziehungen in seiner Gesamtheit, ohne von einer individuellen Organisation auszugehen. (a) bis (d) nutzen dabei zwar die Netzwerkperspektive und ggf. methodische Aspekte der Netzwerkanalyse auf empirische Phänomene, verlassen aber die phänomenologische Ebene des interorganisationalen Netzwerks (siehe Sydow (1992), S. 118 ff.) und sind damit der dargestellten Mikroperspektive zuzuordnen. Diese Arbeit betrachtet das interorganisationale Netzwerk jedoch als Forschungseinheit (Ebene e).

[153] Vgl. Dyer (1996); Eisenhardt & Schoonhoven (1996); Zaheer, Gözübüyük & Milanov (2010).

[154] Bspw. Burt (1992); Becker & Dietz (2002); Borchert, Goos & Hagenhoff (2004).

[155] Bspw. Cantner & Graf (2006).

[156] Pittaway et al. (2004), S. 145.

[157] Siehe bspw. Pfeffer & Salancik (1978).

Die Makrosicht beleuchtet Netzwerke aus einer globaleren Perspektive.[158] Sie lässt sich weiter untergliedern. Die *externe Makroperspektive* untersucht vom Standpunkt eines externen, objektiven Außenbetrachters gesamte Netzwerke zumeist als abstrakte Elemente eines größeren Innovationssystems. Arbeiten mit Fokus auf nationale und regionale Innovationssysteme (NIS/RIS) thematisieren beispielsweise die Bedeutung gesellschaftlicher und wirtschaftspolitischer Rahmenbedingungen für die Entwicklung von Netzwerken[159] sowie wiederum deren Relevanz für Entwicklung und Innovation im sozio-geographischen Kontext.[160] Forschungseinheit ist dabei oft eine Region oder eine (räumlich begrenzte) Industrie. Eine solche Außenperspektive eignet sich jedoch weniger, um Phänomene in einzelnen Netzwerken, d.h. auf Netzwerkebene selber inhaltlich differenziert zu untersuchen.

Solche Aspekte der Art und Weise des Netzwerkens sind zentrales Interesse der Netzwerkforschung aus einer *internen Makrosicht*. Sie stellt eine Innensicht auf das Netzwerk dar, ohne dies aus der selektiven Mikroperspektive eines einzelnen Unternehmens zu tun.[161] Zwar können auch hier dominante oder zentrale Netzwerkakteure auftreten, doch ist vielmehr das gesamte Netzwerk von Interesse, d.h. auch Netzwerkverbindungen und Phänomene, welche aus Sicht eines einzelnen Akteurs für ihn nicht direkt relevant erscheinen oder ersichtlich sind. Betrachtet werden u.a. die Abstimmung multilateraler Prozesse des Wissensaustausches zwischen Organisationen, Netzwerkroutinen und Strukturen, die Akteurszusammensetzung von Netzwerken oder die Steuerung der gemeinsamen Leistungserbringung. Die interne Makroperspektive fokussiert damit stärker auf netzwerkspezifische Phänomene und Fragestellungen, ohne dabei primär den Nutzenaspekt für einzelne Akteure hervorzuheben. Aus dieser Sicht stellt daher das Netzwerk die Forschungseinheit dar (vgl. Abschnitt 2.1).

Da Innovationsfähigkeit als Forschungsgegenstand der vorliegenden Arbeit grundlegend als ein auf die Schaffung von Neuerungen im Netzwerk beziehungsweise aus dem Netzwerk heraus gerichtetes Vermögen darstellt, ist ihre Betrachtung als interorganisationales Phänomen vor allem auf der Netzwerkebene relevant. Hierfür bieten sich insbesondere die interne Makro- sowie Mikroperspektive an. Der folgende Abschnitt gibt zunächst einen Überblick des Forschungsfelds Innovationsnetzwerke. Damit erfolgt eine erste Einordnung von Innovationsfähigkeit als Forschungsgegenstand und inhaltlichem Aspekt von Netzwerken. Eine detaillierte Betrachtung von Beiträgen speziell zu Konstrukten und Elementen der Innovationsfähigkeit auf Netzwerkebene aus interner Makro- sowie Mikroperspektive erfolgt in Abschnitt 4.3.

---

[158] Diese wird mitunter auch als *whole networks-Perspektive* bezeichnet, vgl. bspw. Provan, Fish & Sydow (2007).

[159] Vgl. Furtado (1997); Nooteboom (2000).

[160] Bspw. Heidenreich (2000); Koch & Fuchs (2000); Hirsch-Kreinsen (2007).

[161] Dieses Perspektivenverständnis stimmt weitestgehend mit Hippe (1996) überein. Im Rahmen der vorliegenden Arbeit wird die interne Makrosicht jedoch als neutrale Position eines Betrachters von Netzwerkphänomenen verstanden, um die Unterscheidung von Forschungseinheit und Forschungsgegenstand zu ermöglichen. Die interne Makroperspektive bezieht sich hierbei auf Phänomene *in* oder *von* Netzwerken und nicht auf Netzwerke *als* Phänomen. Innovationsfähigkeit ist folglich verortet auf der Ebene des gesamten Netzwerks und somit ein Phänomen *von* Netzwerken.

4.2   Einordnung im Forschungsfeld Innovationsnetzwerke

Innovationsnetzwerke sind insbesondere in Hochtechnologiebranchen wie der Biotechnologie und Biomedizin[162] oder der Luftfahrtindustrie[163] Gegenstand der Forschung. Beiträge finden sich jedoch auch für die ´klassischen´ Branchen der Automobilindustrie[164] des Hüttenwesens[165] und des Bauwesens[166]. Konzeptionell ist dabei zumeist ein Fallstudiendesign beziehungsweise die Fokussierung auf einzelne Netzwerke festzustellen.[167] Vergleichsweise wenige Arbeiten stützen sich dabei auf die Betrachtung mehrerer Netzwerke gleichzeitig.[168] Von besonderem Interesse im Rahmen dieser Arbeit sind jedoch nicht die Netzwerke als Forschungsgegenstand, sondern inhaltliche Aspekte von Innovationsnetzwerken, insbesondere die Innovationsfähigkeit. Ein Überblick zu Forschungsgegenständen, welche im Rahmen von Innovationsnetzwerken als Forschungseinheit beziehungsweise aus einer Netzwerkperspektive heraus untersucht werden, bietet sich anhand der Aspekte (1) Ursachen von Innovationsnetzwerken, (2) Management von Innovationsnetzwerken sowie (3) Wirkungen von Innovationsnetzwerken an.[169]

(1) Ursachen von Innovationsnetzwerken

Als Ursache für die zunehmende Bedeutung von Netzwerken zur Generierung von Innovationen wird zum einen ein zunehmender technologischer Wandel in vielen Branchen gesehen.[170] Unternehmen sind verstärkt damit konfrontiert, solche Veränderungen schneller und systematischer wahrnehmen und intern verarbeiten zu müssen.[171] Damit verbunden sind Innovationsanforderungen sowohl an Produkte als auch an die mit ihrer Herstellung verbundenen technischen und organisatorischen Prozesse. Der durch diese Innovationsdynamik ausgelöste Wettbewerbsdruck wird als weitere Ursache für Innovationsnetzwerke betrachtet.[172] Einzelne Marktteilnehmer können mit begrenzten finanziellen Mitteln und Kompetenzen vielfach nicht mehr bestehen.[173] Zusammen tragen technologischer Wandel, Innovationsdynamik und Wettbewerbsintensivierung zu kürzeren Produktlebenszyklen sowie zunehmend schneller Obsoleszenz von Wissen bei. Die Folge sind beispielsweise kürzere

---

[162] Vgl. bspw. Dinnie, McKee & Bower (1999); Kilduff & Hongseok (2006); Provan & Sydow (2008); Quéré (2008).

[163] Vgl. bspw. Sammarra & Biggiero (2008); Behnken (2010).

[164] Vgl. bspw. Dilk et al. (2008).

[165] Vgl. bspw. Calia, Guerrini & Moura (2007).

[166] Vgl. bspw. Keast & Hampson (2007).

[167] Siehe beispielsweise Provan & Milward (1995); Duschek (2002); Deitmer (2004); Sydow (2004); Sydow & Windeler (2004); Franke et al. (2005); Sydow, Windeler & Lerch (2007).

[168] Vgl. Provan & Milward (1995).

[169] Eine detaillierte Darstellung hierzu bietet auch Duschek (2002), S. 4 ff.

[170] Siehe bspw. Barley (1990); DeBresson & Amesse (1991); Kantner & Myers (1991); Saxenian (1991); Ring & Van de Ven (1992); Hagedoorn & Schakenraad (1994); Chesbrough & Teece (1996); Powell, Koput & Smith-Doerr (1996); Wildemann (1998a); Semlinger (2000); Kirschten (2003).

[171] Vgl. bspw. Ritter (1998); Rycroft & Kash (2004).

[172] Siehe bspw. Badaracco (1991); DeBresson & Amesse (1991); Hagedoorn & Schakenraad (1994); Voigt & Wettengl (1999); Bellmann & Haritz (2001); Borchert, Goos & Hagenhoff (2004); Bossink (2004); Gerum & Stieglitz (2004); Buhl (2009).

[173] Vgl. Gulati, Nohria & Zaheer (2000); Mildenberger (2000); Günther (2003).

Forschungs- und Entwicklungszeiten. Diesem Zeitdruck wird mit stärkerer Arbeitsteilung im Innovationsprozess zwischen Organisationen begegnet.[174] Innovationsnetzwerke formieren sich mit dem Idealziel des gegenseitigen Nutzens aller beteiligten Akteure.

Durch die skizzierten Entwicklungen ist neben einem zeitlichen Aspekt auch die Zunahme von Komplexität und Interdependenz von Innovationsprozessen zu verzeichnen. Es wird vermehrt nach systemischen Innovationen, welche auf Verknüpfungen von verschiedenen Technologien, Ressourcen und Anwendungsgebieten basieren, gestrebt.[175] Damit sind i.d.R. höhere Ressourceneinsätze und ein entsprechendes Risiko verbunden. Diese Anforderungen sollen in Innovationsnetzwerken auf mehrere Beteiligte verteilt werden.[176]

In der Betrachtung von Ursachen für Innovationsnetzwerke wird insb. ein funktionaler Aspekt deutlich, welcher Innovationsnetzwerken zugeschrieben wird. Sie sollen, dies wird zumindest erwartet, die beteiligten Akteure vor wettbewerblichen Nachteilen und Risiken eines zunehmend komplexer und dynamischer ablaufenden technologischen Wandels schützen. Die Gestaltung dieser Funktionen von Netzwerken wird insbesondere in Arbeiten zum Netzwerkmanagement aufgegriffen.

(2) Netzwerkmanagement

Beiträge zum Netzwerkmanagement nehmen in der Mehrheit eine Mikroperspektive ein.[177] Sie fokussieren damit auf Netzwerkbeziehungen als Teil der Innovationsprozesse eines Unternehmens. Es geht im Kern um die Gestaltung und das Management von (multiplen) Kooperationen und Beteiligungen an Netzwerken aus Unternehmenssicht.[178] Hier ist i.w.S. auch das Konzept der *open innovation*[179] einzuordnen, welches ebenfalls primär aus der Mikroperspektive alternative 'Beschaffungsoptionen' für Innovationen und Ideen für das Unternehmen, entgegen der klassischen Innovationsforschung, mit Entstehungslokus außerhalb der Unternehmensgrenzen thematisiert. „... *important innovation activities take place outside or across the boundaries of the firm. These perspectives consequently offer congruent (if not parallel) normative proscriptions for 21st-century innovation processes, about the importance to firms of searching outside their boundaries to obtain crucial knowledge (if not complete solutions) both for creating and commercializing innovations.*"[180] Konzeptionell werden aus der Mikroperspektive heraus oftmals die Steuerung von und Kontrolle über dyadische Innovationsbeziehungen in den Fokus der Forschung gerückt.[181] Empirische Arbeiten basieren damit vielfach auf Daten von Kooperations- und Netzwerkverantwortlichen einzelner Unternehmen.

---

[174] Siehe bspw. Saxenian (1991); Rothwell (1992); Bleicher (1996); Semlinger (1998); Engelhard & Sinz (1999); Semlinger (2000); Knack (2006).

[175] Vgl. Gerybadze (2004), S. 82 ff.

[176] Siehe bspw. Biemans (1992); Hagedoorn (1993); Meyer-Krahmer (1994); Heidenreich (1997); Semlinger (1998); Voigt & Wettengl (1999); Tidd, Bessant & Pavitt (2001); Grün, Hauschildt & Janosch (2008).

[177] Entgegen dem Titel zahlreicher Arbeiten bietet sich hier die Unterscheidung in *Netzwerk- und Kooperationsmanagement* von einzelnen Unternehmen (Mikroperspektive) und *Management von Innovationsnetzwerken* (interne Makroperspektive) an.

[178] Vgl. Lipparini & Sobrero (1994); Haritz (2000).

[179] Vgl. Chesbrough (2003).

[180] Bogers & West (2012), S. 11.

[181] Vgl. Specht, Beckmann & Amelingmeyer (2002), S. 385 ff.; Koufteros, Edwin-Cheng & Lai (2007).

Arbeiten aus einer internen Makroperspektive betrachten das Management von Netzwerken i.S. der Gesamtheit eines interorganisationalen Beziehungsgeflechts.[182] Im Zentrum stehen dabei meist spezifische Aspekte des Managements[183], u.a. die Messung und Gestaltung der Beziehungsqualität zwischen Innovationspartnern[184], der Informations- und Wissensdiffusionsprozess[185], die Vertragsgestaltung zwischen den Partnern[186] oder das Projektmanagement[187]. Daneben finden sich zahlreiche instrumentenorientierte Arbeiten, beispielsweise die Entwicklung von Kennzahlensystemen wie einer Netzwerk-Balanced Score Card, welche z.T. den Besonderheiten interorganisationaler Innovationsnetzwerke angepasst werden.[188] Spezifische Beiträge zum Management von Innovationsaktivitäten in Netzwerken aus einer internen Makroperspektive existieren jedoch vergleichsweise wenig.[189]

(3) Wirkung von Innovationsnetzwerken

Ein großer Teil der Arbeiten im Forschungsfeld Innovation und Netzwerke beschäftigt sich mit den Wirkungen von Innovationsnetzwerken. Dies sind zum einen Beiträge, welche Netzwerke unter regionalen Aspekten, beispielsweise der Wirtschaftsförderung, betrachten.[190] In der Mehrheit werden jedoch solche Wirkzusammenhänge untersucht, welche sich auf die organisationalen Netzwerkakteure und ihre individuellen Innovationsprozesse erstrecken.[191] Diskutiert werden insbesondere der (schnellere) Aufbau von Unternehmens-Know-How beziehungsweise von materiellen und immateriellen Ressourcen[192], die Reduzierung von Innovationskosten und -risiken[193], langfristige Wettbewerbsfähigkeit durch die Schaffung von gemeinsamen Industriestandards und Markteintrittsbarrieren[194], die Nutzung komplementärer Ressourcen und die Erzielung von Synergieeffekten[195] sowie interorganisa-

---

[182] Vgl. Duschek (2002).

[183] Einen Überblick bieten bspw. Sydow & Windeler (2000).

[184] Vgl. Backhaus (2009).

[185] Vgl. Blomqvist et al. (2004).

[186] Vgl. Blumberg (1998); Rühl (2001).

[187] Vgl. Sydow & Windeler (2004); Borchert (2006).

[188] Vgl. bspw. Borchert (2006); Goos (2006). Für einen Überblick siehe Stadlbauer, Wilde & Hess (2007); Aulinger (2008); Behnken (2010).

[189] Vgl. Borchert (2006), S. 53 ff. sowie S.70 f.; Behnken (2010), S. 201 ff. Die in Abschnitt 4.3 dargestellten Beiträge weisen z.T. Bezüge zum Innovationsmanagement auf.

[190] Vgl. bspw. Valle (1994); Cooke (1996); Koschatzky (1999); Hahn et al. (1995). Des Weiteren existieren zahlreiche Beiträge, welche Instrumente und Wirkungen des Netzwerkmanagements unter dem Aspekt regionaler Netzwerke untersuchen; für einen Überblicke siehe bspw. Deitmer (2004).

[191] Vgl. Fischer (2006), S. 53 f.

[192] Vgl. bspw. Powell (1990); Kantner & Myers (1991); Ring & Van de Ven (1992); Eisenhardt & Schoonhoven (1996); Ladwig (1996); Duschek (1998); Wildemann (1998); Heidenreich (2000); Tidd, Bessant & Pavitt (2001); Sydow et al. (2003); Matzler (2006); Obermaier & Otto (2006).

[193] Vgl. bspw. DeBresson & Amesse (1991); Hagedoorn (1993); Hahn et al. (1995); Ladwig (1996); Kowol (1998); Wildemann (1998a); Herstatt & Müller (2003); Franke et al. (2005).

[194] Vgl. bspw. DeBresson & Amesse (1991); Saxenian (1991); Hagedoorn & Schakenraad (1994); Dyer & Singh (1998); Duschek (2002).

[195] Vgl. bspw. Lipparini & Sobrero (1994); Helfat (1997); Ritter (1998); Gemünden et al. (1998); Koschatzky (1999); Bellmann & Haritz (2001); Tidd, Bessant & Pavitt (2001); Sydow et al. (2003); Voßkamp (2004); Kirschten (2006); Strebel & Hasler (2007).

tionales Lernen[196]. Auch hierbei dominiert somit die Mikroperspektive der Netzwerkforschung.[197] Die (rekursive) Wirkung von Netzwerkaktivitäten und -eigenschaften auf das Netzwerk selber wird wenig thematisiert.[198]

Zusammenfassend lässt sich festhalten, dass insbesondere ressourcen- und kompetenzbasierte Erwägungen unter dynamischen Wettbewerbsbedingungen zur Bildung von Innovationsnetzwerken beitragen. Diese ursächlichen Aspekte geben jedoch keinen Aufschluss über Innovationsfähigkeit auf Netzwerkebene, allenfalls über mangelnde Fähigkeit auf Organisationsebene. Auch das Management von Innovationsnetzwerken beziehungsweise das Innovationsmanagement in Netzwerken sind zunächst abzugrenzen vom Forschungsgegenstand der Innovations*fähigkeit*. Insbesondere Arbeiten zum Innovationsmanagement aus Mikroperspektive der Netzwerkforschung nehmen oftmals eine primär produktbezogene, oft theoriearme, instrumentelle Perspektive auf operationale Innovationsprozesse ein. Dabei wird nicht selten auf die Erfolgsfaktorenforschung zurückgegriffen.[199] Der Erkenntnisgewinn für die Voraussetzungen und insbesondere inhaltlichen Charakteristika der Innovationsfähigkeit als zentrale Fragestellung der vorliegenden Arbeit ist dabei i.d.R. gering. Des Weiteren zeigt sich, dass Wirkungen von Innovationsnetzwerken vielfach aus einer ressourcen- und fähigkeitsorientierten Perspektive analysiert, dabei jedoch vor allem auf die Netzwerkteilnehmer bezogen werden. Zusammengefasst stellt sich das Erzielen von Wettbewerbsvorteilen durch die Schaffung, Nutzung, Integration und Verknüpfung (komplementärer) Ressourcen und Kompetenzen mit Netzwerkpartnern als wesentliche (angestrebte) Wirkung von Innovationsnetzwerken dar.

Innovationsfähigkeit als Forschungsgegenstand, verstanden als komplexes Konstrukt (vgl. Abschnitt 3.2), lässt sich am ehesten unter den intendierten Wirkungsaspekten im Forschungsfeld einordnen. Dies erschließt sich auch in der konstitutiven Zielstellung von Innovationsnetzwerken, der gemeinsamen Generierung von Innovationen zur Erzielung von Wettbewerbsvorteilen (vgl. Abschnitt 2.2). Auffällig jedoch ist, obwohl insgesamt ein Ressourcen- und Fähigkeitsfokus in der Netzwerkforschung vorherrscht, dass das *Wesen* beziehungsweise *die Merkmale von Fähigkeiten* selber, insbesondere inhaltliche Facetten von Innovationsfähigkeit, kaum auf der Netzwerkebene, d.h. aus einer internen Makroperspektive, diskutiert werden. Betrachtet werden fast ausschließlich organisationale Ressourcen und Kompetenzen, welche im Austausch der Netzwerkmitglieder untereinander kombiniert und möglicherweise weiterentwickelt werden: „*innovation networks [...] are the medium through which material and symbolic resources are mobilized and combined*"[200]. Weitgehend unklar bleibt dabei zumeist, wie dies zu Innovationsfähigkeit *von* Netzwerken führen kann. Diejenigen Arbeiten der Netzwerkforschung, welche sich explizit der Innovationsfähigkeit beziehungsweise Elementen eines Konstrukts widmen, werden im Folgenden diskutiert.

---

[196] Vgl. bspw. Asdonk, Bredeweg & Kowohl (1994); Kowol & Krohn (1995); Powell, Koput & Smith-Doerr (1996); Büchel et al. (1997); Duschek (1998); Carlsson (2003); Inkpen & Tsang (2005); Strebel & Hasler (2007); van Wijk et al. (2008); Cowan & Jonard (2009).

[197] Vgl. Provan, Fish & Sydow (2007) für einen Überblick.

[198] Vgl. Fischer (2006), S. 57; Sydow, Windeler & Lerch (2007).

[199] Siehe bspw. Franke et al. (2005).

[200] Perry (1993), S. 970; ähnlich auch Lee, Lee & Pennings (2001); Duschek (2002); Hagenhoff (2008).

4.3 Stand der Forschung – Konstrukte der Innovationsfähigkeit aus Netzwerkperspektive

In enger Anlehnung an die im Abschnitt 3.2 aufgezeigte Problemstellung der inhaltlichen Bestimmung von Innovationsfähigkeit werden in diesem Abschnitt Beiträge analysiert, welche Hinweise auf eine theoretische und/oder konzeptionelle Fundierung sowie mögliche inhaltliche Dimensionen der Innovationsfähigkeit von Netzwerken liefern können. Die Auswertung stützt sich auf eine systematische Literaturrecherche mit Hilfe der Datenbanken *Business Source Complete* des Anbieters Ebsco Host sowie *SciVerse-ScienceDirect (Business, Management and Accounting)* von Elsevier.[201] Dargestellt werden im Folgenden diejenigen Beiträge, welche ein Minimum an inhaltlicher Konzeption der Innovationsfähigkeit oder Hinweise auf einzelne Elemente hierfür enthalten. Es werden sowohl theoretisch-konzeptionelle wie auch empirische Arbeiten berücksichtigt. Nicht berücksichtigt werden Arbeiten aus externer Makroperspektive (vgl. Abschnitt 4.1).

- Lipparini & Sobrero (1994) untersuchen die Bedeutung von Zulieferern im interorganisationalen Innovationsprozess aus einer relationalen Perspektive in zwei Fallstudien. Für eine erfolgreiche Einbindung i.S.d. Innovationsgenerierung sind demnach insbesondere die räumliche und kulturelle Nähe, eine frühe Einbindung, der Wissensaustausch sowie eine aktive innovationsförderliche Rolle von Führungspersönlichkeiten beziehungsweise Unternehmensgründern bedeutend.

- Tracey & Clark (2003) sehen in ihrer konzeptionellen Arbeit aus interner Makroperspektive vor allem Flexibilität bei der Netzwerkformation und Transformation von Netzwerkstrukturen als Voraussetzungen innovativer Aktivitäten. Der Beitrag weist keinen expliziten theoretischen Bezugsrahmen auf, verweist jedoch auf Aspekte des *double- und triple loop learning.*[202]

- Chang (2003) stellt mittels multipler Regressionsanalyse die Bedeutung starker Kooperationsbeziehungen zwischen Unternehmen, Universitäten und Regierungsorganisationen für die Innovationsperformanz dar. Der theoretische Verweis auf die Transaktionskostentheorie ist eher schwach ausgeprägt.

- Bossink (2004) zeigt in einer Einzelfallstudie Innovationstreiber verschiedener Bezugsebenen auf. Förderlich sind demnach Umweltdruck und öffentliche Anreize, der Wissensaustausch im Netzwerk, eine Basis technischer Kompetenzen der Partner sowie *boundary spanning* i.S.v. Innovationspromotoren zwischen Unternehmen. Grundlage der Fallstudie bildet eine Literaturauswertung, jedoch ohne expliziten Theorierahmen.

---

[201] Die Fokussierung durch zwei Suchdurchgänge mit den Suchbegriffskombinationen (1.) „*innovation capability AND network*" in Titel, Abstract *oder* Schlüsselwörtern sowie (2.) „*innovation AND network*" im Titel und *gleichzeitig* „*capability*" im Abstract unter Beschränkung auf akademische Journals mit Publikationsdatum zwischen 01.01.1990 und 31.12.2011 weist insgesamt 60 Beiträge auf.
[202] Vgl. Argyris & Schön (1996).

- Blomqvist et al. (2004) konzipieren unter Verweis auf dynamische Fähigkeiten die Kollaboration und den Wissenstransfer mit komplementären Organisationen als Metafähigkeiten für ein F&E-Management unter dynamischen Umweltbedingungen. Es erfolgt keine empirische Prüfung.

- Meagher & Rogers (2004) zeigen in einer Simulationsstudie den Einfluss von unternehmensinterner Forschung und des Monitorings anderer Unternehmen auf *innovation spillovers* zwischen Unternehmen. Die Verweise auf mikroökonomische Ansätze zu F&E-spillovers sind nur schwach ausgeprägt.

- Macpherson, Jones & Zhang (2005) stellen anhand einer Einzelfallstudie dar, dass insbesondere eine von den Partnern geteilte Wahrnehmung von upstream und downstream Wissensaustausch in der Lieferkette sowie die direkte *face-to-face* Interaktion zur Akkumulation von Innovationsfähigkeit beitragen können.

- Quintana-García & Benavides-Velasco (2005) entwickeln ein Strukturgleichungsmodell zur Erklärung der Innovationsperformanz durch regionale Cluster. Bedeutende Variablen dabei sind Wissenstransfer, komplementäre Kompetenzen sowie externe finanzielle Ressourcen. Eine explizite theoretische Fundierung ist nicht vorhanden.

- Pekkarinen & Harmaakorpi (2006) beschreiben Kernprozesse der Formation von Innovationsnetzwerken zur Exploitation regionaler Ressourcenkonfigurationen aus einer internen Makroperspektive. Aufbauend auf Ansätze der RIS und mit eher schwachem Bezug zur Generierung dynamischer Fähigkeiten zeigen die Autoren in einer Einzelfallstudie, dass die Kernprozesse kollektives Lernen sowie Wissensaustausch einer grundlegenden Basis von Ressourcen und Kompetenzen bedürfen.

- Rothaermel & Hess (2007) nutzen ein Panel-Dataset der Biotechnologiebranche, um individuelle, organisationale und netzwerkbezogene Antezedenzien für den Innovationsoutput, konzipiert als Patentanmeldungen, zu prüfen. Theoretisch baut die Arbeit auf dem ressourcenorientierten Paradigma mit Verweis auf die Diskussion um dynamische Fähigkeiten auf. Der Innovationsoutput stellt sich als positive Funktion des intellektuellen Humankapitals, der F&E-Ausgaben sowie von Allianzen mit Technologieanbietern und Akquisitionen von Technologiefirmen dar.

- Dooley & O'Sullivan (2007) verstehen relationale Fähigkeiten als Basis für organisationsübergreifende Innovationen. Mittels einer Einzelfallstudie arbeiten sie die wesentlichen Aspekte heraus. Hierzu zählen die technische und soziale Infrastruktur für Wissensaustauschprozesse, die Kompatibilität der Partner, klare Regeln, Rollen und Verantwortungen sowie ein langfristiger Innovationsfokus. Sie stützen sich hierfür auf eine eigene Literaturauswertung, jedoch ohne erkennbaren theoretischen Rahmen.

- Smart, Bessant & Gupta (2007) ermitteln durch Literaturreview und Experteninterviews `Regeln´ für die Konfiguration von Innovationsnetzwerken. Theoretisch bauen diese auf einzelnen Aspekten der dynamischen Fähigkeiten auf. Von Bedeutung sind nach Ansicht der Autoren die gemeinsame Neuproduktentwicklung, ein proaktives, innovationsorientiertes und netzwerkerfahrenes Management, heterogene aber sich ergänzende Kompetenzen und fachliche Disziplinen der Beteiligten, Lern- und Wissensaustauschprozesse, die Berücksichtigung unintendierter Entwicklungen und eine damit verbundene Offenheit für kontinuierlichen wie diskontinuierlichen Wandel.

- Koufteros, Edwin-Cheng & Lai (2007) zeigen mittels konfirmatorischer Faktorenanalyse, aufbauend auf Literatur zur sozialen Netzwerkanalyse, dass die Integration von Zulieferern in den Innovationsprozess (*embeddedness*) i.S.d. gegenseitigen Anpassung von Hersteller und Zulieferer sich positiv auf Produktinnovationen auswirken kann.

- Bachmann (2000) schlagen ein konzeptionelles Modell der nachhaltigen organisationalen Entwicklung, aufbauend auf Innovationen, vor. Neben individuellen Fähigkeiten des Managements ist hierfür aus ihrer Sicht auch das Eingehen von Netzwerkverbindungen sowie Erfahrung mit Kooperationen bedeutsam. Das Modell wird literaturgestützt entwickelt. Eine konsistente theoretische Fundierung und empirische Prüfung sind jedoch nicht vorhanden.

- Damaskopoulos, Gatautis & Vitkauskaité (2008) sehen die Zusammenarbeit von KMU mit (komplementären) dynamischen Fähigkeiten aus unterschiedlichen Industrien, Märkten und Wertschöpfungsstufen als relevant für die Veränderungsbeziehungsweise Anpassungsfähigkeit regionaler Cluster. Im Rahmen ihrer konzeptionellen Arbeit greifen die Autoren auf den wissensbasierten Ansatz und dynamische Fähigkeiten aus interner Makroperspektive zurück.

- Für Agarwal & Selen (2009) stellt die Entwicklung dynamischer Fähigkeiten eine Basis für kollaborative Serviceinnovationen dar. Ihre Strukturgleichungsanalyse baut auf einzelnen Aspekten der dynamischen Fähigkeiten auf, ist jedoch insgesamt eher wenig theoretisch fundiert. Die *collaborative innovative capacity* wird konzipiert als gegenseitige Anpassung und Integration von Fähigkeiten und Ressourcen über Organisationsgrenzen hinweg.

- Isaksen & Kalsaas (2009) beschreiben im Rahmen einer Einzelfallstudie Lernaktivitäten als wesentlichen Faktor für Wissensakkumulation und Innovation in internationalen Produktionsnetzwerken. Diese Lernaktivitäten werden im Wesentlichen stimuliert durch komplementäre Ressourcen zu den strategischen *lead firms* des Netzwerks. Für einen theoretischen Rahmen nutzt die Arbeit insbesondere Literatur des Supply Chain Managements.

- Bengtsson, Niss & Von Haartman (2010) präsentieren ebenfalls eine Einzelfallstudie zur Wissensintegration und zu Lernprozessen in Führungs- und Folgerrollen innerhalb konzerninterner Produktionsnetzwerke. Hierfür sehen sie insbesondere die Vergleichbarkeit der Kompetenzbasis zur Wissenskombination, die Kooperation von Netzwerkpartnern mit unterschiedlichen Rollen sowie einen Wechsel der Rollen zum Aufbrechen verfestigter Routinen als relevante Faktoren an. Die Fallstudie stützt sich nicht auf eine explizite theoretische Fundierung.

- Olsson et al. (2010) beschreiben und analysieren interorganisationales *action learning* als Basis von Veränderungsfähigkeit aus interner Makroperspektive. Die Einzelfallstudie zeigt gemeinsame Lernprozesse, Vertrauensbildung sowie das Commitment zum Wissenstransfer als wesentliche Bestandteile davon auf.

- Patrucco (2011) nutzt die Komplexitätstheorie sowie dynamische Fähigkeiten zur Erklärung des Einflusses von Veränderungen interorganisationaler Innovationsplattformen auf die Innovationsfähigkeit der Mitglieder. Die Spezialisierung und Differenzierung der Mitglieder, eine hohe Komplementarität ihrer technologischen Kompetenzen, der Wissensaustausch sowie die Kompetenz eines Systemintegrators/Netzwerkmanagers zeigen in einer Einzelfallstudie positive Einflüsse.

- Perks & Moxey (2011) testen aus einer internen Makroperspektive in sechs Fallstudien die Wirkung von Aufgaben- und Ressourcenteilung sowie der Fähigkeiten von strategischen *lead firms* auf die Innovationsfähigkeit. Abgeleitet vom ressourcenbasierten Ansatz und unter Verweis auf relationale Aspekte und dynamische Fähigkeiten erzeugt eine starke Aufgaben- und Ressourcenteilung der vor- und nachgelagerten Akteure der Wertschöpfungskette im Netzwerk Innovationsfähigkeit.

- Story, O'Malley & Hart (2011) beschreiben drei Rollen für Generierung von radikalen Innovationen, welche die Partner im Netzwerkkontext erfüllen müssen. *Connecting* bezieht sich auf die Verbreitung von Ideen im Netzwerk. *Integrating* basiert auf der Koordination von Aufgaben und Verantwortung, Zielformulierung und Prozesskontrolle. *Endorsing* bedeutet die Einführung und Bekanntmachung neuer Produkte und Technologien auf dem Markt. Die Autoren entwickeln diese Rollen mit Hilfe von fünf Fallstudien, jedoch ohne explizite Theoriefundierung.

Insgesamt zeigt der Überblick zur Innovationsnetzwerkforschung sowie im Speziellen der Stand der Forschung zu konkreten Innovationsfähigkeitskonstrukten, dass bislang keine befriedigenden Konzeptionen der Innovationsfähigkeit von Netzwerken auszumachen sind, welche zugleich inhaltlich differenziert, theoretisch ausreichend fundiert und empirisch gefestigt sind.[203] Dies verdeutlicht erneut die existierende Forschungslücke im Schnittstellenbereich von Innovations- und Netzwerkforschung (vgl. Teil I.2).

---

[203] Vgl. auch Borchert (2005).

Zusammenfassend wird auch deutlich, dass nur vergleichsweise wenige Beiträge existieren, die sich überhaupt explizit mit einem Konstrukt der Innovationsfähigkeit *direkt auf Netzwerkebene* befassen und dieses inhaltlich differenziert konzipieren. Dies zeigt sich insbesondere in der geringen Anzahl von Arbeiten aus interner Makroperspektive, was jedoch auch bezogen auf andere Forschungsgegenstände in der Netzwerkliteratur zu beobachten ist (vgl. Abschnitt 4.2). Bei den meisten Beiträgen ist außerdem eine eher geringe theoretische Fundierung festzustellen. Innerhalb dieser sind jedoch das ressourcenorientierte Paradigma und Ansätze der dynamischen Fähigkeiten am weitesten verbreitet.

Der folgende Abschnitt zieht aus der Betrachtung des Forschungsfeldes erste Implikationen für konzeptionelle Elemente sowie theoretische Bezugspunkte der Innovationsfähigkeit von Netzwerken (vgl. Abschnitt 5.1). Darauf aufbauend erfolgt in Abschnitt 5.2 ein Zwischenresumé für den weiteren Verlauf der Arbeit.

5 Grundlegende Implikationen für ein Konstrukt der Innovationsfähigkeit von Netzwerken

5.1 Theoretische und konzeptionelle Anschlussstellen

Aus einer Netzwerkperspektive sind Innovationen und damit Innovationsfähigkeit insbesondere durch relationale, interorganisationale Beziehungen der Netzwerkteilnehmer geprägt. So sehen beispielsweise Borchert & Hagenhoff (2004) *„in dem interdisziplinären, funktionsübergreifenden Innovationsprozess [...] den Transfer, die neuartige Kombination und die Transformation von sowohl materiellen, immateriellen als auch finanziellen [...] Ressourcen. Nur durch die Verknüpfung dieser unterschiedlichsten Ressourcen ist es letztendlich möglich, eine innovative Gesamtleistung zu erbringen."*[204] Dieser Fokus auf Ressourcen und deren Anwendung, Verknüpfung und Austausch ist charakteristisch für zahlreiche der betrachteten Beiträge. Grundlegende Ressourcen und operationale Kompetenzen der Partner sind Basis der meisten Konstrukte.

Inhaltlich konzeptionell scheinen die *gegenseitige Anpassung, Integration und Rekombination möglichst komplementärer Kompetenzen und Ressourcen* im Netzwerk wesentliche Teilaspekte der Innovationsfähigkeit darzustellen.[205] Eine entscheidende Bedeutung kommt damit auch *Prozessen des Wissensaustausches* zwischen den Akteuren zu.[206] Einige Konzeptionen ergänzen Aspekte wie einen *längerfristigen, strategischen Innovationsfokus*[207], die *Innovationsförderung* durch Promotoren oder entsprechende Strukturen im Netzwerk[208], eine

---

[204] Borchert & Hagenhoff (2004), S. 16.

[205] Vgl. Blomqvist et al. (2004); Quintana-García & Benavides-Velasco (2005); Damaskopoulos, Gatautis & Vitkauskaité (2008); Agarwal & Selen (2009); Isaksen & Kalsaas (2009); Bengtsson, Niss & Von Haartman (2010); Patrucco (2011).

[206] Vgl. Lipparini & Sobrero (1994); Blomqvist et al. (2004); Bachmann (2000); Quintana-García & Benavides-Velasco (2005); Pekkarinen & Harmaakorpi (2006); Dooley & O'Sullivan (2007); Smart, Bessant & Gupta (2007); Bengtsson, Niss & Von Haartman (2010); Patrucco (2011).

[207] Vgl. Dooley & O'Sullivan (2007).

[208] Vgl. Lipparini & Sobrero (1994); Bossink (2004); Fichter (2009), Story, O'Malley & Hart (2011).

kulturelle Offenheit für Neues, auch Unbeabsichtigtes, ein Commitment zum *Lernen* sowie vergangene *Netzwerk(management)erfahrungen*[209] (vgl. zusammenfassend Tabelle 2).

Die Innovationsfähigkeit von Netzwerken stellt sich damit als ein mehrdimensionales, komplexes Konstrukt dar, welches sich aus sozio-ökonomischen, kulturellen und strategischen Elementen zum Transfer, zur Rekombination und Transformation von grundlegenden Kompetenzen und Ressourcen bildet.

Verknüpfung und Austausch	Komplementäre Ressourcen/ Kompetenzen	Netzwerk-management/ -führung	Lernen
Lipparini & Sobrero (1994) Chang (2003) Bossink (2004) Blomqvist et al. (2004) Macpherson, Jones & Zhang (2005) Quintana-García & Benavides-Velasco (2005) Pekkarinen & Harmaakorpi (2006) Dooley & O'Sullivan (2007) Smart, Bessant & Gupta (2007) Koufteros, Edwin-Cheng & Lai (2007) Bengtsson, Niss & Von Haartman (2010) Patrucco (2011) Perks & Moxey (2011)	Chang (2003) Blomqvist et al. (2004) Quintana-García & Benavides-Velasco (2005) Pekkarinen & Harmaakorpi (2006) Rothaermel & Hess (2007) Dooley & O'Sullivan (2007) Damaskopoulos, Gatautis & Vitkauskaité (2008) Agarwal & Selen (2009) Isaksen & Kalsaas (2009) Bengtsson, Niss & Von Haartman (2010) Patrucco (2011) Perks & Moxey (2011)	Lipparini & Sobrero (1994) Bossink (2004) Meagher & Rogers (2004) Dooley & O'Sullivan (2007) Smart, Bessant & Gupta (2007) van Kleef & Roome (2007) Patrucco (2011) Perks & Moxey (2011) Story, O'Malley & Hart (2011)	Tracey & Clark (2003) Pekkarinen & Harmaakorpi (2006) Smart, Bessant & Gupta (2007) Isaksen & Kalsaas (2009) Bengtsson, Niss & Von Haartman (2010) Olsson et al. (2010)
	gegenseitige Anpassung	**Strategie**	**Kultur**
	Tracey & Clark (2003) Macpherson, Jones & Zhang (2005) Koufteros, Edwin-Cheng & Lai (2007) Agarwal & Selen (2009)	Macpherson, Jones & Zhang (2005) Dooley & O'Sullivan (2007) Smart, Bessant & Gupta (2007) Isaksen & Kalsaas (2009) Bengtsson, Niss & Von Haartman (2010) Patrucco (2011) Story, O'Malley & Hart (2011)	Macpherson, Jones & Zhang (2005) Dooley & O'Sullivan (2007) Olsson et al. (2010)

Tabelle 2: Stand der Forschung – Aspekte der Innovationsfähigkeit von Netzwerken
Quelle: Eigene Darstellung

Aus theoretischer Perspektive bilden Rekombination und Transformation von Kompetenzen und Ressourcen mit der Zielstellung der Veränderung und Innovation zentrale Elemente in der Diskussion um dynamische Fähigkeiten.[210] Diese finden sich zum Teil in den Beiträgen zu Konstrukten der Innovationsfähigkeit im Kontext von Netzwerken (vgl. Abschnitt 4.3).

---

[209] Vgl. Tracey & Clark (2003); Smart, Bessant & Gupta (2007); van Kleef & Roome (2007); Bengtsson, Niss & Von Haartman (2010); Olsson et al. (2010).
[210] Vgl. Adams, Bessant & Phelps (2006), S. 30.

Teece, Pisano & Shuen (1997) definieren dynamische Fähigkeiten als „*ability to integrate, build, and reconfigure internal and external resources in creating the higher-order capabilities that are embedded in their social, structural, and cultural context*"[211]. Es handelt sich im Kern um Metafähigkeiten, welche über Umformung, Integration, Rekonfiguration und Erneuerung der operationalen Kompetenz- und Ressourcenbasis die Herausbildung neuer Ressourcenkonfigurationen ermöglichen, die einen innovativen Outcome hervorbringen können.[212] Das so erzielte Veränderungsvermögen soll insbesondere unter dynamischen Marktbedingungen jeweils die Kompetenzen und Ressourcen fördern, generieren und nutzbar machen, welche Wettbewerbsvorteile durch neuartige Kombination und Innovation ermöglichen. Dynamische Fähigkeiten werden als eine Grundlage nachhaltiger Wettbewerbsvorteile durch Innovation identifiziert.[213] Somit liegt der „*focus of dynamic capabilities [..] on innovation (both technical and organizational)*"[214]. Sie werden daher oft im Kontext der Innovationsforschung, beispielsweise bei der Produkt- oder Prozessentwicklung, untersucht.[215] „*Dynamic capabilities include well-known organizational and strategic processes like [..] product development*"[216].

Mit dem Fokus auf Innovationsfähigkeit als Forschungsgegenstand bietet sich zunächst eine Einordnung des Dynamic Capability-based View (DCV)[217] unter die *Theorien des Wandels beziehungsweise der Innovationsfähigkeit* an.[218] Gegenüber *Theorien der Innovation als Gegenstandstheorien*, welche primär die Frage nach dem «Was ist Innovation?» stellen[219], ist ihre Intention das Aufzeigen von Mustern und Deutungen, wie dieses Neue entstehen kann. Ihr Fokus liegt auf den Voraussetzungen und den Prozessen von Wandel und Innovation. Sie stellen somit direkt oder indirekt die Frage «Was ist Innovationsfähigkeit?» in den Mittelpunkt. Wachstumstheorien und Theorien des sozialen Wandels[220], u.a. Modernisierungstheorien[221], die Evolutorische Ökonomik[222] und Ansätze der National Innovation Systems/ Regional Innovation Systems (NIS/ RIS)[223], sind hier als Beispiele zu nennen. Sie beziehen sich jedoch vor allem auf die (gesamt)gesellschaftliche Betrachtungs-

---

[211] Teece, Pisano & Shuen (1997), S. 516.

[212] Vgl. Schirmer & Ziesche (2010), S. 20.

[213] Vgl. Teece, Pisano & Shuen (1997), S. 516. Dieses Grundverständnis von dynamischen Fähigkeiten wird von zahlreichen Autoren geteilt oder in vergleichbarer Form aufgegriffen, bspw. Iansiti & Clark (1994); Galunic & Eisenhardt (2001); Zahra & George (2002); Marsh & Stock (2006); Lazonick & Prencipe (2005); Teece (2007); Daneels (2008); O'Reilly & Tushman (2008); Teece & Augier (2008); Bruni & Verona (2009); Teece (2009).

[214] Teece (2009), S. X.

[215] Vgl. bspw. Iansiti & Clark (1994); Helfat (1997); Petroni (1998); Eisenhardt & Martin (2000); Verona & Ravasi (2003); Rothaermel & Hess (2007); Lee & Kelley (2008); Macher & Mowery (2009).

[216] Eisenhardt & Martin (2000), S. 1118.

[217] Bspw. Iansiti & Clark (1994); Teece, Pisano & Shuen (1997); Eisenhardt & Martin (2000); Zollo & Winter (2002); Winter (2003); Schreyögg & Kliesch (2005); Teece & Augier (2008).

[218] Vgl. diesbezüglich und im Folgenden Moldaschl (2009), S. 10.

[219] Sie suchen Erklärungen dafür, was neu ist beziehungsweise was die Innovation als Gegenstand ausmacht.

[220] Als Einführung beispielsweise Strasser et al. (1979).

[221] Beispielsweise Beck, Giddens & Lash (1996).

[222] Für einen Überblick siehe beispielsweise Lehmann-Waffenschmidt (2002).

[223] Für einen Überblick zu NIS/ RIS siehe beispielsweise Lundvall (1992; 2009); Blättel-Mink & Ebner (2009).

ebene.[224] Dies korrespondiert in der Netzwerkforschung zumeist mit einer externen Makroperspektive (vgl. Abschnitt 4.1).

Der DCV bezieht sich als Ansatz der strategischen Managementforschung primär auf Organisationen und deren Umfeld. Das Erklärungsziel liegt i.d.R. im Aufzeigen von Fähigkeiten zur Nutzung von Ressourcen und operationalen Kompetenzen als Ursprung von *unternehmensspezifischen Wettbewerbsvorteilen*. Kooperation, Netzwerke und komplementäre externe Kompetenzen und Ressourcen nehmen im DCV eine entscheidende Stellung ein.[225] Unternehmen besitzen i.d.R. nicht alle notwendigen Kompetenzen und Ressourcen selber.[226] Sie sind, zumindest teilweise, beschränkt von technologischen Pfaden, Wettbewerbssituationen und organisationalen Routinen.[227] Kooperationen und Netzwerke bieten eine Möglichkeit, um externe Kompetenzen und Ressourcen zu nutzen und gemeinsam zu entwickeln. Sie bieten die Chance explorativer Wissensgenerierung und Austauschprozesse zwischen den Partnern. „*Co-operation provides a channel for learning via access to new cognitive frameworks, routines, institutional arrangements and cultures.*"[228]

Somit lässt sich festhalten, dass zum einen bereits Forschungsbeiträge zu Konstrukten der Innovationsfähigkeit vorliegen, welche sich auf den DCV stützen (vgl. Teil II.4.3). Zum anderen sind dynamische Fähigkeiten, verstanden als multidimensionale Metafähigkeiten und gerichtet auf Rekombination, Erneuerung und Innovation, grundsätzlich anschlussfähig an das Verständnis von Innovationsfähigkeit der vorliegenden Arbeit (vgl. Abschnitt 3.2). Des Weiteren ist der DCV prinzipiell offen für Kooperations- und Netzwerkbeziehungen. Damit bietet er insgesamt einen möglichen theoretischen Bezugspunkt der Innovationsfähigkeit von Netzwerken.

5.2 Zwischenresumé

Die Verknüpfung des DCV mit Innovationsnetzwerken existiert in Ansätzen in der bisherigen Netzwerkforschung.[229] Zwar muss für die meisten Beiträge zu Konstrukten der Innovationsfähigkeit im Netzwerkkontext eine geringe theoretische Fundierung konstatiert werden. Verweise auf Ansätze der dynamischen Fähigkeiten sind jedoch am weitesten

---

[224] Die NIS/ RIS bilden in der Innovationsforschung die nationale beziehungsweise regionale Ebene ab, fokussieren also verstärkt auf sozio-geographische und sozio-demographische (Standort)faktoren der Innovation, beispielsweise bei Fritsch et al. (1998), S. 246. Das Vorhandensein von regionalen Netzwerken, beispielsweise in Forschung und Entwicklung, stellt bei den RIS ein Element der Innovationsfähigkeit einer innovativen Region dar. Eine Betrachtung der jeweiligen organisationalen Akteure und findet i.d.R. nicht statt. Bei den in dieser Arbeit betrachteten Innovationsnetzwerken ist zudem nicht davon auszugehen, dass alle Netzwerkteilnehmer zwingend zusammen in einer Region angesiedelt sind, es sich folglich nicht um ausschließlich regionale Netzwerke handelt (siehe Teil II.2.2). Die Analyseeinheiten der RIS bilden jedoch einzelne Regionen. Ansätze der NIS/ RIS sind daher weniger geeignet für das hier verfolgte Anliegen.

[225] Vgl. bspw. Hagedoorn, Link & Vonortas (2000); S. 572; Schilke (2007), S. 40; Kupke (2008), S. 84.

[226] Vgl. bspw. Smart, Bessant & Gupta (2007), S. 1085 f.; Mason & Leek (2008), S. 776.

[227] Vgl. Tidd, Bessant & Pavitt (2001).

[228] Chang (2003), S. 427.

[229] Siehe auch Chang (2003), S. 426 f.

verbreitet, oft jedoch ohne detaillierte Ausarbeitung eines theoretisch-konzeptionellen Rahmens beziehungsweise ohne empirische Prüfung eines darauf basierenden Modells (vgl. Abschnitt 4.3). Eine nähere Betrachtung des DCV, insbesondere von inhaltlich differenzierten Konzeptionen dynamischer Fähigkeiten, verspricht wichtige Erkenntnisse in Bezug auf mögliche Elemente eines mehrdimensionalen Innovationsfähigkeitskonstrukts (vgl. Abschnitt 5.1).

Da der DCV sich allerdings primär auf die organisationale Ebene bezieht, ist zusätzlich die Berücksichtigung von relationalen Aspekten, d.h. Austauschbeziehungen als konstitutiven Elementen von Netzwerken (vgl. Abschnitt 2.2), notwendig. Hierfür erweist sich im Zuge der theoretisch-konzeptionellen Betrachtungen im folgenden Teil III der Arbeit der *Relational View* als anschlussfähig, um ein mögliches Konstrukt der Innovationsfähigkeit auf der Netzwerkebene zu verorten. Er stellt ebenfalls einen ressourcen- und fähigkeitsorientierten Ansatz dar. Sein Fokus liegt jedoch im interorganisationalen Kontext. Er hebt besonders die Schaffung, Nutzung und Veränderung von interorganisationalen Ressourcen- und Fähigkeiten für relationale Wettbewerbsvorteile im Netzwerk hervor und ergänzt damit den DCV.[230]

Des Weiteren wird gezeigt werden, dass beide Ansätze eine verfahrens- beziehungsweise regelorientierte Verankerung von reflexiven Mechanismen zum Umgang mit Unvorhersehbarem und ‚blinden Flecken‘ insbesondere beim Erkennen von Innovationsmöglichkeiten vorschlagen (vgl. Teil III.1.3 & III.2.3). Als ergänzender dritter theoretischer Bezugspunkt zur Fundierung eines relationalen und inhaltlich differenzierten Konstrukts der Innovationsfähigkeit wird daher in Teil III.3 der Ansatz der *Institutionellen Reflexivität* herangezogen. Er thematisiert den regel- beziehungsweise verfahrensorientierten Umgang mit Dysfunktionalitäten i.S.v. ‚blinden Flecken‘.[231] Entscheidend zur Innovationsfähigkeit trägt aus dieser Sicht das systematische Offenhalten von Prozeduren und Voraussetzungen für Revisionen bestehender Praktiken und Routinen durch reflexive Verfahren bei.

Für Teil II kann damit zusammenfassend festgehalten werden:

- Grundlegend stellt die Innovationsfähigkeit von Netzwerken ein auf die Schaffung von Neuerungen gerichtetes Vermögen von Netzwerken dar, innovative Produkte, Technologien oder Dienstleistungen im Netzwerk zu entwickeln und erfolgreich am externen Markt einzuführen sowie netzwerkintern neuartige Strukturen, Prozesse und Methoden zu etablieren.
- Die kooperative Generierung solcher Innovationen ist ein wesentlicher Zweck von Innovationsnetzwerken. Sie werden als ökonomische Formen der innovationsbezogenen, relativ stabilen, interorganisationalen Zusammenarbeit zwischen mehr als drei Unternehmen und Forschungseinrichtungen verstanden, um Wettbewerbsvorteile zu erzielen. Sie ermöglichen den Austausch insbesondere technologiebezogener Kompetenzen und Ressourcen zwischen den Netzwerkmitgliedern, welche formal selbständig aber in Bezug auf die Innovationsaktivitäten wirtschaftlich abhängig sein können.
- Die existierende Forschungslücke bezüglich der Innovationsfähigkeit von Netzwerken aus einer internen Makroperspektive kann durch die wenigen, i.d.R. kaum

---

[230] Vgl. Dyer & Singh (1998).
[231] Vgl. Moldaschl (2006).

theoretisch fundierten Beiträge nicht zufriedenstellend geschlossen werden. Sie weist darauf hin, dass eine inhaltlich differenzierte Betrachtung der Innovationsfähigkeit notwendig ist. Konzeptionell scheinen hierbei eine gegenseitige Anpassung, die Integration und Rekombination komplementärer Kompetenzen und Ressourcen, Prozesse des Wissensaustausches sowie strategische und kulturelle Aspekte der Innovationsförderung von besonderer Bedeutung zu sein. Dies deutet auf ein mehrdimensionales Konstrukt der Innovationsfähigkeit hin.

- Der DCV betrachtet dynamische Fähigkeiten als solche mehrdimensionalen Konstrukte i.S.v. Metafähigkeiten. Auch hier steht im Fokus die Umformung, Integration, Rekonfiguration und Erneuerung der operationalen Kompetenz- und Ressourcenbasis, was die Herausbildung neuer Ressourcenkonfigurationen und damit einen innovativen Outcome bewirken soll. Dies entspricht dem grundlegenden Verständnis von Innovationsfähigkeit in der vorliegenden Arbeit. Der DCV bietet daher potenziell eine theoretische Fundierung zur inhaltlichen Differenzierung der Innovationsfähigkeit. Er ist im Zuge der folgenden konzeptionellen Ausarbeitung zu ergänzen um relationale und regel- beziehungsweise verfahrensorientierte Aspekte.

Teil III
Theoretisch-konzeptioneller Zugang zur Innovationsfähigkeit von Netzwerken

Im Folgenden wird ein Bezugsrahmen für die Modellentwicklung und anschließende empirische Untersuchung des Innovationsfähigkeitskonstrukts entwickelt. Er stellt die zentralen theoretisch-konzeptionellen Grundlagen für eine *inhaltliche Spezifikation des Forschungsgegenstands Innovationsfähigkeit* von Innovationsnetzwerken bereit.[1] Dies geschieht zum einen vor dem Hintergrund des grundlegenden Verständnisses von Innovationsfähigkeit, wie es in Teil II.3.2 & II.5.1 dargestellt wurde. Gestützt auf den bisherigen Stand der Forschung haben sich erste Hinweise auf den *Dynamic Capability-based View* als geeigneten theoretischen Zugang für eine inhaltliche Betrachtung ergeben. Teil III widmet sich daher (1.) der detaillierten Darstellung dieses ersten theoretischen Bezugspunkts, insbesondere des Konzepts der Mikrofundierung dynamischer Fähigkeiten[2], welches eine differenzierte Betrachtung verschiedener konzeptioneller Facetten ermöglicht (Abschnitt 1). Zum anderen werden (2.) die Charakteristika der Forschungseinheit Innovationsnetzwerk als interorganisationale und beziehungsgeprägte Form von Innovationsaktivitäten durch den Einbezug von relationalen Aspekten des *Relational View* als zweiter Bezugspunkt berücksichtigt (Abschnitt 2). Des Weiteren wird (3.) mit dem Ansatz der *Institutionellen Reflexivität* ergänzend auf eine regelorientierte Perspektive zurückgegriffen (Abschnitt 3). Damit lassen sich Defizite einer rein relational, ressourcen- und fähigkeitsorientierten Konzeption von Innovationsfähigkeit durch die institutionelle Verankerung reflexiver Mechanismen, wie sie auch im Dynamic Capability-based sowie Relational View gefordert werden, ausräumen.

Die Darstellung der drei theoretischen Bezugspunkte erfolgt jeweils (1.) anhand ihrer Grundlagen, (2.) ihrer für die vorliegende Arbeit relevanten konzeptionellen Elemente und schließt (3.) mit einer kritischen Betrachtung der daraus resultierenden Implikationen für eine integrative Konzeption der Innovationsfähigkeit von Netzwerken ab. Die Implikationen werden in Abschnitt 4 zu einem theoretisch-konzeptionellen Rahmen zusammengeführt, welcher die Grundlage für die in Teil IV folgende Modellentwicklung bildet.

---

[1] Hierbei stehen nicht Theorien des Netzwerks beziehungsweise Netzwerktheorien im Fokus. Sie behandeln Netzwerke zumeist als Forschungsgegenstand und würden Erklärungsmöglichkeiten vorschlagen, was unter einem Netzwerk verstanden werden kann, warum Netzwerke existieren oder wie und warum sich spezifische Netzwerkbeziehungen und -strukturen entwickeln. Dies ist an anderer Stelle im Schrifttum ausführlich dargestellt und kann nachgeschlagen werden, bspw. bei Sydow (1992) und Zentes, Swoboda & Morschett (2005a). Eine terminologische Spezifikation des *Was* wurde ohnehin bereits in Teil II unter Rekurs auf entsprechende Forschungsansätze und Typologien geliefert. Sie beschreibt Innovationsnetzwerke als Forschungseinheit der vorliegenden Arbeit.

[2] Vgl. Teece (2007).

1 Dynamische Fähigkeiten

1.1 Grundlagen einer ressourcen- und fähigkeitsorientierten Perspektive auf Innovationsfähigkeit

In seiner Entwicklung baut der DCV auf dem Ressource-based View[3] (RBV) auf.[4] Dieser sieht im Besitz und Einsatz wertvoller, seltener, schwer imitier- und substituierbarer Ressourcen die entscheidenden Quellen von Wettbewerbsvorteilen.[5] Die Problematik zur Erlangung dieser wird dabei meist wenig thematisiert. Damit ist auch die Veränderlichkeit einer solchen Ressourcenbasis konzeptionell nicht im eher statischen RBV erfasst.[6] In einem durch Veränderungen gekennzeichneten Umfeld, dieses wurde in Teil II.4.1 unter Verweis auf Technologie- und Innovationsdynamik beschrieben, ist das Generieren langfristiger Wettbewerbsvorteile durch Innovationen als ein charakterisierendes funktionales Merkmal von Innovationsnetzwerken mittels einer starren Ressourcenbasis jedoch kaum möglich. Es bedarf folglich spezifischer Fähigkeiten zur Ressourcennutzung *und* -veränderung. Der RBV betrachtet solch komplexe Fähigkeiten jedoch noch nicht als zentrales Merkmal und damit ausschlaggebend für die Erzielung von Wettbewerbsvorteilen. Zwar thematisiert bereits Penrose (1995) die unternehmensinternen Prozesse der Ressourcennutzung. Der eigentliche Argumentationsstrang in der *structural school* des klassischen RBV fokussiert jedoch auf strukturelle Rahmenbedingungen in Organisationen für einzigartige Ressourcen beziehungsweise auf die Ressourcenbündel selber. In späteren Ansätzen der *process school* erlangen Wissen sowie Kompetenzen der Ressourcenkombination (daran anknüpfend auch Knowledge-based View und Competence-based View) stärkere Bedeutung.[7] Komplexe Fähigkeiten zur Veränderung dieser Ressourcen- und Kompetenzbasis thematisiert jedoch erst der DCV ausführlich.[8]

Er folgt damit grundlegend der Tradition des RBV, entwickelt ihn jedoch weiter, indem er eine dynamische Perspektive auf Ressourcen und Kompetenzen einnimmt. Er ist, wie schon der RBV, in einem gemäßigten Voluntarismus[9] und liberalen methodologischen Individualismus (vgl. Teil II.1) verankert. Organisationen als kollektiven Akteuren wird dadurch die

---

[3] Insb. Penrose (1959, 1995); Rumelt (1984); Wernerfelt (1984); Barney (1991, 1996); Grant (1991); Peteraf (1994).

[4] Bedeutende Einflüsse stammen außerdem vom Competence-based View (u.a. Nelson (1982); Prahalad & Hamel (1990); Amit & Schoemaker (1993); Hamel & Prahalad (1993)) sowie Knowledge-based View (u.a. Cohen & Levinthal (1990); Kogut & Zander (1992); Nonaka, Takeuchi & Mader (1997)), welche selber wiederum auf dem RBV aufbauen. Für einen Überblick zum ressourcen- und kompetenzorientierten Paradigma der Managementforschung siehe Stephan et al. (2010).

[5] *Valuable, Rare, In-imitable, Non-substitutable (VRIN)*; vgl. Barney (1991; 1996).

[6] Vgl. bspw. Eisenhardt & Martin (2000).

[7] Vgl. bspw. Freiling, Gersch & Goeke (2006).

[8] Siehe bspw. Teece, Pisano & Shuen (1997); Eisenhardt & Martin (2000); Zollo & Winter (2002); Winter (2003); Zahra, Sapienza & Davidsson (2006); Schreyögg & Kliesch-Eberl (2007); Teece (2007); Wang & Ahmed (2007); Hou (2008); Ambrosini & Bowman (2009); Easterby-Smith, Lyles & Peteraf (2009); Ridder, Hoon & McCandless (2009).

[9] Vgl. bspw. Kirsch (1997), S. 286 ff.; Kirsch & Guggemoss (1999), S. 42 ff.

Möglichkeit zugesprochen, durch aktives Handeln auf ihre eigene Situation und, innerhalb gewisser Grenzen, auf ihre Umwelt Einfluss zu nehmen. Wettbewerbsvorteile basieren dabei weder ausschließlich auf bestimmten (Anpassungs)Strategien an die Umwelt, wie es ein 'structure-conduct-performance-Paradigma'[10] beziehungsweise der Market-based View[11] vorsieht, noch auf der reinen Verfügbarkeit von Ressourcen. Vielmehr existieren unternehmensspezifische Quellen von Wettbewerbsvorteilen, die im Vermögen der Veränderung und Innovation liegen. Dieses Vermögen wird in eben jenen dynamischen Fähigkeiten ausgemacht, welche sich auf die operationalen Kompetenzen, Prozesse und Ressourcen einer Organisation richten. Dynamisch bezieht sich in diesem Zusammenhang somit nicht auf den Grad der Umweltveränderung, sondern drückt aus, dass diese operationale Basis unter variablen Umweltbedingungen eine Veränderung erfahren kann, dass sie inhaltlich neu kombiniert, transformiert und ergänzt werden kann, um das Risiko von Lock-Ins und Rigiditäten zu verringern.[12] Dynamic Capabilities repräsentieren damit komplexe Metafähigkeiten[13], welche grundlegend beschrieben werden können als „*ability to integrate, build, and reconfigure internal and external competences to address rapidly changing environments. Dynamic capabilities thus reflect an organization's ability to achieve new and innovative forms of competitive advantage...*".[14] Dieses Verständnis weist darauf hin, dass dynamische Fähigkeiten nicht als ad-hoc Problemlösungen oder spontane Reaktionen gelten. Vielmehr handelt es sich um situationsübergreifende, musterhafte, d.h. in Strukturen und Prozessen verankerte, abstrakte Konstrukte, denen intangible und tangible Ressourcen, Kompetenzen und Wissen als Ausgangspositionen zugrunde liegen, und welche sich auf unterschiedliche Art und Weise auswirken können.[15] Die durch dynamische Fähigkeiten gesteuerten oder beeinflussten Veränderungen an Ressourcen und Kompetenzen können inkrementeller, regenerativer, transformierender, kombinativer oder kreativer Art sein.[16]

Auch Innovationen sind im Kern durch ressourcentransformierende Mechanismen gekennzeichnet und bewegen sich auf einem Kontinuum zwischen inkrementell und radikal, können

---

[10] Es geht davon aus, dass die Marktgegebenheiten das Verhalten der Unternehmen am Markt bestimmen. Nur eine daran optimal ausgerichtete, strategische und operative Anpassung führt zu den gewünschten Ergebnissen von Effizienz und Gewinnspanne innerhalt einer Branche. Dabei wird von annähernd vollkommener Homogenität der Unternehmen ausgegangen. Somit werden unternehmensindividuelle Ressourcenausstattungen vernachlässigt. Siehe Bain (1968); Porter (1979).

[11] Der Market-based View sieht ein 'fit' spezifischer Strategien als Reaktion auf bestimmte Marktgegebenheiten als ausschlaggebend für den Erfolg. Insbesondere Porter (1985) integriert damit ein dynamisches Element der rekursiven Schleifen von Marktstruktur und Unternehmensverhalten in das Paradigma. Im Kern bleibt es jedoch bei einem industrieökonomisch geprägten Ansatz, der (unternehmens)spezifische Ressourcen und Fähigkeiten im Wesentlichen unberücksichtigt lässt.

[12] Vgl. Leonard-Barton (1992).

[13] Vgl. bspw. Coombs & Metcalfe (2000), S. 217; Winter (2003), S. 992.

[14] Teece, Pisano & Shuen (1997), S. 516. Dieses Grundverständnis von dynamischen Fähigkeiten wird von zahlreichen Autoren geteilt oder in vergleichbarer Form aufgegriffen, bspw. Iansiti & Clark (1994); Galunic & Eisenhardt (2001); Zahra & George (2002); Marsh & Stock (2006); Lazonick & Prencipe (2005); Teece (2007); Daneels (2008); O'Reilly & Tushman (2008); Teece & Augier (2008); Bruni & Verona (2009); Teece (2009).

[15] Siehe bspw. Teece, Pisano & Shuen (1997), S. 518 ff.; Zahra & George (2002a), S. 185 f.; Teece (2007), S. 1321; Ellonen, Wikström & Jantunen (2009), S. 755.

[16] Vgl. u.a. Ambrosini, Bowman & Collier (2009); Easterby-Smith, Lyles & Peteraf (2009).

eine Kombination bekannter Elemente oder eine vollständige Neuschaffung sein (vgl. Teil II.3.1).[17] Somit bietet der DCV mit seiner Fokussierung auf ein Vermögen zur Veränderung und (Er)Neuerung prinzipiell eine Möglichkeit, Innovationsfähigkeit, ebenfalls i.S.e. Vermögens zur Veränderung und (Er)Neuerung von Strukturen, Prozessen, Technologien oder Produkten (vgl. II.3.2 und 5) verstanden, theoretisch-konzeptionell zu verankern.[18] Allerdings ist der DCV kein konzeptionell geschlossener, homogener Ansatz. Vom Ursprung und Hauptanwendungsfeld in der strategischen Managementforschung[19] sind verschiedene Dynamic Capability-Konzepte mit diversen Schwerpunkten und Erklärungsgehalt in weitere Felder, u.a. Marketing, Information Systems, Operations Research sowie in die Innovations- und Organisationsforschung, diffundiert.[20] Die grundlegende Perspektive auf ein Veränderungs- und Innovationsvermögen als Basis nachhaltiger Wettbewerbsvorteile wurde dabei in zahlreichen unterschiedlichen Konzepten, zum Teil mit explizitem Bezug zu Innovationsfähigkeit[21], herangezogen und stärker ausdifferenziert.[22] Für einen theoretisch-konzeptionellen Rahmen dieser Arbeit sind insbesondere solche Konzepte von Relevanz, welche sich inhaltlich differenziert mit dynamischen Fähigkeiten auseinandersetzen. Sie zeigen potenziell eine innere funktionale Struktur und Mikrofundierung dynamischer Fähigkeiten auf. Sie können daher Hinweise auf die Ausgestaltung des Innovationsfähigkeitskonstrukts geben und somit zur Modellierung einzelner Facetten beitragen.

1.2 Inhaltlich-konzeptionelle Komponenten einer differenzierten Sicht auf dynamische Fähigkeiten

Innerhalb des DCV haben sich in den letzten Jahren entsprechende Konzepte entwickelt, die eine Dekomposition des komplexen Konstrukts dynamische Fähigkeiten vornehmen.[23]

---

[17] Vgl. Reichert (1994); S. 20; Duschek (2002), S. 45.

[18] Auch in Schumpeters (1931) Verständnis der kreativen Zerstörung existierender Ressourcen und Verwendungen, der Kombination neuer funktionaler Kompetenzen und des innovationsbasierten Wettbewerbs finden sich Anknüpfungspunkte von DCV und Innovationsfähigkeit: vgl. u.a. Augier & Teece (2007), S. 179; Easterby-Smith & Prieto (2008), S. 236.

[19] Meist wird die Arbeit von Teece, Pisano & Shuen (1997) als wegbereitend gesehen. Allerdings wurde schon 1992 ein gleichnamiges Arbeitspapier der Autoren veröffentlicht, worauf sich u.a. auch Iansiti & Clark (1994) und Teece & Pisano (1994) selber beziehen. Eine Einführung und einen Überblick zur Entwicklung des DCV bieten Katkalo, Pitelis & Teece (2010).

[20] Vgl. Di Stefano, Peteraf & Verona (2010), S. 1181.

[21] Bspw. Iansiti & Clark (1994); Daneels (2002); Wheeler (2002); Marsh & Stock (2006); Menguc & Auh (2006); Hou (2008); Sammerl, Wirtz & Schilke (2008); Witt (2008); Macher & Mowery (2009); McKelvie & Davidsson (2009); Hung et al. (2010); Pavlou & El Sawy (2011). Pitelis & Teece (2009) sehen hierbei im DCV eine prinzipielle Überlegenheit: „The resource/dynamic capability framework does a better job of capturing this essence than do the classical theories, especially in the context of innovation." (S. 12).

[22] Einen Überblick liefern u.a. Leoncini, Montresor & Vertova (2003); Cavusgil, Seggie & Talay (2007); Schreyögg & Kliesch-Eberl (2007); Wang & Ahmed (2007); Teece (2009).

[23] Gerade einige der frühen Konzepte sind zwar ausführlich rezipiert worden, weisen aber zum Großteil eine solche funktionale Struktur oder Mikrofundierung dynamischer Fähigkeiten nicht oder nur in geringem Umfang auf, bleiben vage bezüglich der Komponenten dynamischer Fähigkeiten; vgl. bspw. Teece, Pisano & Shuen (1997); Eisenhardt & Martin (2000); Zollo & Winter (2002). Die neuere

Dynamische Fähigkeiten werden dabei als Kombinationen verschiedener Komponenten – spezifische Prozesse, Strukturen, Mechanismen oder Routinen – aufgefasst und stellen damit eigenständige Konstrukte dar.[24] Es sind Metafähigkeiten, welche konzeptionell von operationalen Kompetenzen unterschieden werden.[25] Da ihre übergeordnete Funktion, dem grundlegenden Verständnis des DCV folgend, die Entwicklung, Veränderung, Integration und Transformation eben dieser operationalen Kompetenzen- und Ressourcenbasis ist, wird jedoch von einer Verbindung zwischen Metafähigkeiten und der operationalen Ebene ausgegangen. Dynamische Fähigkeiten sind damit nicht entkoppelt von operationalen Kompetenzen, Prozessen und Ressourcen zu betrachten.[26]

Die einzelnen Komponenten der dynamischen Fähigkeiten übernehmen verschiedene Unterfunktionen. Sie machen die inhaltliche, funktionale Struktur der sonst komplexen Konstrukte deutlich. Zwar herrscht über den Funktionsumfang und die detaillierte Ausgestaltung auch unter den neueren Konzepten kein abschließender Konsens. Doch es zeigen sich gemeinsame funktionale Schwerpunkte. Dynamischen Fähigkeiten werden drei Grundfunktionen zugeschrieben, welche sich in Mechanismen des Suchens beziehungsweise Wahrnehmens von Chancen, Risiken und Veränderungsbedarf, des Ergreifens von Chancen sowie des Umsetzens von damit verbunden Veränderungen und Transformationen äußern.[27] Sie sollen in ihrer Kombination die Innovations- und Veränderungsfähigkeit als Basis von Wettbewerbsvorteilen fördern.

Eine der bis dato am weitesten differenzierten Konzeptionen zu den Grundfunktionen dynamischer Fähigkeiten und den sie fundierenden Mechanismen liefert Teece (2007). Er teilt dynamische Fähigkeiten in drei Unterklassen: *„For analytical purposes dynamic capabilities can be **disaggregated** into the capacity (1) to sense and shape opportunities and threats, (2) to seize opportunities, and (3) to maintain competitiveness through enhancing, combining, protecting, and, when necessary, reconfiguring the business enterprise's tangible and intangible assets."*[28] Die drei Unterklassen sind folglich unterschiedlicher, aber sich ergänzender Natur, welche sich jeweils über ihre spezifische Funktion des Wahrnehmens (*sensing*), Ergreifens (*seizing*) und Umsetzens (*transforming*) von Innovationschancen bestimmt. Jede von ihnen wird untermauert von Mechanismen, Prozessen, Strukturen oder Praktiken, die zum Erfüllen der jeweiligen Funktion beitragen sollen.[29] Teece trennt auf diese Weise

---

Entwicklung spezifiziert Komponenten stärker und trägt damit u.a. zur Operationalisierbarkeit bei, was sich zunehmend in empirischen Studien niederschlägt, bspw. Desai, Sahu & Sinha (2007); Rothaermel & Hess (2007); Wang & Ahmed (2007); Daneels (2008); Witt (2008); Agarwal & Selen (2009); McKelvie & Davidsson (2009).

[24] Siehe bspw. Teece (2007), S. 1321. Anders im frühen integrativen Ansatz von Teece, Pisano & Shuen (1997), welcher im Wesentlichen herkömmliche organisationale Fähigkeiten mit einem dynamischen Lernelement verknüpft und damit keine eigenständige dynamische Fähigkeitskategorie aufweist. Der Fokus dieses Ansatzes liegt vielmehr in den Voraussetzungen und Begrenzungen dieser Dynamisierung in Form organisationaler Pfade und Positionen.

[25] Vgl. Daneels (2002); Winter (2003); Wang & Ahmed (2007); Ambrosini, Bowman & Collier (2009).

[26] Vgl. Zahra, Sapienza & Davidsson (2006), S. 927 ff.

[27] Vgl. sinngemäß insb. Helfat et al. (2007); Teece (2007); Hou (2008).

[28] Teece (2007), S. 1319; (Hervorh. DPK). Die 3. Unterklasse fasst Teece (2007), S. 1342 unter „*transforming*" zusammen. Diese Bezeichnung wird im Folgenden verwendet.

[29] Vgl. Teece (2007), S. 1321.

analytisch die Fähigkeit selber (*nature*) von ihren Grundlagen (*microfoundations*) und schlägt damit eine inhaltliche Spezifikation der Funktionsbereiche vor.

Dies ist für die vorliegende Arbeit von hoher Relevanz. Denn hieraus können mögliche Implikationen für die inhaltlichen Dimensionen der Innovationsfähigkeit als komplexes Konstrukt gewonnen werden.[30] Die *Nature* und *Microfoundations* werden daher im Folgenden dargestellt. Anschließend werden in Abschnitt 1.3 die Implikationen für den theoretisch-konzeptionellen Rahmen kritisch erörtert.

(1) Sensing

Die *nature of sensing* ist für Teece vor allem eine „*scanning, creative, learning, and interpretive activity.*"[31] Im Kern geht es um die Gewinnung von neuem, insbesondere organisationsexternem Wissen. Investitionen in entsprechende Aktivitäten der Suche sowie in Forschung und Entwicklung bilden hierfür eine Voraussetzung. Es sollen Innovationschancen aufgezeigt und Markt- sowie Technologierisiken wahrgenommen werden. Diese können markt- und technologieüberschreitend und damit jenseits des bisherigen Operationsbereichs eines Unternehmens liegen. Die Schwierigkeit liegt für Teece daher vor allem im Verlassen etablierter Suchroutinen, bekannter Muster und gängiger Pfade.[32] Um dies zu erreichen und die *sensing*-Funktion zu untermauern, wird eine Mikrofundierung aus analytischen Systemen zum Lernen und Wahrnehmen, Filtern und Gestalten von Chancen und Risiken vorgeschlagen.

Inhaltlich bestehen diese für Teece im Wesentlichen aus Prozessen der lokalen und vor allem unternehmensübergreifenden Suche im „*business ecosystem*"[33] nach Innovationschancen. Sie sollen Forschungs- und Entwicklungsaktivitäten an neuen Technologien ausrichten sowie Veränderungen im technologischen und wissenschaftlichen Umfeld und in den Kunden- und Marktanforderungen identifizieren. Sie schließen in der externen Suche daher den Austausch mit Zulieferern, Kunden und anderen Marktteilnehmern, ggf. auch Wettbewerbern, sowie staatlichen Einrichtungen und Forschungsinstituten ein: „*the impact of exploration is highest when exploration spans organizational [...] boundaries.*"[34] Teece fordert hierfür entsprechende Methoden. Die Aufgaben beziehungsweise Prozesse von Suche und Verarbeitung von Informationen allein einzelnen Akteuren (des Managements) zu überlassen, erscheint ihm zu fehleranfällig für individuelle Routinisierung und damit `blinde Flecken´ der Wahrnehmung. Vielmehr sollen sie als analytische Systeme organisatorisch verankert werden. Bei Teece (2007) wird jedoch nicht deutlich herausgestellt, wie dies geschehen kann.[35] „*While certain individuals in the*

---

[30] Siehe Forschungsfrage 2: *Welche inhaltlichen Aspekte zeichnen diese Fähigkeit auf Netzwerkebene aus und welche wesentlichen Einflussfaktoren wirken auf sie?*

[31] Teece (2007), S. 1322.

[32] Zu Pfadabhängigkeit in Organisationen siehe bspw. Badaracco (1991).

[33] Teece (2007), S. 1325.

[34] Teece (2007), S. 1324.

[35] Teece betrachtete zwar alle drei Unterklassen und ihre Mikrofundierungen als gleichwertig und sich jeweils aufeinander beziehend und ergänzend. Dennoch nimmt seine Ausarbeitung des *sensing* in der Arbeit den geringsten Teil ein. Hier fehlt es insbesondere an der geforderten systematischen/ organisa-

enterprise may have the necessary cognitive and creative skills, the more desirable approach is to embed scanning, interpretive, and creative processes inside the enterprise itself. The enterprise will be vulnerable if the sensing, creative, and learning functions are left to the cognitive traits of a few individuals."[36].

(2) *Seizing*

Die *nature of seizing* ist als zweite Unterklasse dynamischer Fähigkeiten geprägt durch das Ergreifen von Chancen, welche sich als Resultate der *sensing*-Funktion zeigen. *„Once a (technological or market) opportunity is sensed, it must be addressed through new products, processes or services."*[37] An dieser Stelle des Konzepts wird wiederum der explizite Bezug zu Innovationen deutlich. Diese müssen durch rechtzeitige Investitionen in chancenreiche Produkte und Technologien vorangetrieben werden. Auch hierfür ist das Abweichen von bekannten (Invest-ment)Pfaden von Bedeutung. Bisherige Entscheidungsregeln, beispielsweise für Budgets, können unter neuen Bedingungen (veränderter Chancen- und Risikolage) dysfunktional sein. Sie begünstigen als relativ sicher wahrgenommene Investitions-routinen vor allem bekannte und in der Vergangenheit erfolgreiche Bereiche des Unternehmens zum Nachteil neuer Chancenergreifung. Diese Dysfunktionalitäten sollen überwunden werden, u.a. indem verstärkt interdependente Investmentalterna-tiven als Kombinationen markt- und technologieübergreifend erwogen werden.[38]

In diesem Zusammenhang verweist Teece auch auf die Bedeutung von Netzwer-ken.[39] In ihnen sieht er wesentliche Einflussfaktoren auf die Entwicklung von technologischen Plattformen beziehungsweise Standards[40], welche für einen Inno-vationserfolg entscheidend sein können.[41] Eine etablierte Technologieplattform

---

torischen beziehungsweise verfahrensförmigen Verankerung der Wahrnehmungsfunktion unabhängig von einzelnen Individuen; vgl. Teece (2007), S. 1323. Diese Lücke wird mit dem theoretisch-konzeptionellen Bezugspunkt zur Institutionellen Reflexivität (vgl. Moldaschl (2006)) in Abschnitt 3 dieses Teils der Arbeit aufgegriffen.

[36] Teece (2007), S. 1323.

[37] Teece (2007), S. 1326.

[38] Vgl. Teece (2007), S. 1328 f.

[39] Vgl. Teece (2007), S. 1326.

[40] Siehe auch DeBresson & Amesse (1991); Eisenhardt & Schoonhoven (1996); Voigt & Wettengl (1999).

[41] Technologieplattformen sind die Basis für zahlreiche Produkte, die vom Kunden i.d.R. als System wahrgenommen werden. Ein Beispiel stellen PCs dar, deren Rechnerarchitektur die Plattform für verschiedene Betriebssysteme, Systemsoftware, Anwendungssoftware sowie Zusatzgeräte ist. Diese separaten, oft von unterschiedlichen Herstellern verkauften Produkte sind Komplementäre. Für den Kunden ist das Einzelprodukt i.d.R. nicht nutzbar. Seit den 1980er Jahren haben sich mit IBM/Intel und Apple/Macintosh zwei bedeutende, konkurrierende Plattformen entwickelt. Microsoft hat sich bspw. früh für die Entwicklung von Betriebssystemen für eine Plattform entschieden. Dies hat Auswirkungen auf das Geschäftsmodell und die Innovationsstrategie des Unternehmens, da sich gegenseitige Abhän-gigkeiten aber auch Möglichkeiten von IBM/Intel und Microsoft ergeben. Entwicklungen sind daher notwendigerweise vom jeweils anderen zu verfolgen oder ggf. gegenseitig abzustimmen. Hinzu kommen zahlreiche weitere Hersteller von Hard- und Software, welche die Plattform für ihre Produkte nutzen, im Gegenzug die Plattform selber jedoch auf sie angewiesen ist, um dem Kunden einen Sys-temnutzen zu ermöglichen.

kann durch ihre entsprechende Verbreitung zu einer dominanten Stellung einzelner Netzwerke führen, welche frühzeitig die entsprechenden Standards gesetzt oder verfolgt haben. Im Falle solcher Netzwerkexternalitäten sind der frühe Anschluss an und ein Commitment zu einem aussichtsreichen Netzwerk sinnvoll. Hierfür ist mitunter die Neugestaltung des Geschäftsmodells des Unternehmens nötig. Organisationsgrenzen werden ggf. neu gezogen, wenn Netzwerkbeziehungen an Bedeutung zu- oder abnehmen.[42]

Die komplexen Zusammenhänge von Marktchancen und Risiken, Entscheidung(dys)funktionalitäten, Netzwerkexternalitäten sowie mögliche Veränderungen des Geschäftsmodells verlangen nach entsprechenden Strukturen, Praktiken, Mechanismen und Anreizen als Mikrofundierungen zur Erfüllung der *seizing*-Funktion. Bei der Wahl des Geschäftsmodells sind demnach Technologie- und Zielmarktausrichtung, Produktpositionierung, Investitions- und Verkaufsstrategien sowie damit verbunden insb. Entwicklungs- beziehungsweise Innovationsstrategien wichtige Basiselemente. Eine effiziente und effektive „*strategic architecture*"[43] soll es dem Unternehmen ermöglichen, Innovationsrenten zu erwirtschaften. Bei diesen strategischen Überlegungen müssen Technologieplattformen berücksichtigt werden. Der Einfluss hierauf ist insbesondere dann notwendig, wenn die Produkte und Kompetenzen des Unternehmens von komplementären Produkten, Dienstleitungen oder Kompetenzen weiterer Marktteilnehmer profitieren oder sogar abhängig sind. Damit zusammenhängend sind die Organisationsgrenzen zu bewerten und ggf. zu verändern. Bei besonders essenziellen Komplementären kann eine stärkere Kontrolle hierüber strategisch sinnvoll sein. Finden sich diese Komplementäre in der Wertschöpfungskette an vor- und/oder nachgelagerter Stelle und bilden damit einen möglichen 'Flaschenhals', ist eine Integration dieser Teile in das Unternehmen evtl. notwendig. Bei fehlenden Kompetenzen zur Ergreifung einer Innovationschance besteht des Weiteren im Outsourcing der Umsetzung eine Möglichkeit, diese Chance dennoch wahrzunehmen und Innovationsrenten zu erwirtschaften.

Solch strategische Grenz- und Kooperationsentscheidungen sind i.d.R. verbunden mit Investitionen und Risiken, die oftmals zu Gunsten bekannter Alternative ausfallen. Das Unternehmen benötigt hier korrigierende Mechanismen, die einem solchen Bias entgegenwirken. Eine „*corrective strategy*"[44] fördert Strukturen, Anreize und Prozesse, die kreative und verändernde Praktiken ermöglichen und ggf. alte, chancenverhindernde und innovationshemmende Praktiken beseitigen sollen. Dies kann durch eine entsprechende Kultur, Werte und Normen, eine innovationsförderliche Strategie sowie die Kommunikation des Managements unterstützt werden, um eine verstärkte Innovationsorientierung, ein Commitment zur Innovation, zu erzielen.

---

[42] Vgl. Zott & Amit (2009) zu netzwerkbezogenen Geschäftsmodellen.
[43] Teece (2007), S. 1330.
[44] Teece (2007), S. 1333.

(3) *Transforming*

Die *nature of transforming* ergibt sich aus der Notwendigkeit organisationaler Anpassungen. Die Ergreifung von Chancen, eine Erweiterung der Organisationsgrenzen, Markt- und Technologieveränderungen sowie Investitionen in neue Produktbereiche führen zu Veränderung und Wachstum von Unternehmen. Unter solchen Bedingungen muss sich auch die Ressourcen- und Kompetenzbasis verändern. „*A key to sustained profitable growth is the ability to recombine and reconfigure assets and organizational structures as the enterprise grows*"[45]. Einhergehend mit Wachstum steigt i.d.R. die organisationale Komplexität. Dies findet seinen Ausdruck zumeist in einer stärkeren Hierarchisierung, Zentralisierung, Regulierung und Prozessfixierung. Eine solche Entwicklung kann insbesondere das Top-Management von Markt und Kunden entfernen, es isolieren und so den Blick für sinnvolle oder notwendige Veränderungen verstellen. Dies erschwert potenziell das *sensing* neuer Chancen und Risiken und birgt damit die Gefahr übermäßiger Routinisierung und zu starker, innovationshemmender Verfestigung von Praktiken und Prozessen. Um dem entgegenzuwirken, schlägt Teece Mechanismen der (Neu)Ausrichtung tangibler und intangibler Vermögenswerte (*assets*)[46] als Mikrofundierung von Rekonfiguration beziehungsweise Transformation von Ressourcen, Strukturen und Prozessen vor.

Eine Möglichkeit besteht dabei in der bewussten Dezentralisierung der Organisation. Sie kann Flexibilität, Marktnähe und Reaktion auf Umweltveränderungen der einzelnen Organisationsbereiche erhöhen, was die Wahrnehmung und Ergreifung von Innovationschancen stärkt. Ein entsprechender kollaborativer, wenig hierarchischer Führungsstil wirkt hierbei unterstützend, wenn er Eigenverantwortung, dezentrale Entscheidungen und Motivation zu Veränderung und zur Umsetzung von Neuerungen vermittelt sowie entsprechende Leistungen anerkennt.[47]

Im Zuge der Dezentralisierung kommt der Anpassung von Ressourcen und Kompetenzen weiterhin eine wichtige Bedeutung zu. Dies beinhaltet neben der Ausrichtung an Umweltveränderungen auch einen `fit´ von Kompetenzen, Strategien und Prozessen der Organisationsbereiche untereinander. Teece schlägt zwar eine Dezentralisierung i.S.e. „*near decomposability*"[48] der Organisation vor, konstatiert jedoch mit Perspektive auf technologische Plattformen und komplementäre Innovationen (siehe *seizing*), dass Gemeinsamkeiten beziehungsweise eine geteilte Orientierung entscheidende Vorteile bieten. Es geht ihm folglich bei der Vermeidung einer innovationshinderlichen, hierarchischen Vereinheitlichung und Zentralisierung nicht um die vollständige Auflösung der Organisation als Kontrapunkt, sondern um Flexibilität verbunden mit einer Kospezialisierung von

---

[45] Teece (2007), S. 1335.

[46] Teece (2007) selber schließt unter *assets* zwar Wissen explizit ein (S. 1339), erörtert sein grundlegendes Verständnis von *assets* jedoch nicht weiter. Eine Interpretation als Vermögenswerte i.w.S. umfasst daneben bspw. auch Maschinen, Produktionseinrichtungen, Produktionsverfahren sowie operationale Kompetenzen und Ressourcen als intangible und tangible `Besitztümer´ einer Organisation. Die Begriffe Vermögenswerte und *assets* werden im Folgenden synonym verwendet.

[47] Ausführlich zu Führung im Netzwerkkontext siehe bspw. Winkler (2004) sowie Müller-Seitz (2011).

[48] Teece (2007), S. 1336.

Vermögenswerten (*assets*), Strategien, Strukturen oder Prozessen der Organisation-einheiten. „*Cospecialized assets are a particular class of complementary assets where the value of an asset is a function of its use in conjunction with other particular assets. With cospecialization, joint use is value enhancing. […] both innovation and reconfiguration may necessitate cospecialized assets being combined ...*"[49] Damit soll auch eine dezentrale Organisation ganzheitliche, systemische Innovationen hervorbringen können. Darüber hinaus kann Kospezialisierung über Organisationsgrenzen hinweg geschehen. Hier nimmt Teece Rekurs auf die beschriebene Einbindung in Netzwerke beziehungsweise Technologiepattformen. Dies gilt u.a., wenn die benötigten Ressourcen oder Kompetenzen intern nicht in ausreichendem Maße vorhanden sind und der Austausch sowie die Integration von externem Wissen vorteilhaft sind.

Zusammenfassend lassen sich durch die von Teece vorgenommene Disaggregation drei Unterklassen dynamischer Fähigkeiten mit entsprechenden Funktionen ausmachen. Das *Sensing* stellt im Kern eine Such- und Wahrnehmungsfunktion der Organisation dar. Sie wird untermauert von analytischen Systemen, d.h. Prozessen zum internen und externen Lernen und Wahrnehmen, Filtern und Gestalten von Innovationschancen und Risiken. *Seizing* bezeichnet die Funktion des Ergreifens dieser Chancen, welche sich als Resultate der *sensing*-Funktion ergeben. Sie basiert auf entsprechenden Strukturen, Praktiken, Mechanismen und Anreizen, welche die Annahme von Chancen fördern und koordinieren. *Transforming* stellt eine Funktion der Rekonfiguration und (Neu)Ausrichtung tangibler und intangibler Vermögenswerte (*assets*), Strategien, Strukturen und Prozesse dar, um die ersten beiden Funktionen zu unterstützen sowie mögliche Gefahren für die Aufrechterhaltung dieser abzuwenden. Sie beruht auf einer Balance von Dezentralisierung und Kospezialisierung, unterstützt von einem entsprechend veränderungsorientierten Führungsstil und Koordinationsmechanismen. Das Gesamtkonzept ist damit ausgerichtet auf die Wahrnehmung von Veränderungsbedarf und das Ergreifen und Umsetzten von Innovationschancen, um diesen zu erfüllen. Damit ergeben sich aus den drei Funktionsbereichen dynamischer Fähigkeiten wichtige Implikationen für ein Konstrukt der Innovationsfähigkeit, welche nachfolgend diskutiert werden.

1.3 Kritik und Implikationen für eine Konzeption der Innovationsfähigkeit aus der Perspektive dynamischer Fähigkeiten

Als originärer Ansatz der strategischen Managementforschung wird der DCV zumeist als eine *Theorie der Unternehmung* verstanden. Diese soll im Kern Unternehmensexistenz und -evolution über das Erlangen und Sichern von Wettbewerbsvorteilen erklären. Als problematisch erweist sich in diesem Zusammenhang eine mögliche Tautologie, die den meisten Konzepten dynamischer Fähigkeiten vorgeworfen wird: Wenn ein Unternehmen dynamische Fähigkeiten besitzt, dann muss es außergewöhnliche Leistungen erbringen. Wenn es diese

---

[49] Teece (2007), S. 1338.

Leistungen erbringt, wird daraus auf dynamische Fähigkeiten geschlossen.[50] Wird diese Leistung als Gesamtunternehmensperformanz oder Wettbewerbsvorteil verstanden, ist der Vorwurf nur schwer zu widerlegen. Helfat et al. (2007) argumentieren diesbezüglich, dass die Veränderung der Ressourcenbasis durch dynamische Fähigkeiten jedoch lediglich Aufschluss darüber gibt, dass ein Unternehmen etwas anders, aber nicht notwendigerweise besser macht.[51] Die Leistung ist somit das Hervorbringen einer Veränderung. Damit sind dynamische Fähigkeiten konzeptionell nicht mehr unmittelbar an Wettbewerbsvorteile gekoppelt. Problematisch hierbei ist, dass oftmals nicht deutlich wird, worin Veränderungen bestehen beziehungsweise worauf sie beruhen und wie sie, auch indirekt, zu Wettbewerbsvorteilen beitragen.

Durch die von Teece vorgenommene Disaggregation und Mikrofundierung sind dynamische Fähigkeiten jedoch kein monolithisches Konstrukt mehr, sondern konzeptionell stärker differenziert.[52] Veränderungen richten sich im Kern auf Chancen, die der Markt bietet beziehungsweise Risiken, die das Unternehmen bedrohen. Denn als „*processes that use resources – specifically the processes to integrate, reconfigure, gain and release resources – to match and even create market change*"[53] sollen dynamische Fähigkeiten eine mögliche Diskrepanz zwischen (Markt)Anforderungen und Möglichkeiten und den unternehmenseigenen Leistungen und Fähigkeiten aufdecken (*sensing* des Risikos) und auflösen (*seizing & transforming*). Diese Disaggregation und Mikrofundierung ermöglicht die (empirische) Erfassung einzelner Komponenten des Konstrukts und damit auch eine potenzielle Falsifikation. Sie kann die gängige Tautologiekritik entschärfen, da Performanzaspekte i.S.v. Gesamtunternehmenserfolg nicht konzeptimmanent sind. Die einzelnen Komponenten des Konzepts (*nature* und *microfoundations*) beziehen sich nicht unmittelbar auf eine Gesamtperformanz oder Wettbewerbsvorteile, sondern auf die Erfüllung spezifischer Funktionen zur Wahrnehmung von Chancen und Veränderungsbedarf sowie zur Schaffung von Innovationen und den damit verbunden Voraussetzungen, um diese zu nutzen. Diejenigen Organisationen, welche dies aufgrund der zugrundeliegenden Prozesse, Strukturen, Mechanismen und Praktiken (Mikrofundierung) leisten, können sich über Innovationen mittelbar Vorteile gegenüber Wettbewerbern erarbeiten.

---

[50] Vgl. Cepeda & Vera (2007), S. 427.

[51] Helfat et al. (2007), S. 5.

[52] Die Trennung ist analytisch motiviert. Dabei überschneiden sich die Mikrofundierungen zum Teil. Teece (2007) konstatiert: „*the identification of the microfoundations [...] must be necessarily incomplete, inchoate, and somewhat opaque...*" (S. 1321) und begründet dies mit ihrer intangiblen Natur als Grundlage der Nichtimitierbarkeit für Wettbewerber, worin letztendlich der entscheidende Vorteil bestehen soll. Dies ist freilich wiederum die empirische Herausforderung des gesamten DCV, hier auf Mikroebene von Prozessen, Strukturen und Praktiken. Eine eindeutige und vollständige Beschreibung aller denkbaren Mikrofundierungen käme einer Operationalisierung und (vergleichenden) empirischen Überprüfbarkeit entgegen, wird jedoch dem Wesen von nicht oder zumindest nur schwer imitierbaren Elementen unternehmerischer Wettbewerbsvorteile aus strategischer Perspektive nicht gerecht. Dies unterscheidet den eher evolutionär geprägten und pfadbewußten DCV von vielen best practice-Ansätzen. Bei letzteren ist fraglich, worin der langfristige Wettbewerbsvorteil bestehen kann, wenn direkte Wettbewerber identische best practices haben oder leicht kopieren können.

[53] Eisenhardt & Martin (2000), S. 1107.

Daher ist es nicht verwunderlich, dass Innovationsfähigkeit im einschlägigen Schrifttum als eine dynamische Fähigkeit konzipiert wird.[54] „*The dynamic capability framework draws [...] from the study of innovation and organizations.*"[55] Dies scheint insbesondere mittels des Konzepts von Teece (2007) vielversprechend. Zum einen liegt ein expliziter Bezug zur Innovationsfähigkeit, u.a. als „*capacitiy to [...] develop new products*"[56], vor. Zum anderen liegt seine Relevanz für die vorliegende Arbeit in der Unterscheidung von Fähigkeit und Fähigkeitsbasis beziehungsweise einzelnen Komponenten. Dies ist für eine differenzierte Betrachtung und Operationalisierung von Bedeutung.[57] Diesbezügliche Implikationen werden im Folgenden dargestellt.

Sensing, seizing und transforming als theoretisch-funktionale Facetten der Innovationsfähigkeit

Aus dem Konzept heraus lassen sich Veränderungen vor allem als Innovationen interpretieren, mit denen Unternehmen Chancen ergreifen. „*Dynamic capabilities of course require the creation, integration, and commercialization [...] of innovation*"[58]. Unter der Prämisse, dass Innovationen für den Erfolg von Unternehmen i.d.R. langfristig vorteilhaft sind, können dynamische Fähigkeiten damit mittelbar über Innovationen Einfluss auf die Performanz haben. Ein Unternehmen, welches auf dieser Basis in der Lage ist, mit innovativen Produkten, Dienstleistungen oder Technologien den jeweils aktuellen Umweltbedingungen beziehungsweise Marktanforderungen zu entsprechen oder sie vorwegzunehmen, kann damit sicherstellen, dass auch zukünftig ein Wettbewerbsvorteil erlangt wird.[59] Diese Kernaussage des dargestellten Konzepts verdeutlicht, dass der „*focus of dynamic capabilities [..] on innovation (both technical and organizational)...*"[60] liegt. Alle drei funktionalen Unterklassen dynamischer Fähigkeiten – *sensing, seizing* und *transforming* – beziehen sich auf Innovationen: Der Bedarf hierfür (Chancen) ist zu erkennen, mit entsprechenden Angeboten – neuen Produkten oder Dienstleistungen – zu ergreifen und dauerhaft mit Weiterentwicklungen – inkrementellen Innovationen und organisatorischen Anpassungen – zu erfüllen. Grundlage hierfür sind entsprechende Mechanismen (Mikrofundierung), welche die Funktionen operational fassen und ggf. interne Veränderungen beziehungsweise Innovationen veranlassen und umsetzen. *Sensing, seizing* und *transforming* stellen damit drei aufeinander

---

[54] Vgl. u.a. Iansiti & Clark (1994), S. 559 ff.; Rasche (1994), S. 163; Teece, Pisano & Shuen (1997), S. 516; Eisenhardt & Martin (2000), S. 1108; Helfat & Raubitschek (2000), S. 961; Lawson & Samson (2001), S. 11; Zollo & Winter (2002). Burr (2003), S. 361.

[55] Teece (2009), S. X.

[56] Teece (2007), S. 1320.

[57] Vgl. Forschungsfrage 2: *Welche inhaltlichen Aspekte zeichnen diese Fähigkeit auf Netzwerkebene aus und welche wesentlichen Einflussfaktoren wirken auf sie?* sowie Forschungsfrage 3: *Wie lässt sich Innovationsfähigkeit operationalisieren und empirisch erfassen?*

[58] Teece (2007), S. 1343.

[59] Dies wird i.d.R. unterstützt beziehungsweise erst ermöglicht durch veränderte, innovative interne Prozesse.

[60] Teece (2009), S. X.

bezogene theoretisch-funktionale Facetten für eine so interpretierte Innovationsfähigkeit dar.[61]

Mitunter wird Innovationsfähigkeit allein als eine transformative, umsetzende *capacity* im Rahmen des DCV konzipiert.[62] Zwar sind Innovationen im Kern durch ressourcentransformierende Mechanismen gekennzeichnet.[63] Die Beschränkung auf diese eine Unterklasse, die bei Teece (2007) aus analytischen Gründen aus der Disaggregation dynamischer Fähigkeiten entsteht, greift jedoch zu kurz, wenn nicht ausschließlich eine Fähigkeit der (technischen) Produktentwicklung von Interesse ist.[64] Innovationsfähigkeit im breiteren Verständnis dieser Arbeit als ein auf die Schaffung von Neuerungen gerichtetes Vermögen, innovative Produkte, Technologien oder Dienstleistungen zu entwickeln und am Markt einzuführen sowie intern neuartige Strukturen, Prozesse und Methoden zu etablieren (vgl. Teil II.3.2), beinhaltet auch die Wahrnehmung von Innovationschancen und -notwendigkeiten als Voraussetzung sowie die Ergreifung entsprechender Maßnahmen. Erst damit kann eine Umsetzung und ggf. Transformation von Ressourcen sinnvoll erfolgen. *Sensing* und *seizing* sind damit, wie auch *transforming*, gemeinsam als Facetten der Innovationsfähigkeit zu interpretieren.

Im Detail ist zu Teece (2007) anzumerken, dass zwar diesen drei Unterklassen dynamischer Fähigkeiten jeweils verschieden Funktionen zugewiesen und ihre grundlegenden Eigenschaften (*nature*) damit verdeutlicht werden, die vorgeschlagenen Mikrofundierungen sich jedoch zum Teil überschneiden[65] und ihre Beschreibung nicht immer den Termini in den zusammenfassenden Darstellungen in Teece Arbeit entsprechen.[66] Dies kann als Kritikpunkt am bisherigen Entwicklungsstand des Konzepts i.S.e. Theorie der Unternehmung verstanden werden. Für die vorliegende Arbeit ist es jedoch von untergeordneter Bedeutung. Ausschlaggebend sind die analytische Möglichkeit der prinzipiellen Disaggregation dynamischer Fähigkeiten und ihre Interpretation als Innovationsfähigkeit. Sie erlaubt die Darstellung der drei grundlegenden Funktionen mit ihrer jeweiligen *nature* als Basis theoretischer Facetten der Innovationsfähigkeit. Inhaltlich entscheidender für die Nutzung des Konzepts ist die

---

[61] Sie entsprechen darüber hinaus im Wesentlichen dem klassischen Phasenmodell der Innovation i.w.S. aus Problemerkenntnis/ Idee, Forschung und Entwicklung, Produktion, Markteinführung und Marktdurchsetzung (vgl. bspw. Hauschild & Salomo (2007), S. 26 f.).

[62] Bspw. Wang & Ahmed (2007); Hou (2008). Anders wiederum bspw. Verona & Ravasi (2003) sowie Liao, Kickul & Ma (2009).

[63] Vgl. Reichert (1994); S. 20; Duschek (2002), S. 45.

[64] Diese wäre eher als eine technisch-operative Kompetenz, d.h. als Basis der Innovationsfähigkeit i.w.S. zu verstehen.

[65] Insb. die Darstellungen der Mikrofundierungen *Kospezialisierung* und die auf Technologieplattformen bezogenen *Komplementäre* (finden sich explizit und implizit sowohl bei *seizing* und *transforming*) sowie *Entscheidungspraktiken, (dysfunktionale) Entscheidungsroutinen* und *Vermeidung von Bias und Hybris* (*sensing* und *seizing*) sind hier zu nennen. *Transforming* und die damit Verbundene (Neu)Ausrichtung von *assets* fundiert Teece hingegen zum einen mit Mechanismen der Dezentralisierung, zum anderen mit eher zentralisierenden Governancemechanismen. Letztere gelten jedoch insbesondere der Kontrolle des Managements. Die Darstellung erweist sich damit nur auf den ersten Blick als paradox. Denn Teece geht es bei den Governancemechanismen gerade darum, möglichst die Funktionen des *sensing, seizing* und *transforming* vor dem schädlichen Eingriff unfähiger oder unwilliger Manager durch zu starke Zentralisierung und Hierarchisierung zu schützen (vgl. Teece (2007), S. 1340.).

[66] Siehe insb. die Mikrofundierungen des *seizing* sowie die Benennung der dritten Unterklasse (*transforming vs. reconfiguration*).

Erörterung zweier Schwachstellen, die Teece zum Teil selber thematisiert. Zum einen ist dies die organisatorische Verankerung beziehungsweise Institutionalisierung der vorgeschlagenen analytischen Systeme des *sensing*. Zum anderen gilt die Aufmerksamkeit dem zwar vorhandenen und notwendigen (vgl. insb. *seizing* in Abschnitt 1.2), aber für das Anliegen der Arbeit noch nicht hinreichenden Einbezug relationaler, organisationsübergreifender Aspekte für eine Übertragung der hier gewonnen Implikationen des *sensing, seizing* und *transforming* auf die Netzwerkebene. Beides wird im Folgenden erörtert.

Systematische organisatorische Verankerung der sensing-Funktion

Teece betont an verschiedenen Stellen die Funktion des Managements beziehungsweise sieht die Durchführung und Kontrolle der entsprechenden Mechanismen und Praktiken der Mikrofundierung als eine Hauptaufgabe des Managements an. Dieses wird jedoch durch Strukturen und Prozesse, Routinen und Regeln beeinflusst.[67] Als besonders wichtig stellt sich dabei die organisatorische Verankerung von Such- und Wahrnehmungsprozessen dar. Diese sollten weitestgehend nicht individuellen Akteuren und ihren mitunter routinehaften, begrenzten Wahrnehmungsschemata überlassen bleiben. Die Organisation ist *„vulnerable if the sensing, creative, and learning functions are left to the cognitive traits of a few individuals."*[68] Für den Netzwerkkontext, bei dem nicht von einem starken, hierarchischen Management ausgegangen werden kann (vgl. Teil II.2.2), gilt die Problematik in besonderem Maße.[69] Ein Modell der Innovationsfähigkeit muss dies berücksichtigen und Möglichkeiten einer in Prozessen, Methoden und Regeln verankerten *sensing*-Funktion als Teil der Innovationsfähigkeit aufzeigen.

Teece selber bietet hier keine differenzierte Lösung für seine Forderung nach organisatorischer Verankerung, welche dauerhaftes Wahrnehmen gewährleisten kann. Doch er konstatiert: *„Situations are dealt with in many ways, sometimes by creating rules which specify how the organization will respond to the observations made. If this path is chosen, then rules may become modified and routinely applied ... for certain changes. However, such rules will likely need to be periodically revised for the firm to maintain its dynamic capabilities."*[70] Dies gilt für einzelne Organisationen wie auch für Netzwerke als Organisationsformen wirtschaftlicher Innovationstätigkeit. Auch hier *„besteht die Gefahr konservativer Strukturierung (lock-in-Effekt)."*[71] Innovation beruht jedoch auf Veränderung, auf (Er)Neuerung von Produkten, Technologien, Standards, Strukturen, Prozessen und Praktiken. Routinen stellen zwar auf der einen Seite den stabilen Kern effizienter Leistungserstellung und standardisierter Problemlösung dar.[72] Sie sind auf der anderen Seite jedoch, individuell wie organisational, mögliche Ursachen für 'blinde Flecken' im Erkennen von

---

[67] Siehe insb. Teece (2007), S. 1345 ff. sowie Augier & Teece (2007), S. 185. In früheren Ansätzen vor allem Positionen und Pfade; siehe Teece, Pisano & Shuen (1997). Zum rekursiven und selbstverstärkenden Zusammenhang von Regeln, Akteuren und Praktiken siehe Schirmer, Tasto & Knödler (2013).

[68] Teece (2007), S. 1323.

[69] Vgl. Tracey & Clark (2003). S. 8.

[70] Teece & Augier (2008), S. 1197.

[71] Kowol (1998), S. 295; siehe auch DeBresson & Amesse (1991); Semlinger (1998).

[72] Bspw. über die Konzeption der Innovationsroutinen von Feldman & Pentland (2003) oder der Suchroutinen bei Nelson (1982).

Veränderungsnotwendigkeiten und -chancen (*sensing*) und führen somit zur „*Versteinerung des Netzwerks*"[73].

Es bedarf folglich spezifischer Mechanismen, um ein regelmäßiges Hinterfragen und gegebenenfalls Revisionen von Prozessen, Praktiken, Strukturen und Routinen zu ermöglichen.[74] Der Ansatz der Institutionellen Reflexivität macht Vorschläge, solche Reflexionsmechanismen in den Verfahren einer Organisation zu verankern und sie somit weitestgehend von individuellen Akteuren separat zu konzipieren. Der Ansatz wird daher in Abschnitt 3 aufgegriffen und seine Implikationen für den theoretisch-konzeptionellen Rahmen des Modells der Innovationsfähigkeit dargestellt.

Explizierung relationaler Bezüge

Insgesamt lässt sich festhalten, dass die ressourcen- und vor allem fähigkeitsorientierte Perspektive des DCV Innovation durch die Nutzung, Entwicklung und Transformation von Ressourcen und Kompetenzen erklären kann. Das Konzept von Teece trägt hierzu in besonderem Maße durch seine Differenzierung bei. Es kann daher, ergänzt um Reflexivitätsmechanismen, als inhaltlich-funktionale Darstellung von Facetten innerhalb eines theoretisch-konzeptionellen Rahmens der Innovationsfähigkeit herangezogen werden. Die ausschließliche Anwendung eines organisationsbezogenen Ansatzes würde jedoch vernachlässigen, dass bei hybriden Organisationsformen wie Innovationsnetzwerken vor allem interorganisationale Beziehungen und die gemeinsame Entwicklung und Nutzung von Ressourcen von besonderer Bedeutung sind.[75] „*While the dynamic capabilities literature recognizes that the external environment affects learning [...] and that routines evolve as a result of dialogue and interaction within and across [organizations], these studies have not attempted to adopt a network perspective.*"[76]

Gerade Teece nimmt zwar an verschiedenen Stellen immer wieder Bezug zu einem Netzwerk- beziehungsweise Kooperationskontext. *Sensing* drückt sich auch im Lernen und Austausch mit Kunden, Zulieferern und Forschungsinstituten aus. *Seizing* geschieht unter Berücksichtigung technologischer Plattformen und Netzwerkexternalitäten in Kooperation sowie Kospezialisierung auch über Organisationsgrenzen hinweg. Dennoch bleibt das Konzept originär auf Veränderung, Innovation und Entwicklung der einzelnen Organisation fokussiert. Eine inhaltliche Konzeptionalisierung des Forschungsgegenstandes Innovationsfähigkeit auf Basis des DCV ist daher zu erweitern um spezifische Aspekte der Forschungseinheit Netzwerk. Notwendig ist eine stärker relationale Perspektive auf Ressourcen und Fähigkeiten als Ergänzung des theoretisch-konzeptionellen Rahmens.[77]

Ein ebenfalls ressourcen- und fähigkeitsorientierter Erklärungsansatz, der seinen Fokus im interorganisationalen Kontext hat, ist der Relational View (RV). Er hebt besonders die Schaffung, Nutzung und Veränderung von interorganisationalen Ressourcen- und Fähigkeiten für relationale Wettbewerbsvorteile im Netzwerk hervor.[78] Er stellt damit eine

---

[73] Behnken (2010), S. 144.

[74] Vgl. bspw. Moldaschl (2006); Schreyögg & Kliesch-Eberl (2007).

[75] Vgl. Smart, Bessant & Gupta (2007), S. 1085 f.

[76] Mason & Leek (2008), S. 776.

[77] Für eine Auseinandersetzung mit der relationalen Perspektive im Kontext von Netzwerken und Innovation siehe beispielsweise Duschek (2002).

[78] Vgl. Dyer & Singh (1998).

ergänzende Sicht zum DCV dar. Das gemeinsame Fundament bilden sowohl Ressource-based als auch teilweise der Competence-based View. Dem Phänomen Innovationsfähigkeit von Netzwerken kann durch die Berücksichtigung von RV und DCV damit konsequent aus einer ressourcen- und fähigkeitsorientierten, interorganisationalen beziehungsweise relationalen Perspektive begegnet werden. Der RV wird im folgenden Abschnitt 2 dargestellt und seine Implikationen herausgearbeitet.

2 Der Relational View

2.1 Grundlagen einer relationalen Perspektive auf Ressourcen und Fähigkeiten

Der DCV betrachtet Innovationen als eine Basis für Wettbewerbsvorteile und erklärt sie im Wesentlichen durch Schaffung, Kontrolle, Nutzung, Kombination und Transformation von Ressourcen und Kompetenzen primär innerhalb einzelner Organisationen. Dies birgt Lücken, wenn damit das gleiche Phänomen auf interorganisationaler Ebene erklärt werden soll. Aus der Tradition des RBV begründen einzigartige und nicht imitierbare Ressourcen(kombinationen) einzelner Organisationen nicht in ausreichendem Maße die Existenz und den (Innovations)Erfolg von Netzwerken, zumal diese Ressourcen in der Regel als pfadgebunden, nicht übertragbar und unteilbar verstanden werden.[79]
An dieser Erklärungsgrenze von RBV und DCV setzt der Relational View (RV) an. Die relationale Perspektive ist eine der jüngsten Entwicklungen auf Basis des ressourcenorientierten Paradigmas mit explizitem konzeptionellem Bezug zum Netzwerk- und Kooperationskontext von Ressourcen und Fähigkeiten. Verglichen mit RBV und DCV ist der RV theoretisch und empirisch daher vor allem in der Netzwerkforschung rezipiert worden.[80] Duschek (2002) sieht ihn als ressourcenorientierten Metatheorierahmen mit systematischer Grundstruktur, der kommensurabel zu RBV und DCV ist, da er vergleichbare Basisannahmen bezüglich der grundlegenden Bedeutung einer Ressourcen- und Kompetenzbasis aufweist.[81] Gemeinsam mit dem DCV zeichnet den RV das Grundanliegen aus, über Ressourcen und Kompetenzen sowie Mechanismen für deren Kombination und Transformation die Generierung von Wettbewerbsvorteilen zu erklären, welche sich u.a. durch Innovationen ergeben: *„the combination of complementary [..] resources or capabilities [...] results in the joint creation of unique new products, services, or technologies"*[82]. Sowohl DCV als auch RV zeichnet damit eine Integration von Veränderung, Wandel und Innovation aus. Diese grundlegenden Gemeinsamkeiten machen den RV für einen theoretisch-konzeptionellen Rahmen in Kombination mit dem DCV relevant.

---

[79] Duschek (2002) liefert eine detaillierte Ausarbeitung zum eingeschränkten Erklärungsgehalt des RBV im Netzwerkkontext.
[80] Vgl. bspw. Zajac & Olsen (1993); Dyer (1996; 1997); Duschek (2002).
[81] Duschek (2002).
[82] Dyer & Singh (1998), S. 662.

In Abgrenzung wird aus relationaler Sicht jedoch konstatiert, dass die bisherigen Ansätze des strategischen Managements meist auf der ihr eigenen, originären Analyseebene der Einzelorganisation verharren. Sie analysieren, wie Organisationen supernormale Renten durch bestimmte (Meta)Fähigkeiten erzielen können. Dabei vernachlässigen sie jedoch, dass Wettbewerbsvorteile einer Organisation beziehungsweise die hierfür verantwortlich gemachten einzigartigen Ressourcen(bündel) und (dynamischen) Fähigkeiten zu ihrer Nutzung und Veränderung oftmals an ein Beziehungsgeflecht gekoppelt sind und damit einer relationalen Einbettung in das Netzwerk der Organisation unterliegen.[83] Teece (2007) thematisiert dies an mehreren Stellen seines Konzepts unter Bezug auf externe Innovation[84], Lernen durch Allianzen[85] und Technologietransfer[86], als *„business ecosystem [... of] collaborators – customers, suppliers, complementors – that are active in innovative activity"*[87] sowie der Bedeutung von Netzwerken und Externalitäten bei technologischen Plattformen, Kospezialisierung, Komplementären und Investitionen zur Ergreifung von Chancen[88]. Diese Bezüge lassen die Wichtigkeit interorganisationaler Beziehungen auch im DCV erkennen, werden jedoch nicht systematisch differenziert oder inhaltlich konzeptionalisiert. Der RV setzt Ressourcenbündeln und dynamischen Fähigkeiten, die im Besitz einer Einzelorganisation sind und damit von ihr kontrolliert und/oder generiert und transformiert werden können, aus der relationalen Perspektive idiosynkratrische Netzwerkressourcen und -fähigkeiten als Basis relationaler Renten komplementär gegenüber.[89] Die ihnen zugrundeliegenden Mechanismen bilden den zentralen Untersuchungsgegenstand des RV.[90] Dadurch verschiebt sich die primäre Analyseebene von der einzelnen Organisation zur Kooperation beziehungsweise zum Netzwerk.[91]

Interorganisationale Beziehungen können damit den (immateriellen) strategischen Ressourcen vergleichbare Merkmale aufweisen. Ähnlich wie das organisationsspezifische Geflecht der Mikrofundierungen dynamischer Fähigkeiten entsteht im Netzwerk ein historisch gewachsenes, teils emergentes, pfadgebundenes und daher für außen Stehende kausal mehrdeutiges Beziehungs- und Interaktionssystem von Ressourcen, Akteuren, Prozessen, Praktiken und Routinen. Es ist in seiner Zusammensetzung einmalig und lässt sich daher nicht außerhalb des Netzwerks replizieren.[92] Es ermöglicht den beteiligten organisationalen Akteuren durch Austausch und Kospezialisierung potentiell einen breiten Zugang zu Informationen, Produktionsfaktoren und deren Anwendungen sowie zu Technologien und Absatzmärkten i.S. eines *sensing, seizing* und *transforming* im Netzwerk. Auf einer solchen Basis gründende Wettbewerbsvorteile sind damit an die Existenz des Netzwerks und an die Beteiligung der Netzwerkakteure gebunden. Das Beziehungssystem selber kann folglich als

---

[83] Vgl. Duschek (1998), S. 235; Gulati, Nohria & Zaheer (2000), S. 203; Smart, Bessant & Gupta (2007), S. 1085 f.

[84] Vgl. Teece (2007), S. 1325.

[85] Vgl. ebd., S. 1331.

[86] Vgl. ebd., S. 1320.

[87] Teece (2007), S. 1324 ff.

[88] Vgl. Teece (2007), S. 1326.

[89] Vgl. Duschek (2004), S. 61 ff.; Bachmann (2000), S. 1085 f.

[90] Vgl. Weissenberger-Eibl & Schwenk (2010), S. 257.

[91] Vgl. Dyer & Singh (1998), S. 661 f.; Duschek (1998), S. 235.

[92] Siehe auch Bachmann (2000), S. 1085 f.

eine Ressource für seine Akteure angesehen werden.[93] Es ist nicht in einer einzelnen Organisation verankert, sondern kann nur in der Kooperation der Akteure seinen Wert entfalten. Es basiert auf interorganisationalen Mechanismen. Diese werden im Folgenden erläutert.

2.2 Inhaltlich-konzeptionelle Komponenten des Relational View mit Bezug zur Innovationsfähigkeit

Vor dem relationalen Hintergrund von Ressourcen und Fähigkeiten in Netzwerken machen Dyer & Singh (1998) vier Quellen beziehungsgebundener Wettbewerbsvorteile aus, welche sich in folgenden Mechanismen ausdrücken: *Austauschspezifische Vermögenswerte (assets), interorganisationale Wissensaustauschroutinen, komplementäre Ressourcen und Kompetenzen* sowie *effektive Koordinationsmechanismen*.[94] Sie bilden das inhaltlich-konzeptionelle Grundgerüst des RV und können analog zu Teece (2007) als Mikrofundierung relationaler Renten interpretiert werden. Sie werden im Folgenden erörtert, um anschließend Implikationen für die Ergänzung des theoretisch-konzeptionellen Rahmens der Innovationsfähigkeit aufzuzeigen.[95]

(1) Investition in austauschspezifische Vermögenswerte

Dyer & Singh (1998) sowie Kale, Singh & Perlmutter (2000) sehen in beziehungs- oder austauschspezifischen Vermögenswerten einen der wesentlichen Faktoren relationaler Vorteile und eine Möglichkeit zur Begrenzung des Risikos von opportunistischem Verhalten in Netzwerken.[96] Dabei handelt es sich um Vermögenswerte, welche nur in Kombination mit entsprechenden Investitionen von Netzwerkpartnern ihre volle Funktion erfüllen. Was auf der einen Seite als strategisches *Lock-in* betrachtet werden kann[97], ist auf der anderen Seite bei reziproker Handlung der Partner eine Basis für die Entstehung von gemeinsamen Vorteilen und Innovationen auf Grund von Kospezialisierung sein.[98] So zeigt Asanuma (1989) Produktivitätssteigerungen und Prozessinnovationen entlang der Wertschöpfungskette japanischer Unternehmen auf,

---

[93] So etwa bei Gulati, Nohria & Zaheer (2000).

[94] Vgl. Dyer & Singh (1998), S. 663 ff.

[95] Dyer & Singh (1998) ergänzen diese konzeptionellen Hauptelemente des RV um mögliche Imitations- und Substitutionsbarrieren, vergleichbar mit den VRIN-Eigenschaften im RBV. Die Autoren setzten sie nicht explizit in Bezug zur Fähigkeitsdimension des RV allgemein oder der Innovationsfähigkeit im Besonderen. Sie werden im Folgenden nicht näher dargestellt, da sie keinen unmittelbaren Einfluss auf Innovation und Innovationsfähigkeit aufweisen und es sich keine inhaltlichen Implikationen ergeben.

[96] Vgl. Dyer & Singh (1998), S. 662 ff. sowie Kale, Singh & Perlmutter (2000), S. 220.

[97] Lock-in Aspekte bei spezialisierten, regionalen Netzwerken beschreibt Grabher (1993a), S. 260 ff. Auch er kommt zu dem Schluss, dass double-loop learning als Fähigkeit zur Anpassung und Innovation, analog zum DCV, essenziell ist.

[98] Analog hierzu Teece (2007), S. 1338 f.; Teece (2009), S. 160 ff. sowie Teece & Augier (2008), S. 1197: „*the importance of asset alignment, opportunity identification, access to critical co-specialized assets, and the interrelationship among the various elements [...] are all critical elements of [..] dynamic capabilities*".

welche beziehungsspezifische Investitionen eingehen und damit Ressourcen gemeinsam entwickeln und nutzen.[99]

Eine Investition in so spezifischer Form schafft spezialisierte und an die Netzwerkpartner beziehungsweise an die gemeinsamen Innovationsaktivitäten angepasste Vermögenswerte (assets)[100]. Diese können (1.) physischer Natur sein, wie beispielsweise Maschinen und Werkzeuge, die sich nicht oder nur sehr eingeschränkt in anderen Bereichen und Aktivitäten als denen im Netzwerk nutzen lassen. Sie können (2.) ortsspezifisch sein, wie beispielsweise eine Produktions- oder Forschungseinrichtung zur Entwicklung und Fertigung von Modulen in unmittelbarer Nachbarschaft zu Partnerunternehmungen, welche dort weitere Module eines gemeinsamen Produktes fertigen. Sie können (3.) personeller Art sein, wie beispielsweise Investitionen in Training und Weiterbildung zum Ausbau des Wissens und der Verbesserung der Kommunikation der an der Partnerinteraktion beteiligten Mitarbeiter.[101] Diese können so die jeweiligen Prozesse besser überblicken, steuern, optimieren und mit ihrem organisationsübergreifenden Wissen interorganisationale Prozessinnovationen über mehrere Stufen der Wertschöpfungskette unterstützen.[102] Voraussetzung ist die Spezialisierung durch austauschspezifische Investitionen.

Diese sind auch Ausdruck von Commitment in Netzwerken. Es findet zwar keine rechtliche Übertragung oder kapitaltechnische Verknüpfung zwischen den Netzwerkakteuren statt. Wohl aber kann es aufgrund der Kospezialisierung zu gegenseitigen Abhängigkeiten kommen, da die Investitionen sich nicht ohne Weiteres umkehren, die Verbindung der Akteure beenden oder die Vermögenswerte anderweitig nutzen lassen.[103] Damit kann opportunistisches Verhalten begrenzt und langfristiges Engagement und Zielorientierung der Beteiligten gefördert werden.[104] Bezogen auf Innovationen wurden solche Abhängigkeiten bereits als Merkmal von Innovationsnetzwerken beschrieben (vgl. Teil II.2.2).

(2) Routinen des Wissensaustausches

Eine ökonomische, relationale Rente durch gemeinsame Innovationen entsteht u.a. durch Kospezialisierung. Sie gründet damit auch auf Wissen als immateriellem Vermögenswert beziehungsweise intangibler Ressource. Im Verlauf der Kospezialisierung sowie dem kooperativen Auf- und Ausbau von gemeinsamen Netzwerkressourcen verschiebt sich die Entstehung und Verankerung von Wissen in einen interorganisationalen Raum.[105] Die Partner akkumulieren dabei sowohl Wissen übereinander (Partnerwissen),

---

[99] Vgl. Asanuma (1989); ähnlich auch Kotabe, Martin & Domoto (2003).

[100] Vgl. Kale, Singh & Perlmutter (2000).

[101] Vgl. Williamson (1985).

[102] Dies wird vielfach unter *boundary spanning roles* thematisiert, bspw. Aldrich & Hecker (1977); Gemünden & Walter (1998); Janowicz-Panjaitan & Noorderhaven (2009); Fichter (2009); Bogers & West (2012).

[103] Als eine mögliche Konsequenz zeigen Santoro & McGill (2005) am Beispiel von Kooperationen in der Biotechindustrie, dass zwischen Kospezialisierung, unter hoher Ungewissheit bzgl. der Partner sowie der eingesetzten Technologie, und eher hierarchischen Koordinationsformen der Austauschbeziehungen ein positiver Zusammenhang besteht.

[104] Vgl. Duschek (2004), S. 65.

[105] Vgl. insb. Duschek (2004), S. 64 sowie Wernerfelt (1985).

als auch Wissen, welches aus Lern- und Austauschprozessen im Rahmen der gemeinsamen Arbeit entsteht. Aus Sicht des einzelnen Unternehmens kommt hierbei der
partnerspezifischen *„absorptive capacity"*[106] entscheidende Bedeutung zu. Sie versetzt
die jeweiligen Partner in die Lage, wertvolles Wissen gegenseitig zu erkennen und zu
assimilieren.[107] Dies kann durch dichte soziale Bindungen und transparente Austauschprozesse untereinander verstärkt werden.[108]
Aus interner Makroperspektive, d.h. auf der gesamten Netzwerkebene, ist hier jedoch
die Existenz sowohl direkter wie auch indirekter Verknüpfungen der Akteure relevant.
Eine Organisation kann verschiedene Verbindungen mit unterschiedlichen Partnern innerhalb der Netzwerkgrenzen unterhalten. Indirekte Verknüpfungen sind weniger
spezifisch, es erfolgt u.a. keine direkte Kospezialisierung, d.h. nicht jeder Akteur ist mit
jedem anderen auf eine Weise verbunden, die gemeinsame Lernprozesse unmittelbar
ermöglicht. Um Wissen und Informationen im gesamten Netzwerk zugänglich zu machen, ist daher der Austausch über die begrenzten partnerspezifischen Interaktionen
hinaus zu gewährleisten. Dyer & Singh (1998) sehen in diesem Zusammenhang besonders routineschaffende Interaktionsprozesse in Netzwerken von Vorteil.[109] Die
„knowledge-sharing routines"[110] des RV sind von ihrem Wesen interorganisationale
beziehungsweise Netzwerkroutinen des Wissensaustausches. Diese können sich beispielsweise in Form von regelmäßigen Netzwerktreffen, gegenseitigen Besuchen oder
Erfahrungsberichten manifestieren. Dadurch entsteht gemeinsames und geteiltes, innerhalb des Netzwerks generiertes, (re)kombiniertes und damit netzwerkspezifisches
Wissen.[111]

(3) Komplementäre Ressourcen- und Kompetenzbasis

Ein Netzwerk ist zur Generierung von Innovationen und langfristigen
Wettbewerbsvorteilen auf eine Beteiligung und Kooperation verschiedener Akteure
angewiesen. Dies ist für Innovationsnetzwerke konstitutiver Bestandteil (vgl. Teil
II.2.2). Die Netzwerkpartner verfügen über spezifische Ressourcen und Kompetenzen,
welche für sich genommen jedoch noch keinen erweiterten Nutzen auf der Ebene des
Netzwerks darstellen. Sie mögen für die jeweiligen Unternehmen Vorteile schaffen,
sind für die Partner aber nicht notwendiger Weise nutzbar oder für das Netzwerk
insgesamt wertvoll. Aus der relationalen Perspektive ist jedoch die Kombination von
unternehmensspezifischen Ressourcen und Kompetenzen der Schlüssel zu
Wettbewerbsvorteilen im Netzwerk, solange diese zueinander kompatibel sind und sich
ergänzen. Solch komplementäre Ressourcen können über die Unternehmensgrenzen
hinaus Synergien schaffen und zu neuen Produkten, Dienstleistungen und

---

[106] Dyer & Singh (1998), S. 665 f.; weiterführend siehe insb. Cohen & Levinthal (1990); Tsai (2001);
Lichtenthaler (2006; 2009).
[107] Teece (2007) thematisiert dies unter dem Aspekt der Transformation/Rekonfiguration intangibler
assets durch die Integration externen Wissens, bspw. im Zuge der Kospezialisierung (S. 1339).
[108] Dyer & Singh (1998) schlagen bspw. den temporären Austausch von Personal vor und verweisen
auf das erfolgreiche Beispiel des Toyota Produktionsnetzwerks (S. 666).
[109] Vgl. Dyer & Singh (1998), S. 664.
[110] Dyer & Singh (1998), S. 664 ff.
[111] Vgl. Di Guardo & Galvagno (2005).

Technologieinnovationen kombiniert werden.[112] Strategisch interpretiert sind diese Komplementäre *„more valuable, rare and difficult to imitate than they had been before they were combined."*[113] Hierfür ist neben dem Erkennen von Komplementären bei Partnern im Netzwerk vor allem die Nutzung dieser entscheidend für die Schaffung neuer, idiosynkratischer Netzwerkressourcen und Netzwerkkompetenzen. Hierbei können die Routinen des Wissensaustausches sowie weitere Mechanismen der Koordination behilflich sein.[114]

(4) Koordinationsmechanismen

Die Realisierung von relationalen Innovationen durch eine Kombination und Nutzung komplementärer Ressourcen sowie durch Routinen des Wissensaustausches und Kospezialisierung bedarf einer Koordination durch unterstützende Mechanismen auf Netzwerkebene. Hochspezifische, partnergebundene Investitionen in Anlagen, Standorte oder Mitarbeiter setzten die Unternehmung einem größeren *Lock-In* Risiko beziehungsweise *sunk costs* aus, als Investitionen in vielfältig einsetzbare, nicht partnerspezifische Vermögenswerte.[115] Neben dem Ausfallrisiko eines Partners besteht die Möglichkeit opportunistischen Verhaltens. Dabei tätigt ein Partner nicht in ähnlichem Maße spezifische Investitionen und Risiken. Denn je weniger spezifisch sich ein Partner bindet, in desto mehr Alternativen kann er seine Vermögenswerte gewinnbringend nutzen und verfügt daher über Druckmittel gegenüber stärker gebundenen Partnern. Aus diesen Gründen sind Koordinationsmechanismen innerhalb des Netzwerks zur Minimierung dieser Risiken und zur Koordination des Akteurverhaltens ein wesentliches Element zur Schaffung von Netzwerkressourcen und -fähigkeiten sowie letztendlich relationaler Renten in Form von Innovationen.[116] Sie beeinflussen die Entscheidungen und das Engagement der Netzwerkakteure für Kospezialisierung, sind Anreiz für einen Wissensaustausch und die Nutzung von Komplementären.[117]

Der RV unterscheidet zwei grundlegende Klassen solcher Mechanismen in Netzwerken. Einerseits sind dies legale Kontraktmechanismen. Sie zielen darauf, geschlossene Vereinbarungen der Vertragspartner wenn nötig mit Hilfe einer dritten,

---

[112] Santos & Eisenhardt (2005) sehen gerade unter stark dynamischen Umweltbedingungen mit kausaler Ambiguität und hoher Veränderungsgeschwindigkeit den Einbezug von externen, komplementären Ressourcen als eine Chance, am Markt entstehende Möglichkeiten und Chancen aufzugreifen und Innovationen hervorzubringen: *„organizations may rely on resources owned by partner organizations to enter new product/market domains"* (ebd. S. 498).

[113] Dyer & Singh (1998), S. 667.

[114] Cantner & Graf (2006), S. 464 sehen dies als „The functionality of networks [..] based on the principles of complementarity and reciprocity. This means that firms will only participate in these networks, if they expect to learn from other network members (complementarity)."

[115] Auch dies findet sich bei Teece (2007) zu den Ausführungen zu Kospezialisierung von assets (S. 1339 f.).

[116] Siehe auch Dyer (1997); Dyer & Singh (1998).

[117] Siehe auch Zajac & Olsen (1993), S. 38 f.

außen stehenden Partei einfordern zu können.[118] Diese werden jedoch als transaktionskostenintensiv und wenig flexibel erachtet, was ihren Nutzen zur Schaffung relationaler Wettbewerbsvorteile und insbesondere mit Flexibilität verbundene Innovationsvorhaben mindert. Andere Mechanismen hingegen erlauben den Partnern die eigenständige Durchsetzung und Sicherung von Vereinbarungen und Zielstellungen der Kooperation ohne die Beteiligung Dritter. Diese sind ihrerseits in formale und informelle Mechanismen zu differenzieren. Zur ersten Kategorie zählen ökonomische Sicherungsvereinbarungen. Sie können opportunistisches Verhalten durch die Angleichung der finanziellen Aufwendung beziehungsweise des finanziellen Risikos der Partner an der gemeinsamen Transaktion minimieren.[119] Die Netzwerkakteure sollen durch symmetrische Investitionen mit gleichem relativen Wert für alle beteiligten Partner zur Kospezialisierung der Vermögenswerte und zur gemeinsamen Nutzung der entstehenden Wettbewerbsvorteile und Renten beitragen. Die tatsächliche Symmetrie der Investitionen ist jedoch an weitere Variablen gebundenen. Für eine kapitalstarke Unternehmung ist gegenüber einer Schwächeren ein Totalverlust ihrer spezifischen Investition mit relativ wenigen Folgen verbunden. Bereits diese ungleiche, geringere Abhängigkeit von einer partnerspezifischen Investition kann zu opportunistischem Verhalten führen, zumal sie nur schwer und kostenintensiv zu überwachen ist.

Daher werden insbesondere informelle Mechanismen zur Koordination als vorteilhaft erachtet. Diese können sich beispielsweise in einer entsprechenden kooperations- und vertrauensförderlichen Kultur ausdrücken und sich dabei nicht nur als effektiv, sondern gleichfalls als effizient erweisen. Denn eine auf geteilten kulturellen Werten und Normen basierende Interaktion und Kooperation kann Transaktionskosten senken.[120] Ein solcher informeller Koordinationsmechanismus steigert den Wert, welcher aus den netzwerkinternen Transaktionen auf Basis von Kospezialisierung entsteht und kann die Akteure zu partnerspezifischen Investitionen und zum Engagement in gemeinsame Innovationsvorhaben bewegen sowie den Beteiligten längerfristig Sicherheit bieten.[121]

2.3 Kritik und Implikationen für eine Konzeption der Innovationsfähigkeit aus der Perspektive des Relational View

Der RV spezifiziert vier wesentliche Quellen für relationale Wettbewerbsvorteile. Auf den Kontext Innovationsnetzwerke fokussiert, können die ihnen zugrundeliegenden Mechanismen den theoretisch-konzeptionellen Rahmen der Arbeit ergänzen. Denn Austausch, Kombination und Transformation von Ressourcen, als Basis von Innovation, sind wichtige Elemente des RV sowie des DCV. Es lassen sich folgende Implikationen daraus ableiten.

---

[118] Dies ist jedoch kein wesentliches Merkmal, das technologieorientierte Innovationsnetzwerke auszeichnet (vgl. Teil II.2.2) bzw. sie von anderen vertraglich geregelten Interorganisationsbeziehungen abgrenzt.
[119] Siehe auch Kale, Dyer & Singh (2002), S. 223 f.
[120] Vgl. bspw. Barney & Hansen (1994), S. 181 f.
[121] Siehe auch Williamson (1985) sowie Clegg et al. (2002).

Spezifizierung einer grundlegenden Ressourcen- und Kompetenzbasis im Netzwerkkontext
Zum einen sind die austausch- und aktivitätenspezifischen Investitionen und *assets* Grundlage u.a. zur Kospezialisierung. Dies bedeutet auch eine verstärkte Orientierung und Ressourcenbereitstellung der sich spezialisierenden Partner für bestimmte gemeinsame Prozesse, Technologien, Produkte oder Projekte. Für Innovationen, geprägt durch ressourcentransformierende Mechanismen, ist wiederum eine entsprechende Ressourcenausstattung von wesentlicher Bedeutung.[122] Eine so verstandene Spezialisierung mit gezielten und gegenseitig abgestimmten Investitionen in gemeinsame Innovationsvorhaben kann daher potenziell zu einer höheren Innovationsleistung beitragen.[123] Innovationsspezifische Investitionen beziehungsweise die Verwendung finanzieller Ressourcen hierfür können als eine Grundlage der Innovationsfähigkeit von Netzwerken verstanden werden.

Neben innovationsspezifischen Investitionen ist die Beschaffenheit von Ressourcen und Kompetenzen ein grundlegendes Element des RV. Vorteilhaft im Rahmen eines Netzwerks sind dabei insbesondere komplementäre Ressourcen, Kompetenzen und Wissensbestände der Netzwerkpartner. Sie können in der Kombination zu idiosynkratischen Netzwerkressourcen und -kompetenzen führen. Aus der Perspektive des RV erhöht Komplementarität das Potential für die Realisierung gemeinsamer Innovationen und damit für Netzwerkrenten. Ein hohes Maß an komplementären Ressourcen und Kompetenzen stellt folglich eine weitere Grundlage der Innovationsfähigkeit dar.

Relationale Mikrofundierung von Facetten der Innovationsfähigkeit
Eine weitere Implikation ergibt sich aus dem Austausch von Wissen. Allgemein werden Wissensbestände und deren Veränderung als Ausgangsposition für intraorganisationale Lernprozesse und als eine Grundlage der Innovationsfähigkeit auf organisationaler Ebene angesehen.[124] Bei Netzwerken muss Wissen die Organisationsgrenzen überwinden können, um gemeinsame Innovationen zu schaffen. Um dies zu ermöglichen, bedarf es netzwerkweiter Mechanismen. Der RV sieht hierfür die Routinen des Wissensaustausches vor. Sie sollen Anreize liefern und Transparenz in den Austauschprozessen erhöhen, was soziale Interaktionen zwischen den Netzwerkpartnern intensiviert. Mit diesen *„institutionalized interfirm processes that are purposefully designed to facilitate knowledge exchange..."*[125] können Wissen und Informationen im Netzwerk verbreitet werden. Dies soll nach Dyer & Singh (1998) möglichst systematisch geschehen. Sie stellen somit eine Möglichkeit des routinebeziehungsweise regelhaften Suchens, des Lernens, der Wissenskombination und damit auch des Wahrnehmens von Innovationschancen auf Netzwerkebene dar.[126] Sie sind folglich als eine Mikrofundierung des *sensing* i.S.v. Teece (2007) zu interpretieren. Interorganisationale Wissensaustauschroutinen untermauern damit eine Facette der Innovationsfähigkeit von

---

[122] Vgl. Reichert (1994); S. 20; Duschek (2002), S. 45.

[123] Studien von Asanuma (1989), Saxenian (1994), Dyer (1996) und Parkhe (1993) beispielsweise zeigen, dass relationale Renten auf Basis partnerspezifischer Investitionen und assets durch stärkere Produktdifferenzierung, weniger Prozessfehler und kürzere Produktentwicklungszyklen erreicht werden können.

[124] Vgl. bspw. Sammerl, Wirtz & Schilke (2008).

[125] Dyer & Singh (1998); S. 665.

[126] Vgl. Duschek (2002), S. 259. Siehe auch Teece (2009), S. 163 zu *„Dynamic Capabilities through [..] knowledge sharing ..."*.

Netzwerken (vgl. Abschnitt 1.3) *„A [..] network with superior knowledge-transfer mechanisms [...] will be able to „out innovate" [..] networks with less effective knowledge-sharing routines."*[127]
Daneben sieht der RV insbesondere selbstregulierende, informelle Mechanismen der Steuerung und Koordination gemeinsamer Aktivitäten der Netzwerkmitglieder als vorteilhaft an. Explizit werden hierbei kulturelle Aspekte konkretisiert. I.S.e. *„culture [...] aligning business objectives, generating mutual incentives, sharing risks, pooling strength and building trust"*[128] können geteilte Werte, Normen und Erwartungen der Kooperationspartner als zugrundeliegende Faktoren gemeinsame Aktivitäten fördern und Opportunismus vorbeugen (vgl. Abschnitt 2.2(4)). Mit Perspektive auf Innovationsnetzwerke und deren konstitutive Zielstellung der Generierung gemeinsamer Innovationen kann ein wesentlicher Mechanismus der informellen Koordination dieser Zielverfolgung in einer gemeinsamen Innovationskultur liegen. Wenn Netzwerkmitglieder sich für Veränderungen engagieren und neue Ideen unterstützen, kann sie zur Ergreifung entstehender Innovationschancen beitragen. Als solche erzeugt sie soziale und normative Anreize und fördert Commitment für gemeinsame Innovationsprojekte. Eine Innovationskultur im Netzwerk untermauert damit die *seizing*-Facette der Innovationsfähigkeit (vgl. Abschnitt 1.3).

Der RV liefert insgesamt einen wichtigen Beitrag zum angestrebten theoretisch-konzeptionellen Rahmen der Innovationsfähigkeit. Er ergänzt die stärker funktionalen Elemente des DCV aus einer relationalen Perspektive. Die Interpretation des RV stellt zum einen spezifische Annahmen über die Ressourcen- und Kompetenzbasis als Grundlage der Innovationsfähigkeit bereit: Komplementarität und Innovationsspezifität beim Einsatz. Des Weiteren lassen sich mit Hilfe des RV die funktionalen Facetten der Innovationsfähigkeit *sensing, seizing* und *transforming* (vgl. Abschnitt 1.3) konkretisieren: Wissensaustauschroutinen als eine Fundierung des *sensing* sowie eine innovationsförderliche Kultur als eine Fundierung des *seizing* von Innovationschancen.

Gemeinsam ist dem Konzept von Teece (2007) und dem RV, dass sie institutionelle Arrangements beziehungsweise analytische Systeme von Lernen, Austausch und Wahrnehmen in ihren Konzeptionen integrieren. Während Dyer & Singh (1998) eine *„interfirm knowledge-sharing routine as a regular pattern of interfirm interactions that permits the transfer, recombination, or creation of specialized knowledge"*[129] definieren und als *„institutionalized interfirm processes that are purposefully designed"*[130] mit Attributen der Regelmäßigkeit, bewussten Zweckbindung sowie Institutionalisierung näher spezifizieren, erschließt sich die organisatorische Verankerung analytischer Systeme des *sensing* in den Ausführungen bei Teece (2007) weniger. Deutlich wird lediglich, dass Funktionen des Wahrnehmens und Reflektierens institutionell geregelt werden sollen. Daher scheint eine detailliertere Betrachtung regel- beziehungsweise institutionenorientierter reflexiver Mechanismen relevant für die weitere inhaltliche Konkretisierung der *sensing*-Facette der Innovationsfähigkeit.

---

[127] Dyer & Singh (1998), S. 664 mit Verweis auf von Hippel (1988) (Hervorh. i.O.).
[128] Clegg et al. (2002), S. 327.
[129] Dyer & Singh (1998), S. 665.
[130] ebd.

Als regelbasierte Verhaltensmuster auf überindividueller Ebene, die interdependente Handlungen in der Organisation oder im Netzwerk darstellen[131], werden Routinen im Ansatz der Institutionellen Reflexivität[132] thematisiert. Dieser stellt eine analytische Konzeption zum Umgang mit regel- und strukturorientierten Mechanismen und Verfahren der Revision und damit potentiellen Innovation bestehender Praktiken bereit und greift damit das Problem des *sensing* i.S.v. Reflexivität auf. Er wird im folgenden Abschnitt dargestellt.

3   Institutionelle Reflexivität

3.1   Grundlagen einer reflexiv-verfahrensförmigen Perspektive auf Innovationsfähigkeit

Baecker (1996) sieht einen *„der wichtigsten blinden Flecken der Managementtheorie [...] in der Unterschätzung jener Mechanismen, mit denen sich ein Unternehmen davor bewahren kann, die eigenen Probleme zu lösen"*[133] und damit Neuerungen und Innovationen verhindert. Organisationen scheinen mitunter einer Beharrlichkeit hinsichtlich des Wandels und der Veränderung zu unterliegen.[134] In der Folge wird nicht erkannt, dass manche Regeln und Praktiken inadäquat (geworden) sind.[135] Trotzdem werden sie mitunter bewusst oder unbewusst aufrechterhalten. Entscheidend zur Innovationsfähigkeit trägt nach Moldaschl (2004) jedoch gerade das systematische Offenhalten von Prozeduren und Voraussetzungen für Revisionen bestehender Praktiken und Routinen bei. Mit der Institutionellen Reflexivität[136] schlägt er ein analytisches Konzept vor, welches Kriterien für die Beobachtung und Evaluation eben dieser potenziellen Revision liefert. Als Ausgangspunkt nutzt Moldaschl ein Basisdilemma, dass Organisationen Handeln durch Regeln für eine optimale Ressourcennutzung zweckprogrammieren wollen (Effizienzziel der Organisation) und dennoch eine flexible Anpassung ermöglichen sollen (Effektivität).[137] Notwendig ist eine adäquate Ressourcennutzung. Sie bedingt als Voraussetzung das Erkennen von inadäquaten Praktiken, welche diese verhindern. Eine Basis für diese Überlegungen findet sich implizit bereits bei Penrose (1959), die schon damals auf die Wichtigkeit von Ressourcen *und* Ressourcennutzung für Wettbewerbsvorteile verwiesen hat. *„It is never resources themselves that are the 'inputs' in the production process, but only the services that the resources can render."*[138]

---

[131] Vgl. Rasche (1994), S. 98; Freiling (2001a), S. 127ff.; Feldman & Pentland (2003), S. 94ff.

[132] Vgl. Moldaschl (2007a).

[133] Baecker (1996), S. 71.

[134] Vgl. auch Hannan & Freeman (1984).

[135] Vgl. Moldaschl (2007b), S. 4 f.

[136] Hier in der Großschreibweise 'Institutionelle Reflexivität' bezieht sich Moldaschl (2006), S. 18 auf die analytische Konzeption. In der Kleinschreibweise wird institutionelle Reflexivität phänomenologisch als Eigenschaft organisationaler Praxis verstanden und *„beschreibt nicht direkt organisationales Lernen, sondern Verfahren der Selbstbeobachtung und der Selbstkritik, die dazu führen können"* (Moldaschl (2004), S. 12). Dieser Unterteilung folgt auch die vorliegende Arbeit.

[137] Vgl. auch Schreyögg & Koch (2007), S. 285 ff.

[138] Penrose (1959), S. 25 (Hervorh. i. O.).

Wettbewerbsvorteile werden demnach nicht allein durch die Verfügbarkeit von Ressourcen erreicht, sondern durch ein organisationales Vermögen, diese sinnvoll einzusetzen. Die Sinnhaftigkeit ist bei inadäquaten Praktiken und Routinen jedoch fraglich. Es bedarf einer Reflexion und ggf. Revision der Ressourcennutzung.

Theoretisch nimmt Moldaschl Anleihen u.a. an Modernisierungstheorien[139] sowie Theorien organisationalen Lernens. Bei letzteren verweist er auf Argyris & Schön. Diese unterteilen organisationales Lernen in single-loop, double-loop und deutero-learning.[140] Während es sich bei den ersten beiden um Prozesse des Anpassungslernens handelt, wird letzteres auch als reflexives Lernen gedeutet, bei dem Lernmodi selbst geprüft und gegebenenfalls zur Disposition gestellt werden.[141] Somit sieht Moldaschl die wesentliche Aufgabe seiner analytischen Konzeption der Institutionellen Reflexivität in der Bereitstellung brauchbarer Kriterien für die Beobachtung und Evaluation des Nicht-Lernens beziehungsweise Nicht-Wahrnehmens von Veränderungsnotwendigkeiten oder Chancen. Dies stellt eine Innovationsbarriere dar.[142]

Für die Konzeption greift er auf drei Bezugspunkte von Reflexivität zurück.[143] Zum einen bezieht sich Reflexivität auf Selbstbezüglichkeit, wobei sich eine Organisation i.S.e. sozialen Systems selbst beobachtet und gestaltet.[144] Damit eine reflexive Selbstproduktion keiner Tautologie unterliegt[145], wird der Begriff `selbst´ dabei subjektfrei konzipiert. Rückwirkungen eines Systemoutputs auf das System selbst sind folglich möglich. Zum anderen werden Prozesse als reflexiv verstanden, wenn (rekursiv) auftretende Nebenfolgen, insbesondere nicht intendierte und unerwartete, darin verarbeitet werden.[146] Der dritte Bezugspunkt hebt die Kategorie des Wissens hervor. Demnach werden aufgrund einer zunehmend unüberschaubaren Anzahl von Handlungsoptionen unter komplexer werdenden Umweltbedingungen Entscheidungen in Organisationen situativ auf Grundlage bestehenden Wissens getroffen.[147] Daher muss sich die Organisation der eigenen Voraussetzungen und Grenzen diesbezüglich bewusst sein.

Diese drei Bezugspunkte vereint Moldaschl unter der für die Institutionelle Reflexivität konstitutiven Annahme, dass eine Praxis reflexiv ist, d.h. Nicht-Lernen und Nicht-Wahrnehmen aufdecken kann, wenn sie mehr als einen der obigen Aspekte aufweist. Dabei ist sie selbst als situiert zu betrachten, denn sie ist nicht frei von Abhängigkeiten struktureller und historisch-kultureller Pfade, von bestehenden Praktiken, Prozessen, Ressourcen und Wissen der jeweiligen Organisation. Sie ist, sofern nicht ausreichend institutionalisiert, ebenfalls nicht wert- oder normenfrei aus Sicht individueller Akteure. Dies macht sie anfällig für mikropolitische Kalküle, negative Routinisierung, `Versandung´ und Inertia[148], insbesondere wenn antireflexive Pfadentwicklungen vorliegen, welche produktiver

---

[139] U.a. Beck, Giddens & Lash (1996).

[140] Vgl. Argyris & Schön (1978); Argyris & Schön (1996).

[141] Vgl. Moldaschl (2004), S. 7.

[142] Vgl. Schirmer, Knödler & Tasto (2012), S. 30 ff.

[143] Vgl. für das Folgende Moldaschl (2004), S. 4 ff.

[144] Hier nimmt Moldaschl Bezug auf Luhmann (1994).

[145] Nach Luhmann (1994) kann ein soziales System nicht von außen gesteuert werden.

[146] Hier nimmt Moldaschl Bezug auf Beck, Giddens & Lash (1996).

[147] Hier nimmt Moldaschl Bezug auf Giddens (1995).

[148] Vgl. bspw. Hannan & Freeman (1984).

Selbstbezüglichkeit, Rezeptivität für Unerwartetes und Bewusstseinsschaffung von Entscheidungskontexten auf organisationaler Ebene entgegenwirken.[149]

Um Reflexivität dennoch zu ermöglichen, liegt der Fokus der analytischen Konzeption Institutionelle Reflexivität auf konkreten, reflexivitätsfördernden, institutionalisierten Praktiken. Solch potenziell reflexive Institutionen stellen Instrumente und Verfahren dar, welche in sich Reflexivität verankern und somit weitgehend unabhängig von einzelnen Individuen ermöglichen sollen. Ergänzend zu einer ressourcenorientierten Perspektive wird hier somit eine institutionen- oder regelorientierte Sichtweise vorgeschlagen, aus der heraus Moldaschl die Frage aufwirft, in wie weit reflexive Managementinstrumente oder Verfahren prinzipiell *„die Aufnahmebereitschaft für Erkenntnisse fördern, die zur Revision bzw. Innovation bisheriger Sichtweisen und Praktiken beitragen."*[150]

Damit kann der Ansatz prinzipiell auch auf die Netzwerkebene übertragen werden. Hier finden sich insbesondere in der Netzwerkmanagementliteratur Anknüpfungspunkte zum (notwendigen) Einsatz reflexiver Verfahren.[151] Wie im organisationalen Kontext werden in Netzwerken Managementinstrumente und Verfahren angewandt. Sie bergen als regelgeleitete, institutionalisierte Praktiken der Steuerung und Koordination von Netzwerken ebenfalls ein Reflexivitätspotenzial, welches i.S.d. Konzeption Institutionelle Reflexivität ergründet und dargestellt werden kann.

3.2 Inhaltlich-konzeptionelle Elemente zur Erfassung von Innovationsfähigkeit durch Reflexivität

Da theoretisch und praktisch jederzeit die Möglichkeit zu nichtreflexivem Handeln besteht, muss von der Annahme ausgegangen werden, dass Reflexivität nicht per se in Organisationen und Netzwerken vorhanden ist oder entsteht. Entscheidend ist daher ihre institutionelle Verankerung. Eine solche Institutionalisierung geschieht durch eine gezielte *„Schaffung von Institutionen, welche Entscheidungen beobachten und evaluieren, professionalisieren und kritisieren."*[152] Als reflexive Institutionen i.d.S. werden alle im Regelgerüst verankerten Praktiken, Verfahren oder Managementinstrumente angesehen, die sich selbst und die Organisation systematisch reflektieren.[153] Für eine Ermittlung der Qualität und des Ausmaßes von Reflexivität schlägt Moldaschl eine Konkretisierung und Operationalisierung von Reflexivität basierend auf den drei dargestellten Bezugspunkten Selbstbezüglichkeit bezie-

---

[149] Vgl. Schirmer, Knödler & Tasto (2012), S. 155 ff.

[150] Moldaschl (2006), S. 18.

[151] Siehe hierzu auch, meist mit Bezug zur Netzwerkevaluation, nicht jedoch Innovation und ohne einer der Institutionellen Reflexivität entsprechenden konkreten Operationalisierung, bspw. Sydow & Windeler (2001); Sydow (2004); Weber (2006); Rometsch (2008); Sydow (2008).

[152] Moldaschl (2006), S. 17.

[153] Im Folgenden nutze ich zur Darstellung der inhaltliche-konzeptionellen Elemente der Institutionellen Reflexivität den Bezug zur *Organisation* beziehungsweise zur *organisationalen* institutionellen Einbettung von Verfahren. Dies entspricht dem Ansatz, wie er von Moldaschl (2004) entwickelt wurde. Gleichwohl gelten die Ausführungen hier ebenso für die Verfahren auf Netzwerkebene, welche eine Einbettung im *Regelgerüst des Netzwerks* aufweisen, d.h. im *Netzwerk institutionell verankert* sind und dort als Netzwerkverfahren potenziell reflexiv wirken.

hungsweise Selbstbeobachtung, Nebenfolgenabschätzung sowie Wissensabhängigkeit beziehungsweise Kontextbewusstsein vor.[154] In drei Schritten soll damit eine Erhebung und Bewertung institutioneller Reflexivität erfolgen.[155] Im ersten Schritt werden hierfür Methoden und Praktiken identifiziert, die anhand formaler Kriterien `unter Reflexivitätsverdacht´ gestellt werden. Es geht um die Frage der Funktionsweise, d.h. *wie* Reflexivität institutionalisiert beziehungsweise geregelt ist. Im zweiten Schritt werden diese Praktiken anhand weiterer Kriterien daraufhin untersucht, *wie sehr* sie Reflexivität zulassen beziehungsweise fördern. Im dritten Schritt wird die realexistierende Reflexivität dieser Praktiken ins Verhältnis zu den Kontexterfordernissen gesetzt. Es geht um die Klärung, *wie sinnvoll* das Maß an Reflexivität ist. Ein Maximierungsprinzip der Reflexivität ist nicht i.S.d. Konzeption. Denn wie der Aufbau und Nutzung von Ressourcen ist auch der Aufbau von Reflexivität beziehungsweise reflexiven Praktiken mit Kosten verbunden. Diese drei Schritte als wesentliche Elemente der Konzeption Institutionelle Reflexivität werden im Folgenden zusammenfassend dargestellt um im Anschluss mögliche Implikationen für den theoretisch-konzeptionellen Rahmen der Arbeit abzuleiten.

(1) Funktionsweise institutioneller Reflexivität

Den ersten Schritt bildet die Identifikation potenziell reflexiver Verfahren und Methoden in einer Organisation.[156] Grundlegend sind hier fünf Dimensionen der Funktionsweise institutioneller Reflexivität. Sie lassen sich aus den Bezugspunkten Selbstbeobachtung und -referentialität, Nebenfolgenevaluierung und Kontextbewusstsein ableiten.[157] Potenziell reflexive Verfahren weisen eines oder mehrere der folgenden Kriterien auf:[158]

a) Institutionalisierung von Selbstbeobachtung und Selbstkritik umfasst Regeln, Routinen und Verfahren, welche einem reflexiven Monitoring der Entwicklung von Organisationen dienen. Es geht um die Wahrnehmung einer Überprüfungsfunktion für vorhandene Praktiken und Routinen.

b) Ein systematischer Rückgriff auf Fremdbeobachtung ermöglicht Beobachtung zweiter Ordnung. Damit wird eine weitere reflexive Schleife in der Beobachtung von Beobachtung(spraktiken) konzipiert. Es geht nach der obigen

---

[154] Vgl. Moldaschl (2004), S. 4 ff.

[155] Hierzu und im Folgenden Moldaschl (2006), S. 18 ff.

[156] An dieser Stelle ist anzumerken, dass es sich bei den beispielhaften Verfahren um bekannte Methoden handelt. Beispielsweise wird der Entwurf alternativer Gegenwarten von Gerstein & Shaw (1994), S. 271 befürwortet, um Denkblockaden aufzuheben und den Übergang von einer bürokratischen zu einer dynamischen Organisation zu erleichtern. Moldaschl entwickelt also keine neuen Managementmethoden, sondern bedient sich beispielhaft bei den in der Praxis bereits eingesetzten.

[157] Eine ausgearbeitete Zuordnung beziehungsweise Darstellung, wie diese Herleitung geschieht, liefert Moldaschl allerdings nicht. Weder in den frühen Arbeiten/Arbeitspapieren Moldaschl (2000); Moldaschl (2004); Moldaschl (2005), noch in den Journalpublikationen Moldaschl (2006); Moldaschl (2007) und neueren Beiträgen Moldaschl et al. (2011) sind konkrete Herleitungen dargelegt. Desweiteren zeigen die Dimensionen und ihre inhaltliche Ausgestaltung im Zeitverlauf von Moldaschls Arbeiten eine Weiterentwicklung des Ansatzes (vgl. Moldaschl (2004), S. 9 ff. gegenüber Moldaschl (2006), S. 19 ff.). Die vorliegende Arbeit schließt sich dem aktuellen Stand bei Moldaschl (2006) an.

[158] Vgl. Moldaschl (2006), S. 18 ff.

Selbstreferenz hierbei um den Import von Fremdreferenz. Diese kann ´blinde Flecken´ vermeiden helfen, indem Signale aus der Umgebung der Organisation aufgenommen und intern verarbeitet werden. Verfahren dieser Art tragen zu Umweltoffenheit und -sensibilität bei.[159]

c) Kommunikativer Bezug zu Fremdreferenz wird durch Verfahren dargestellt, welche mit den Ergebnissen zweiter Ordnung aus der Fremdbeobachtung umgehen. Es geht Moldaschl um Kommunikation über Kommunikation. Reflexive Verfahren, die dies tun, richten sich an die Umwelt der Organisation und beziehen sich in ihrer Kommunikation (auch) auf Informationen, welche aus ebene jener Umwelt gewonnen werden.

d) Offene Evaluierung von Handlungsfolgen geschieht durch Verfahren, welche Aktivitäten von Organisationen und ihre Auswirkungen beziehungsweise Folgen erfassen. Während die ersten drei Dimensionen im wesentlichen Kopplungs- beziehungsweise Rückkopplungskanäle in Form von Verfahren darstellen, wird hier die Entwicklung der Organisation an inhaltlichen Kriterien gemessen.

e) Das Entwerfen alternativer Gegenwarten und Zukünfte zeichnet mögliche Szenarien der Organisation nach beziehungsweise vor. Verfahren, welche dies ermöglichen, sollen auf den für die Organisationsentwicklung wichtigen Wissenskontext hinweisen. Entwürfe von Alternativen zeigen auf, welches Wissen vorhanden ist, weisen auf eventuelle Lücken hin beziehungsweise regen zu einem geregelten Umgang mit diesem Nicht-Wissen an.

Für jede der fünf Dimensionen zeigt Moldaschl beispielhafte Verfahren beziehungsweise Managementinstrumente der Organisationspraxis auf.

Dimension institutioneller Reflexivität	Exemplarische Verfahren, Praktiken, Instrumente
Institutionalisierung von Selbstbeobachtung und Selbstkritik	– Schaffung von Funktionen/Abteilungen wie Organisationsentwicklung, interne Beratung – Einbindung des Controlling in das strategische Monitoring (z.B. mittels BSC) – Benchmarking – KVP
Systematischer Rückgriff auf Fremdbeobachtung	– Einsatz externer Berater oder Beiräte – Auswertung von Kundenreklamationen – Kooperation mit Kritikern, round tables, NGOs – Wechselseitige Hospitationen – Einsatz von boundary spanners
Kommunikativer Bezug zu Fremdreferenz	– Berichtspraktiken (Reporting, z.B. CSR) – Reputationsstudien
Offene Evaluierung von Handlungsfolgen	– Maßnahmen-Evaluierung – Kunden- und Mitarbeiterbefragung

---

[159] Vgl. Moldaschl (2006), S. 20 unter Verweis auf Kirsch et al. (1998).

Entwurf alternativer Gegenwarten und Zukünfte	– Aufgaben-, Abteilungs-, Betriebswechsel – Parallele Entwicklerteams, Innovationswettbewerbe – Anwendung von Kreativitätstechniken – Szenarioplanung, Think Tanks

Tabelle 3: Funktionen und potenzielle Praktiken institutionalisierter Reflexivität
Quelle: Eigene Darstellung in Anlehnung an Moldaschl (2006), S.19.

(2) *Bewertung des Grades institutioneller Reflexivität*

Während der erste Schritt die Funktionsweise institutioneller Reflexivität anhand vorhandener Verfahren dargelegt, soll der zweite Schritt den Umfang beziehungsweise Grad an Reflexivität ermitteln. Die Frage nach dem Vorhandensein potenziell reflexiver Praktiken lässt sich relativ leicht beantworten. Einen Nachweis institutioneller Reflexivität kann dies jedoch nicht ohne Weiteres darstellen. Dazu bedarf es einer Aussage über das Ausmaß reflexiver Anwendung. Hierzu werden die folgenden fünf Bewertungskriterien vorgeschlagen, anhand derer sowohl quantitative als auch qualitative Aussagen bezüglich der Reflexivitätsintensität der eigesetzten Praktiken und Methoden getroffen werden sollen.[160]

a)   Mit der Anzahl von Rückkopplungskanälen und dem Grad der Kopplung ist eine quantitative Erfassung externer Referenzen beziehungsweise Praktiken sowie die Art und Weise ihrer Anwendung vorgesehen. Es geht um die Beurteilung, ob identifizierte Verfahren i.S.e. *kritischen* Hinterfragung eingesetzt werden.

b)   Die Reichweite des Einbezugs von Fernwirkungen soll Auskunft verschaffen, welche Akteure und Praktiken in welchem Rahmen und mit welcher Wirkung bei den Verfahren zur potenziellen Revision einbezogen werden.

c)   Die Erfassung von Möglichkeiten zur Kriterien- und Zielrevision soll prüfen, in wie weit Verfahren Änderungen und Revisionen in den Zielen der Organisation, einzelner Teilbereiche oder Prozesse zulassen. Damit sollen eventuelle Tabuisierungen aufgedeckt werden, die sich einer möglichen Revision entziehen könnten.

d)   Die Feststellung des Grades der Anwendung beziehungsweise Aussetzung reflexiver Verfahren ist der latenten 'Versandung' und der möglichen machtbezogenen Dimensionen organisationalen Agierens geschuldet. Kenntnis über eine *regelmäßige und kritische* Anwendung von Verfahren gibt darüber Aufschluss, dass diese reflexiv angewendet werden.

e)   Mit der Prüfung auf Selbstanwendung soll ermittelt werden, inwieweit als reflexiv angenommene Verfahren und Methoden, welche bestehende Praktiken prüfen, auch sich selbst prüfen. Es geht um Selbstreferenzialität der identifizierten Verfahren. Hiermit wendet sich die Institutionelle Reflexivität sich selbst beziehungsweise operationalisierten Teilen davon zu.

---

[160] Vgl. Moldaschl (2006), S. 21 ff.

Die fünf Kriterien zur Bewertung des Reflexivitätsgrades sind in ihrer Art verschieden und unternehmen den Versuch einer Prüfung damit auf Basis unterschiedlicher Erkenntnismöglichkeiten. Die Messung der Zahl von Rückkopplungskanälen beispielsweise kann Hinweise auf die Gesamtreflexivität oder zumindest die Verbreitung potenziell reflexiver Verfahren geben. Die Beurteilung der Möglichkeit von Zielrevisionen oder die Feststellung von Selbstanwendung kann jedoch nur bezogen auf individuelle Verfahren sinnvoll angewandt werden. Diese explizite Unterscheidung zwischen Organisations- und Verfahrensebene findet sich bei Moldaschl allerdings nicht. Es bleibt unklar, worauf sich die Kriterien im Einzelnen jeweils beziehen. Dies drückt sich auch im Datentyp aus, welcher für eine Prüfung prinzipiell zur Verfügung steht. Einige Kriterien können Reflexivität quantitativ ausdrücken, andere wiederum nur qualitativ. Bei manchen ist beides möglich. Einen Überblick gibt Tabelle 4.

Bewertungskriterium	Operationalisierungsfragen	Datentyp
Zahl der Rückkopplungskanäle und Grad der Kopplung	Wie viele externe Referenzen bzw. Verfahren werden wie regelmäßig genutzt?	quantitativ
Reichweite des Einbezugs von Fernwirkungen	Welche Akteure und Praktiken werden bezüglich welcher Folgen und in welchem räumlichen und zeitlichen Horizont in eine Überprüfung einbezogen?	quantitativ & qualitativ
Möglichkeit der Kriterien- und Zielrevision	Inwieweit sind diese in potenziell reflexiven Verfahren prinzipiell vorgesehen oder zulässig?	qualitativ
Grad der Anwendung oder Aussetzung reflexiver Verfahren	Welche Konsequenzen hat die Anwendung eines Verfahrens? Wie beeinflusst dies den organisationalen Entscheidungsprozess? Wird eine evtl. Aussetzung begründet?	quantitativ & qualitativ
Selbstanwendung	Inwieweit unterliegt ein reflexives Verfahren selbst der Prüfung? In welchem Umfang werden gescheiterte Verfahren verarbeitet?	qualitativ

Tabelle 4: Bewertungskriterien Institutioneller Reflexivität
Quelle: Eigene Darstellung in Anlehnung an Moldaschl (2006), S. 22.

(3) *Angemessenheit institutioneller Reflexivität*
Die Ermittlung der Existenz potenziell reflexiver Praktiken und ihrer Intensität erlaubt Aussagen über das Vorhandensein und das Ausmaß an institutioneller Reflexivität von Organisation beziehungsweise Verfahren, nicht jedoch über dessen Sinnhaftigkeit. Daher ist in einem dritten Schritt eine normative Bewertung der Reflexivität vorgesehen. Moldaschl nennt beispielhaft drei Prüfkriterien mit heuristischem Charakter und spricht von der „*Kontextualisierung institutioneller*

Reflexivität.[161] Auf diese Weise kann der Maximierung von Reflexivität vorgebeugt und ein kontextangemessenes Ausmaß angestrebt werden, welches durch Hinterfragen von Funktionalität und Folgen institutionalisierter Reflexivität bestimmt wird. In kleineren Organisationen kann eventuell schon durch räumliche Nähe und einer offenen, ideenorientierten Kommunikationskultur ein reflexives Moment geschaffen werden.

Somit ist die Institutionalisierung komplexer Regelsysteme eventuell nicht erforderlich, da Aufwand und Steigerung des Grades an Reflexivität in keinem effizienten Verhältnis stehen.[162] Zu bedenken ist außerdem, dass es die Ressourcen und Leistungsfähigkeiten von kleinen und mittelständischen Unternehmen übersteigen kann. In großen Organisationen erscheint das Gegenteil vernünftig zu sein. Konzerne wären ohne Regelsysteme kaum steuerbar, verhelfen sie doch zu mehr oder weniger vorhersehbarem, kontrolliertem Handeln der Organisationsmitglieder.[163] Für Moldaschl ist auch die Umweltdynamik als Kontextfaktor von Bedeutung. Mit zunehmender Dynamik des Umfeldes verbindet er eine wachsende Notwendigkeit, organisationale Arrangements regelmäßig zu prüfen.[164]

Kontextbezug	Operationalisierungsfragen	Datentyp
Form bzw. Verfahrensförmigkeit	Welche Praktiken tragen in kleineren Unternehmen zur Reflexivität bei, wenn formalisierte Verfahren und eine institutionelle Form der Reflexivität nicht vorhanden oder angemessen ist?	qualitativ
Funktionalität	Welche Relevanz hat die Revision von bestehenden Praktiken, Regeln und Verfahren unter bestimmten Umweltbedingungen?	qualitativ
Akteursgruppenbezug	Welche Folgen sind mit der Anwendung reflexiver Verfahren für unterschiedliche Akteursgruppen in der der Organisation verbunden und welchen Interessen dienen sie?	qualitativ

Tabelle 5: Kontextbezug Institutioneller Reflexivität
Quelle: Eigene Darstellung in Anlehnung an Moldaschl (2006), S. 25.

Insgesamt zeugen die institutionentheoretische Verankerung und Differenzierung der drei Bezugspunkte der Reflexivität von einem breiten Reflexivitätsgedanken als konzeptionelle Grundlage. Die drei Schritte zur Darstellung und Erhebung der Funktionsweise, zum Grad und zur Kontextangemessenheit zeigen erste Operationalisierungsansätze beziehungsweise heuristisch geprägte Beispiele. Dennoch hat die Institutionelle Reflexivität als analytische Konzeption bislang vergleichsweise wenig Eingang in empirische Forschungsarbeiten

---

[161] Moldaschl (2006), S. 24 f.
[162] Ein gegenteiliges Beispiel zeigen Schirmer, Knödler & Tasto (2012), S. 45 ff.
[163] Vgl. Picot, Reichwald & Wigand (2003), S. 35.
[164] Vgl. Moldaschl (2006), S. 24.

gefunden.[165] Dies mag der nicht immer eindeutigen Unterscheidung zwischen dem empiri-schen, organisationalen Phänomen der institutionellen Reflexivität sowie der analytischen Konzeption Institutionelle Reflexivität, welche selber wiederum eine inhaltliche Komplexität aufweist, geschuldet sein. Diese Komplexität zeigt sich u.a. darin, dass die Operationalisie-rung des zweiten und insbesondere dritten Schritts fast ausschließlich über qualitative Forschungsansätze sinnvoll realisierbar ist.[166] Hierdurch ergeben sich weitere Implikationen für den theoretisch-konzeptionellen Rahmen der vorliegenden Arbeit.

3.3 Kritik und Implikationen für eine Konzeption der Innovationsfähigkeit aus der Perspektive Institutioneller Reflexivität

Das Offenhalten von Prozeduren und Voraussetzungen für Revisionen bestehender Praktiken begründet ein Vermögen beziehungsweise Potenzial, wenn es systematisch i.S.d. Institutio-nellen Reflexivität betrieben wird.[167] Reflexive Verfahren schärfen den Blick für Dysfunktionalitäten. Sie schaffen Irritation und Anstöße und können damit nachhaltig veränderungs*induzierend* wirken. Sie schließen jedoch nicht im gleichen Schritt notwendi-gerweise die Umsetzung von Neuem ein. Ein vollständiges, systematisches Erklärungsgerüst, was, wieso, wann, für wen und wie, unter welchen Kosten und mit welchen (strategischen und finanziellen) Zielen verändert werden soll, wird nicht automatisch im Zuge der Anwen-dung Institutioneller Reflexivität beantwortet.[168]

Die stärker potenzial- als umsetzungsorientierte Sicht der Institutionellen Reflexivität ist zum einen damit zu erklären, dass sich das Konzept implizit hauptsächlich auf interne, organisa-tionale Veränderungsprozesse bezieht.[169] Moldaschl selber sieht es als Erklärungsansatz für Veränderungs- sowie Innovationsfähigkeit und nutzt diese Begriffe synonym.[170] Dies ist, fokussiert auf interne Innovationen als organisationale Veränderungen und ggf. als Unter-stützung von Produktinnovationen, nachvollziehbar. Im Innovationsverständnis der vorliegenden Arbeit stehen interne und externe Innovationen jedoch gleichwertig nebenei-nander. Insbesondere Produkt- und Technologieinnovationen erfordern eine (technische) Umsetzung i.S.d. Produktion und letztendlich Vermarktung. Hier sind u.a. Unternehmens-, Geschäftsfeld-, Markt-, Produkt- und damit letztendlich Innovationsstrategien tangiert. Institutionelle Reflexivität erlaubt zwar die quantitative und qualitative Untersuchung vor-handener Verfahren (Dimensionen der Funktionsweise) sowie ihrer reflexivitätsförderlichen Wirkung (Reflexivitätsgrad) und fordert darüber hinaus zu einer Einschätzung der Angemes-

---

[165] Erste Arbeiten siehe bspw. Manger & Moldaschl (2010); Schirmer & Tasto (2010); Knödler, Schirmer & Gühne (2011); Moldaschl et al. (2011); Schirmer, Knödler & Tasto (2012).

[166] Vgl. auch Moldaschl (2006), S. 25.

[167] So versteht es auch Moldaschl (2007); siehe Moldaschl et al. (2011) sowie insb. Moldaschl (2011) zum *potentialorientierten Ansatz*.

[168] Die aufgeworfenen Fragen können sich wohl aus der phänomenologischen Perspektive auf Reflexi-vität ergeben. Die Konzeption Institutionelle Reflexivität stellt sie jedoch im Zuge ihre Analyse nicht explizit.

[169] Hierzu liegen von Schirmer, Knödler & Tasto (2012) sowie Knödler & Schirmer (2013) umfassende Fallstudien vor.

[170] Vgl. bspw. Moldaschl (2007) vs. Moldaschl et al. (2011).

senheit auf. Sie untersucht damit *inhaltlich* Potenzial, Ausmaß und mögliche Wirkung von Reflexivität, schließt die *funktionalen* Aspekte der betrachteten Verfahren jedoch nicht notwendiger Weise in ihre Analyse ein. Eine Balance Score Card, ein Controlling, eine Strategieentwicklung oder eine Mitarbeiterbefragung haben, neben ihrem Reflexivitätspotenzial, im Kern jedoch originäre Funktionen als Managementinstrumente, die nicht primär der Erzeugung von Reflexivität dienen. Ob beispielsweise überhaupt eine bestimmte Innovationsstrategie sinnvoll ist, beantwortet die Institutionelle Reflexivität nicht.

Ferner bedarf institutionelle Reflexivität ihrerseits weiterer Ressourcen. So sind schon die bei Moldaschl (2006) postulierten Verfahren und Instrumente kaum ohne zeitliche, personelle und finanzielle Unterstützung denkbar.[171] Folglich liegt auch institutionalisierten Praktiken der Reflexivität eine Basis von Ressourcen und Kompetenzen zugrunde.

Operationale Kriterien der Funktionsweise institutioneller Reflexivität als Fundierung einer verfahrensförmigen Wahrnehmung von Innovationschancen

Während Reflexivität als empirisches Phänomen zur Unterstützung der Innovationsfähigkeit interpretiert werden kann, trägt Institutionelle Reflexivität als analytische Konzeption nur einen Teil zu dessen Erklärung bei. Wie die Abschnitte 1 & 2 dieses Teils verdeutlichen, können die Interpretationen des DCV und RV bereits wesentliche Aspekte eines theoretisch-konzeptionellen Rahmens abbilden. Die analytischen Unterklassen dynamischer Fähigkeiten mit ihrer jeweiligen funktionalen Natur des *sensing, seizing* und *transforming* nach Teece (2007) liefern innerhalb dieses Rahmens die theoretische Erklärungsbasis für Facetten der Innovationsfähigkeit. Der RV kann diese aus relationaler Sicht inhaltlich weiter konkretisieren sowie die Ressourcen- und Kompetenzbasis als Grundlage für Innovationen in Netzwerken spezifizieren. In einem solchen Modellrahmen stellt die Konzeption Institutionelle Reflexivität vor allem Hinweise auf eine konkrete Fundierung des *sensing* bereit.

Moldaschl selber formuliert die Aufgabe der Konzeption wie folgt: *„(a) die Notwendigkeit und die Grenzen der Notwendigkeit organisationaler Selbstbeobachtung und Selbstbefragung in verschiedenen Kontexten (!) zu begründen; (b) Annahmen zu entwickeln, unter welchen Bedingungen die Besonderung reflexiver Funktionen, also ihre funktionale Abspaltung von den alltäglichen Praxisvollzügen, als sinnvoll, gefährlich oder ambivalent zu beurteilen ist; und (c) Beobachtungskriterien bereitzustellen, mittels derer sich der Grad und die Qualität reflexiven Handelns sowie seine Angemessenheit gegenüber den zu rekonstruierenden Anforderungen empirisch beurteilen lassen...".*[172] Von Interesse für die Konkretisierung ist damit insbesondere der letztgenannte Aspekt. Denn die hier vorgeschlagenen Dimensionen der Funktionsweise von Reflexivität bieten eine Möglichkeit, auf regelhafte, institutionell eingebettete und damit nicht individuell abhängige Weise die von Teece (2007) vorgeschlagenen analytischen Systeme des Erkennens und Wahrnehmens von Innovationschancen und Dysfunktionalitäten (*sensing*) so detailliert zu operationalisieren, wie es der bisherige Entwicklungsstand des Ansatzes von Teece nicht leistet. Der Ansatz der

---

[171] Moldaschl selbst konstatiert diese Ressourcenabhängigkeit eher implizit mit dem Verweis auf die entstehenden Kosten aller Verfahren der systematischen Nutzenbewertung, was ihn u.a. zur Forderung nach Kontextangemessenheit von reflexiven Verfahren bewegt (vgl. Moldaschl (2006), S. 27). Vgl. ähnlich auch Schreyögg & Kliesch-Eberl (2007), S. 928 in Form des *Capability Monitoring* als separater Prozess.

[172] Moldaschl (2004), S. 15 f.

Institutionellen Reflexivität komplettiert damit wirkungsvoll den aufgezeigten theoretisch-konzeptionellen Rahmen der Arbeit. Dieser wird in Abschnitt 4 zusammenfassend dargestellt.

4 Theoretisch-konzeptionelles Zwischenresumé

4.1 Ressourcen und Kompetenzen als Basis der Innovationsfähigkeit

Dynamic Capabilities sollen innovative Formen nachhaltiger Wettbewerbsvorteile, auch durch (Produkt)Innovationen, erzeugen.[173] Schon Teece, Pisano & Shuen (1997) sehen Unternehmen daher nicht als reines Portfolio von Geschäftseinheiten mit formalen Kontrakten[174], wie sie etwa bei der Integration von Marktmechanismen in die Organisation entstehen können. Vielmehr besitzt die Organisation idiosynkratische Eigenschaften, die nicht in einem externen Markt repliziert werden können. Diese stellen sich aus der Perspektive des DCV als spezifische Kombinationen und Nutzungsvarianten von Ressourcen, Wissen und Kompetenzen dar. Dynamische Fähigkeiten werden als schwer imitierbare Metafähigkeiten verstanden, welche sich auf die Anwendung, Kombination, Integration und Transformation dieser operativen Ressourcen- und Kompetenzbasis der Organisation als Grundlage von Wettbewerbsvorteilen beziehen.

Ähnlich argumentieren Dyer & Singh (1998) mit dem Entwurf des RV. Einzigartige Eigenschaften i.S. beziehungsimmanenter Fähigkeiten und komplementärer Ressourcen finden sich dabei jedoch auf der Netzwerkebene.[175] Hier bildet die gemeinsame Anwendung, Kombination, Integration und Transformation einer grundlegenden Ressourcen- und Kompetenzbasis im Netzwerk den Kern der konzeptionellen Argumentation. DCV und RV gehen folglich von den gleichen Basisannahmen aus, unterscheiden sich jedoch in ihrem Bezugssystem (Organisation vs. Netzwerk) und damit im Erklärungshorizont. Dies zeigt, dass sie grundsätzlich kommensurabel sind, wenngleich eine explizite Verbindung beider Ansätze bislang kaum zu beobachten ist.[176]

Auch der Konzeption der Institutionellen Reflexivität liegt die Annahme einer fundamentalen Ressourcenbasis zu Grunde. Die Einführung und regelmäßige Anwendung reflexiver Verfahren verursacht Kosten, benötigt also (finanzielle) Ressourcen.[177] Dies veranlasst Moldaschl zur Forderung einer systematischen Nutzenbewertung und der Kontextangemessenheit von reflexiven Verfahren. Somit kann, wenngleich das Konzept nicht primär

---

[173] Vgl. Teece, Pisano & Shuen (1997), S. 516 und Teece (2007), S. 1320.

[174] Vgl. Teece, Pisano & Shuen (1997), S. 517.

[175] Vgl. Dyer & Singh (1998).

[176] Eine Ausnahme stellt die Arbeit von Weissenberger-Eibl & Schwenk (2010) dar, die jedoch in der Überbetonung des RV, insb. der Wissensaustauschroutinen, und der geringen inhaltlichen Berücksichtigung der Mikrofundierungen dynamischer Fähigkeiten konzeptionell recht einseitig erscheint.

[177] Vgl. Moldaschl (2006), S. 27.

ressourcen- oder fähigkeitsorientiert ist,[178] auch hier von einer grundlegenden Anschlussfähigkeit ausgegangen werden.

Es ist festzuhalten, dass in einer konzeptionellen Verbindung von Regel-, Ressourcen- und Beziehungsperspektive das Vorhandensein einer fundamentalen Ressourcen- und Kompetenzbasis im Netzwerk die Grundlage für Mechanismen, Strukturen, Praktiken und Verfahren bildet, welche zur Innovationsfähigkeit auf Netzwerkebene beitragen.[179] Darauf aufbauend können im folgenden Abschnitt die Implikationen der drei theoretischen Bezugspunkte für eine inhaltlich differenzierte Konzeption der Innovationsfähigkeit weiter verdichtet werden.

4.2 Innovationsfähigkeit aus Regel-, Ressourcen- und Beziehungsperspektive auf Netzwerke

Den Implikationen der drei betrachteten Ansätze folgend, wird Innovationsfähigkeit als ein Phänomen mit mehreren Facetten verstanden.[180] *Sensing, seizing* und *transforming* beziehen sich auf Innovationen. Ihre sich ergänzende *nature* wird jeweils über die spezifischen Funktionen des Wahrnehmens, Ergreifens und Umsetzens von Innovationschancen sowie -risiken bestimmt (vgl. Abschnitt 1.2). Dabei sind Austausch-, Anpassungs- und Integrationsprozesse von grundlegendem Wissen, Kompetenzen und Ressourcen zwischen den Netzwerkpartnern von Bedeutung (vgl. Abschnitt 2.2). Neben diesen Basisannahmen finden sich in den Ansätzen weitere konkrete Hinweise auf deren Kommensurabilität hinsichtlich inhaltlicher Aspekte der Innovationsfähigkeit. Dies unterstützt die Beantwortung insbesondere der zweiten Forschungsfrage – *Welche inhaltlichen Aspekte zeichnen diese Fähigkeit auf Netzwerkebene aus und welche wesentlichen Einflussfaktoren wirken auf sie?*

Die einzelne Organisation ist schon im klassischen integrativen Konzept der Dynamic Capabilities mehr als die Summe ihrer Teile. Einzelne Individuen können die Organisation verlassen oder neue hinzukommen, während Strukturen und Prozesse sowie die wichtigen Ressourcen und Fähigkeiten davon wenig betroffen sind.[181] Als Mikrofundierung der Facetten *seizing, sensing* und *transforming* sind daher vor allem analytische Systeme, Strukturen, Prozesse, Designs oder Mechanismen entscheidend.[182] Diese Sicht kann auch aus dem Blickwinkel des RV eingenommen werden. Hier dominieren Mechanismen der formalen und informellen Netzwerksteuerung und Netzwerkkontrolle, netzwerkweite, interorganisationale und institutionalisierte Routinen für den Austausch und die Kombination von Wissensbeständen sowie die Kospezialisierung der Partner als ressourcentransformierender

---

[178] Für die Konzeption der Institutionellen Reflexivität selber versucht Moldaschl ohne den Rückgriff auf Begriffe wie Fähigkeiten oder Kompetenzen auszukommen, deren herrschendes Verständnis er ebenfalls kritisiert (vgl. Moldaschl (2010)). In jüngeren Publikation konstatiert er jedoch, dass Innovationsfähigkeit aus Sicht der Institutionellen Reflexivität durchaus als Kompetenz aufzufassen sei, nur mit anderem Erklärungsansatz (Moldaschl et al. (2011), S. 15).

[179] Vgl. Duschek (2002), S. 42 f.

[180] Dies zeigt sich auch im bisherigen Forschungsstand (vgl. Teil II.4.3).

[181] Vgl. Teece, Pisano & Shuen (1997), S. 524.

[182] Vgl. Teece (2007).

Mechanismus. Auch diese Mechanismen sind nicht an ein einzelnes Netzwerkmitglied gebunden.[183]

Allerdings können sich solche Mechanismen im Zeitverlauf und bei veränderten Bedingungen am Markt und im Netzwerk als unzureichend, unpassend und überholt erweisen. Sie sind nicht mehr nachhaltig, um die Funktionen des *sensing, seizing* und *transforming* zu unterstützten (vgl. Abschnitt 1.3). Nachhaltigkeit wird hier nicht als langfristig schonender Umgang mit natürlichen Ressourcen verstanden, wie dies etwa in der Umweltökonomie der Fall ist.[184] Nachhaltigkeit wird vielmehr als reflexives, Dysfunktionalitäten wahrnehmendes Element innerhalb einer Konzeption der Innovationsfähigkeit interpretiert. So verstanden beruht Innovationsfähigkeit nicht auf blinden Routinen oder Standardverfahren.[185] Sie enthält auch irritierende Elemente, die bestehende Prozesse und Mechanismen auf ihre Tauglichkeit und Sinnhaftigkeit hinterfragen und auf diese Weise veränderungsinduzierend wirken können, um ein Netzwerk weiterzuentwickeln, d.h. beispielsweise auch netzwerkinterne Prozessinnovationen zu forcieren.

Die Wahrnehmung und Interpretation sich verändernder Bedingungen und damit auch der 'passenden' Innovationen kann nicht dauerhaft von einzelnen Individuen, die sich auf bekannte Kontexte stützen, für das Netzwerk geleistet werden (vgl. Abschnitt 1.3).[186] *„where the roles and behavior of participating firms become routinized and taken for granted, the formulation of [innovation] strategy may be seriously impaired. Under these circumstances, agents can, and often do, become prisoners of their environments by making decisions within fixed frames of reference which effectively take the form of negative feedback loops, reinforcing existing patterns of behavior [...] with little latitude for the introduction of new ideas."*[187]

Teece (2007) sowie Dyer & Singh (1998) haben die Bedeutung von regelgeleiteten, reflexiven Verfahren und Mechanismen zwar erkannt, bieten jedoch außer einer Forderung nach *analytischen Systemen*, welche reflexive Elemente organisatorisch verankern sollen, beziehungsweise nach *Routinen des Wissensaustausches*, noch keine operationalisierte und theoretisch fundierte Lösung.[188] Hier erweist sich ein Rekurs auf die Institutionelle Reflexivität als geeignete Ergänzung (vgl. Abschnitt 3.3).

Moldaschl (2007a) selber kritisiert zwar gängige Erklärungsmuster des DCV, soweit es sich dabei im eine *Theorie der Unternehmung* handelt: *„...performance gets generally attributed to internal potentials [...] success is no longer explained by an optimal fit between corporate*

---

[183] Relativierend können einzelne Faktoren wie Teilnehmerzahl und Konzentration beziehungsweise Proximität sowie strategische Führerschaft und Zentralität (vgl. in Bezug auf Innovationsnetzwerke Teil II.2.2 der Arbeit) wirken. Die Herauslösung eines das Netzwerk strategisch führenden und damit zentralen Unternehmens ohne redundante Wissensspeicher an anderen Stellen des Netzwerks hätte relativ mehr Auswirkungen als die Herauslösung eines eher dezentralen Netzwerkteilnehmers. Je größer das Netzwerk und je höher die Redundanz von organisationalen Wissensbeständen und Kompetenzen, desto weniger Effekt hat der Wechsel von Teilnehmern.

[184] Für einen Überblick siehe Schwarz (2004).

[185] Dies mag ein Grund sein, warum viele *best practice*-Ansätze keine inhaltlich befriedigende und differenzierte Sicht auf Innovationsfähigkeit als komplexes Phänomen ermöglichen (vgl. Teil II.3.2).

[186] Siehe allg. hierzu Sundbo (2003), S. 101 f.; Moldaschl (2004) sowie auf Netzwerke bezogen Rycroft & Kash (1999); Smart, Bessant & Gupta (2007); Behnken (2010).

[187] Tracey & Clark (2003). S. 8.

[188] Dilk et al. (2008) sehen diesen *„lack of institutionalized steps to build up collaborative capabilities [...] in contrast to the observed importance of innovation networks"* (S. 699).

strategy and environment..."[189]. *„Specific skills (knowledge, skills) are seen as neglectable compared with „higher order" capabilities.*"[190] Zum einen berücksichtigt die Kritik jedoch weniger die neueren Entwicklungen, insb. Teece (2007). Hier findet sich mit der Disaggregation und Mikrofundierung dynamischer Fähigkeiten durchaus eine Beachtung spezifischer Kompetenzen und Prozesse, beispielsweise der Wissensakkumulation, des Austausches sowie der Integration und Ausrichtung von Vermögenswerten (*transforming*). Auch die rein intern bezogene Perspektive kann unter Verweis auf *external search* und *sensing*, Kospezialisierung und die Berücksichtigung technologischer Plattformen und Netzwerkexternalitäten (*seizing*) nicht (mehr) konstatiert werden (vgl. Abschnitt 1.2). Die von Moldaschl ebenfalls kritisierte Operationalisierungsproblematik wird durch die Disaggregation und Mikrofundierung zumindest entschärft.[191] Zum anderen liegt der Nutzen des Ansatzes von Teece (2007) für den theoretisch-konzeptionellen Rahmen dieser Arbeit speziell in seinem starken Bezug zu Innovation und Innovationsfähigkeit sowie der inhaltlichen Differenzierung. Er dient daher i.S.e. theoretischen Fundierung der Innovationsfähigkeit (vgl. Teil II.5.1). Ein möglicher Erklärungsanspruch des DCV als *Unternehmenstheorie* ist hier nicht von Belang.[192]

In Anbetracht der Kritik mag es zunächst verwundern, dass Moldaschl Reflexivität *„als eine zunehmend wichtige Komponente [des] competitive advantage"*[193] versteht. Doch zeigt dies, dass die Konzeption der Institutionellen Reflexivität nicht grundsätzlich diametral ressourcen- und fähigkeitsorientierten Ansätzen entgegensteht, sondern vielmehr als kommensurabel betrachtet werden kann. Moldaschl selber sieht in der konzeptionellen sowie empirischen Kombination sogar ein lohnenswertes Forschungsvorhaben.[194] Denn die Institutionelle Reflexivität ist durch ihre evolutorisch geprägte Perspektive interessiert an Regelhaftigkeiten, an der Herausbildung von Routinen und Handlungsmustern und berücksichtigt, wie auch der RV und DCV, Pfadabhängigkeiten.[195] Sie stellt somit nur *eine* Perspektive auf Veränderungs- beziehungsweise Innovationsfähigkeit dar: die der Regeln und institutionellen, verfahrensförmigen Arrangements. Doch ein *„so komplexes Phänomen [..] wird man mit keiner der Perspektiven allein ausreichend beschreiben und erklären können."*[196] Die ressourcen- und fähigkeitsorientierte Perspektive des DCV und die beziehungsorientierte Sicht des RV mit einem institutionen- beziehungsweise verfahrensorientierten Erklärungsansatz in einem theoretisch-konzeptionellen Rahmen zu kombinieren ist für eine messbare Konzeption der Innovationsfähigkeit von Netzwerken

---

[189] Moldaschl (2007a), S. 2.

[190] Moldaschl (2007a), S. 3 (Hervorh. i.O.).

[191] Da Moldaschl (2010) zwar das gängige Verständnis von Fähigkeiten und Kompetenzen kritisiert, in jüngeren Publikation jedoch ebenfalls konstatiert, dass Innovationsfähigkeit aus Sicht der Institutionellen Reflexivität durchaus als Kompetenz aufzufassen sei (vgl. Moldaschl (2011), S. 15), bietet sich eine auf den Mikrofundierungen aufbauende Operationalisierung durchaus an.

[192] Vgl. zur Unterscheidung Moldaschl (2009), S. 10.

[193] Moldaschl (2004), S. 7.

[194] Vgl. Moldaschl (2006), S. 26.

[195] Beim DCV sowie RV ist die Herausbildung der Metafähigkeiten u.a. abhängig von Ausgangspositionen der Ressourcen und operationalen Kompetenzen, *„shaped by the firm's asset positions and molded by its evolutionary and co-evolutionary paths"* (Teece, Pisano & Shuen (1997), S. 518).

[196] Moldaschl (2006), S. 26.

daher vielversprechend.[197] Von einer grundlegenden Kommensurabilität kann dabei ausgegangen werden (vgl. Abschnitt 4.1).

4.3 Zusammenfassung der Implikationen zu einem reflexiv-relationalen Bezugsrahmen der Innovationsfähigkeit von Netzwerken

Ein solch kombiniertes „*framework, like a model, abstracts from reality. It endeavors to identify classes of relevant variables and their interrelationships.*"[198] In diesem Sinne werden die relevanten Bezugspunkte, welche sich aus der Betrachtung und den Implikationen der drei theoretischen Ansätze ergeben, hier verdichtet. Dabei behalten die einzelnen Elemente der jeweiligen Ansätze ihren grundlegenden Charakter. Sie werden jedoch ergänzend aufeinander bezogen und ihre Kernaussagen werden vor dem Hintergrund der Forschungseinheit Innovationsnetzwerke relational interpretiert.

Der DCV ermöglicht durch die von Teece (2007) vorgenommene Disaggregation ein funktional differenziertes Verständnis von Innovationsfähigkeit. Mit s*ensing, seizing* und *transforming* werden drei grundlegende theoretische Facetten aufgezeigt (vgl. Abschnitt 1.2 & 1.3). Eine mit Hilfe von RV und Institutioneller Reflexivität an den Netzwerkerkkontext angepasste Mikrofundierung ermöglicht es, diese Facetten konkreter zu spezifizieren. Ihre jeweils grundlegenden Funktionen Wahrnehmen, Ergreifen und Umsetzen werden analog zu Teece (2007) durch Mechanismen auf Netzwerkebene untermauert. Teece (2007) selber sieht seine vorgeschlagenen Mikrofundierungen als nicht abschließend geklärt sowie nicht umfassend formuliert[199] und daher nur als ausgewählte Elemente[200] eines „*umbrella framework*"[201]. Eine Interpretation im Kontext von Innovationsnetzwerken, d.h. fundiert und gestützt durch die theoretischen Bezugspunkte zum RV und der Institutionellen Reflexivität, ist daher sinnvoll. Auf Basis der in den Abschnitten 1 bis 3 erörterten Implikationen lassen sich somit wesentliche Elemente zur theoretisch-konzeptionellen, inhaltlichen Fundierung der Innovationsfähigkeit ausmachen:

- *Routinen des Wissensaustausches* und *institutionell verankerte reflexive Verfahren* stellen konkrete Mechanismen der systematischen Wahrnehmung von Innovationschancen und -notwendigkeiten dar (vgl. Abschnitt 2.3 & 3.3). Sie übernehmen die abstrakte Funktion des *sensing*.
- Eine *innovationsförderliche Kultur* als informeller Koordinations- und Steuerungsmechanismus (vgl. Abschnitt 2.3) sowie eine auf Veränderung und Innovation ausgerichtete *Innovationsstrategie* als explizite Steuerung von Netzwerkaktivitäten (vgl. insb. *seizing* in Abschnitt 1.2) unterstützen die Ergreifung beziehungsweise die Funktion des *seizing* von Innovationschancen.

---

[197] Siehe auch Moldaschl (2006), S. 26.
[198] Teece (2007), S. 1320.
[199] Vgl. Teece (2007), S. 1321 f.
[200] Vgl. ebd. S. 1342.
[201] Ebd. S. 1322.

- Die *Kospezialisierung* der Netzwerkpartner als transformierender Prozess (vgl. Abschnitt 1.2 und 1.3) sowie eine *transformationsunterstützende Netzwerkführung* (vgl. Abschnitt 1.2) wirken als veränderungsleitende Mechanismen. Sie übernehmen somit die Funktion des *transforming* zur Umsetzung von Innovationschancen.

Diese sechs Mechanismen sind an den Einsatz von grundlegenden Ressourcen, Wissen und operationalen Kompetenzen gebunden beziehungsweise bauen auf ihnen auf (vgl. Abschnitt 2.3). Innovationschancen sind folglich zumindest in Teilen abhängig von der verfügbaren Ressourcen- und Kompetenzbasis im Netzwerk.[202] Sowohl DCV und RV als auch die Konzeption der Institutionellen Reflexivität gehen von einer Ressourcen- und Kompetenzbasis als expliziter Grundlage respektive notwendiger Randbedingung aus (vgl. Abschnitt 4.1).[203] In einem gemeinsamen theoretisch-konzeptionellen Rahmen bilden finanzielle Ressourcen sowie Wissen und Kompetenzen daher die Basis der Innovationsfähigkeit. Der RV ermöglicht auch bezüglich dieser Basis eine Spezifizierung für den Netzwerkkontext (vgl. Abschnitt 2.3). Er deutet darauf hin, dass nicht der Umfang von Ressourcen, Wissen und Kompetenzen allein in einem quantitativen Sinne entscheidend ist. Vielmehr ist es zum einen auch die qualitative Komplementarität von Wissen und Kompetenzen der Netzwerkpartner, zum anderen der Umgang mit Ressourcen in Form eines spezifischen Ressourceneinsatzes im Rahmen von Innovationsvorhaben des Netzwerks, welcher als vorteilhaft angesehen wird (vgl. Abschnitt 2.2).

Abbildung 1 fasst den hier entwickelten theoretisch-konzeptionellen Bezugsrahmen grafisch zusammen. Er stellt die grundlegende Ressourcen-, Wissens-, und Kompetenzbasis sowie ihre entsprechende Spezifizierung dar. Die Funktionen des *sensing, seizing* und *transforming* bauen auf dieser Basis auf. Sie werden ausgeübt von Mechanismen der Wahrnehmung, Ergreifung und Umsetzung von Innovationschancen. Diese konkretisieren sich, interpretiert im relationalen Kontext des Innovationsnetzwerks, in Wissensaustauschroutinen, institutionellen reflexiven Verfahren, einer innovationsförderlichen Kultur und Strategie, der Kospezialisierung der Netzwerkpartner und einer transformationsunterstützenden Netzwerkführung. Zusammen bilden sie analog zu Teece (2007) die Mikrofundierung der Innovationsfähigkeit von Netzwerken.

Insgesamt tragen die Implikationen des DCV, des RV und der Institutionellen Reflexivität somit zu einem reflexiv-relational geprägten Verständnis der Innovationsfähigkeit von Netzwerken bei. Der Bezugsrahmen integriert damit die Regel-, Ressourcen- und Beziehungsperspektive auf den Forschungsgegenstand der Arbeit (vgl. Abschnitt 4.2). Er bildet die Basis für die im folgenden Teil IV formulierten Hypothesen, welche zusammen in einem Modell die hier implizierten theoretischen Bezugspunkte explizit beschreiben.

---

[202] Das Ressourcen und operationale Kompetenzen die Basis für dynamische Fähigkeiten darstellen kann als Konsens im DCV gelten. Auch neuere Arbeiten gehen davon aus. Der Fokus neuerer Arbeiten liegt jedoch zumeist, im Unterschied zu Teece, Pisano & Shuen (1997) (*positions*) und anderen früheren Konzeptionen, stärker in der funktionalen und inhaltlichen Auseinandersetzung mit dynamischen Fähigkeiten als Konstrukten; bspw. Wu (2006); Witt (2008); Teece (2007); Wang & Ahmed (2007); Hou (2008); Pavlou & El Sawy (2011).

[203] Vgl. Dyer & Singh (1998), S. 661 beziehungsweise Moldaschl (2006), S. 27.

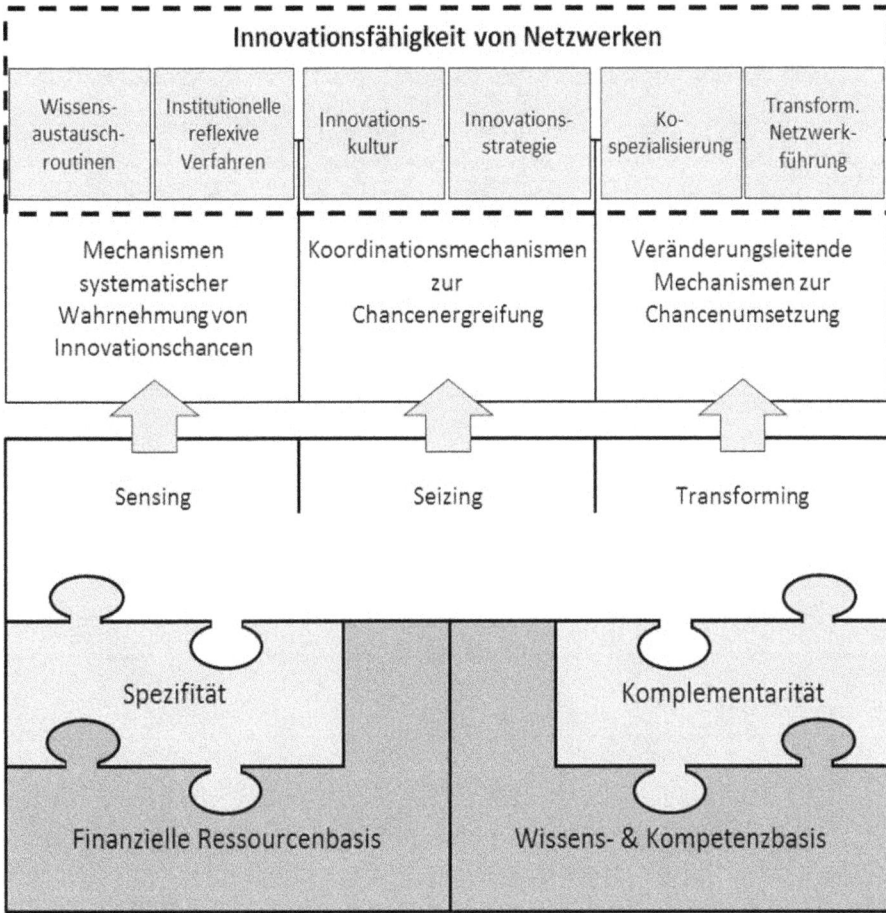

Abbildung 1: Theoretisch-konzeptioneller Bezugsrahmen der Innovationsfähigkeit von Netzwerken
Quelle: Eigene Darstellung

Teil IV
Modellentwicklung

Der in Teil III entwickelte theoretisch-konzeptionelle Bezugsrahmen bildet die Basis für die folgenden Modellannahmen. Sie gliedern sich in Hypothesen über einzelne Dimensionen (Abschnitt 1.1) sowie über Grundlagen und Auswirkungen der Innovationsfähigkeit (Abschnitt 1.2). Neben den theoretisch deduzierten Elementen erörtert Abschnitt 1.3 mögliche ergänzende Einflussfaktoren. Ziel ist die Bildung eines kausalanalytischen Modells, welches Wirkungsbeziehungen zwischen Grundlagen, Dimensionen und Auswirkungen der Innovationsfähigkeit von Netzwerken zusammenfassend abbildet (Abschnitt 1.4). Die in Teil V und VI anschließende Operationalisierung, empirische Erhebung und Modellanalyse verlangt des Weiteren eine Spezifizierung der verwendeten Modellvariablen (Abschnitt 2).

1 Modellannahmen

1.1 Dimensionen der Innovationsfähigkeit

Die drei im theoretisch-konzeptionellen Rahmen zentralen Facetten *sensing, seizing* und *transforming* beziehen sich auf Innovationen. Ihre sich ergänzende *nature* wird jeweils über spezifische Funktionen des Wahrnehmens, Ergreifens und Umsetzens von Innovationschancen und -risiken bestimmt. Die in Teil III.4.3 konzeptionell zusammengefassten sechs Mechanismen, welche diese Funktionen abbilden, stellen theoretische Mikrofundierungen der Innovationsfähigkeit dar. Für die empirische Analyse gilt notwendiger Weise: *„Wer eigene empirische Forschung anstellt, ist zur Reduktion gezwungen, soll das Ergebnis nicht die Beliebigkeit vieler CBV-Studien haben.“*[1] Die theoretischen Bezugspunkte werden daher hier zu spezifischen Hypothesen konzentriert. Die Mechanismen werden am relationalen Kontext des Innovationsnetzwerks ausgerichtet und als Komponenten beziehungsweise *sechs Dimensionen eines mehrdimensionalen Konstrukts der Innovationsfähigkeit von Innovationsnetzwerken* detaillierter beschrieben. Dies bildet eine Grundlage zur Beantwortung der dritten Forschungsfrage, wie dieses Konstrukt operationalisiert und empirisch erfasst werden kann.

Wahrnehmen von Innovationschancen

Die *nature of sensing* liegt in einer suchenden, wahrnehmenden und erkennenden Funktion. Innovationschancen sowie mögliche dysfunktionale Entwicklungen als Risiko der Wahrnehmung und weiterer Netzwerkentwicklung müssen systematisch verarbeitet werden. Im Fokus stehen damit zum einen Informations- und Wissensgewinnung der Netzwerkmitglieder. Routinen des Wissensaustausches finden sich sowohl im RV als auch im DCV. Der RV sieht sie als entscheidend für die Entwicklung und Nutzung komplementärer Ressourcen und

---

[1] Moldaschl (2010), S. 11.

Kompetenzen und ihre Kombination zu idiosynkratischen Netzwerkressourcen. Der DCV versteht sie als ein Element dynamischer Fähigkeiten. *„One can separate production routines to sustain current operations [...] from learning routines designed to achieve improvement [...]. Examples include [...] knowledge transfer routines."*[2] Mit der Disaggregation dynamischer Fähigkeiten nach Teece (2007) können Wissensaustauschroutinen als geregelte Form des *sensing* von Innovationschancen betrachtet werden.[3] Im Kern geht es dabei um die Gewinnung und Kombination von Wissen als ein wesentliches Merkmal von Innovationsnetzwerken.[4] Innerhalb dieser Netzwerke können solche Routinen Wissen und Informationen über Technologien und komplementäre Ressourcen, Kompetenzen und Innovationsvorhaben von Kunden, Zulieferern, Wettbewerbern und wissenschaftlichen Einrichtungen als Kooperationspartner im Netzwerk (vgl. Teil II.2.2) für die Mitglieder zugänglich machen und so neue Innovationschancen aufzeigen.[5] Routinen des Wissensaustausches sind Teil des Lernens und Wahrnehmens gemeinsamer Innovationschancen auf Netzwerkebene.[6] Sie stellen damit eine Dimension der Innovationsfähigkeit von Netzwerken dar.

Neben Wissensaustausch ist zum anderen institutionalisiertes, regelhaftes Analysieren beziehungsweise Reflektieren der Netzwerkentwicklung und diesbezüglicher Dysfunktionalitäten ein wesentliches Fundament des *sensing*. Zahlreiche Arbeiten weisen auf die Beharrungsanfälligkeit, eine *„network inertia"*[7] von Netzwerkstrukturen und -praktiken hin.[8] Die von Moldaschl (2006) vorgeschlagene Konzeption von Institutioneller Reflexivität bietet eine Möglichkeit, Reflexivität auf regelhafte, institutionell eingebettete und damit nicht individuell abhängige Weise darzustellen. Reflexive Verfahren bilden die von Teece (2007) nicht näher erörterten analytischen Systeme des Erkennens und Wahrnehmens von Dysfunktionalitäten im Rahmen des *sensing*. Grundlegend sind hierfür die fünf Dimensionen der Funktionsweise Institutioneller Reflexivität auf Netzwerkebene zu erfassen. Das Vorhandensein institutioneller Selbstbeobachtung und Selbstkritik, ein systematischer Rückgriff auf Fremdbeobachtung, der kommunikative Bezug zu Fremdreferenz, eine offene Evaluierung von Handlungsfolgen sowie das Entwerfen alternativer Gegenwarten und Zukünfte deuten auf potenziell vorhandene institutionelle Reflexivität hin. Ob diese Dimensionen sich in konkreten, regelmäßig angewandten und kritisch genutzten Maßnahmen zeigen, ist empirisch zu erfassen. Grundsätzlich können solch reflexive Verfah-

---

[2] Teece (2009), S. 158 (Ergänz. DPK).

[3] Für die einzelnen Organisationen ist dies eine Form der externen Suche und Wahrnehmen im Netzwerk, welches das *business ecosystem* bildet, vgl. Teece (2007), S. 1325. Aus interner Netzwerkperspektive wird das *sensing* als analytisches System internalisiert. Es lässt jedoch die Möglichkeit für weiteres externes Wissen, welches die Netzwerkpartner außerhalb der Netzwerkroutinen akkumulieren und ihrer Wissensbasis zuführen, sowie für die Integration neuer Mitglieder offen.

[4] Vgl. Fritsch et al. (1998), S. 246 f.; Fischer & Huber (2005) sowie Teil II.2.2 der Arbeit.

[5] Vgl. Becker & Dietz (2002), S. 240.

[6] Das Netzwerk wird zum Locus des Lernens; vgl. Podolny & Page (1998).

[7] Tai-Young, Hongseok & Swaminathan (2006), S. 704.

[8] Vgl. bspw. Gulati & Westphal (1999); Hirsch-Kreinsen (2002); Sydow (2009); Sydow (2009a). Nur wenige thematisieren explizit Reflexivität, zumal in der hier angenommenen regelverhafteten Form; vgl. Sydow (2005); Weber (2006); Rometsch & Sydow (2010).

ren zum Erkennen von Dysfunktionalitäten damit als eine Mikrofundierung des *sensing* und somit als Dimension der Innovationsfähigkeit interpretiert werden.

Ergreifen von Innovationschancen

Die *nature of seizing* ist geprägt durch das Ergreifen ausgemachter Chancen. Hierzu bedarf es nach Teece (2007) entsprechend koordinierender Mechanismen. Im Kern stellen sich diese als strategische Überlegungen dar, welche der chancenreichen Projekte auf welche Weise vorangetrieben werden sollen und welche technologischen Plattformen beziehungsweise Standards hierfür relevant sind. In der Essenz geht es um eine strategische Koordination von Innovationschancen. Denn während *sensing* auf offenen, eher dezentralen und reflexiven Such-, Wahrnehmungs- und Lernprozessen basiert, zeichnet sich *seizing* auch durch Planung, Priorisierung und Selektion der sich ergebenen Innovationschancen aus.[9] Nicht alle Möglichkeiten sind im Hinblick auf notwendige Ressourcen und Kompetenzen sowie Marktentwicklungen und Geschäftsmodelle sinnvoll umsetzbar.[10] In Netzwerken sind dabei u.a. die jeweiligen Netzwerkmitglieder und ihre Stellung in der Wertschöpfungskette, ihre verfügbaren Mittel, ihr Commitment zur gemeinsamen Innovation und Zeithorizonte für deren Entwicklung mögliche Kontextfaktoren einer strategischen Betrachtung.[11] Eine Strategie unterstützt die Ausrichtung des Netzwerks auf angestrebte Ziele. Konstitutiv für Innovationsnetzwerke ist die Zielausrichtung auf gemeinsame Innovationen zum Erzielen und Sichern von Wettbewerbsvorteilen (vgl. Teil II.2.2). Daher stellt insbesondere eine auf Innovationen ausgerichtete Netzwerkstrategie i.S.e. Innovationsstrategie eine Fundierung des *seizing* dar und bildet somit eine weitere Dimension der Innovationsfähigkeit.[12]

Ergänzend wirken Anreize, die Commitment zum Ergreifen von neuen Ideen und vielversprechenden Chancen durch entsprechende Werte und Normen auf Netzwerkebene fördern können. Während die Strategie einen formellen Koordinationsmechanismus darstellt, ist Kultur ein informeller Mechanismus zur Unterstützung der Chancenergreifung. Die Unternehmenskultur wird bereits bei Teece, Pisano & Shuen (1997) als Bestandteil dynamischer Fähigkeiten angeführt.[13] Sowohl in den Mikrofundierungen bei Teece (2007) (vgl. III.1.2) als auch im RV (vgl. III.2.2) ist sie als nicht-ökonomischer und nicht-struktureller, sozialer Koordinationsmechanismus von Bedeutung.[14] Kultur kann durch geteilte Werte und Normen und eine gemeinsame Ausrichtung auf angestrebte Ziele als Leitlinie für Entscheidungsfindung und Handlungsorientierung wirken.[15] Im Rahmen des *seizing* sind insbesondere Aspekte von Kultur von Bedeutung, welche Veränderung fördern, Offenheit für Neues wertschätzen und Innovationsaktivitäten beeinflussen. Eine solche innovationsförderliche Kultur beziehungsweise Innovationskultur richtet den Fokus somit auf die Ergreifung von

---

[9] Vgl. Teece (2007), S. 1343.

[10] Vgl. ebd. 1329 ff.

[11] Vgl. Teece (2007), S. 1331 ff.

[12] Vgl. Fischer & Huber (2005).

[13] Vgl. Teece, Pisano & Shuen (1997), S. 518 ff.

[14] Vgl. Teece (2007), S. 1334 sowie Dyer & Singh (1998), S. 669 ff.

[15] Vgl. bspw. Eriksen & Mikkelsen (1996); Sydow & Windeler (2000); Jamrog (2006); Dooley & O'Sullivan (2007).

Innovationsmöglichkeiten.[16] Sie stellt folglich neben der entsprechenden Strategie eine weitere Fundierung des *seizing* dar und bildet eine Dimension der Innovationsfähigkeit.

Umsetzen von Innovationen

Die *nature of transforming* ergibt sich im Zuge der Umsetzung von Innovationschancen. Denn ein wesentlicher Grund für das Engagement in Innovationsnetzwerken ist die finanzielle, technische oder kompetenzbedingte Beschränkung der einzelnen Mitglieder für die autonome Schaffung von Innovationen (vgl. Teil I sowie Teil II.4.2). Im Netzwerk erfolgt daher eine innovationsbezogene Arbeitsteilung, deren wesentliches Merkmal die Spezialisierung der Netzwerkteilnehmer ist.[17] Sie findet bezogen auf bestimmte Produktionsschritte oder -prozesse, Technologien, Märkte oder, bei systemischen Innovationen[18], auf bestimmte Produkte, Module und Dienstleistungen statt. Zusammen mit Netzwerkpartnern sollen so innovative Problemlösungen oder neuartige Produkt-Service-Kombinationen entstehen. Für eine erfolgreiche Umsetzung ist daher mitunter die (Neu)Ausrichtung tangibler und intangibler *assets* der Partner notwendig (vgl. III.1.2). I.S.v. Teece (2007) ist dies als fortlaufende Anpassung, als *fiting* zu interpretieren.[19] „*An [..] ability to identify, develop, and utilize specialized and cospecialized assets [...] is a core dynamic capability.*"[20] Entscheidend für die Umsetzung von Innovationen im Netzwerk ist dabei nicht die Anpassung und Spezialisierung per se. Vielmehr ist es die fortlaufende, gegenseitig abgestimmte Spezialisierung und Anpassung, ausgerichtet an gemeinsamen Innovationsaktivitäten. Über diese *Kospezialisierung* von Arbeitsabläufen, Prozessen, Produkten oder Dienstleistungen der Netzwerkmitglieder kann die Bildung von Synergieeffekten erzielt werden (vgl. III.1.2 & III.2.2).[21] Der Beitrag der Kospezialisierung drückt sich beispielsweise in den Chancen aus, welche im Netzwerk entstehen und umgesetzt werden, die ohne die Kospezialisierung der Netzwerkpartner nicht möglich wären.[22] Sie ist „*value enhancing*"[23] auf Netzwerkebene, da sie positiv auf Innovationen wirken kann. „*Resource/asset alignment and coalignment issues are important in the context of innovation*"[24]. Kospezialisierung stellt folglich eine Fundierung des *transforming* entsprechender *assets* der Partner dar, ist Teil der Innovationsfähigkeit von Netzwerken und bildet somit eine ihrer Dimensionen.

Veränderung, Kospezialisierung und letztendlich die Umsetzung von Innovationen als Kern der theoretischen Facette *transforming* bedürfen entsprechender Unterstützungs- beziehungsweise Führungsmechanismen.[25] Führung wird allgemein verstanden als „*Beeinflussung der Einstellung und des Verhaltens von Einzelpersonen sowie der Interaktion in und zwi-*

---

[16] Vgl. Kandemir & Hult (2005), S. 435 f.
[17] Vgl. Bellmann & Haritz (2001), S. 286.
[18] Vgl. Gerybadze (2004), S. 82 ff.
[19] Vgl. Teece (2007), S. 1337 ff.
[20] Teece (2009), S. 161.
[21] Vgl. Johnston & Lawrence (1988).
[22] Vgl. Doz & Hamel (1998), S. 81 sowie zur positiven Wirkung von Kospezialisierung auf Innovationen bei Kooperationen in der pharmazeutischen Industrie Orsenigo, Pammolli & Riccaboni (2001).
[23] Teece (2007), S. 1338.
[24] ebd., S. 1328.
[25] Vgl. Teece (2007), S. 1339 ff. Allgemein zu Führung in Netzwerken siehe Müller-Seitz (2011).

schen Gruppen, mit dem Zweck, bestimmte Ziele zu erreichen."[26] Im Innovationsnetzwerk kann nicht von einer einheitlichen beziehungsweise hierarchischen Führung ausgegangen werden, da die Mitglieder rechtlich i.d.R. nicht gebunden sind (vgl. Teil II.2.2) und nicht zwischen allen Mitgliedern direkte Beziehungen bestehen müssen (vgl. II.4.1 & III.2.2). Führung ist hier daher nicht als zentrales Phänomen zu betrachten.[27] Vielmehr ist sie auf mehreren Ebenen, d.h. in den konkreten Interaktionen der Netzwerkpartner, beispielsweise in einzelnen Arbeitsgruppen, gemeinsamen Projektteams oder übergeordneten Gremien, bedeutsam.[28] Führung kann in diesem Kontext veränderungsunterstützend i.S.d. *transforming* wirken, wenn sie Eigenverantwortung, dezentrale Entscheidungen und Motivation zur Umsetzung von Neuerungen in den Interaktionen vermittelt. Ohne formale hierarchische Führung liegt der Fokus dabei nicht auf Eigenschaften und Verhalten von Führern[29], sondern in der (emergenten) Interaktionsbeziehung zwischen Führungspersönlichkeiten und Interaktionsbeteiligten.[30] Unter diesen Bedingungen adressiert „*Leadership [...] the follower's sense of self-worth in order to engage the follower in true commitment and involvement [...] Transformational leaders motivate others to do more than they originally intended and often even more than they thought possible.*"[31] Eine solch transformationale oder veränderungsorientierte Führung „*....acts to bring about change in others, [...] strives to transform, [...] induces change, [...] challenges the status quo and creates change.*"[32] Sie sollte i.S.d. *transforming* im Netzwerkkontext daher die Umsetzung von Veränderungen für eine positive Netzwerkentwicklung und die weitere Wahrnehmung von *sensing* und *seizing* fördern. Sie bildet damit eine weitere Dimension der Innovationsfähigkeit.

Innovationsfähigkeit als mehrdimensionales Konstrukt

Zusammenfassend zeigt sich, dass eine relationale Interpretation der drei theoretischen Facetten *sensing, seizing* und *transforming* Aspekte und konstitutive Merkmale der Forschungseinheit Netzwerk mit Hilfe der Implikationen des RV und der Institutionellen Reflexivität aufgreifen muss (vgl. Teil III.4.2). Die geringe hierarchische beziehungsweise weniger einheitliche Steuerung von Netzwerken gegenüber Unternehmen durch ein i.d.R. nicht in gleichem Maße vorhandenes und legitimiertes Topmanagement, welchem bei Teece (2007) hohe Bedeutung zugesprochen wird[33], verlangt dabei nach einer stärkeren Fundierung der Facetten in strukturellen, prozessualen und koordinierenden Mechanismen, als sie aus Sicht des DCV vertreten wird. Die konkrete Mikrofundierung der Facetten findet sich auf Netzwerkebene daher in institutionalisierten Verfahren der Reflexivität, Austauschroutinen, Strategie und Kultur als Koordinationsmechanismen sowie Kospezialisierung wieder. I.S.d.

---

[26] Staehle (1999). S. 328; ähnlich Neuberger (2002), S. 11 ff. mit einem Überblick.

[27] Vgl. bspw. Winkler (2006).

[28] Vgl. hierzu Sydow & Zeichhardt. R. (2008); Sydow et al. (2011), die in der Führungsforschung im Netzwerkkontext nach wie vor eine Forschungslücke ausmachen, auch zehn Jahre nach den ersten *Fragen an die Führungsforschung*; vgl. Sydow (1999); Sydow (2010a).

[29] Vgl. *traits and behavioral theories* der Führungsforschung; bspw. bei Hernandez et al. (2011), S. 1169 ff.

[30] Vgl. Hernandez et al. (2011), S. 1173.

[31] Bass (1998), S 4.

[32] Conger & Kanungo (1998), S. 9.

[33] „*Dynamic Capabilities reside in large measure with the enterprise's top management team, but are impacted by the organizational processes, systems, and structures ...*" Teece (2007), S. 1346.

Modellentwicklung sind sie auf dieser Ebene als relationale, d.h. beziehungsgeprägte Dimensionen der Innovationsfähigkeit von Netzwerken zu verstehen. Sie werden ergänzt um spezifische Elemente der Netzwerkführung. Dabei wird berücksichtigt, dass in Innovationsnetzwerken konkrete Kooperation und Interaktion und damit wesentliche Aspekte von gemeinsamen Innovationsaktivitäten aufgrund des weniger ausgeprägten hierarchischen Topmanagements i.d.R. nicht zentral gesteuert werden. Vielmehr ist das Führungsverhalten wichtiger Personen in Arbeitskreisen, Gremien oder Projektgruppen relevant.[34] Eine entsprechend veränderungs- beziehungsweise transformationsorientierte Führung durch diese Personen wird daher ebenfalls als eine Dimension der Innovationsfähigkeit von Netzwerken verstanden.

Einzeln betrachtet ist keine dieser sechs Dimensionen alleine gleichbedeutend mit Innovationsfähigkeit und kann ohne die anderen kein Gesamtverständnis von Innovationsfähigkeit auf Netzwerkebene abbilden. Nur zusammen können sie die Funktionen von Wahrnehmen, Ergreifen und Umsetzen erfüllen (vgl. Teil III.4.3). Insgesamt stellt sich die Innovationsfähigkeit damit als ein mehrdimensionales Konstrukt dar, welches über alle Dimensionen definiert wird. Da diese selber theoretisch gebildete, d.h. latente Variablen darstellen, handelt es sich bei der Innovationsfähigkeit um ein höher aggregiertes Konstrukt auf 2. Ebene. Dies folgt auch den Annahmen des DCV von dynamischen Metafähigkeiten auf höherer Abstraktionsebene (vgl. Teil III.1.1).[35]

I.S.d. zweiten Forschungsfrage – *Welche inhaltlichen Aspekte zeichnen diese Fähigkeit auf Netzwerkebene aus und welche wesentlichen Einflussfaktoren wirken auf sie?* – sowie als Grundlage zur Beantwortung der dritten Frage – *Wie lässt sich Innovationsfähigkeit operationalisieren und empirisch erfassen?* – wird damit folgende zentrale Hypothese formuliert:

- **H1: Die Innovationsfähigkeit von Netzwerken ist ein mehrdimensionales Konstrukt und wird durch die sechs Dimensionen Wissensaustauschroutinen, Institutionalisierte Reflexivität, Innovationskultur und -strategie, Kospezialisierung sowie Transformationsorientierung der Netzwerkführung definiert.**

1.2 Voraussetzungen und Wirkungen der Innovationsfähigkeit

Sowohl der DCV als auch der RV bauen auf dem ressourcenorientierten Paradigma der strategischen Managementforschung auf. Anders als im klassischen RBV[36] sind die basalen Ressourcen dabei jedoch lediglich ein Fundament für höher aggregierte, komplexere Fähigkeiten.[37] Dennoch wird der Ressourcenbasis ein Nutzen beziehungsweise eine grundlegende Wirkung zugesprochen.[38] Entsprechend baut auch die Innovationsfähigkeit als theoretisches beziehungsweise latentes Konstrukt aus sechs Dimensionen auf einer fundamentalen Res-

---

[34] I.S.d. liberalen methodologischen Individualismus (vgl. Teil II.1) ergänzt der Führungsstil als stärker personenbezogene Variable die stärker institutionell fundierten Variablen in einem gemeinsamen Erklärungsrahmen.

[35] Vgl. bspw. Coombs & Metcalfe (2000), S. 217; Winter (2003), S. 992.

[36] Vgl. Penrose (1959); Barney (1991).

[37] Vgl. Coombs & Metcalfe (2000), S. 217; Winter (2003), S. 992.

[38] Vgl. Håkansson & Snehota (1995).

sourcenbasis auf.[39] Diese lässt sich durch tangible und intangible Ressourcen beschreiben. Als universale tangible Ressource werden Finanzmittel erachtet. Wissen und operationale Kompetenzen stellen intangible Ressourcen dar.[40]

Finanzielle Ressourcen des Netzwerks

Teece, Pisano & Shuen (1997) sehen finanzielle Ressourcen als eine der wesentlichen Grundlagen – *positions* – von dynamischen Fähigkeiten.[41] Sie bestimmen die Möglichkeiten zur Finanzierung von Innovationsvorhaben, zur Suche, Wahrnehmung und Ergreifung von Innovationschancen.[42] Somit wird auch im Rahmen des vorliegenden Modells angenommen, dass das Vorhandensein einer ausreichenden finanziellen Ressourcenbasis eine positive Wirkung auf die Innovationsfähigkeit von Netzwerken hat.

- **H2: Die finanzielle Ressourcenbasis des Netzwerks bildet eine Grundlage der Innovationsfähigkeit. Sie trägt insgesamt positiv zur Erklärung der Innovationsfähigkeit bei.**

Hypothese H2 geht allerdings nur von einem generellen Zusammenhang zwischen finanziellen Ressourcen und Innovationsfähigkeit aus. Da diese jedoch als Konstrukt mit sechs individuellen Dimensionen verstanden wird, kann die generelle Annahme weiter differenziert und auf die einzelnen Dimensionen übertragen werden. Somit wird von einer insgesamt positiven Wirkbeziehung finanzieller Ressourcen ausgegangen, die jedoch nicht zwingend auf alle Dimensionen gleich ausgeprägt sein muss. Sie wird zwar in allen sechs Fällen als positiv angenommen. Doch kann beispielsweise die Wirkung finanzieller Ressourcen für den regelmäßigen Einsatz reflektiver Verfahren und Instrumente stärker ausgeprägt sein als für das Führungsverhalten von wichtigen Personen im Netzwerk. In Ergänzung zu Hypothese H2, die eine Beziehung zwischen Ressourcen und dem Gesamtkonstrukt der Innovationsfähigkeit postuliert, wird daher Hypothese H2a formuliert.

- **H2a: Die finanzielle Ressourcenbasis des Netzwerks hat einen direkten positiven Einfluss auf die Ausprägung der Dimensionen der Innovationsfähigkeit.**

Spezifität des finanziellen Ressourceneinsatzes

Insbesondere innovationsspezifische Ressourcen stellen aus der Perspektive des RV Investitionen in die für Innovationsnetzwerke zentrale gemeinsame Zielsetzung der Innovationsgenerierung dar. Sie sind damit auch beziehungsspezifische Investitionen i.S.d. Innovationsbeziehung und der darin bestehenden Abhängigkeit der Netzwerkpartner (vgl. Teil II.2.2). Der Ressourceneinsatz ist folglich von Relevanz für die angestrebten Innovati-

---

[39] Diesen Bezug zur Innovationsfähigkeit drücken Eisenhardt & Martin (2000), S. 1107 als „*processes that use resources [...] to match and even create market change*" aus.

[40] Vgl. Teece (2007), S. 1344 f.

[41] Vgl. Teece, Pisano & Shuen (1997), S. 521.

[42] Auch bei Moldaschl (2006), S. 21 konstatiert, dass „*alle Verfahren [der Reflexivität] mit Aufwand, also Kosten verbunden*" sind.

onsvorhaben und somit für die Innovationsfähigkeit.[43] Er ist abhängig vom grundlegenden Vorhandensein finanzieller Ressourcen. Die Spezifität ihres Einsatzes bezogen auf Innovationsvorhaben wird als Ressourcenspezifität bezeichnet. Neben möglichen direkten Einflüssen der grundlegenden finanziellen Ressourcenbasis auf die Innovationsfähigkeit und ihre einzelnen Dimensionen (H2 & H2a) werden auch indirekte Wirkungen vermutet. Die Variable Ressourcenspezifität *vermittelt*[44] den Einfluss finanzieller Ressourcen auf das Gesamtkonstrukt (H3) sowie auf die Dimensionen (H3a).

- **H3: Die Ressourcenspezifität vermittelt den Einfluss von finanziellen Ressourcen auf die Innovationsfähigkeit.**
- **H3a: Die Ressourcenspezifität vermittelt den Einfluss von finanziellen Ressourcen auf die Dimensionen der Innovationsfähigkeit.**

Wissen und Kompetenzen der Netzwerkpartner

Neben einer tangiblen, finanziellen Ressourcenbasis werden auch intangible Ressourcen wie Wissen und operationale Kompetenzen als wesentliche Grundlage von Innovationsfähigkeit erachtet.[45] „*... Wissen [spielt] für die Intensität und den Verlauf von Innovationen, die Koordination von Innovationsprozessen und die Handlungsfähigkeit der beteiligten Organisationen und Unternehmen eine zentrale Rolle.*"[46] Analog zur finanziellen Ressourcenbasis lassen sich die Wirkungsbeziehungen sowohl auf das Konstrukt insgesamt (H4) wie auch auf die einzelnen Dimensionen der Innovationsfähigkeit (H4a) postulieren.

- **H4: Die Wissens- und Kompetenzbasis der Mitglieder bildet eine Grundlage der Innovationsfähigkeit von Netzwerken. Sie trägt insgesamt positiv zur Erklärung der Innovationsfähigkeit bei.**
- **H4a: Die Wissens- und Kompetenzbasis der Mitglieder hat einen direkten positiven Einfluss auf die Ausprägung der Dimensionen der Innovationsfähigkeit.**

Komplementarität von Wissen und Kompetenzen

Der RV deutet darauf hin, dass die Komplementarität der Netzwerkmitglieder bezogen auf ihr Wissen und ihre Kompetenzen entscheidend für die Chancenwahrnehmung, -ergreifung und -umsetzung in Innovationen ist.[47] Unter Komplementarität wird eine mögliche Anschlussfähigkeit und potenziell synergetische Nutzung zwischen den Netzwerkmitgliedern verstanden.[48] Dies bedeutet gerade nicht Gleichheit, sondern sich ergänzende Verschieden-

---

[43] Auch Teece, Pisano & Shuen (1997) gehen davon aus, dass der *cash flow* zielgerichtet eingesetzt werden muss, um spezifische Pfade einzuschlagen und beispielsweise Rekonfigurationsprozesse zu forcieren; vgl. Teece, Pisano & Shuen (1997), S. 521.

[44] Im Modell stellen die vermittelnden Variablen somit Mediatoren zwischen Basis und Innovationsfähigkeit beziehungsweise den einzelnen Dimensionen dar. Zu methodischen Erläuterungen des Mediatoreffekts siehe Teil V.2.5.

[45] Vgl. bspw. Kogut & Zander (1992), S. 384; Galunic & Eisenhardt (2001), S. 1229; van Wijk, van den Bosch & Volberda (2003), S. 442.

[46] Sydow et al. (2003), S. 138.

[47] Vgl. Cowan & Jonard (2009), S. 320.

[48] Vgl. Beamish (1988); Harrigan (1988); Harrison & Håkansson (2006).

heit.[49] Sie bietet Anreize zur Kombination im Rahmen des Netzwerks und damit zur Schaffung von Innovationen.[50] Auch Teece (2007) konstatiert, dass *sensing, sizing* und *transforming „differ according to the [..] existing positions with respect to the relevant complementary assets.*"[51] Entscheidend ist es daher u.a., *„diese komplementären Kompetenzen zu einem Mosaik zu vereinen und den Rahmen [u.a.] für einen effizienten Wissensaustausch [...] zu schaffen.*"[52] Im Modell wird Ressourcenkomplementarität[53] daher auf die immaterielle Wissens- und Kompetenzbasis der Netzwerkmitglieder bezogen, deren grundlegendes Vorhandensein prinzipiell Voraussetzung ist. Komplementarität *vermittelt* die Wirkung dieser Wissens- und Kompetenzbasis auf die Innovationsfähigkeit (H5) und die einzelnen Dimensionen (H5a).

- **H5: Die Ressourcenkomplementarität vermittelt den Einfluss der Wissens- und Kompetenzbasis der Mitglieder auf die Innovationsfähigkeit.**
- **H5a: Die Ressourcenkomplementarität vermittelt den Einfluss der Wissens- und Kompetenzbasis der Mitglieder auf die Dimensionen der Innovationsfähigkeit.**

Die finanzielle Ressourcenbasis des Netzwerks und die Wissens- und Kompetenzbasis der Netzwerkmitglieder bilden damit insgesamt die Grundlagen und basalen Voraussetzungen für die Innovationsfähigkeit von Netzwerken. Ihr Einfluss wird insbesondere dann angenommen, wenn Erste innovationsspezifisch eingesetzt wird und Zweite auch über die Organisationsgrenzen hinweg komplementär ist.[54] Die Grundlagen und mediierenden, d.h. vermittelnden Variablen sind nicht konzeptioneller Teil des eigentlichen Innovationsfähigkeitskonstrukts bestehend aus den sechs verschiedenen Dimensionen. Sie sind vielmehr dessen notwenige (Ressourcen) und hinreichende (mediierende Effekte) Bedingung.

Interne und externe Innovationen als potenzielle Wirkungen der Innovationsfähigkeit
Unter Berücksichtigung der Netzwerkbezugsebene von Innovationen wurden *netzwerkexterne Marktinnovationen* i.S.v. Produkten, Dienstleistungen und technologischen Neuerungen beschrieben, welche aus Sicht des Netzwerks neu oder verändert sind und aus dem Netzwerk heraus erfolgreich am relevanten Markt eingeführt werden. *Interne Netzwerkinnovationen* sind auf Netzwerkebene eingeführte Neuerungen von Strukturen, Prozessen, methodischen Maßnahmen zur Netzwerkkoordination und -steuerung sowie internen Dienstleistungen für Netzwerkmitglieder, welche aus Sicht des Netzwerks neu oder verändert sind (vgl. Teil

---

[49] Vgl. Kale, Singh & Perlmutter (2000), S. 224.

[50] Vgl. Harrigan (1986).

[51] Teece (2007), S. 1326 (Hervorh. DPK).

[52] Behnken (2010), S. 201 (Anmerk. DPK).

[53] Während sich Komplementarität auf eine grundlegende Wissens- und Kompetenzbasis der Netzwerkmitglieder bezieht, stellt Kospezialisierung einen Prozess der weiter intensivierenden, innovationsspezifischen gegenseitigen Anpassung konkreter Produktionsverfahren, Produkte, Technologien, Arbeitsprozesse etc. dar.

[54] Dies ist auch i.S.v. Moldaschl und anschlussfähig an die Konzeption der Institutionellen Reflexivität: *„Was zur Ressource wird, [...] hängt allein davon ab, ob ein materielles oder immaterielles Gut in einem spezifischen oder institutionellen Handeln zweckgebundene Verwendung findet."* Vgl. Moldaschl (2005a), S. 44 (Hervorh. DPK).

II.3.1). Als Wirkungen der Innovationsfähigkeit von Netzwerken lässt sich damit das Ausmaß dieser internen und externen Innovationen verstehen. Hierin liegt das wesentliche konstitutive Ziel von Innovationsnetzwerken (vgl. Teil II.2.2).

- **H6: Die Ausprägung der Innovationsfähigkeit von Netzwerken wirkt positiv auf das Ausmaß, in welchem aus dem Netzwerk heraus Innovationen am Markt platziert werden.**
- **H7: Die Ausprägung der Innovationsfähigkeit von Netzwerken wirkt positiv auf das Ausmaß, in welchem interne Netzwerkinnovationen eingeführt werden.**

1.3   Ergänzende Einflussfaktoren

Die theoretisch deduzierten Annahmen zu den Dimensionen, Grundlagen und Wirkungen der Innovationsfähigkeit stellen postulierte Beziehungen zwischen latenten, theoretischen Konstrukten dar. Daneben ergeben sich aus der Darstellung der Forschungseinheit Innovationsnetzwerk (vgl. Teil II.2) weitere Faktoren, welche die Innovationsfähigkeit oder das Ausmaß an Innovationen beeinflussen können. Diese sind nicht theoretisch deduziert, sondern basieren auf sachlogischen Überlegungen. Hierzu zählen das Netzwerkalter, die Netzwerkgröße, die Kooperationserfahrung der Netzwerkmitglieder und die Erfahrung des Netzwerkmanagements sowie der Anteil der Forschungseinrichtungen am Netzwerk. Da diese Faktoren nicht modellimmanent sind, wird für sie keine eigene Forschungshypothese entwickelt. Sie werden jedoch als zu prüfende Variablen im Zuge der Modellanalyse aufgenommen, da sie einen potenziellen Einfluss auf die Innovationsfähigkeit beziehungsweise das Ausmaß an Innovationen haben können. Dieser wird in Relation zum theoretisch deduzierten Modell jedoch als gering angenommen.

Alter und Größe des Innovationsnetzwerks
Das Ausmaß an internen und externen Innovationen kann sich mit zunehmendem Alter und Größe des Netzwerks verändern. Je mehr Netzwerkmitglieder an Innovationen arbeiten, desto größer ist der potenzielle Innovationsoutput des gesamten Netzwerks. Es können mehrere Innovationsprojekte gleichzeitig verfolgt werden. Ebenso werden mit wachsender Mitgliederzahl interne Innovationen im Netzwerk eher notwendig, um beispielsweise Koordination und Kommunikation zwischen allen Beteiligten zu gewährleisten. Neue Verfahren werden eingeführt und weitere Kommunikationskanäle werden möglicherweise genutzt. Bei einer größeren Mitgliederzahl sind netzwerkinterne Dienstleistungen mitunter finanziell eher sinnvoll als bei einem kleinen internen Nutzerkreis. Je länger das Netzwerk besteht, desto mehr Innovationsprojekte werden potenziell abgeschlossen. Netzwerkalter und -größe haben daher einen möglichen direkten Einfluss auf das Ausmaß an internen und externen Innovationen.

Kooperationserfahrung der Netzwerkmitglieder
Eine größere Kooperationserfahrung der Netzwerkpartner kann potenziell zum intensiveren Wissensaustausch, der weiteren Kospezialisierung und der Entwicklung einer stärkeren gemeinsamen Innovationskultur und -strategie beitragen, wenn ein `erprobter´ Umgang mit

Kooperationspartnern besteht.[55] „*members of the [...] networks [..] who [...] have a proven track record of previous relationships, will positively influence [...] collaborative innovative capacity...*"[56] Die Ausprägung der Kooperationserfahrung ist somit zu prüfen, da sie einen möglichen beeinflussenden Faktor der Innovationsfähigkeit von Netzwerken darstellt.

Netzwerkmanagementerfahrung

Die Koordination von Innovationsnetzwerken geschieht in einem Spannungsverhältnis von innovationsbezogener Abhängigkeit und rechtlicher Autonomie der Netzwerkpartner. Sie kann dabei auf eher hierarchische oder eher heterarchische Weise geschehen (vgl. Teil II.2.2). Während eine bestimmte Ausprägung der Steuerungsform nicht als charakterisierendes Merkmal von Innovationsnetzwerken gilt, kann gleichwohl die Erfahrung des Netzwerkmanagements beziehungsweise des Netzwerkkoordinators einen potenziellen Einfluss auf die Kooperation der Netzwerkpartner und damit auf die als relationales Konstrukt verstandene Innovationsfähigkeit des Netzwerks haben.[57] „*Those responsible for managing network relationships need to learn core network competencies over time.*"[58] Die Netzwerkmanagementerfahrung wird daher ebenfalls als möglicher Einflussfaktor der Innovationsfähigkeit berücksichtigt.

Forschungsanteil

Nach Hirsch-Kreinsen (2007) ist eine tendenziell wachsende Komplexität mit stärker branchen- und disziplinübergreifender Vernetzung bei Innovationen zu beobachten. Gerade für kleine und mittelgroße Unternehmen sind die Ressourcen hierfür schnell erschöpft (vgl. Teil I.1). Der Wissenschaftsbereich gewinnt mit forschungsintensiveren, grundlagenorientierteren Innovationsvorhaben an Einfluss. Dies legt die Kooperation mit wissenschaftlichen Einrichtungen nahe.[59] Innovationsnetzwerke stellen solche Kooperationsformen zwischen Unternehmen und Forschungseinrichtungen dar (vgl. Teil II.2.2). Die wesentliche Orientierung und Hauptaufgabe von Forschungseinrichtungen liegt in der Entdeckung und Entwicklung von Neuerungen beziehungsweise Innovationen. Der Anteil wissenschaftlicher Forschungseinrichtungen an interorganisationalen Innovationsnetzwerken wird daher als möglicher Faktor für das Ausmaß an Innovationen betrachtet. Da der Anteil unterschiedlich groß sein kann, wird er als zu kontrollierende Variable aufgenommen.

---

[55] Vgl. Doz (1996) zu *revealed complementarity*; ferner Inkpen & Tsang (2005).
[56] Inkpen & Tsang (2005), S. 433 f.
[57] Vgl. Pfirrmann (2007), S. 114.
[58] Pittaway et al. (2004), S. 158.
[59] Vgl. Hirsch-Kreinsen (2007), S. 134 ff.

1.4   Zusammenfassung des Hypothesensystems

Die Hypothesen über Zusammenhänge von Grundlagen, Dimensionen und Wirkungen der Innovationsfähigkeit sind in Tabelle 6 zusammengefasst.

Nr.	Hypothese
H1	Die Innovationsfähigkeit von Netzwerken ist ein mehrdimensionales Konstrukt und wird durch die sechs Dimensionen Wissensaustauschroutinen, institutionalisierte Reflexivität, Innovationskultur und -strategie, Kospezialisierung sowie Transformationsorientierung der Netzwerkführung definiert.
H2	Die finanzielle Ressourcenbasis des Netzwerks bildet eine Grundlage der Innovationsfähigkeit. Sie trägt insgesamt positiv zur Erklärung der Innovationsfähigkeit bei.
H2a	Die finanzielle Ressourcenbasis des Netzwerks hat einen direkten positiven Einfluss auf die Ausprägung der Dimensionen der Innovationsfähigkeit.
H3	Die Ressourcenspezifität vermittelt den Einfluss von finanziellen Ressourcen auf die Innovationsfähigkeit.
H3a	Die Ressourcenspezifität vermittelt den Einfluss von finanziellen Ressourcen auf die Dimensionen der Innovationsfähigkeit.
H4	Die Wissens- und Kompetenzbasis der Mitglieder bildet eine Grundlage der Innovationsfähigkeit von Netzwerken. Sie trägt insgesamt positiv zur Erklärung der Innovationsfähigkeit bei.
H4a	Die Wissens- und Kompetenzbasis der Mitglieder hat einen direkten positiven Einfluss auf die Ausprägung der Dimensionen der Innovationsfähigkeit.
H5	Die Ressourcenkomplementarität vermittelt den Einfluss von Wissen und Kompetenzen auf die Innovationsfähigkeit.
H5a	Die Ressourcenkomplementarität vermittelt den Einfluss von Wissen und Kompetenzen auf die Dimensionen der Innovationsfähigkeit.
H6	Die Ausprägung der Innovationsfähigkeit von Netzwerken wirkt positiv auf das Ausmaß, in welchem aus dem Netzwerk heraus Innovationen am relevanten Markt platziert werden.
H7	Die Ausprägung der Innovationsfähigkeit von Netzwerken wirkt positiv auf das Ausmaß, in welchem interne Netzwerkinnovationen eingeführt werden.

Tabelle 6: Hypothesen
Quelle: Eigene Darstellung

Das folgende Modell stellt dieses Hypothesensystem in einem graphischen Zusammenhang in Abbildung 2 dar. Von unten nach oben aufgebaut und damit dem theoretisch-konzeptionellen Rahmen folgend, bilden die Ressourcenvariablen Finanzen, Wissen und Kompetenzen die Basis des Konstrukts Innovationsfähigkeit. Dieses beinhaltet beziehungs-weise wird gebildet von den sechs Dimensionen Wissensaustauschroutinen, institutionalisierte Reflexivität, Innovationsstrategie und Innovationskultur, Kospezialisie-rung sowie Transformationsorientierung der Netzwerkführung (H1). Für die Ressourcenbasis werden direkte Effekte auf das gesamte Konstrukt (H2 & H4) und auf die einzelnen Dimen-sionen individuell postuliert (H2a & H4a), da diese unterschiedlich stark ausfallen können. Von den Mediatorvariablen Ressourcenspezifität und -komplementarität wird erwartet, dass sie die Wirkbeziehungen von den Ressourcen auf das Konstrukt sowie auf die Dimensionen in Teilen vermitteln (H3 & H5 beziehungsweise H3a & H5a). Als Gesamtkonstrukt wirkt die Innovationsfähigkeit positiv auf externe (H6) und interne (H7) Innovationen. Schließlich werden ergänzend zu prüfende Variablen hinzugezogen. Für sie liegen nur sachlogische Gründe für einen möglichen, in Relation zum theoretisch deduzierten Kernmodell jedoch als gering erwarteten Einfluss auf die Innovationsfähigkeit beziehungsweise direkt auf das Ausmaß an Innovationen vor.

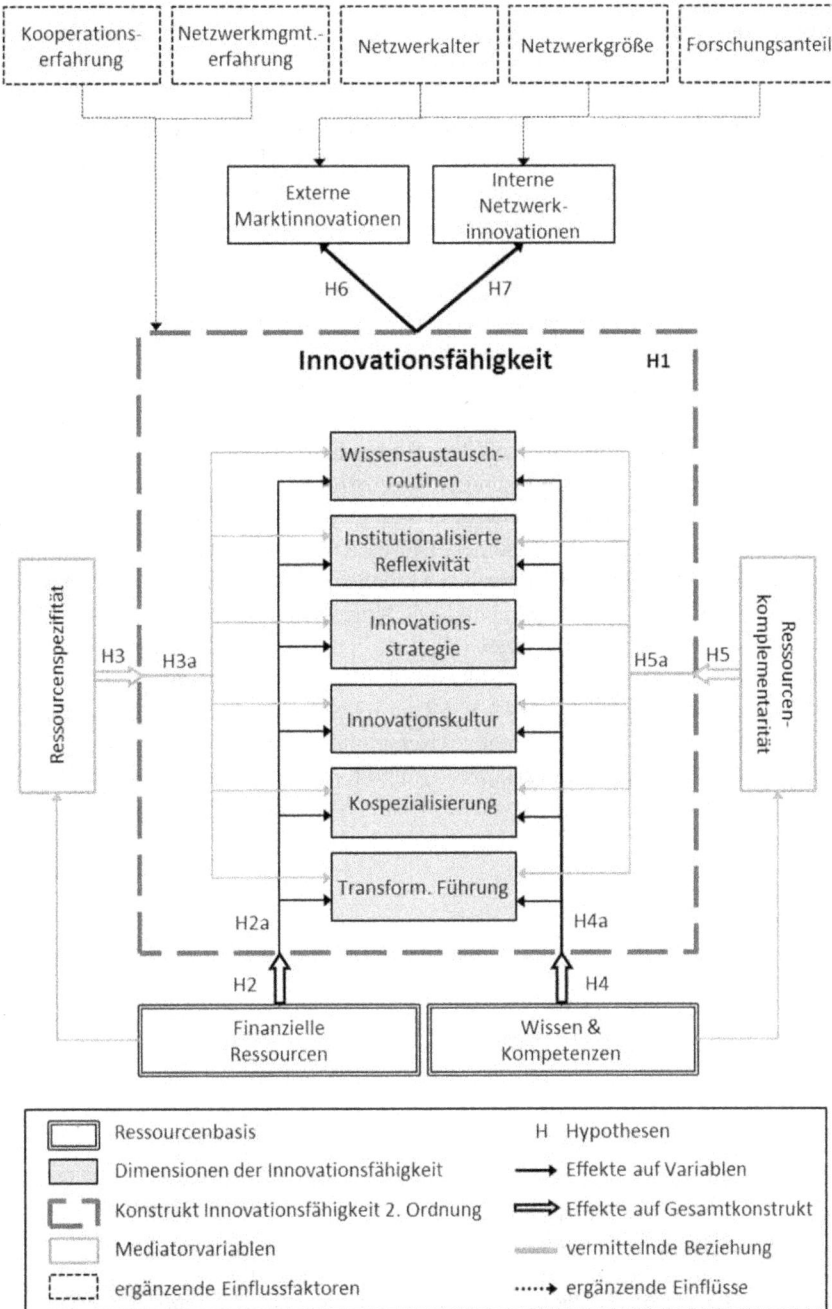

Abbildung 2: Untersuchungsmodell
Quelle: Eigene Darstellung

2 Modellspezifikationen

In komplexen Modellen stellt eine einzelne Variable i.d.R. jeweils ein theoretisch deduziertes Konstrukt dar. Darunter verstehen Bagozzi & Fornell (1982) *„an abstract entity which
represents the ‚true', nonobservable state or nature of a phenomenon"*[60]. Dies bedeutet, dass
einzelne oder alle Variablen eines Modells sich einer direkten Messung entziehen, da sie
nicht unmittelbar beobachtet und gemessen werden können.[61] Um sie dennoch messbar zu
machen, bedient sich die quantitativ-empirische Forschung Messmodellen (vgl. Teil V.1.1
zur Wahl quantitativer Methoden). Sie stellen die formalen Verbindungen von nicht beobachtbaren und nicht messbaren latenten Variablen mit beobachtbaren und messbaren
Indikatoren als manifesten Größen dar.[62] Diese Übertragung des Theoretischen in das empirisch Erfahrbare greift die Zwei-Sprachen-Theorie auf.[63] Demnach ist zwischen einer
theoretischen und einer empirischen Sprachebene beziehungsweise Beobachtungsebene zu
unterscheiden (vgl. Abbildung 3). Auf der theoretischen Ebene existieren die hypothetischen
Konstrukte. Auf der Beobachtungsebene werden manifeste Indikatoren genutzt, deren
Ausprägungen gemessen werden können. Die Verbindung von theoretischer und empirischer
Sprachebene wird durch Korrespondenzregeln ausgedrückt.[64]

Zwei latente Konstrukte η_1 und η_2 stehen auf der theoretischen Ebene in einer Beziehung
oder einem Wirkungsverhältnis zueinander. Dieses wird postuliert durch eine Hypothese H
und stellt die Grundform eines theoretischen Modells dar. Da die Konstrukte nicht unmittelbar messbar sind, werden sie entsprechend der Korrespondenzregeln λ_1, λ_2 und λ_3 auf der
Beobachtungsebene durch die manifesten Indikatoren x_1, x_2 und x_3 abgebildet. x_1 und x_2
messen η_1, x_3 misst η_2. Die Güte einer solchen Messung ist im Anschluss an die Datenerhebung empirisch zu validieren (vgl. Teil V.2.2 und Teil VI.2). Da x_1 und x_2 gemeinsam das
Konstrukt η_1 repräsentieren, besteht auch zwischen ihnen eine Beziehung, die als Kovarianz
r_{12} bezeichnet wird. Die beiden Kovarianzen r_{23} und r_{13} geben auf der Beobachtungsebene die
theoretisch postulierte Hypothese H zwischen η_1 und η_2 wieder.[65]

---

[60] Bagozzi & Fornell (1982), S. 24 (Hervorh. i.O.).
[61] Vgl. Homburg & Giering (1996), S. 6.
[62] Vgl. Bagozzi & Phillips (1982); Venkatraman (1989); Rossiter (2002).
[63] Siehe vor allem Hempel (1952; 1965), Stegmüller (1970) und Carnap & Gardner (1995).
[64] Bei Fornell (1987), S. 415 auch als *„epistemic correleations, epistemic relationships, or correspond-
ence rules"* bezeichnet.
[65] Vgl. Fassott & Eggert (2005), S. 35.

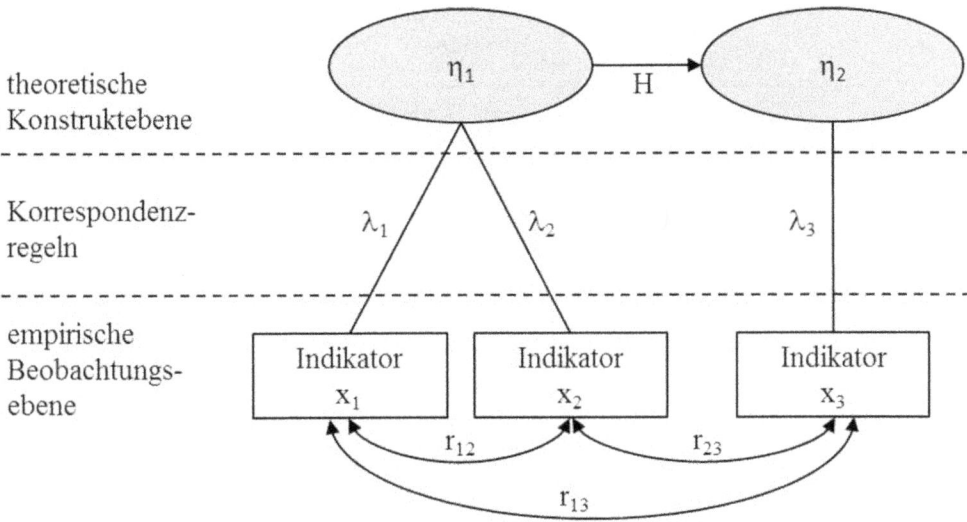

Abbildung 3: Korrespondenzregeln
Quelle: Eigene Darstellung in Anlehnung an Fassott & Eggert (2005), S. 34.

Die Korrespondenzregeln können sich in ihrer Richtung unterscheiden, d.h. auf welche Art sie die latenten mit den manifesten Größen in Verbindung setzten. Es können zwei Wirkrichtungen unterschieden werden:[66]

- Wenn die latente Größe die ihr zugeordneten manifesten Größen *verursacht*, dann geht die Wirkung von der theoretischen Ebene auf die Beobachtungsebene aus. In diesem Fall wird die Spezifikation des Messmodells als *reflektiv* bezeichnet. Die beobachtbaren Indikatoren repräsentieren das ihnen zugrundeliegende, nicht beobachtbare Konstrukt.

- Wirkt die theoretische Größe nicht verursachend für die Ausprägung der beobachtbaren Indikatoren, sondern stellt vielmehr das *Resultat* der ihr zugrundeliegenden Indikatoren dar, weisen die Korrespondenzregeln von der Beobachtungsebene zum latenten Konstrukt. In diesem Fall wird von einer *formativen* Spezifikation gesprochen.

Bei latenten Konstrukten ist es i.d.R. möglich, sie mit Hilfe von reflektiven oder formativen Messmodellen zu erfassen. Abbildung 4 stellt dies beispielhaft dar.

---

[66] Vgl. Fassott & Eggert (2005), S. 36.

Reflektiv

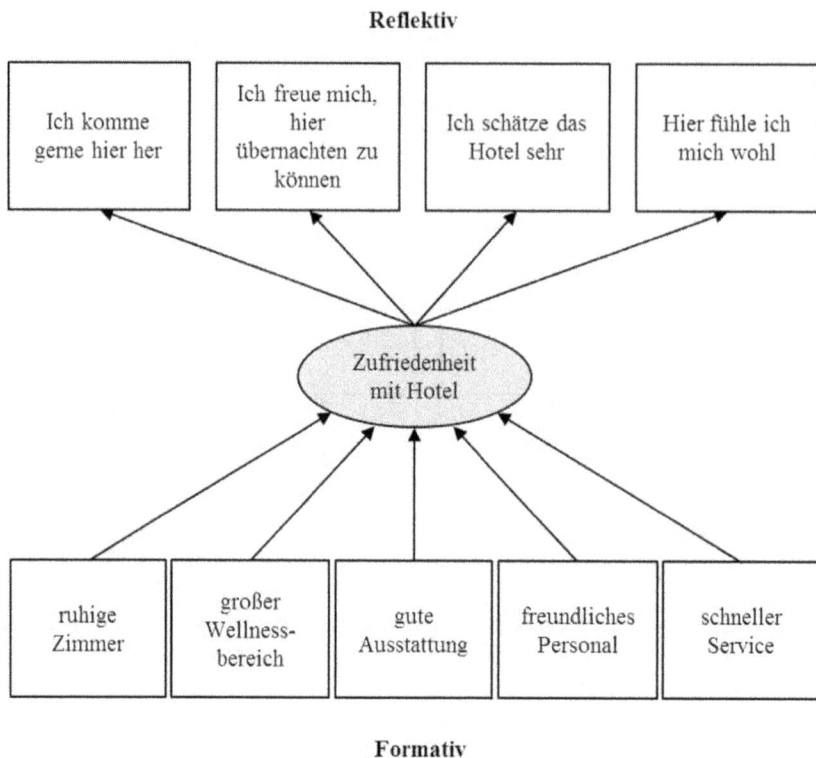

Abbildung 4: Beispiel formativer und reflektiver Konstruktspezifikationen
Quelle. Eigene Darstellung in Anlehnung an Albers & Hildebrandt (2006), S. 13.

Die Wahl der Spezifikationsart ist vor allem theoretisch und inhaltlich-konzeptionell motiviert sowie abhängig vom jeweiligen Untersuchungsgegenstand. Eine ʻfalscheʼ Spezifikation
kann jedoch zu deutlich unterschiedlichen Ergebnissen in der späteren Messung und Auswertung führen.[67] *„These issues are critically important because they must be addressed **before**
models with reflective and formative measures can be empirically tested.“*[68] Von der Spezifikationsart wird u.a. die inhaltliche Wahl der Indikatoren beziehungsweise in schriftlichen
Befragungen und Interviews die Formulierung von Items in Form von Fragen oder Aussagen
(vgl. Teil V.1.2.2), beeinflusst. Sie ist eine Grundlage für die spätere Gütebeurteilung der
individuellen Messmodelle, welche je nach Spezifikation unterschiedliche Kriterien nutzt
(vgl. Teil V.2.2). Die Eigenschaften und Besonderheiten reflektiver und formativer Spezifikationen werden daher in den folgenden Abschnitten dargestellt. Anschließend wird die
Spezifikation der Konstrukte im Modell der Innovationsfähigkeit von Netzwerken vorgenommen.

---

[67] Siehe insb. Jarvis, MacKenzie & Podsakoff (2003); MacKenzie, Podsakoff & Jarvis (2005).
[68] Edwards & Bagozzi (2000), S. 156 (Hervorh. DPK).

2.1   Reflektive Spezifikation

Jarvis, MacKenzie & Podsakoff (2003) kritisieren, dass insbesondere in der empirischen Managementforschung reflektive Spezifikationen latenter Konstrukte verwendet wurden, ohne dass eine den Untersuchungsgestand berücksichtigende Begründung oder Abwägung dargelegt wird.[69] Bei einer reflektiven Spezifikation wird davon ausgegangen, dass die Ausprägungen der beobachtbaren, manifesten Größen durch die theoretisch mit ihr in Beziehung gesetzte latente Variable verursacht werden. Die Indikatoren sind daher so zu definieren, dass ihre Messwerte jeweils beispielhafte Manifestierungen des betrachteten hypothetischen Konstrukts darstellen. Die Kausalitätsrichtung der Korrespondenzregeln weist dementsprechend von der latenten Variablen zu den Indikatoren (vgl. Abbildung 5).

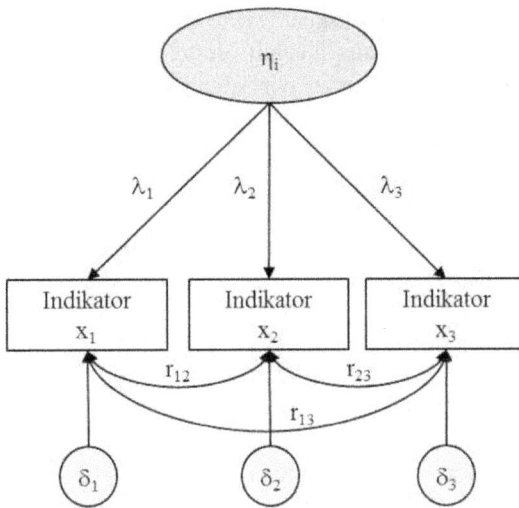

Abbildung 5: Reflektive Konstruktspezifikation
Quelle: Eigene Darstellung

Veränderungen in der Ausprägung der latenten Variablen η_i führen immer auch in gleichem Maße zu Veränderungen bei allen zugeordneten Indikatoren x_i.[70] Die Indikatoren stellen Effekte der theoretischen Variablen dar.[71] Nur sie sind als manifeste Größen messbar. Sie weisen i.d.R. sowohl untereinander gemeinsame als auch individuelle Varianzen ihrer Ausprägung auf. Der gemeinsame Anteil der Varianz aller Indikatoren, welche mit einer latenten Variablen in einer reflektiven Beziehung stehen, wird als Varianz dieser Variablen interpretiert und stellt somit die gewünschte Messung eines an sich nicht direkt messbaren latenten Konstrukts dar.[72]

---

[69] Vgl. Jarvis, MacKenzie & Podsakoff (2003).
[70] Vgl. Bollen (1984), S. 379.
[71] Vgl. Fornell & Bookstein (1982), S. 441; Jarvis, MacKenzie & Podsakoff (2003), S. 201.
[72] Vgl. Fassott & Eggert (2005), S. 37.

Hierbei muss jedoch von einer fehlerhaften Messung ausgegangen werden. Dieses wird mit dem Messfehler δ_i beziehungsweise der Residualgröße auf der Indikatorebene ausgedrückt.[73] Je weniger Indikatoren für die Messung einer Variablen genutzt werden, desto größer wirkt sich daher potentiell eine messfehlerbedingte Verzerrung aus. Aus diesem Grund werden im Schrifttum einer Messung latenter Variablen mittels mehrerer beobachtbarer Indikatoren Vorzüge eingeräumt.[74] Durch die Zuweisung mehrerer Indikatoren zu einer Variablen können Verzerrungen insgesamt gemildert werden. Dabei gilt, dass alle verwendeten Indikatoren die Variable η_i möglichst genau abbilden sollen.

Aus dem reflektiven Charakter, dass eine Veränderung in der latenten Variable η_i immer auch zu Veränderungen bei den Indikatoren x_i führt, ergibt sich, dass die Indikatoren untereinander eine möglichst hohe (positive) Korrelation aufweisen sollen.[75] Sie messen im Grunde alle etwas Identisches. Wäre der Messfehler nicht existent, die Messung also vollständig fehlerfrei, ergäbe sich ein Korrelationskoeffizient von Eins zwischen den Indikatoren. Je höher der Messfehler eines Indikators ausfällt, desto geringer ist, ceteris paribus, dessen Korrelation mit den übrigen Indikatoren der latenten Variablen.[76] Umgekehrt sind hohe Kovarianzen (r_{12}, r_{23} und r_{13}) grundsätzlich ein Hinweis auf ein reliables Messmodell.[77] Realistisch werden die einzelnen Indikatoren die latente Variable mehr oder weniger gut abbilden. Sie weisen daher i.d.R. unterschiedliche Ladungskoeffizienten λ_i auf. Sie beschreiben die Beziehung zwischen x_i und η_i.

Als mathematische Form ist jeder Indikator mit der latenten Variablen mittels einfacher Regression verbunden.[78] Das reflektive Messmodell in Abbildung 5 lässt sich damit wie folgt darstellen:

$$x_1 = \lambda_1 \eta_i + \delta_1$$
$$x_2 = \lambda_2 \eta_i + \delta_2$$
$$x_3 = \lambda_3 \eta_i + \delta_3$$

Es wird deutlich, dass reflektive Spezifikationen ein System linearer Gleichungen sind, in der jede einzelne manifeste Variable (Indikator) x_i ein mit ihrem Ladungskoeffizienten λ_i gewichtetes Abbild der latenten Variablen (Konstrukt) η_i darstellt. Damit ist auch ersichtlich, dass die einzelnen Indikatoren in reflektiv spezifizierten Modellen austauschbar sind. Mathematisch haben die Gleichungen keinen direkten Zusammenhang zueinander. Das Entfernen eines Indikators beziehungsweise einer Gleichung aus dem System verändert somit nicht den Charakter des zugrundeliegenden theoretischen Konstrukts.[79]

---

[73] Vgl. Jarvis, MacKenzie & Podsakoff (2003), S. 199.

[74] Vgl. Curtis & Jackson (1962), S. 196 ff.; Churchill (1979), S. 64 ff.

[75] Vgl. Bollen & Lennox (1991), S. 308.

[76] Vgl. Fassott & Eggert (2005), S. 37.

[77] Vgl. Homburg & Giering (1996), S. 8 ff.

[78] Vgl. Henseler (2004), S. 6.

[79] Vgl. Jarvis, MacKenzie & Podsakoff (2003), S. 200.

2.2 Formative Spezifikation

Im Vergleich zu reflektiven Messmodellen wird bei formativen Spezifikationen eine umgekehrte Beziehung zwischen theoretischem Konstrukt und Messindikatoren unterstellt. Die
Korrespondenzregeln stellen die Indikatoren damit als kausale Größen dar, welche das nur
theoretisch fassbare Konstrukt inhaltlich definieren.[80] Sie formen die latente Variable.[81] Die
Kausalitätsrichtung verläuft von den Indikatoren zum Konstrukt (vgl. Abbildung 6). Die
einzelnen Indikatoren sind damit messbare Komponenten beziehungsweise Dimensionen
eines Konstrukts, welches auf Basis theoretisch-konzeptioneller Erwägungen durch mehrere
unterschiedliche Facetten definiert wird.

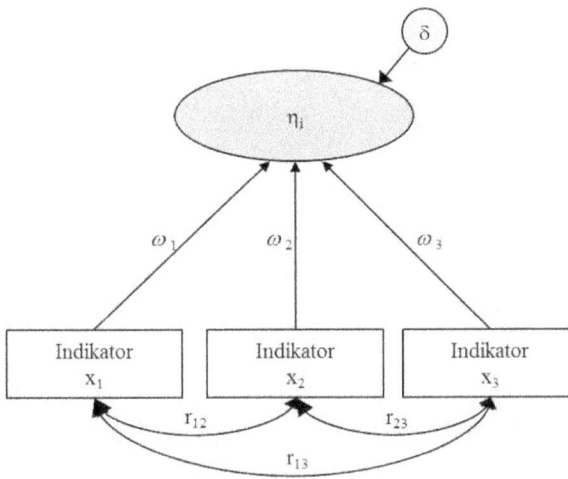

Abbildung 6: Formative Konstruktspezifikation
Quelle: Eigene Darstellung

Ein Beispiel für ein formatives Konstrukt ist der soziökonomische Status von Personen. Er
wird meist durch gewichtete Linearkombinationen der Indikatoren Bildung, Beruf, Einkommen und Wohnort gemessen.[82] Ändert sich die Ausprägung eines Indikators x_i, so ändert sich
auch der Wert der latenten Variable η. Dies bedeutet nicht, wie für reflektive Spezifikationen
angenommen, dass die Veränderung der Ausprägung eines Indikators zwingend mit einer
veränderten Ausprägung eines oder mehrerer anderer Indikatoren des Konstrukts einhergeht.
Die einzelnen Indikatoren sind inhaltlich-semantisch voneinander unabhängig, d.h. eine

---

[80] Siehe bspw. auch Bollen (1984), S. 380 zu „Causal Indicators" und Bollen & Lennox (1991), S. 306
zu „Composite Indicators".
[81] Vgl. Götz & Liehr-Gobbers (2004), S. 16 f.
[82] Die Bezeichnung als häufiges Beispiel wurde hier deshalb gewählt, weil auch eine reflektive Operationalisierung denkbar ist. Wie bereits dargelegt, kann eine sinnvolle Spezifikation als reflektives oder
formatives Messmodell nur vor dem Hintergrund der inhaltlichen Begriffsdefinition des Konstrukts und
der zugrunde gelegten theoretischen Annahmen des Untersuchungsmodells getroffen werden. Detaillierter hierzu siehe Abschnitt 2.3 .

Korrelation zwischen den Indikatoren eines Konstrukts kann, muss aber nicht existieren.[83] Sie kann sogar negative Werte aufweisen. Dies verdeutlicht, dass, im Gegensatz zu reflektiven Spezifikationen, die Indikatoren nicht ohne weiteres austausch- oder ex-post nach erfolgter Erhebung eliminierbar sind.[84] Ein solches Vorgehen hätte eine Veränderung des inhaltlichen Charakters und des Geltungsbereichs eines Konstrukts zur Folge.

Der Einsatz einer formativen Spezifikation eines latenten Konstrukts kommt vor allem dann in Betracht, wenn *„ein Messmodell entwickelt werden soll, das konkrete Ansatzpunkte zur Beeinflussung der latenten [endogenen] Variablen aufzeigt und die relative Bedeutung der Konstruktdimensionen untereinander abschätzt...".*[85] Formal wird die latente Variable in einer formativen Spezifikation als gewichtete Linearkombination ihrer Indikatoren ausgedrückt. Mathematisch entspricht dies einem multivariaten Regressionsmodell.

$$\eta = \omega_1 x_1 + \omega_2 x_2 + \omega_3 x_3 + \delta = \omega_i x_i + \delta$$

x_i = Indikator des latenten Konstrukts η
ω_i = Gewichtung des Indikators x_i bei der Verrechnung zu η
δ = Fehlerterm der Messung

2.3 Vorgehen zur Bestimmung der geeigneten Spezifikationsart

In der Literatur ist eine Dominanz reflektiv spezifizierter Konstrukte zu finden.[86] Nicht beide Spezifikationsarten sind jedoch unter allen Bedingungen gleich geeignet oder möglich. Fehlspezifikationen treten vor allem dann auf, wenn Konstrukte auf Grund mangelnder theoretisch-konzeptioneller Differenzierung nicht explizit definiert und inhaltlich beschrieben werden oder wenn, obwohl mehrere Facetten identifiziert werden, dennoch eine reflektive Spezifikation erfolgt. Sie können Auswirkungen auf die Messergebnisse und die fehlerhafte Interpretation der Daten zur Folge haben.

Es werden zwei Typen von Fehlspezifikationen unterschieden. Der R-Fehler bezeichnet ein formatives Konstrukt, welches fälschlich als reflektiv spezifiziert wird. Umgekehrt tritt ein F-Fehler auf, wenn ein reflektives Konstrukt fälschlich als formativ spezifiziert wird (vgl. Abbildung 7). Beide Fehlertypen können unterschiedliche Folgen hervorrufen.[87] Ein fälschlicherweise als formativ spezifiziertes Konstrukt (Fehlertyp F) durchläuft nicht die notwendigen Bereinigungsschritte, wie sie für reflektive Spezifikationen vorgesehen werden (vgl. Teil V.2.2.1). Auch irrelevante Indikatoren mit einer in Wahrheit nur geringen Ladung[88] und möglicher hoher Varianzüberlappung werden nach einem Prüfschema für formative Konstrukte beibehalten. Dies kann zu einer schlechteren Anpassungsgüte des

---

[83] Bollen (1984), S. 377 bezeichnet dies als eine *„no necessary relationship"*-Situation.
[84] Vgl. Bollen & Lennox (1991), S. 308; Jarvis, MacKenzie & Podsakoff (2003), S. 202.
[85] Eggert & Fassot (2003), S. 13.
[86] Vgl. Diamantopoulos & Winkelhofer (2001), S. 274 ff.; Eberl (2004), S. 12 ff.; Fassott & Eggert (2005), S. 32 ff.
[87] Vgl. Albers & Hildebrandt (2006), S. 16–25.
[88] Die reale Ladung wird bei einer solchen Fehlspezifikation des Fehlertyps F dann als Gewicht ausgewiesen.

Modells führen. Im Falle einer mehrfachen Fehlspezifikation des Typs F kann dies zu einer Ablehnung von Hypothesenbeziehungen zwischen Variablen des Modells führen, die sonst u.U. gültig wären.

Auch R-Fehler können nach Jarvis, MacKenzie & Podsakoff (2003) die theoretischen Schlussfolgerungen gravierend beeinträchtigen. *„Our simulation results provide strong evidence that measurement model misspecification of even one formatively measured construct within a structural equation model can have serious consequences for the theoretical conclusions drawn from the model."*[89] Denn bei einem R-Fehler wäre die Eliminierung einzelner Indikatoren nach den Prüfkriterien für reflektiv operationalisierte Konstrukte gestattet. Ist das Konstrukt jedoch nur fälschlicherweise als reflektiv spezifiziert, führt eine solche Eliminierung zur Beschneidung der inhaltlichen Konstruktdefinition. Die Konstruktvalidität wird reduziert, wenn kausale Indikatoren fälschlich entfallen (vgl. V.2.2.2). *„Omitting an indicator is omitting part of the construct."*[90] Es ist damit zu rechnen, dass das Modell eventuell in Teilen durch eine derartige Fehlspezifikation abgelehnt wird oder inhaltliche Aussagen nur noch eingeschränkt möglich sind.[91]

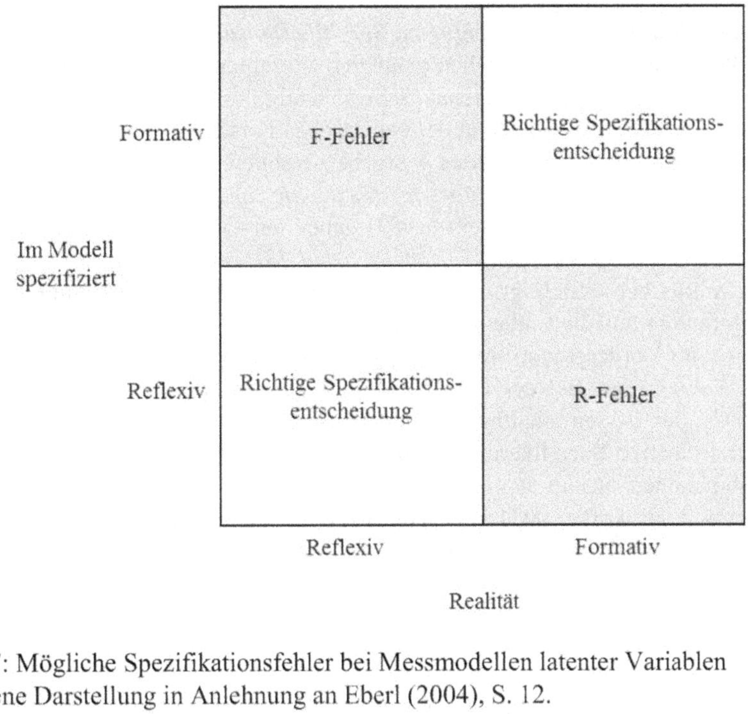

Abbildung 7: Mögliche Spezifikationsfehler bei Messmodellen latenter Variablen
Quelle: Eigene Darstellung in Anlehnung an Eberl (2004), S. 12.

Fehlspezifikationen sind von verschiedenen Metastudien dargestellt worden. Jarvis, MacKenzie & Podsakoff (2003) weisen auf Basis einer Untersuchung empirischer Beiträge in vier internationalen Top-Journals über einen Zeitraum von 24 Jahren 29% der betrachteten

---

[89] Jarvis, MacKenzie & Podsakoff (2003), S. 212.
[90] Bollen & Lennox (1991), S. 308.
[91] Vgl. Jarvis, MacKenzie & Podsakoff (2003), S. 202.

Konstruktoperationalisierungen als fehlspezifiziert aus. Davon liegt der Anteil des R-Fehlers bei 27%.[92] Eine Metastudie des EFOplan-Instituts zu den relevanten Beiträgen im *Journal of Marketing* von 1999–2003 gibt einen R-Fehler-Anteil von 11 % an.[93] Für die deutschsprachige Forschung existiert eine Metastudie von Eggert & Fassot (2003) zu den Beiträgen in der *Marketing ZFP*. Hier zeigt ein R-Fehler-Anteil von 79,6%, dass gerade in der deutschsprachigen Forschung der Spezifikation latenter Variablen möglicherweise nicht genug Bedeutung beigemessen wird.[94] Dies wird u.a. auf die Verwendung gängiger Softwarepakete zurückgeführt, welche zur Analyse von Strukturgleichungsmodellen standardmäßig i.d.R. ein reflektives Modell vorsehen.[95] Von der Art der Fehlspezifikation unabhängig weisen Eggert & Fassot (2003) nach, dass *„mit einer maximalen Irrtumswahrscheinlichkeit von 5 % ein Zusammenhang zwischen der korrekten Spezifikation des Modells und der Erfüllung der statistischen Gütekriterien besteht."*[96] Angesichts der vielfach beobachteten Fehlspezifikationen in der wissenschaftlichen Literatur und den möglicherweise daraus resultierenden Folgen für die spätere Gütebeurteilung (vgl. Teil V.2.2) ist die Auseinandersetzung mit Kriterien einer geeigneten Spezifikation sinnvoll.

Vorgehen zur Bestimmung der geeigneten Spezifikationsart

Die zur Gütebeurteilung von Modellen genutzten Verfahren gehen nicht auf die Spezifikationsart ein, da diese in einem ersten Schritt erfolgt, bevor ein Modell einer Prüfung unterzogen wird.[97] Hierfür hat sich in der empirischen Forschung bisher, trotz der geschilderten Problematik, kein standardisiertes Vorgehen etablieren können. *„The choice between using formative or reflektive indicators for particular constructs can at times be a difficult one to make."*[98] Fornell & Bookstein (1982) geben zur Orientierung drei wesentliche Anhaltspunkte: *„[1] study objective, [2] theory, and [3] empirical contingencies."*[99] Dieser dreistufige Ansatz berücksichtigt das verfolgte Forschungsziel, die inhaltlich-konzeptionelle Konstruktdefinition und die Einbettung in ein Gesamtmodell.[100] Steht beispielsweise der Test einer Theorie im Vordergrund, bietet sich vor allem eine reflektive Spezifikation der Konstrukte an.[101] Liegt das Ziel der Forschung im Erkennen *„erfassbare[r] Stellgrößen eines Konstrukts"*[102], d.h. dessen inhaltlichen Facetten, so ist nach Herrmann, Huber & Kressmann (2006) eine formative Spezifikation vorzuziehen. Die Entscheidungsregeln stellen heuristische Kombinationen aus mess- und inhaltlich-theoretischen Überlegungen dar.[103] Jarvis, MacKenzie & Podsakoff (2003) haben hierzu eine zusammenfassende Kriterienliste (vgl. Tabelle 7) vorgelegt. Hieran orientiert sich auch die vorliegende Arbeit bei der folgenden Spezifikation der Konstrukte im Modell der Innovationsfähigkeit von Netzwerken.

---

[92] Vgl. Jarvis, MacKenzie & Podsakoff (2003), S. 207.

[93] Vgl. Eberl (2004), S. 23.

[94] Vgl. Eggert & Fassot (2003), S. 7.

[95] Vgl. Diamantopoulos & Winkelhofer (2001), S. 274.

[96] Eggert & Fassot (2003), S. 7.

[97] Vgl. Edwards & Bagozzi (2000), S. 156.

[98] Hulland (1999), S. 201.

[99] Fornell & Bookstein (1982), S. 441.

[100] Vgl. Churchill (1979), S. 67; Rossiter (2002), S. 306.

[101] Vgl. Fornell & Bookstein (1982), S. 441 f.

[102] Herrmann, Huber & Kressmann (2006), S. 49.

[103] Vgl. Edwards & Bagozzi (2000).

Fragestellung	Formativ, wenn ...	Reflektiv, wenn ...
Kausalitätsrichtung zwischen Konstrukt und Indikatoren	• Kausalitätsrichtung von den Items zum Konstrukt • Indikatoren sind definierende Charakteristika des Konstrukts • Änderungen in einzelnen Indikatoren führen zu Änderungen bei dem Konstrukt	• Kausalitätsrichtung von dem Konstrukt zu den Indikatoren • Indikatoren sind Manifestationen des Konstrukts • Änderungen im Konstrukt führen gleichermaßen zu Änderungen bei allen Indikatoren
Austauschbarkeit von Messindikatoren	• Indikatoren sind untereinander nicht beliebig austauschbar • Indikatoren umfassen nicht notwendigerweise alle denselben inhaltlichen Bereich • Der Austausch eines Indikators verändert den konzeptionellen Geltungsbereich des Konstrukts	• Indikatoren sind untereinander beliebig austauschbar • Alle Indikatoren umfassen denselben inhaltlichen Bereich • Der Ausschluss eines oder mehrerer Indikatoren hat keinen Einfluss auf den konzeptionellen Geltungsbereich des Konstrukts
Kovarianz unter den Indikatoren	• Änderungen bei einem Indikator gehen nicht automatisch mit Änderungen bei den anderen Indikatoren einher	• Änderungen bei einem Indikator gehen automatisch mit Änderungen bei den anderen Indikatoren einher
Einheitlichkeit des nomologischen Netzes der Indikatoren	• Nomologisches Netz kann sich unterscheiden • Indikatoren können unterschiedliche Antezedenzien und Konsequenzen haben	• Nomologisches Netz der Indikatoren ist identisch • Indikatoren haben dieselben Antezedenzien und Konsequenzen

Tabelle 7: Kriterien zur Wahl der Spezifikationsart
Quelle: Eigene Darstellung in Anlehnung an Jarvis, MacKenzie & Podsakoff (2003), S. 203.

2.4 Spezifikation der zentralen Modellkonstrukte

Im Rahmen der Erhebung werden zum einen demographisch geprägte Variablen, die im Hypothesensystem vor allem als Kontrollgrößen dienen beziehungsweise zur Beschreibung der Datengrundlage herangezogen werden, erhoben. Hierzu gehören u.a. Größe, Alter, Entwicklungsphase, geographische Verteilung, Budget, Finanzierungsform, Fördermittelbezug und Innovationsschwerunkte des Netzwerks. Bei ihnen handelt es sich nicht um komplexe theoretische Größen, sondern um direkt erfassbare Sachinformationen, welche jeweils über einen Indikator erfasst werden können. Auch die Kooperationserfahrung der Netzwerkmitglieder und die Managementerfahrung des Netzwerkkoordinators werden als Kontrollgrößen über einen einzelnen Indikator abgebildet. Bei so einer *single-item-Messung* besteht zwischen formativer und reflektiver Spezifikation keine Differenz. Sämtliche zentralen Variablen des Modells sind latente, theoretisch deduzierte und konzeptionell geprägte Konstrukte, welche mittels mehrerer Indikatoren gemessen werden sollen.[104] Dies erfordert ein entsprechend systematisches, kriteriengeleitetes Vorgehen. Die Spezifikation der Konstrukte *finanzielle Ressourcen, Wissen und Kompetenzen, Ressourcenspezifität* und

---

[104] Vgl. Churchill (1979), S. 64 ff; Albers (2010).

-komplementarität, Institutionalisierte Reflexivität, Wissensaustauschroutinen, Innovations-
kultur und *-strategie, Kospezialisierung, Transformationsorientierte Netzwerkführung* sowie
Markt- und *Netzwerkinnovationen* werden im Folgenden dargestellt.[105]

Unabhängige Variablen und Mediatoren

- *Finanzielle Ressourcen* stellen eine der zwei wesentlichen Grundlagen beziehungsweise Determinanten für die Innovationsfähigkeit dar. Eine grundlegende
  Ressourcenbasis i.S.e. ausreichenden Budgets beziehungsweise einer gesicherten
  Finanzierung des Netzwerks ist Voraussetzung für die Durchführung von Innovationsvorhaben. Dieser Zusammenhang wird im Modell theoretisch insbesondere
  durch den DCV und RV hergeleitet. Der Variablen selber liegt jedoch keine eigene
  Theorie zu Grunde. Eine Differenzierung unterschiedlicher Facetten innerhalb dieser tangiblen Ressourcenklasse ist nicht modellrelevant. Die Abgrenzung von
  Wissen und Kompetenzen der Netzwerkmitglieder als intangible Ressourcen wurde
  bereits vorgenommen und drückt sich durch die entsprechend separate Variable im
  Modell aus. Indikatoren, welche die finanzielle Ausstattung anzeigen, beziehen sich
  damit alle auf einen gemeinsamen Gegenstand. Sie reflektieren das Ausmaß an finanzieller Ressourcenverfügbarkeit, d.h. ein ausreichendes Budget ist eine
  Manifestation vorhandener Ressourcen. Damit geht die Kausalität vom Konstrukt
  aus zu den Indikatoren. Aus messtheoretischen Gründen sind daher mehrere ähnliche Indikatoren für eine Operationalisierung (vgl. Teil V.1.2.2) heranzuziehen.
- Finanzielle Ressourcen sind i.S.d. Modells der Innovationsfähigkeit dann relevant,
  wenn sie Innovationsbezogen eingesetzt werden. Die *Ressourcenspezifität* stellt
  folglich eine mediierende Variable dar. Mögliche Indikatoren sollen in der Konsequenz alle einheitlich darüber Aufschluss geben, wie ausgeprägt diese spezifische
  Verwendung von finanziellen Mitteln ist. Eine stärkere oder schwächere Ausprägung muss jeweils von allen verwendeten Indikatoren angezeigt werden. Sie stellen
  keine definierenden Eigenschaften der Spezifität dar, sondern reflektieren diese.
- *Wissen- und Kompetenzen der Mitglieder* bilden, wie finanzielle Ressourcen, eine
  grundlegende Variable der Innovationsfähigkeit, die sich ebenfalls aus den drei theoretischen Bezugspunkten des Modells herleitet. Die Wissens- und Kompetenzbasis
  stellt damit konzeptionell einen inhaltlich geschlossenen Bereich dar. Eine weitere
  inhaltlich-theoretische Differenzierung einzelner Kompetenzen ist nicht modellrelevant. Es geht um basale, operationale Kompetenzen i.S.v. Know-How.[106] Daher
  findet ebenfalls eine reflektive Spezifikation statt.
- Die *Ressourcenkomplementarität* bezieht sich auf die Anschlussfähigkeit dieser
  Wissens- und Kompetenzbasis der Mitglieder untereinander. Sie stellt ebenfalls eine
  Mediatorvariable dar. Individuell bei den einzelnen Organisationen vorhandene
  Kompetenzen sind ohne ihre Verbindung und gegenseitige Ergänzung im Rahmen
  gemeinsamer Innovationsvorhaben weniger förderlich i.S.e. Innovationsfähigkeit
  auf Netzwerkebene. Die Erfassung der Komplementarität ist inhaltliche nicht weiter

---

[105] Die konkrete Operationalisierung erfolgt in Teil V.1.2.2.
[106] Dies folgt insb. dem Verständnis des DCV, welcher operationale Kompetenzen als Basis übergeord-
neter Metafähigkeiten versteht.

zu differenzieren, da sie im Modell ausschließlich zur Charakterisierung der Wissens- und Kompetenzbasis dient. Komplementarität selber ist ein eindimensionales Konstrukt, welches keine eigenen inhaltlich-konzeptionellen Facetten aufweist.[107] Auch hier müssen die verwendeten Indikatoren daher einen Bereich möglichst einheitlich reflektieren. Das Ausmaß an Komplementarität wird von den Indikatoren widergespiegelt. Sie sind nicht ursächlich für sie. Dies deutet auf eine reflektive Spezifikation hin.

Konstruktvariablen der Innovationsfähigkeit

- *Institutionalisierte Reflexivität* als eine der sechs Facetten des zentralen Innovationsfähigkeitskonstrukts der Arbeit leitet sich durch die Notwendigkeit zur Prüfung eingeschlagener Pfade der Netzwerkentwicklung, der adäquaten Verwendung von Managementinstrumenten und der (obsoleten) Praktiken im Rahmen der Netzwerkarbeit ab. Sowohl DCV als auch RV sehen Reflexivität insbesondere dann als vorteilhaft, wenn sie überindividuell und an Verfahren orientiert ist. Inhaltlich differenziert gibt jedoch nur die Konzeption der Institutionellen Reflexivität Hinweise darauf, wie sie, in verschiedenen Ausprägungsformen verankert und institutionalisiert, erfasst werden kann. Die Konzeption schlägt hierzu fünf eigenständige Dimensionen vor, die inhaltlich unterschiedliche Aspekte von institutioneller Reflexivität aufweisen. Sie bestimmen damit die Charakteristika des Konstrukts. Indikatoren, welche diese Dimensionen beziehungsweise inhaltlichen Facetten von Reflexivität abbilden sollen, müssen sich folglich ebenfalls voneinander unterscheiden. Sie sind untereinander damit nicht austauschbar. Jede der Dimensionen muss über einen Indikator bestimmt werden, da ansonsten die inhaltliche Breite der Institutionellen Reflexivität beschnitten würde. Diese theoretisch-konzeptionell fundierten Merkmale der Modellvariablen Institutionalisierte Reflexivität weisen auf eine formative Spezifikation hin.

- *Wissensaustauschroutinen* stellen die zweite Facette der Innovationsfähigkeit dar. Sie besteht, anders als die Variable Reflexivität, nicht aus mehreren theoretisch-konzeptionell begründeten Dimensionen. Sie wird in der Literatur zumeist als eindimensional betrachtet.[108] Im Fokus steht hier nicht die inhaltliche Differenzierung unterschiedlicher Wissensarten und deren Austauschmechanismen[109], sondern das Ausmaß an Austausch im Netzwerk. Indikatoren erfassen damit alle einen identischen Bereich. Da Wissensaustausch nicht von den Indikatoren geprägt beziehungsweise definiert, sondern durch sie reflektiert wird, stellen diese Manifestationen des Konstrukts dar. Sie sind daher möglichst ähnlich zu konzipieren, da untereinander austauschbar und korrelierend.

- Die *Innovationsstrategie* stellt eine spezielle Facette der Netzwerkstrategie dar und ist spezifizierbar als eine systematische, planmäßige Ausrichtung der Netzwerkaktivitäten auf gemeinsame Innovationsvorhaben oder -schwerpunkte.[110] Auch hier

---

[107] Ähnlich bspw. Huber, Fischer & Herrmann (2010).
[108] Vgl. bspw. die Metastudie von van Wijk et al. (2008).
[109] Vgl. hierzu bspw. Sammarra & Biggiero (2008) mit Fokus auf Luftfahrtindustriecluster.
[110] Vgl. Ernst (2001), S. 266 ff.; Billing (2003), S. 16.

liegt somit eine Variable vor, welche einen eng definierten Bereich umfasst und somit nicht durch konzeptionelle Dimensionen weiter differenziert wird. Eine Operationalisierung nutzt folglich Indikatoren, welche diesen Bereich einheitlich widerspiegeln und dessen messbare Manifestationen darstellen. Die Kausalitätsrichtung weist vom Konstrukt zu den Indikatoren, was auf eine reflektive Spezifikation deutet.

- *Innovationskultur* ist, wie die Thematik Innovation insgesamt, vor allem als organisationales und nationales Phänomen Gegenstand der Forschung.[111] Auf Netzwerkebene ist sie, vergleichbar mit der Innovationsstrategie, kaum empirisch erforscht. Konzeptionell konstatieren Wiedmann, Lippold & Buxel (2008) eine große Heterogenität in der Konstruktdefinition und inhaltlichen Spezifikation.[112] Empirische Arbeiten weisen meist ein mehrdimensionales Konstrukt, u.a. basierend auf Innovationsorientierung, Kreativität, Kommunikation, Vertrauen, Wandel und Risiko, auf.[113] Mögliche Indikatoren stellen damit unterschiedliche Facetten der Innovationskultur im Netzwerk dar.[114] In Anlehnung an die Literatur wird das Konstrukt hier formativ spezifiziert.

- Durch eine *Kospezialisierung* sollen Synergieeffekte erzielt werden. Sie beschreibt die Spezialisierung der Netzwerkmitglieder mit gleichzeitig gegenseitiger Anpassung in Bezug auf die gemeinsamen Innovationsvorhaben der Netzwerkpartner. Daher ist ihr eine Prozessperspektive inhärent, welche entscheidend für die Umsetzung von Innovationen (*transformation*) ist. Die Variable erfasst das Verhalten der Netzwerkmitglieder im Zeitverlauf, ohne dabei eigene konzeptionelle Dimensionen zugrunde zu legen. Mittels entsprechender Indikatoren kann auf dieses Verhalten geschlossen werden. Die Indikatoren selber sind nicht ursächlich für das Verhalten. Vielmehr manifestiert es sich beispielsweise in zunehmend modularen und gegenseitig abgestimmten Produktions- oder Forschungsprozessen. Somit erfolgt eine reflektive Spezifikation.

- Für das Konstrukt *Transformationsorientierte Netzwerkführung* kann aus der Führungsforschung das Konzept der transformationalen Führung herangezogen werden.[115] Als Charakteristika einer transformationalen Führung werden
    - ein idealisierter Einfluss wichtiger Personen durch besondere fachliche und moralische Vorbildfunktion;
    - die inspirierende Motivation durch attraktive und überzeugende Visionen der Führungskräfte, welche Zuversicht wecken;

---

[111] Für einen Überblick siehe bspw. Reith, Pichler & Dirninger (2006) sowie grundlegend zur Typologisierung von Kulturen bspw. Burns & Stalker (1961); Pümpin, Kobi & Wüthrich (1985); Deal, Kennedy & Bruer (1987); Cameron & Freeman (1991).

[112] Vgl. Wiedmann, Lippold & Buxel (2008), S. 48 f.

[113] Vgl. für einen Überblick bspw. Lippold (2007), S. 40 ff.

[114] Vgl. Pümpin, Kobi & Wüthrich (1985); Walter (2006); Dombrowski et al. (2007).

[115] Der Ursprung wird meist Bass (1985) bzw. Bass & Avolio (1990) zugeschrieben. Weitere Arbeiten greifen diese auf, bspw. Avolio, Bass & Jung (1999); Yukl (1999); Carless, Wearing & Mann (2000); Goodwin, Wofford & Whittington (2001); Eagly, Johannesen-Schmidt & van Engen (2003); Rafferty & Griffin (2004); Felfe (2006); García-Morales, Lloréns-Montes & Verdú-Jover (2008). Zu Metastudien siehe bspw. Eagly & Johnson (1990); Bycio, Hackett & Allen (1995); Judge & Piccolo (2004).

- eine intellektuelle Stimulation, mit der Führungskräfte andere Personen zu innovativem Denken anregen, indem sie bisherige Vorgehensweisen hinterfragen und dazu ermutigen, neue Lösungen zu suchen;
- die individuelle Berücksichtigung von Bedürfnissen und Anerkennung von Leistung zur Entwicklung und Förderung von Mitarbeitern

gesehen.[116] Im Fokus steht ein Führungsverhalten, welches zur Transformation beziehungsweise Veränderung bestehender Praktiken, Verhaltensmuster und ggf. Werte sowie zur Umsetzung neuer Ideen animieren soll (vgl. Abschnitt 1.1). Die verschiedenen Charakteristika werden in der Literatur als bestimmend für die transformationale Führung beschrieben. Dies stellt eine formative Spezifikation des Führungskonstrukts dar.[117]

Innovationsfähigkeit als mehrdimensionales Konstrukt

Auf Basis des theoretisch-konzeptionellen Rahmens unter Bezug auf DCV, RV sowie Institutionelle Reflexivität wird *Innovationsfähigkeit* im vorliegenden Modell als ein Konstrukt höher Ordnung gebildet, d.h. es wird selber durch latente Variablen erster Ordnung dargestellt. *Institutionalisierte Reflexivität, Wissensaustauschroutinen, Innovationskultur* und *-strategie, Kospezialisierung* sowie eine *Transformationsorientierte Netzwerkführung* stellen die sechs theoretisch deduzierten Facetten der Innovationsfähigkeit dar und fungieren i.S.e. Spezifikation entsprechend als ihre Indikatoren beziehungsweise Indikatorvariablen. Sie weisen auf distinkte Dimensionen hin. Einzeln bilden sie spezifische Charakteristika ab. Zusammen definieren sie das Konstrukt. Sie sind somit nicht beliebig austausch- oder entfernbar, ohne den inhaltlich-konzeptionellen Geltungsbereich des Gesamtkonstrukts zu beschränken. Innovationsfähigkeit wird somit formativ durch die sechs Variablen spezifiziert.

Innovationen als ergebnisbezogene Variablen

Externe Marktinnovationen und *interne Netzwerkinnovationen* bilden die ergebnisbezogenen Größen im Modell der Innovationsfähigkeit. Marktbezogene Innovationen sind beispielsweise neue Produkte, Dienstleistungen, Technologien, Verfahren, Patente, etc., welche im Netzwerk beziehungsweise gemeinsam von Netzwerkpartnern entwickelt werden, jedoch am Markt, d.h. außerhalb des Netzwerks von den Mitgliedern angeboten werden. Interne Netzwerkinnovationen sind u.a. neue Serviceangebote für die Mitglieder, Veränderungen in der Netzwerkstruktur, den Prozessen oder in der Ausrichtung des Netzwerks sowie neue Maßnahmen im Netzwerkmanagement, beispielweise neuartige Netzwerktreffen, Foren und Austauschmöglichkeiten. Da sich hierbei maßgeblich die Bezugsebene der Innovation unterscheidet (vgl. Teil II.3.1), werden Innovationen nicht als eine, sondern als zwei distinkte Variablen im Modell berücksichtigt. Diese weisen jeweils einen inhaltlich homogenen Bereich – auf den Markt respektive auf das Netzwerk selber gerichtet – auf. Daher erfolgt eine reflektive Spezifikation beider Variablen.

---

[116] Vgl. Neuberger (2002), S. 199. Manche Arbeiten sehen Dimension 1 und 2 als Einheit, bspw. Bycio, Hackett & Allen (1995).

[117] Vgl. Williams, Vandenberg & Edwards (2009), S. 556 f.

Teil V
Methodik der Datenerhebung und Datenanalyse

Methoden der Datenerhebung und Datenanalyse bilden die Basis zur Beantwortung der empirischen Forschungsfrage. Abschnitt 1 geht zunächst auf die Vorbereitung und Grundlagen der Datenerhebung ein. Abschnitt 2 stellt die Methodik der Qualitäts- und Datenanalyse dar.

1 Methodische Aspekte der Datenerhebung

Gegenstand dieser Arbeit ist die theoretische Fundierung, Konzeption, Operationalisierung und empirische Festigung eines Modells der Innovationsfähigkeit technologieorientierter Netzwerke. Insbesondere für den letzten Schritt ist ein empirischer Test des theoretisch deduzierten Modells (vgl. Teil III & IV) an real existierenden Netzwerken notwendig. Zur Vorbereitung und Schaffung einer entsprechenden Datengrundlage gehört zum einen die Entscheidung über ein adäquates Erhebungsdesign (Abschnitt 1.1) und eine Erhebungsmethode (Abschnitt 1.2), zum anderen die eigentliche Datenerhebung (Abschnitt 1.3).

1.1 Erhebungsdesign

1.1.1 Quantitative Erhebung

Grundsätzlich bieten sich zur Datenerfassung der konzeptrelevanten Variablen die Möglichkeiten einer qualitativ und einer quantitativ ausgerichteten Erhebung. In der sozialwissenschaftlich geprägten und managementtheoretisch orientierten Netzwerkforschung kommen bislang primär Fallstudiendesigns zum Einsatz.[1] Die meisten davon weisen, der Stärke von qualitativer empirischer Forschung entsprechend, Analysen einzelner Netzwerke auf. Insbesondere einzelne Beziehungen von Partnern innerhalb eines Netzwerks lassen sich auf diese Art darstellen. Weniger vertreten sind bis dato Forschungsdesigns, die Fragestellungen und theoretische Konzepte in der Netzwerkforschung anhand einer großzahligen quantitativen Datenerhebung einer empirischen Untersuchung unterziehen.[2]

Qualitative Methoden bieten i.d.R. die Möglichkeit der sehr detailreichen Datenerfassung sowie Fallbeschreibung, gegebenenfalls inklusive mehrerer iterativer Schleifen von Erhe-

---

[1] Siehe beispielsweise Sydow, Windeler & Lerch (2007); Franke et al. (2005); Deitmer (2004); Sydow (2004); Sydow & Windeler (2004); Duschek (2002); Provan & Milward (1995); für einen Überblick siehe Provan, Fish & Sydow (2007).

[2] Vgl. Provan, Fish & Sydow (2007), S. 488 f. sowie beispielsweise Huber, Fischer & Herrmann (2010); Sand, Rese & Baier (2010); Meier zu Köcker (2008).

bung und Auswertung. Ein qualitatives Fallstudiendesign im empirischen Teil dieser Arbeit bedeutet, dass Aussagen über das entwickelte Modell und die Dimensionen der Innovationsfähigkeit nur eingeschränkt über den betrachteten Einzelfall hinaus getroffen werden können.[3] Die terminologische Darstellung der fokussierten Innovationsnetzwerke in Teil II verdeutlicht jedoch, wie heterogen diese, trotz des Fokus auf technologieorientierte Austauschbeziehungen und Innovation, u.a. in ihrer Größe, Zusammensetzung, Kooperationserfahrung, Koordination, Alter, etc. sein können. Um diese Vielfalt in der gesamten Datenbasis widerzuspiegeln, wäre auch bei einem qualitativen Forschungsdesign eine große Fallzahl für vergleichende Fallstudien notwendig.

Eine quantitativ ausgerichtete, großzahlige Datenerfassung anhand von wesentlichen charakterisierenden Merkmalskriterien kann technologieorientierte Innovationsnetzwerke in einer stärkeren Breite und Diversität erfassen als einzelne Vergleichsfälle es erlauben. Auch dabei erfolgt dem Grunde nach ein Fallvergleich, der aber wesentlich mehr Fälle einbeziehen kann, als es die qualitative Forschung i.d.R. mit einer Datenerhebung durch Begleitung, Dokumentenanalysen oder klassische Interviews leisten kann. Daneben bildet insbesondere die theoriebezogene Formulierung der Hypothesen zum Forschungsgegenstand (Teil IV.1) eine Grundlage für ein quantitatives Erhebungsdesign.[4] Die vorliegende Arbeit strebt zwar keine Theorieprüfung im klassischen Sinne an, da nicht eine einzelne Theorie in ein Modell überführt, operationalisiert und getestet wird. Doch stellt das explizit formulierte Forschungsmodell (Teil IV.2), welches sich auf den zuvor entwickelten theoretisch-konzeptionellen Rahmen stützt, ein in sich konsistentes, d.h. ohne immanente widersprüchliche Annahmen formuliertes Hypothesensystem dar. Ob und in welchem Maße die so getroffenen Annahmen sich durch empirische Daten erhärten lassen, kann nach Rost (2005) insbesondere mit quantitativen Verfahren beurteilt werden.[5]

1.1.2 Erhebungseinheit

Aus der Leitidee des liberalen methodologischen Individualismus (vgl. Teil II.1) heraus bilden interorganisationale Innovationsnetzwerke die Forschungseinheit der vorliegenden Untersuchung. Netzwerke werden damit als eigenständige Organisationsform interorganisationaler Innovationsaktivitäten betrachtet. Die entwickelte Konzeption der Innovationsfähigkeit beinhaltet vor allem Variablen mit direktem Bezug zur Netzwerkebene, beispielsweise die finanziellen Ressourcen, eine gemeinsame Innovationsstrategie oder die institutionalisierte Reflexivität i.S.v. regelmäßig angewandten Verfahren im Netzwerk. Einzelnen Modellvariablen liegen auch organisationale und individuelle Bezüge zugrunde. Die Wissens- und Kompetenzbasis ist auf der Ebene der Netzwerkmitglieder als organisationales Wissen beziehungsweise Kompetenzen verortet. Die Transformationsorientierung der Netzwerkführung spiegelt das Führungsverhalten wichtiger Personen in Gremien, Arbeitskreisen oder Projektgruppen im Netzwerk wieder. Eine individuelle Erfassung der Wissens- und Kompetenzbasis *jedes einzelnen* Mitglieds eines Netzwerks oder des Führungsverhaltens

---

[3] Vgl. Mayring (2001).
[4] Vgl. ebd.
[5] Vgl. Rost (2005), S. 3; allgemein Rost (2004).

jeder Personen im Netzwerk ist forschungsökonomisch jedoch nicht bei einer großen Anzahl an Netzwerken zu bewerkstelligen.[6]

In der quantitativen Netzwerkforschung erfolgt die Datenerfassung daher oftmals mittels Schlüsselpersonen wie Netzwerkmanagern oder vergleichbaren Experten in einer zentralen Stellung.[7] Diese werden primär aufgrund ihrer Positionen sowie Koordinations- und Repräsentationsaufgaben innerhalb des Netzwerks gewählt. Sie haben einen breiten Überblick über relevante Aspekte *ihres gesamten* Netzwerks Dies entspricht der in Teil II.4.1 dargestellten *internen Makroperspektive*. Diese Schlüsselpersonen unterliegen weniger der partiellen Mikroperspektive eines einzelnen Netzwerkmitglieds.[8] Die vorliegende Arbeit schließt sich daher dem gängigen *key-informant-Design* an. Es ermöglicht die Nutzung einer großen Fallzahl von Netzwerken unter Berücksichtigung der gewählten Netzwerkperspektive mit dem notwendigen Detaillierungsgrad zur Erfassung der Modellvariablen.

Somit erfolgt eine Betrachtung von Innovationsnetzwerken unter spezifischer Berücksichtigung der modellrelevanten Merkmale, jedoch nicht mit dem Fokus auf individuelle, organisationale Spezifika aus Sicht der einzelnen Netzwerkmitglieder. Die Erhebungseinheit (Netzwerkmanager) entspricht damit nicht unmittelbar der Forschungseinheit (Netzwerk).[9] Es wird vielmehr aus den Angaben des Informanten auf Eigenschaften und Aktionen letzterer geschlossen. Dies wird mitunter in der Literatur kritisiert, da ein *key-informant-Design* die Gefahr eingeschränkter Objektivität durch subjektive Einschätzung der befragten Experten über die eigentliche Forschungseinheit birgt.[10] Dieses als *single-source-* oder *informant-bias* bezeichnete Messproblem wird zurückgeführt auf mögliche unerkannte Motive, Wahrnehmungsverzerrungen, begrenzte Informationsstände oder Verarbeitungskapazitäten der Befragten.[11] Zur Lösung dieses Bias werden die Datenerhebung bei mehreren Personen

---

[6] Die in Teil VI der Arbeit folgende Analyse stützt sich auf die Daten von 197 Netzwerken, deren Mitgliederanzahl im Median bei 18 Organisationen liegt. Würden Daten jeweils ein Mal bei jedem der Mitglieder erhoben sowie auf Netzwerkebene bei einem Netzwerkmanager, resultierten daraus 197x18+197=3743 Datensätze. Dies ließe die einzelne individuelle Datenerhebung weiterhin unberücksichtigt. Problematisch erweist sich außerdem die Datenintegrität, da bei einem solchen Mehrebenendesign fehlende Daten eines einzelnen Mitglieds zum Ausschluss ganzer Netzwerke aus einer Analyse führen. Vgl. zu den Einschränkungen auch Kumar, Stern & Anderson (1993), S. 1633; Provan & Milward (1995), S. 28 ff. sowie Provan, Fish & Sydow (2007), S. 510 f.

[7] Vgl. u.a. Morrissey et al. (1994); Hahn et al. (1995); Gemünden, Ritter & Heydebreck (1996); Johnson, Morrissey & Calloway (1996); Fried et al. (1998); Faria & Wensley (2002); Johnson & Sohi (2003); Ritter & Gemünden (2003a); Walter (2003); Marxt (2004); Provan, Isett & Milward (2004); Fischer (2006); Provan, Fish & Sydow (2007); Stadlbauer, Wilde & Hess (2007); Lunnan & Haugland (2008); Meier zu Köcker (2008); Robson, Katsikeas & Bello (2008); Huber, Fischer & Herrmann (2010); Greenberg & Rosenheck (2010); Provan et al. (2010); Bergenholtz & Waldstrøm (2011); Fonti, Whitbred & Maoret (2011).

[8] Kumar, Stern & Anderson (1993) S. 1634: „*Relying on key informant accounts is appropriate when the content of inquiry is such that complete or in-depth information cannot be expected from [other] representative survey respondents.*"

[9] Dies trifft i.d.R. auch auf die empirische betriebswirtschaftliche Forschung auf organisationaler Ebene zu.

[10] Die Ergebnisse von Doty & Glick (1998) weisen allerdings darauf hin, dass ein Verzerrungseffekt durch die Nutzung von key-informants eher gering ist.

[11] Vgl. bspw. Ernst (2001), S. 87 ff.

und/oder die Verwendung mehrerer Datenquellen und -arten vorgeschlagen.[12] Demgegenüber ist abzuwägen, in wie fern andere Personen zur Verfügung stehen, welche einen
ähnlichen Expertenstatus aufweisen und wie weit andere Datenquellen über die entsprechend
spezifischen Modellvariablen Auskunft geben können. Diesbezüglich teilten zahlreiche
Netzwerkmanager im Rahmen der die Erhebung vorbereitenden Expertengespräche und des
Pre-Tests (vgl. Abschnitt 1.3) zum einen mit, dass ihnen keine anderweitig zugänglichen
Datensätze bekannt seien, welche über die Modellvariablen detailliert Auskunft geben
könnten. Auch auf Basis eigener Recherchen konnten diese nicht identifiziert werden (vgl.
hierzu auch Abschnitt 1.1.3 & 1.1.4 zur generell schwierigen Datenverfügbarkeit in der
Netzwerkforschung).[13] Zum andere gaben sie an, dass viele Netzwerkgeschäfts- oder
-koordinationsstellen nicht mit mehreren Personen besetzt seien und dass die zeitliche
Belastung entsprechend hoch ausfalle.[14] Die begrenzte Anzahl und zeitliche Verfügbarkeit
von auskunftsfähigen Experten macht eine erfolgreiche Datenerhebung bei mehreren Informanten je Netzwerk entsprechend unwahrscheinlich. Der Anteil der Fälle, die auf Grund nur
eines verfügbaren Informanten aus der Analyse ausgeschlossen werden müssten, wäre
entsprechend hoch. Auf Basis dieser Erwägungen ist eine *multi-source-Erhebung* daher nicht
praktikabel. Es erfolgt eine Fokussierung auf ein umfangreiches Erhebungsinstrument,
welches alle relevanten Variablen durch Angaben einer zentralen und auskunftsfähigen
Schlüsselperson erfasst. In der Entwicklung dieses Instruments (vgl. Abschnitt 1.2) werden
dabei möglichst objektivierbare Items genutzt. Im Folgenden wird zunächst die in Zusammenhang mit der hier beschriebenen eingeschränkten Datenverfügbarkeit auftretende
Problematik der Bestimmung einer Erhebungsgrundlage in der quantitativen Netzwerkforschung dargelegt.

1.1.3 Grundgesamtheit und Stichprobe

Das vorliegende Untersuchungsfeld ist geprägt von einer unübersichtlichen und heterogenen
Datenlage über die Zielpopulation. Die wenigen bis dato existierenden quantitativen Studien
beschäftigen sich entweder inhaltlich nicht explizit und für die Beantwortung der vorliegenden Forschungsfragen nicht differenziert genug mit einem theoretisch fundierten und
operationalisierten Innovationsfähigkeitskonstrukt (vgl. Teil II.4.3) oder adressieren keine
technologieorientierten Innovationsnetzwerke.[15] Sie erheben zwar teilweise vergleichbare
Variablen beziehungsweise Merkmale, nicht jedoch bei den hier zu untersuchenden Netzwerken als Merkmalsträger.[16] Für den Zweck dieser Arbeit kann daher nicht auf eine bereits
bestehende Datenmenge zu den Variablen des hier entwickelten Modells zurückgegriffen
werden. Die empirische Basis für das verfolgte Anliegen muss daher durch eine Primärerhe-

---

[12] Vgl. Ernst (2001), S. 93.
[13] Vgl. auch Kumar, Stern & Anderson (1993) zu Nachteilen der Datenintegration in der interorganisationalen Forschung.
[14] Dies zeigt bspw. auch Meier zu Köcker (2008).
[15] Vgl. auch Meier zu Köcker (2008).
[16] Bspw. Sand, Rese & Baier (2010).

bung eigens geschaffen werden.[17] Hierbei kann sowohl eine Total- als auch eine Teilerhe-
bung in Form einer Stichprobe aus der Grundgesamtheit erfolgen.

In der quantitativen Forschung wird i.d.R. von *„Zufallsstichproben oder einer Wahrschein-
lichkeitsauswahl, aber streng genommen nicht von repräsentativen Stichproben"*[18]
gesprochen. Nach Schumann (1999) kann jedoch auch von einer quasi repräsentativen
Stichprobe gesprochen werden, wenn diese ein verkleinertes Abbild der Grundgesamtheit
darstellt.[19] Zwei Aspekte sind dabei von entscheidender Bedeutung. Zum einen ist eine
Kenntnis über die Beschaffenheit der Grundgesamtheit, zum anderen über die des Auswahl-
verfahrens der Stichprobe, d.h. der Methodik der Stichprobenziehung oder
-bestimmung, relevant. Dies schließt eine zentrale Voraussetzung ein: Zur Beurteilung von
Stichproben ist es streng genommen notwendig, dass die Verteilung der für die Studie
relevanten Merkmale in der Grundgesamtheit der Merkmalsträger a priori bekannt ist.[20] Dies
wiederum setzt den Zugriff auf eine vorhandene initiale Totalerhebung voraus, welche die
relevanten Merkmale für die geplante Studie bereits erfasst hat.[21] Theobald (2000) formuliert
das Problem folgendermaßen: *„Will man die Qualität der Stichprobe nun prüfen, also deren
Aussagekraft in Bezug auf die nicht erhobenen Einheiten beurteilen, so wird im Grunde
genau die Information benötigt, die man zu Beginn haben wollte, jedoch nicht ermitteln
konnte. Streng genommen wird damit eine objektive Prüfung der Stichprobenqualität unmög-
lich. Stuart bezeichnet dieses Problem als `zentrales Paradoxon der Stichprobenbildung'."*[22]
Die quantitative Netzwerkforschung stellt in diesem Kontext eine besonders große Herausforderung dar. Während in anderen Forschungsgebieten als Approximation der
Grundgesamtheit und ihrer Merkmale beispielsweise Statistiken von Unternehmensverbän-
den oder Bevölkerungsstatistiken herangezogen werden, existieren diese Datensätze für
Netzwerke nicht. Die Grundgesamtheit bilden prinzipiell alle dem terminologischen Grund-
verständnis entsprechende, technologieorientierte Innovationsnetzwerke (vgl. Teil II.2.2).
Bei Fragestellungen, die sich auf Phänomene der organisationalen Ebene beziehen, besteht
i.d.R. die Möglichkeit zur Bestimmung der Grundgesamtheit über regionale und nationale
Datenbanken und Handelsregistereintragungen. Doch schon auf dieser Ebene weist die
Nutzung solcher Unternehmensdatenbanken bei der empirischen Forschung Probleme,
beispielsweise der systemischen Verzerrung bzgl. der Meldepflicht von Kleinstunternehmen,
auf. Eine solche Pflicht existiert für Netzwerke nur sehr eingeschränkt und insofern, dass sie
durch Inkorporation eine juristische Person bilden. Es kann jedoch nicht davon ausgegangen
werden, dass deutsche Innovationsnetzwerke in der Mehrheit eigene juristische Personen

---

[17] Vgl. Fritz (1995), S. 93.

[18] Diekmann (2000), S. 368 f.

[19] Vgl. Schumann (1999), S. 84.

[20] Vgl. Diekmann (2000), S. 368 f.

[21] Meist wird in der quantitativen (Umfrage)Forschung auf *allgemein charakterisierende (soziodemo-
graphische) Merkmale* zurückgegriffen, von denen die Verteilung in der Bevölkerung oder der
Unternehmenslandschaft bekannt ist. Dies sind beispielsweise Einkommen, Bildungsabschluss beziehungsweise Umsatz, Mitarbeiterzahl oder Branche. Gerade für verhaltensorientierte Fragestellungen in
der sozialwissenschaftlich orientierten Organisationsforschung, und damit auch zu Aspekten im Zuge
der Innovations- und Capability-Forschung bei Netzwerken, sind solcher Merkmale jedoch mitunter
eventuell irrelevant. Als Konvention hat sich jedoch der Rückgriff auf diese leichter zugängigen und
vergleichbaren Daten für die Beschreibung der Grundgesamtheit durchgesetzt.

[22] Theobald (2000), S. 117.

darstellen. Sie haben damit keine Melde- und Registerpflicht bei den regionalen Industrie- und Handelskammern beziehungsweise Handelsregistern.

Aufgrund dieser mangelhaften Datenlage stehen folglich für die Untersuchung von Phänomenen auf Netzwerkebene weder vollständige Verzeichnisse noch bundes- oder landesweite Datenbanken zur Verfügung, die annähernd verlässlich eine Grundgesamtheit der technologieorientierten Innovationsnetzwerke in Deutschland abbilden und einen Zugang ermöglichen könnten. Eine Sammlung aller Netzwerke bleibt daher notwendiger Weise lückenhaft. Sie ist praktisch nicht mit abschließender Sicherheit möglich. Somit muss prinzipiell, das trifft auch für die vorliegende Arbeit zu, von einer unbekannten und nicht mit Gewissheit zu erfassenden Grundgesamtheit in der Netzwerkforschung auf nationaler Ebene ausgegangen werden.[23] Sie ist weder ihrer Größe noch ihrer Zusammensetzung i.S.d. relevanten Merkmale nach bekannt oder bestimmbar.[24] Damit ist die Ziehung einer Stichprobe im statistischen Sinne nicht möglich. Die Schaffung einer Erhebungsgrundlage geschieht daher auf anderem Wege.

1.1.4 Schaffung einer Erhebungsgrundlage

Für die Durchführung des Forschungsvorhabens konnte nicht auf etablierte Adressdatenbanken zurückgegriffen werden, die einen vollständigen oder repräsentativen Datensatz der gesamten Population der Innovationsnetzwerke in Deutschland oder eine abgrenzbare Teilmenge davon darstellen. Daher war eine umfangreiche eigene Recherche notwendig. Die Datenbeschaffung für eine Primärerhebung wurde aus diesem Grund in Anlehnung an Stadlbauer, Wilde & Hess (2007) auf einer breiten Basis von Recherchemethoden und Quellen vorgenommen. Ziel war es, eine möglichst große und anhand von deskriptiven Kriterien (vgl. Teil II.2.2) ausgewählte Population zu erschließen.[25] Als wesentliche Recherchequellen dienten öffentlich zugängliche Webverzeichnisse, Datenbanken, Internetsuchmaschinen, Publikationen und Tagungsverzeichnisse von Bundes- und Landesinitiativen der Netzwerkförderung[26], wissenschaftliche Publikationen der quantitativen

---

[23] Plümper (2008), S. 67f. weist darauf hin, dass im Allgemeinen die genaue Kenntnis über eine Grundgesamtheit in der quantitativ-empirischen Forschung nur in Ausnahmefällen zu beobachten sei. Es könne zwar davon ausgegangen werden, dass die quantitative Forschung eher einem geringeren Samplingbias unterliege als die qualitative Forschung, die analysierten Samples jedoch nie problemlos seien.

[24] Ohnehin gibt bspw. Diekmann (2000) zu bedenken, dass im Forschungsinteresse der Modellentwicklung und des empirischen Modelltests, d.h. *„bei Hypothesentests [...] weniger über Repräsentativität [..], als vielmehr über [...] die Ausschaltung von Störfaktoren"* (S. 368 f.) nachgedacht werden sollte.

[25] Vgl. Stadlbauer, Wilde & Hess (2007).

[26] Die berücksichtigten Programme stellen spezifische Anforderungen an eine Teilnahme beziehungsweise Förderung. Expertenjuries treffen die Auswahl u.a. anhand spezifischer Innovations- und Netzwerkeigenschaftskriterien, die weitgehend mit den Selektionskriterien der vorliegenden Studie identisch sind. Die verfügbaren Adressen der Netzwerke folgender Initiativen beziehungsweise Förderprogramme wurden daher bei der Recherche berücksichtigt: (1.) Alle Bereiche des Programms „Kompetenznetze Deutschland – networking for innovation" Bundesministerium für Wirtschaft und Technologie (2010a); (2.) Die Runden 1–6 der Initiative „Zentrales Innovationsprogramm Mittelstand (ZIM) – Netzwerkprojekte" Bundesministerium für Wirtschaft und Technologie (2010b); (3.) Sämtliche Module und Teilprogramme der Initiative „Unternehmen Region – Die BMBF-Innovations-

Netzwerkforschung sowie persönliche Kontakte und Teilnehmerverzeichnisse von Veranstaltungen zum Netzwerkmanagement und zur Netzwerkförderung.

Folgende Kriterien wurden bei der Recherche genutzt. Sie leiten sich aus dem Verständnis von Innovationsnetzwerken ab (vgl. Teil II.2.2).

- Das Netzwerk verfügt über mindestens vier organisationale Teilnehmer.
- Unter den Teilnehmern sind Unternehmen sowie universitäre und/oder außeruniversitäre Forschungseinrichtungen vertreten, um reine Forschungs- beziehungsweise reine Unternehmensnetzwerke auszuschließen.
- Es existiert eine Geschäftsstelle oder ein Netzwerkkoordinator/Netzwerkmanager als Ansprechpartner mit postalischer Adresse in der Bundesrepublik Deutschland.
- Die Selbstbeschreibung über verfügbare Informationen liefern Hinweise darauf, dass eine Innovationsorientierung des Netzwerks vorhanden ist.

Netzwerke, bei denen diese Angaben nicht eingesehen werden konnten oder auch auf Nachfrage nicht zur Verfügung gestellt wurden, finden keine Berücksichtigung im Rahmen der Erhebung. Einschränkungen bezüglich Branchen- oder Innovationsschwerpunkte, Größe, Alter oder geographischer Verteilung wurden nicht vorgenommen.[27]

Insgesamt konnten durch dieses Vorgehen 774 den Kriterien entsprechende Innovationsnetzwerke mit explizitem Innovationsbezug ausgemacht werden, welche über eine Geschäftsstelle beziehungsweise Anschrift in Deutschland verfügen.[28] Da eine aussagekräftige Stichprobe mangels unbestimmbarer Grundgesamtheit nicht gezogen werden kann, wurde unter den 774 identifizierten Netzwerken eine Vollerhebung durchgeführt. Dadurch wird, im Vergleich zu einer Stichprobenziehung als methodische Selektion im Umfang von n < 774, der größtmögliche Teil der (bekannten) Grundgesamtheit abgebildet. Die Entwicklung des für die Datenerhebung eingesetzten Instruments wird im Folgenden beschrieben.

1.2 Erhebungsinstrument

Die Datenerhebung erfolgt mittels einer standardisierten schriftlichen Befragung von Netzwerkmanagern. Dieses Vorgehen ermöglicht gegenüber mündlichen Interviews eine deutlich größere Fallzahl – ein Netzwerk entspricht einem Fall – mit vergleichbarem Ressourceneinsatz. Neben solchen forschungsökonomischen Erwägungen stehen insbesondere methodische Gründe für die Wahl im Vordergrund. Zum einen ist bei einer schriftlichen Befragung kein direkter und unbemerkter Einfluss der Interviewsituation und des Interviewenden auf den Informanten vorhanden. Durch die standardisierte Erhebungsform ist zudem der netzwerk-

---

initiative für die Neuen Länder" Bundesministerium für Bildung und Forschung (2010); (4.) Alle Runden des Programms „Förderung von innovativen Netzwerken – InnoNet" Bundesministerium für Wirtschaft und Technologie; VDI; VDE; IT (2010).

[27] Es muss angemerkt werden, dass aufgrund des gewählten Recherchevorgehens die überwiegende Mehrheit der Netzwerke über eine eigene Internetpräsenz, die Listung in Verzeichnissen, die über das world wide web zugänglich sind, oder über ebenfalls online zugängliche Berichte oder Projektdokumentationen identifiziert wurden. Auf den zahlreichen vom Autor besuchten Veranstaltungen, Tagungen und Konferenzen wurden im Vergleich hierzu wenige *zusätzliche* Kontakte erzielt, deren Kontaktdaten nicht auch online verfügbar waren.

[28] Dies übertrifft m.W.n. die bis dato größte deutsche Netzwerkstudie zum Thema Innovation, wenn auch mit Fokus auf Personen als individuelle Promotoren, von Sand, Rese & Baier (2010).

übergreifende Datenvergleich mit einer großen Fallzahl und vielen Modellvariablen kombinierbar.[29] Bei der zeitlichen Belastung und gegebenenfalls schwierigen Erreichbarkeit der Informanten besteht des Weiteren der Vorteil, den schriftlichen Fragebogen zeit- und ortsunabhängig auszufüllen, was für eine hohe Rücklaufquote förderlich ist.

Nachteile einer standardisierten schriftlichen Befragung können sich durch ein *Kommunikations- und Repräsentanzproblem* ergeben.[30] Ein Kommunikationsproblem kann entstehen, wenn entscheidende Sachverhalte der Untersuchung nicht verständlich erklärt werden und/oder weil Unklarheiten im Vorgehen der Befragung nicht direkt erörtert werden können. Ein Repräsentanzproblem kann sich zum einen aus einer mangelhaften Antwortzahl, d.h. einer zu geringen nutzbaren Rücklaufquote ergeben, wenn sich die so geschaffene Stichprobe nicht mehr mit der Grundgesamtheit vergleichen lässt. Zum anderen kann es sich aus einem *Identitätsproblem* ergeben, wenn nicht der beabsichtigte Informantenkreis den Fragebogen ausfüllt, sondern Personen, die eventuell nicht über einen ausreichenden Wissensstand über das Netzwerk verfügen.

Auf Grund dieser Problematiken ist der Erfolg einer schriftlichen Befragung unmittelbar abhängig vom eingesetzten Fragebogen. Fowler (1995) stellt zum Thema Relevanz von Fragebogendesigns fest: *„Poor question design is pervasive, and improving question design is one of the easiest, most cost-effective steps that can be taken to improve the quality of the survey data.“*[31] Dies betrifft neben dem Aufbau des Fragebogens (Abschnitt 1.2.1) vor allem die Formulierung der Fragen beziehungsweise Items und der Antwortmöglichkeiten beziehungsweise Skalen (Abschnitt 1.2.2 sowie 1.2.3). Die möglichen Problematiken wurden daher bereits bei der Konstruktion des Erhebungsinstruments durch Interviews und Pre-Test berücksichtigt (vgl. Abschnitt 1.3).

1.2.1 Aufbau des Fragebogens

Ein Anschreiben stellt den ersten Kontakt mit den Befragten her. Seine wesentliche Funktion ist daher die Information der Teilnehmer. Hierzu gehörten bei der vorliegenden Erhebung zum einen die Vorstellung des Verantwortlichen, des Inhalts, Zwecks und der Dauer der Befragung. Ziel war die Schaffung von Motivation und Vertrauen, u.a. durch die Zusicherung der Anonymität, einen Hinweis auf Datenschutz, den Verweis auf einen frankierten Rückumschlag und die Möglichkeit zur Nutzung der Studienergebnisse in Form eines Auswertungsberichts. Der Eindruck einer zeitlichen und finanziellen Belastung der Befragten sollte damit vermieden und der Nutzen für die Teilnehmer aufgezeigt werden.[32] Dem eigentlichen Fragebogen ging eine Erklärung des Vorgehens zum Ausfüllen mit eindeutigen Handlungsanweisungen voraus. Eine umfangreiche und detaillierte Darstellung verhindert Unklarheiten und mindert damit das Kommunikationsproblem schriftlicher Befragungen. Dem wurde durch die Erläuterung des Aufbaus und der einzelnen Fragebereiche des Fragebogens sowie einer mit Beispielen illustrierten Erklärung aller Frage- und Antworttypen mit den entsprechenden Symbolen begegnet.

---

[29] Vgl. Gerpott (1993) S. 284 f.
[30] Vgl. Nötzel (1987), S. 151 f.
[31] Fowler (1995), S. vii.
[32] Vgl. Dillman (2007) zur *Total Design Method*.

Zu Beginn des inhaltlichen Teils eines Fragebogens werden i.d.R. einleitende Fragen ge-nutzt, welche alle Befragten gut und schnell beantworten können. Dieses Vorgehen soll Interesse wecken, kann die Antwortbereitschaft erhöhen und zum Abbau von Hemmungen beitragen. Hier wurden allgemeine Fragen zur persönlichen Einschätzung der Relevanz von Netzwerken in Deutschland gewählt, welche sich zwar auf die Untersuchungseinheit bezie-hen, im eigentlichen Modell der Arbeit jedoch keine Entsprechung finden. Sie haben lediglich eine einstimmende „Eisbrecherfunktion".[33] Die Modellrelevanten Bereiche des Fragebogens wurden jeweils mit einer graphisch abgesetzten Beschreibung und Definition der genutzten Begrifflichkeiten eingeleitet. Hierbei wurde weitestmöglich auf Fachtermini verzichtet, um das Verständnis aller Teilnehmer zu gewährleisten. Daher entstanden teilwei-se leicht vom Modell abweichende Formulierungen der Variablen. Bei den einzelnen Items wurden möglichst einfache, direkte und keine doppelte Negation enthaltende Formulierun-gen gewählt. Die Items jeweils einer Variablen wurden zu Blöcken zusammengefasst und nummeriert. Die Blöcke wurden mit einer eindeutigen Überschrift versehen. Dies erleichtert die Orientierung innerhalb des Fragebogens. Mögliche kritische, sensible Fragen, beispiels-weise zur finanziellen Situation des Netzwerks, finden sich im letzten Drittel des Fragebogens. Dies macht einen Abbruch weniger wahrscheinlich, wenn schon ein Großteil der Fragen beantwortet wurde.[34]

Insgesamt wurde ein möglichst kurzer Fragebogen bei gleichzeitig vollständiger Erfassung aller modellrelevanten Variablen sowie zur Beschreibung der informativen Angaben ange-strebt. Der Fragebogen besteht aus neun Inhaltsseiten sowie einem Deckblatt, einer Erklärungsseite und einem einseitigen Anschreiben. Die Teilnehmer des Pre-Tests (vgl. Abschnitt 2.2.3) gaben den benötigten Zeitaufwand zum ausfüllen mit 15–25 Minuten an. Dies wurde von allen Beteiligten als angemessen bewertet.

1.2.2 Konstruktoperationalisierungen

Die schriftliche Erhebung soll Auskunft über die empirische Tragkraft des theoretisch deduzierten Konzepts der Innovationsfähigkeit geben. Die einzelnen Variablen wurden hierfür bereits spezifiziert (vgl. Teil IV.2.4). Zur empirischen Erfassung ist darauf aufbauend ihre weitere Operationalisierung durch die Formulierung entsprechender Items erforderlich. Diese Items bilden die manifesten Indikatoren zur Messung der latenten Konstrukte. Der Fragebogen soll ihre individuellen Ausprägungen bei den jeweiligen Netzwerken als Merk-malsträger erheben.

Der dem Modell zugrundeliegende theoretische Rahmen bezieht sich in Teilen auf den RV sowie DCV. Beide sind bisher stark konzeptionell geprägt. Moldaschl (2010) sieht eine Schwachstelle darin, dass bislang wenige der Konzepte überhaupt theoretisch fundiert, operationalisiert *und* empirisch gefestigt sind.[35] Falls eine Operationalisierung erfolgt, wird diese häufig nicht veröffentlicht.[36] *„Leider suchen die «kompetenzbasierten» Ansätze auch 25 Jahre nach ihrem Aufkommen weiter nach brauchbaren Indikatoren und Operationalisie-*

---

[33] Mayer (2004), S. 95.
[34] Vgl. ebd.
[35] Vgl. speziell in der Netzwerkforschung Teil II.4.3.
[36] Vgl. Moldaschl (2010).

rungen, eher als dass sie ein halbwegs akzeptiertes Set derselben anbieten könnten. [...] Den Versuch soll man nicht aufgeben."[37] Für die Operationalisierung der hier relevanten Modellvariablen kann daher kaum auf in der Literatur vorhandene und validierte Beispiele zurückgegriffen werden. Existierende Operationalisierungen spiegeln zumeist nicht die im Konzept von Teece (2007) entwickelten Unterklassen und Mikrofundierungen wider.[38] Insbesondere lassen sie sich nicht auf die im Rahmen der Arbeit vorgenommene Konzentration und Interpretierung i.S.v. Facetten der Innovationsfähigkeit beziehen. Es liegen keine für die Erhebung auf Netzwerkebene (interne Makroperspektive) und auf die beabsichtige Zielgruppe der Netzwerkmanager ausgerichteten Operationalisierungen vor. Auch für den noch relativ jungen regelorientierten Ansatz der Institutionellen Reflexivität sind erst in den letzten Jahren einige wenige empirische Arbeiten entstanden.[39] Eine Nutzung des Konzepts in verschiedenen Anwendungsfeldern ist zwar auszumachen.[40] Ein Bezug zu Netzwerken ist bis dato jedoch nicht empirisch expliziert worden.[41] Diesbezüglich mangelt es an quantitativen Operationalisierungsvorschlägen für das Konstrukt, auch hier wiederum insbesondere bezogen auf die Netzwerkebene.

Die entsprechenden Modellvariablen wurden daher in Anlehnung an die Literatur und auf Basis von Expertengesprächen sowie des Pre-Tests (vgl. Abschnitt 1.3) operationalisiert, jedoch zumeist ohne explizite Übernahme von in der Literatur bestehenden Items.[42] Es wurden möglichst auf die Erfassung von objektiven Merkmalen gerichtete Items formuliert. Dies vermindert die Subjektivität der Messung in einem key-informant-Design. Einzelne Items wurden in ihrer Aussagerichtung umgekehrt formuliert. Dies dient der Erfassung eines möglichen 'blinden' Antwortverhaltens der Befragten. Die Angaben zu diesen reverse coded Items sollten sich innerhalb eines Falls deutlich von denen anderer Items des jeweiligen Konstrukts unterscheiden. Entscheidende Grundlage für jede Itemformulierung ist immer die Spezifikationsart seines jeweiligen Modellkonstrukts. Sie bestimmt die inhaltlich-semantische Spannweite der Items, d.h. ob möglichst ähnliche Items formuliert werden müssen (reflektive Spezifikation) oder distinkte Facetten erfasst werden sollen (formative

---

[37] Moldaschl (2009), S. 36 (Hervorh. i.O.) sowie weiter dazu Moldaschl (2007c).

[38] Vgl. bspw. Menguc & Auh (2006); Wu (2006); Desai, Sahu & Sinha (2007); Witt (2008); Liao, Kickul & Ma (2009); Hung et al. (2010); Pavlou & El Sawy (2011) sowie für einen Überblick Mulders & Romme (2007).

[39] Siehe bspw. Manger & Moldaschl (2010); Moldaschl et al. (2011); Schirmer & Tasto (2010); Schirmer, Knödler & Tasto (2012); Schirmer, Tasto & Knödler (2013).

[40] Vgl. Moldaschl (2001) zum theoretischen Bezug von Reflexivität zur externen Managementberatung sowie Knödler, Degen & Benath (2011) zur Anwendung der Konzeption als Instrument des Inhouse Consulting.

[41] Mit Ausnahmen einer qualitativen Studie von Schulz (2005).

[42] Grundsätzlich ist die Übernahme von bestehenden, 'validierten' Operationalisierungen kritisch zu hinterfragen. Eine eigene, durch Konzept- und Theoriesynthese spezifische, d.h. auf den Forschungsgegenstand und die Forschungseinheit bezogene Modellentwicklung definiert die verwendeten Variablen i.d.R. anders, als es bestehende Modelle und damit auch deren Operationalisierungen tun. Denn auch die Spezifikationsart kann sich konzeptionell bedingt unterscheiden, da „*die latente Dimension [..] einen Vorstellungsinhalt [bezeichnet,] [...] der sich daher in unterschiedlichen Konstellationen auf unterschiedliche Weise 'manifestieren' kann. 'Auswahl' der Indikatoren bedeutet dann für eine konkrete empirische Analyse: Heranziehen der für die Untersuchungssituation angemessenen beobachtbaren Sachverhalte.*" Kromrey (1998), S. 181 (Hervorh. i.O.).

Spezifikation) (vgl. Teil IV.2.2). Im Folgenden werden zunächst die Operationalisierungen der reflektiven, daran anschließend die der formativen Konstrukte dargestellt.

Operationalisierung reflektiver Konstrukte

Finanzielle Ressourcen wurden als eindimensionales Konstrukt reflektiv spezifiziert. Die folgenden Items wurden daher mit möglichst großen Überschneidungen formuliert. Alle spiegeln die grundsätzliche finanzielle Ressourcenverfügbarkeit auf Netzwerkebene wider.

Ressourcen des Netzwerks	
FR_1	Dem Netzwerk stehen ausreichend finanzielle Ressourcen zur Verfügung
FR_2	Die Finanzierung des Netzwerks ist momentan sicher
FR_3	Für geplante Netzwerkaktivitäten ist i.d.R. ausreichend Budget vorhanden
FR_4	Das Netzwerk steht auf einer soliden finanziellen Basis
FR_5	Finanzielle Schwierigkeiten schränken die Netzwerkarbeit deutlich ein

Tabelle 8: Items – Finanzielle Ressourcenbasis
Quelle: Eigene Darstellung

Die *Ressourcenspezifität* bezieht sich ausschließlich auf die Art der Ressourcenverwendung. Das Modell der Innovationsfähigkeit sieht finanzielle Ressourcen insbesondere dann als innovationsförderlich, wenn sie für neue Ideen beziehungsweise innovative Projekte eingesetzt werden.

Ressourcenspezifität	
RS_1	Im Netzwerk wird gezielt in innovative Projekte investiert
RS_2	Besonders bei neuen, vielversprechenden Ideen werden im Netzwerk Ressourcen eingesetzt
RS_3	Ein Teil der finanziellen Mittel wird im Netzwerk ausschließlich für innovative Vorhaben ausgegeben

Tabelle 9: Items – Ressourcenspezifität
Quelle: Eigene Darstellung

Die *Wissens- und Kompetenzbasis* der Netzwerkmitglieder stellt konzeptionell einen inhaltlich geschlossenen Bereich dar. Insbesondere auf Basis des RV und des DCV lassen sich basale Kompetenzen i.S. eines Grundstocks an operationalem Know-How und ein grundlegendes Wissen über das jeweilige Geschäftsfeld als intangible Ressourcenbasis herleiten. Meta-Fähigkeiten wie die Innovationsfähigkeit bauen auf ihr auf. Um diese determinierende Modellvariable einheitlich zu erfassen, sollen inhaltlich ähnliche Items die Grundpositionen von Wissen und Kompetenzen der Mitglieder reflektieren.

Wissen & Kompetenzen der Mitglieder	
WK_1	Auf wichtigen Themengebieten sind die Mitglieder kompetent
WK_2	Im Netzwerk existiert ein ausreichender Grundstock an wichtigem Know-How
WK_3	Die Mitglieder zeigen, dass sie über umfassendes und fundiertes Fachwissen verfügen
WK_4	Im Netzwerk sind kompetente Vertreter der für uns relevanten Branche(n) versammelt
WK_5	Die Mitglieder verstehen ihr jeweiliges Geschäft gut

Tabelle 10: Items – Wissen- und Kompetenzbasis
Quelle: Eigene Darstellung

Die *Ressourcenkomplementarität* bezieht sich auf das Wissen und die Kompetenzen der unterschiedlichen Mitglieder. I.S.d. Modells ist diese intangible Ressourcenbasis insbesondere dann innovationsförderlich auf Netzwerkebene, wenn die Mitglieder sich diesbezüglich gegenseitig ergänzen und bereichern. Dies wird mittels der folgenden Items operationalisiert.

Ressourcenkomplementarität	
RK_1	In ihren Kompetenzen ergänzen sich die Mitglieder
RK_2	Bei der Zusammensetzung der Mitglieder im Netzwerk wird/wurde eine sinnvolle Ergänzung der Kompetenzen berücksichtigt
RK_3	Die Mitglieder passen zueinander
RK_4	Die Mitglieder bereichern sich gegenseitig durch Wissen und Erfahrung

Tabelle 11: Items – Ressourcenkomplementarität
Quelle: Eigene Darstellung

Wissensaustauschroutinen sind regelmäßige Kommunikationsmuster der Netzwerkmitglieder untereinander.[43] Sie können sich über persönlichen Austausch, Print- und elektronische Medien sowie regelmäßige Netzwerktreffen und gegenseitige Besuche manifestieren.[44] Die Variable Wissensaustauschroutinen wird mittels folgender Items operationalisiert.

Wissensaustausch im Netzwerk	
WA_1	Die Mitglieder werden ermuntert, intensiv und regelmäßig untereinander zu kommunizieren
WA_2	Gegenseitige Besuche von Mitgliedern untereinander sind gängige Praxis im Netzwerk
WA_3	Die Mitglieder tauschen sich sehr wenig aus
WA_4	Regelmäßige Treffen dienen zum Wissensaustausch der Mitglieder
WA_5	Die Mitglieder haben eine gewisse Routine im Austausch untereinander
WA_6	Regelmäßige Publikationen, Newsletter, Rundbriefe etc. dienen der Wissensverbreitung im Netzwerk
WA_7	Für die Mitglieder ist der regelmäßige Wissensaustausch Normalität

Tabelle 12: Items – Wissensaustauschroutinen
Quelle: Eigene Darstellung

Die *Innovationsstrategie* eines Netzwerks zielt auf die systematische, geplante Generierung von Innovationen als Teil der Netzwerkstrategie. Dies drückt sich u.a. in der Festlegung und Verfolgung strategisch wichtiger Innovationsschwerpunkte sowie der Verankerung von Innovationen als entscheidendes Ziel des Netzwerks aus.[45] Folgende Variablen reflektieren die Innovationsstrategie.

Innovationsstrategie des Netzwerks	
IS_1	Innovationen sind ein wichtiges Ziel des Netzwerks, auf das hingearbeitet wird
IS_2	Innovationsprojekte werden von Mitgliedern gemeinsam geplant
IS_3	Für das Netzwerk sind Innovationen von großer Bedeutung
IS_4	Eine gemeinsame Strategie existiert nicht
IS_5	Für das Netzwerk strategisch wichtige Schwerpunktthemen werden gemeinsam festgelegt
IS_6	Strategische Überlegungen prägen die Innovationsaktivitäten im Netzwerk
IS_7	Es werden gezielt netzwerkweite Innovationsschwerpunktthemen bearbeitet

Tabelle 13: Items – Innovationsstrategie
Quelle: Eigene Darstellung

---

[43] Vgl. Inkpen & Tsang (2005); Bell & Zaheer (2007).
[44] Vgl. Swan et al. (1997); Faraj & Wasko (2001); van Burg, Berends & van Raaji (2008).
[45] Vgl. Cooper, Edgett & Kleinschmidt (1999), S. 343 f.; Ernst (2001), S. 266 ff.; Billing (2003), S. 16.

Die *Kospezialisierung* beschreibt die Spezialisierung der Netzwerkmitglieder mit gegenseitiger Anpassung in Bezug auf die gemeinsamen Innovationsvorhaben. Daher ist ihr eine Prozessperspektive inhärent. Sie wird durch die sich im Zeitverlauf ergänzende Veränderung von Prozessen, Verfahren, Produkt(teilen) etc. reflektiert. Folgende Items geben die Kospezialisierung wieder.

Spezialisierung der Mitglieder	
KS_1	Die Mitglieder entwickeln zueinander passende Arbeitsabläufe
KS_2	Bei der Entwicklung von Prozessen und Verfahren achten die Mitglieder verstärkt auf Synergieeffekte untereinander
KS_3	Die Mitglieder entwickeln Produkte oder Dienstleistungen, die sich ergänzen
KS_4	Die Kompetenzen der Mitglieder ergänzen sich im Laufe der Zeit zunehmend

Tabelle 14: Items – Kospezialisierung
Quelle: Eigene Darstellung

Markt- und Netzwerkinnovationen unterscheiden sich insbesondere in ihrer Bezugsebene. *Extern gerichtete Marktinnovationen* werden auf Basis des relevanten Marktes erfasst. Für Innovationsnetzwerke bilden jeweils ihre bearbeiteten Innovationsschwerpunkte[46] diesen Markt. Innovationen sind die hier erfolgreich eingeführten Neuerungen[47], welche durch folgende Items erfasst werden.

Marktinnovation	
	Gemessen am Wettbewerb in dem/den Innovationsschwerpunkt(en) …
EI_1	… entstehen im Netzwerk Innovationen, mit denen Mitglieder erfolgreich sind
EI_2	… werden aus dem Netzwerk heraus Innovationen von den Mitgliedern erfolgreich vermarktet
EI_3	… werden aus dem Netzwerk heraus beständig Innovationen erfolgreich angeboten
EI_4	… wurden bisher Innovationen aus dem Netzwerk heraus geschaffen

Tabelle 15: Items – Marktinnovationen
Quelle: Eigene Darstellung

Die relevante Bezugsebene *interner Innovationen* ist das jeweilige Netzwerk. Hierbei ist irrelevant, ob Veränderungen grundsätzlich, d.h. objektiv von außen betrachtet als Innovationen verstanden würden. Alle Neuerungen, welche im Rahmen des Netzwerks für die Mitglieder bis dato wenig bekannt waren, gelten als interne Netzwerkinnovation (vgl. Teil II.3.1). Die folgenden Items operationalisieren diese daher mit Bezug zur relativen Perspektive des Netzwerks als erfolgreich eingeführte interne Neuerungen.[48]

---

[46] Innovationsnetzwerke werden u.a. durch technologiebezogene Austausch- und Nutzenbeziehung charakterisiert (vgl. Teil II.2.2). Daher werden nicht einzelne Branchen der Netzwerkmitglieder erhoben. Diese können sich innerhalb eines Netzwerks unterscheiden. Vielmehr werden anwendungstechnologische Innovationsschwerpunkte eines Netzwerks erfasst, da sie das gemeinsame (Austausch)Interesse und den Innovationsraum der Mitglieder darstellen. So kann bspw. die Umwelttechnologie als übergeordnete Beschreibung eines Innovationsschwerpunktes aufgefasst werden, die in verschiedenen Branchen zur Anwendung kommt. In Realiter ist von einer Mischung mehrerer Schwerpunkte auszugehen. Den Befragten wurde daher eine Mehrfachangabe ermöglicht.
[47] Vgl. Vahs & Burmester (2005), S. 44.
[48] Vgl. ebd.

Netzwerkinnovation	
	Seit Gründung des Netzwerks wurden …
II_1	… neue, für die meisten Mitglieder bis dahin wenig bekannte Maßnahmen im Netzwerk etabliert
II_2	… wichtige Neuerungen im Netzwerk erfolgreich umgesetzt
II_3	… neue Serviceangebote für die Netzwerkmitglieder erfolgreich eingeführt
II_4	… veränderte Strukturen im Netzwerk neu etabliert
II_5	… neue Prozesse im Netzwerk erfolgreich eingeführt

Tabelle 16: Items – Netzwerkinnovationen
Quelle: Eigene Darstellung

Operationalisierung formativer Konstrukte

Das Konstrukt der *Institutionalisierten Reflexivität* weist fünf konzeptionell fundierte Dimensionen auf. Dies bedingt eine formative Spezifikation mit inhaltlich und semantisch distinkten Items. Damit kann die gesamte Breite des Konstrukts erfasst werden. Die volle Tiefe der analytischen Konzeption der Institutionellen Reflexivität bei Moldaschl (2006) kann im Rahmen einer standardisierten schriftlichen Erhebung und anschließenden quantitativen Auswertung jedoch nicht abgedeckt werden (vgl. Teil III.3.2). Dies betrifft im Wesentlichen den von Moldaschl vorgeschlagenen dritten Schritt. Dieser Kontextbezug, d.h. wie viel Reflexivität im konkreten Einzelfall sinnvoll ist, kann nur über qualitative Methoden erfasst werden.[49] Eine ex post Interpretation der Kontextangemessenheit wäre jedoch im Zuge der Datenanalyse anhand der Beziehungsstärke der Dimension zum Konstrukt Innovationsfähigkeit möglich. Ein statistisch relevanter Zusammenhang, wie vom Modell angenommen, kann dann als Hinweis auf Angemessenheit gedeutet werden. Der Fokus der folgenden Operationalisierung liegt zunächst auf der Erfassung aller fünf Dimensionen (Schritt 1) sowie der Regelmäßigkeit und aktiven Anwendung potentiell reflexiver Verfahren als Essenz des zweiten Schritts (institutionelle Verankerung). Damit werden alle quantitativ darstellbaren und für die vorliegende Arbeit notwendigen Aspekte der Konzeption abgebildet.

Reflexion im Netzwerk	
IR_1	Im Netzwerk werden Maßnahmen genutzt, mit denen die Netzwerkentwicklung regelmäßig kritisch hinterfragt wird
IR_2	Kritische externe Meinungen zum Netzwerk werden regelmäßig ausgewertet
IR_3	Für die Außendarstellung des Netzwerks werden regelmäßig externe Berichte über das Netzwerk genutzt
IR_4	Es findet regelmäßig eine für die Mitglieder offene Evaluation des Netzwerks statt
IR_5	Für die Netzwerkentwicklungen werden unterschiedliche Szenarien/ Entwicklungsalternativen betrachtet

Tabelle 17: Items – Institutionalisierte Reflexivität
Quelle: Eigene Darstellung

Die Indikatoren für eine *Innovationskultur* stellen unterschiedliche Facetten der Innovationsorientierung im Netzwerk dar.[50] Innovationskultur wird geprägt von der Offenheit gegenüber

---

[49] Moldaschl (2006), S. 24 sieht dies vor allem als „*normative Bewertung von einem Akteursstandpunkt aus*".
[50] Vgl. Pümpin, Kobi & Wüthrich (1985); Walter (2006); Dombrowski et al. (2007).

neuen Ideen[51], Experimentierfreude[52] und Risikobereitschaft[53]. Flexibilität, die aktive Beteiligten an Veränderungen[54] sowie Werte und Normen, welche Innovationen und Ideenträger fördern[55] bilden weitere Facetten. Hierzu gehört auch die Integration unpopulärer Meinungen und abweichender Auffassungen in eine offene Kommunikation.[56] Specht, Beckmann & Amelingmeyer (2002) sehen zudem im innovationsunterstützenden Verhalten des Managements eine Vorbildfunktion, welche die Innovationskultur mit prägt.[57] In Anlehnung an die Literatur werden für die Netzwerkebene folgende Items formuliert, welche zur Bildung einer Innovationskultur beitragen.

Innovationskultur des Netzwerks	
IK_1	Die Geschäftsstelle des Netzwerks setzt Beispiele für innovatives Denken und Handeln
IK_2	Die Mitglieder engagieren sich für Veränderungen im Netzwerk
IK_3	Im Allgemeinen sind die Mitglieder bei Netzwerkaktivitäten experimentierfreudig
IK_4	Für neue Ideen sind die Beteiligten bereit, ein gewissen Maß an Risiko einzugehen
IK_5	Im Netzwerk werden Werte und Normen geteilt, die Innovationen fördern
IK_6	Das Netzwerk ist eher unflexibel und kann sich Veränderungen nur schwer anpassen
IK_7	Ideenträger werden im Großen und Ganzen unterstützt
IK_8	Im Netzwerk werden neue Ideen offen kommuniziert
IK_9	Unpopuläre Meinungen werden zumeist ignoriert

Tabelle 18: Items – Innovationskultur
Quelle: Eigene Darstellung

Wie in Teil IV.2.4 dargestellt, handelt es sich bei der *transformationalen Führung* um einen mehrdimensionalen Ansatz der Führungsforschung.[58] Die vorhandenen quantitativen Erhebungsmethoden mittels Fragebogen sind i.d.R. durch eine hohe Zahl von Indikatoren geprägt.[59] Dies wird oftmals als wenig praktikabel gesehen, wenn die Erfassung des Führungsverhaltens nur eine Variable unter mehreren im Rahmen eines komplexeren Forschungsdesigns darstellt.[60] Carless, Wearing & Mann (2000) haben daher eine Operationalisierung vorgelegt, welche sich auf sieben messbare Verhaltensmerkmale von Führungspersonen stützt: *„These were: (1) Communicates a clear and positive vision of the future, (2) treats staff as individuals, supports and encourages their development, (3) gives encouragement and recognition to staff, (4) fosters trust, involvement and co-operation among team members, (5) encourages thinking about problems in new ways and questions assumptions, (6) is clear about his/her values and practises what he/she preaches, and (7)*

---

[51] Vgl. Kandemir & Hult (2005).
[52] Vgl. Frohmann (1998); Jassawalla & Sashittal (2002).
[53] Vgl. Cameron & Freeman (1991); Ernst (2003); Specht, Beckmann & Amelingmeyer (2002).
[54] Vgl. De Brentani & Kleinschmidt (2004).
[55] Vgl. Cameron & Freeman (1991); Ernst (2003); Wieland (2004); Inkpen & Tsang (2005).
[56] Vgl. Maurer (2010); Vahs & Schmitt (2010).
[57] Vgl. Specht, Beckmann & Amelingmeyer (2002).
[58] Vgl. ebd., S. 197 ff.
[59] Siehe *Leadership Practices Inventory (LPI)* von Kouzes & Posner (1990); *Conger-Kanungo Scale* von Conger & Kanungo (1994); *Multifactor Leadership Questionnaire (MLQ)* von Avolio, Bass & Jung (1995).
[60] Vgl. Carless, Wearing & Mann (2000); Judge & Piccolo (2004); Felfe (2006).

instills pride and respect in others and inspires [..] by being highly competent."[61] Die von den Autoren durchgeführte empirische Prüfung dieser *Global Transformational Leadership Scale (GTL)* erfüllte sämtliche Gütekriterien. Die Befragungsergebnisse weisen zudem hohe Korrelationen zu den Ergebnissen der zeitgleich erhobenen umfangreicheren Fragebögen *LPI* und *MLQ* auf. Die *GDL* bietet damit eine adäquate Möglichkeit, transformationale Führung zu erfassen. Daher werden an die Items der *GDL* angelehnte, spezifisch auf Netzwerke bezogene und an Netzwerkmanager gerichtete Formulierungen gewählt.[62]

Führungsstil im Netzwerk	
	Für wichtige Personen im Netzwerk, z.B. Vorstand, Geschäftsführer, Koordinatoren, Arbeitskreisleiter etc. gilt im Großen und Ganzen, dass sie …
TF_1	… eine klare und positive Sicht der zukünftigen Netzwerkentwicklung vertreten
TF_2	… andere in ihrer Entwicklung im Netzwerk unterstützen
TF_3	… die Leistungen anderer anerkennen
TF_4	… Vertrauen und Kooperation fördern
TF_5	… Annahmen hinterfragen und dadurch zu neuen Problemlösungsansätzen anregen
TF_6	… für Ihre Überzeugungen einstehen und danach handeln
TF_7	… durch ihre Kompetenz andere inspirieren

Tabelle 19: Items – Transformationsorientierung der Netzwerkführung
Quelle: Eigene Darstellung

1.2.3 Skalierung

Die Indikatoren der zentralen latenten Modellkonstrukte werden über eine 6-stufige Rating-Skala abgebildet. Sie bietet den Vorteil, dass eine annähernde Intervallskalierung angenommen werden kann.[63] Die Abstände zwischen den Merkmalsausprägungen werden bei diesem Skalentyp als gleich groß dargestellt, indem sie durch äquidistante Zahlen abgebildet werden.[64] Die Rating-Skala hat sich in der sozialwissenschaftlich geprägten empirischen Forschung als akzeptiertes Verfahren durchgesetzt, da sie den Einsatz eines für die Befragungsteilnehmer gut verständlichen Erhebungsinstrumentes ermöglicht und die damit gewonnenen Daten dennoch parametrischen Tests zur Modellbeurteilung zugänglich sind.[65]
Um die kausalanalytischen Annahmen der Modellvariablen trotz einer diskreten Messung nicht zu verletzen, werden mindestens fünf Skalenpunkte empfohlen.[66] Die hier verwendete 6er-Abstufung bietet zum einen für die spätere Datenanalyse hinreichende Differenzierungsmöglichkeiten der Antworten.[67] Gleichzeitig ermöglicht sie eine ausreichende Diskriminierungsmöglichkeit durch die Befragten, da die Antwortmöglichkeiten nicht zu eng beieinander liegen.[68] Dies wurde ebenfalls im Rahmen des Pre-Tests bestätigt (vgl. Abschnitt

---

[61] Carless, Wearing & Mann (2000), S. 393.
[62] Die Formulierung fand durch Vor- und Rückübersetzung und Diskussion im Expertenkreis statt; vgl. bspw. Harkness (2003).
[63] Eine umfassende Diskussion von Rating-Skalen findet sich bei Bortz & Döring (2006), S. 175 ff.
[64] Vgl. Bortz (2005), S. 19 ff.
[65] Vgl. Mayer (2004), S. 80 ff.; Bortz & Döring (2006), S. 180 f.
[66] Vgl. Bagozzi (1981a), S. 380.
[67] Vgl. Bagozzi (1981), S. 200.
[68] Vgl. Bagozzi (1994), S. 14.

1.3). Insbesondere verhindert eine gerade Anzahl von Antwortmöglichkeiten eine Tendenz zur Mitte, da keine neutrale Mitte gewählt werden kann.[69]
Die Formulierung kombiniert laufende nummerische Marken von 0 bis 5 und verbale Marken der Endpunkte. Für die Bewertung der sechs Dimensionen der Innovationsfähigkeit wurde eine einheitliche Formulierung von *trifft überhaupt nicht zu [0]* bis *trifft voll und ganz zu [5]* gewählt. Für die Erfassung des Ausmaßes an internen und externen Innovationen wurde die Markierung mit *gar keine [0]* bis *außerordentlich viel [5]* entsprechend angepasst. Dies verhindert zum einen die Konnotation mit Schulnoten (sehr gut [1] bis ungenügend [6]). Zum anderen drückt die 0 einen tatsächlichen Nullpunkt i.S.v. nicht vorhanden aus.
Für Variablen, welche keine theoretisch deduzierten latenten Konstrukte darstellen und deren Erfassung daher jeweils über ein einzelnes Item erfolgt, wurden zumeist Nominal- und Ordinalskalen verwendet. Hierdurch lassen sich die Antwortenden beziehungsweise die Fälle in Klassen unterteilen, beispielsweise die Kooperationsrichtung innerhalb des Netzwerks oder die geografische Verteilung der Netzwerkmitglieder. Diese Variablen dienen vor allem der Darstellung der erzielten Datengrundlage (Teil VI.1).

1.3   Erhebungsprozess

Experteninterviews

Eine erste Datenerhebung fand während der Modellentwicklung und zur Vorbereitung der Fragebogenentwicklung in Form von insgesamt acht halb-strukturierten Interviews mit Netzwerkmanagern statt.[70] Diese dienten zum einen der ersten Erfassung von möglichen Variablen sowie deren Facetten, welche aus Sicht dieser Experten zur Innovationsfähigkeit beitragen. Hierfür wurden den Gesprächsteilnehmern leitfadengestützte Fragen zu den Modellannahmen gestellt. Insgesamt zeigte sich, dass die sechs zentralen Facetten und Grundlagen der Innovationsfähigkeit durch den theoretisch konzeptionellen Rahmen fundiert und mittels des deduzierten Modells dargestellt werden können. Einzelne Hinweise auf weitere beeinflussende Variablen wie die Managementerfahrung des Netzwerkmanagers und der Anteil wissenschaftlicher Forschungsinstitute am Netzwerk wurden durch die Gespräche ergänzt. Im Zuge der Interviews konnten zum anderen Hinweise für die Operationalisierung der latenten Konstrukte für den ersten Fragebogenentwurf gewonnen werden.

Pre-Test

Die Entwicklung des Fragebogens erfolgte in einem mehrstufigen Prozess. Der Pre-Test nimmt hierbei eine qualitätssichernde Funktion ein. Ziel ist es, das Modell und die Operationalisierungen der Modellkonstrukte einer weiteren inhaltlichen und ersten statistischen Vorprüfung zu unterziehen. Auf Basis des theoretisch deduzierten Modells und Hypothesensystems sowie den durchgeführten Interviews wurde ein Fragebogenentwurf entwickelt. Dieser wurde in einem ersten Schritt innerhalb des Lehrstuhlteams auf sprachliche Verständlichkeit und Erscheinungsbild geprüft. In einem weiteren Schritt wurden aus den 774 ermittelten Netzwerken per Zufallsstichprobe 20 ausgewählt und telefonisch kontaktiert. 18

---

[69] Vgl. Bortz & Döring (2006), S. 179 ff.
[70] Vgl. Bagozzi (1994), S. 14.

erklärten sich zum Ausfüllen des Fragebogens und für ein anschließendes Gespräch bereit. Der Fragebogen wurde mit der Bitte verschickt, Anmerkungen über Verständnisschwierig-keiten, fehlende Variablen, das Interesse am Thema und den Eindruck des Fragebogens sowie mögliche Einwände und Hindernisse für eine Befragung schriftlich festzuhalten. Bei 16 retournierten Fragebögen konnten die Daten von 15 für eine erste statistische Prüfung der Modellkonstrukte genutzt. Die Gespräche zeigten, dass die Teilnehmer des Pre-Tests kaum Verständnisschwierigkeiten hatten sowie keinen Änderungsbedarf hinsichtlich des Umfangs der Variablen oder der Art ihrer Erfassung sahen. Da das Interesse an der Befragung und am Thema durchweg als hoch angegeben wurde, stuften die Probanden den zeitlichen Aufwand – zwischen 15 und 25 Minuten – als angemessen ein. Auf Basis der ersten statistischen Konstruktprüfung und den Gesprächen wurde bei einigen Items die Formulierung präzisiert. Bei reflektiv spezifizierten Variablen wurden einzelne Items entfernt, wenn die Gütekriterien der Messung nicht zufriedenstellend waren.[71]

Haupterhebung

Im Rahmen der Haupterhebung wurde den in der Literatur zahlreich vorhandenen Empfeh-lungen zur Erhöhung der Rücklaufquote postalischer Befragungen gefolgt.[72] Da anderes als im Pre-Test kein telefonischer Erstkontakt möglich war, wurde der finale Fragebogen mit einem personalisierten und eigenhändig unterschriebenen Anschreiben zu Händen der Netzwerkmanager verschickt. Dieses beinhaltete die Vorstellung des Forschungsprojekts, des Verantwortlichen und des Lehrstuhls, an dem die Befragung organisatorisch verankert war. Es gab Auskunft über Inhalt, Zweck und Dauer der Befragung. Des Weiteren wurde den Befragten Anonymität zugesichert und auf die Möglichkeit zur Nutzung der Studienergeb-nisse verwiesen. Auf die sonst mitunter Befragungen beigefügten Incentives wurde zu Gunsten eins frankierten Rückumschlags verzichtet. Dieser verhindert zum einen eine finanzielle Belastung der Befragten. Insbesondere ermöglicht er jedoch das ortsunabhängige Ausfüllen und Retournieren des Fragebogens.

Der Fragebogen wurde an 774 Netzwerke beziehungsweise Netzwerkmanager mit der Bitte, innerhalb von drei Wochen zu antworten, versandt. Zu Beginn der vierten Woche wurden alle Netzwerke nochmals zur Erinnerung kontaktiert. Dieser Email war erneut der Fragebo-gen zum Ausdrucken beigefügt. Der gesamte Befragungszeitraum belief sich damit auf sechs Wochen. Während der gesamten Zeit stand der Autor den Teilnehmern für Rückfragen zur Verfügung. Die Darstellung der in der Haupterhebung erzielten Datenbasis erfolgt in Teil VI der Arbeit als Grundlage der Datenauswertung und Ergebnisanalyse. Methodische Aspekte dieser Auswertung werden in den folgenden Abschnitten dargestellt.

---

[71] Zur Anwendung kamen Cronbach's Alpha, KMO sowie eine einfaktorielle EFA; vgl. Ringle (2004), S. 23. Siehe Feld, Woodruff & Salih (1987) bzgl. Cronbach's Alpha bei kleinem Stichprobenumfang.
[72] Vgl. bspw. Bortz & Döring (2006), S. 257 f.; Dillman (2007), S. 158 ff.

2 Methodische Aspekte der Datenanalyse

2.1 Der Partial-Least-Squares-Ansatz zur Analyse komplexer Strukturgleichungsmodelle

Die Analyse von Strukturgleichungsmodellen (SEM) bietet eine Möglichkeit, komplexe kausalanalytische Modellzusammenhänge mit mehreren exogenen und endogenen Variablen zu untersuchen. Im Fokus stehen vermutete Wirkungsbeziehungen zwischen latenten Variablen. Dies sind theoretisch deduzierte, hypothetische Konstrukte, die nicht mit einem einzelnen Wert messbar und nicht direkt beobachtbar sind (vgl. Teil IV.2). In der vorliegenden Arbeit sind dies u.a. die Dimensionen der Innovationsfähigkeit und ihre Beziehungen zu finanziellen Ressourcen, Wissen und Kompetenzen sowie zu Innovationen. Homburg & Hildebrandt (1998) führen zu SEM an: „*Aussagen kausalanalytischer Modelltests sind im Allgemeinen die Varianzen und Kovarianzen experimenteller oder nichtexperimenteller Daten, mit denen eine theoretische Struktur, formalisiert als lineares Gleichungssystem, getestet wird. [...] Charakteristisch für die Kausalanalyse ist, dass der methodische Ansatz erlaubt, explizit zwischen beobachteten und theoretischen Variablen zu trennen [...] und vermutete kausale Beziehungsstrukturen auf der Ebene theoretischer Variablen zu testen.*"[73]

Dies unterscheidet die Strukturgleichungsmodellanalyse von multivariaten Methoden der ersten Generation.[74] Bei komplexen Modellen mit zahlreichen latenten Variablen bieten sich insbesondere SEM als zweite Generation multivariater Analysetechniken an. Hierfür stehen mit kovarianzbasierten (beispielsweise mittels AMOS oder LISREL)[75] sowie varianzbasierten (mittels PLS)[76] Analyseverfahren zwei Alternativen zur Verfügung.[77] Dabei sind die zugrundeliegenden formalen Überlegungen zum Strukturgleichungsmodell vergleichbar. Sie unterscheiden sich jedoch im Erklärungsziel, den statistischen Verteilungsannahmen der Datenmatrix und der Datenaggregation, was Unterschiede in der angewandten Schätzmethode sowie den damit möglichen Ansätzen der Modellbeurteilung bewirkt.

Kovarianzbasierte SEM (CBSEM) nutzen die Kovarianzmatrix des empirischen Datensatzes zur Schätzung eines Modells. Dabei wird zu einer Wolke aus Datenpunkten eine Kurve gesucht. Mit der Nutzung der Kleinsten-Quadrate-Methode (ordinary least squares) versuchen CBSEM die Parameter dieser Kurve so zu bestimmen, dass die Summe der quadratischen Abweichungen der Kurve von allen gemessenen Werten (Residuen) insgesamt minimiert wird. Ziel ist es, dass die mit einem Modell abgebildeten Daten (theoretische Kovarianzmatrix) möglichst mit den vorhandenen Daten (empirische Kovarianzmatrix) übereinstimmt. Diese Übereinstimmung drückt sich in einem geringen Chi-Quadrat-Wert

---

[73] Homburg & Hildebrandt (1998), S. 17.

[74] Beispielsweise lineare Regressionsanalysen, Faktoranalysen, LOGIT, ANOVA und MANOVA.

[75] Die Grundlagen des LInear Struktural RELation - Modellings gehen vor allem auf Jöreskog (1970) zurück. Das Verfahren ist mittlerweile in vielen Standardsoftwarepaketen zur statistischen Analyse enthalten, beispielsweise LISREL und AMOS, z.T. auch implementiert in IBM SPSS/PASW.

[76] Die PLS-Analyse geht auf Wold (1966) zurück. Grundlagen sowie einen Überblick zu Anwendungsgebieten bieten beispielsweise Bliemel et al. (2005) sowie Esposito Vinzi et al. (2010).

[77] Vgl. Gefen, Straub & Boudreau (2000).

aus, der Grundlage für die Fit-Indizes ist. Damit betonen CBSEM den globalen Modellfit (GoF), beziehungsweise stellen die Gütebeurteilung des Gesamtmodells in das Zentrum der Analyse. Sie eignen sich daher insbesondere zum Prüfen reifer, differenzierter Theorien und umfassend begründeter und in Einzelteilen bereits getesteter Modellannahmen im fortgeschrittenen Stadium eher konfirmatorischer, deduktiv ausgerichteter Forschungsansätze.[78] I.d.R. ist die Prüfung einer Theorie explizites Forschungsziel.[79] Hierfür stellen CBSEM erhebliche Anforderungen an die Beschaffenheit des Datenmaterials. Zum einen setzt das i.d.R. als Schätzalgorithmus verwendete Maximum-Likelihood-Prinzip eine Normalverteilung der Indikatorvariablen voraus.[80] Zudem wird eine im Vergleich zu varianzbasierten Verfahren große Stichprobe für die korrekte Schätzung der Gütemaße verlangt.[81] Vor allem jedoch ist die gleichzeitige Verwendung formativer und reflektiver Konstrukte in CBSEM nur unter engen Restriktionen sinnvoll.[82]

Varianzbasierte Pfadmodellierung hingegen fokussiert mit dem Prinzip der Partiellen-Kleinste-Quadrate (PLS) auf die möglichst optimale Reproduktion der Rohdatenmatrix selber.[83] Ziel ist weniger die Analyse globaler Modellgüte sondern die Schätzung endogener Variablen im Modell, deren Veränderung abhängig von exogenen Modellvariablen erklärt wird. Dies erfolgt durch Maximierung der jeweils erklärten Varianz der endogenen Variablen (R^2) (vgl. Abschnitt 2.3). Der Ansatz fokussiert stärker auf die einzelnen Teile eines Modells und bietet damit die Möglichkeit, wesentliche Einflussfaktoren auf die endogenen Variablen Innovationsfähigkeit und Innovationen zu identifizieren sowie die Stärke der jeweiligen Beziehung zu schätzen, selbst wenn für diese neben theoretisch-konzeptionellen Annahmen nur sachlogische Überlegungen existieren, d.h. die Theorie noch nicht im Reifestadium angelangt ist.[84]

Auch für das Erkenntnisinteresse der vorliegenden Arbeit konnte nur in relativ geringem Umfang auf existierende Forschungsbeiträge mit theoretisch fundierten und zugleich operationalisierten und empirisch erfassten Konstrukten zurückgegriffen werden. Teil II.4 verdeutlicht die bislang existierenden Forschungslücken diesbezüglich. Daher wurde ein auf der Diskussion um dynamische Fähigkeiten sowie dem Relational View aufbauender, um regelorientierte Reflexivität ergänzter, theoretisch-konzeptioneller Rahmen entwickelt. Das darauf basierende Modell der Innovationsfähigkeit von Netzwerken kann folglich kaum auf etablierte Konstrukte, Skalen oder gesicherte Zusammenhänge, insbesondere bezogen auf die Forschungseinheit Innovationsnetzwerke, verweisen.

Das varianzbasierte Verfahren der PLS eignet sich insbesondere für die Prüfung solcher Modellannahmen im frühen Forschungsstadium.[85] Es ist deutlich weniger restriktiv bezüglich der Datenbeschaffenheit als CBSEM.[86] So ist eine Multinormalverteilung der

---

[78] Vgl. Chin (1998a), S. 331 f.
[79] Vgl. Gefen, Straub & Boudreau (2000).
[80] Vgl. Hulland, Chow & Lam (1996).
[81] Vgl. Fassott (2005), S. 28.
[82] Vgl. beispielsweise Albers & Hildebrandt (2006) zur Schwäche von LISREL bei formativ spezifizierten Modellen.
[83] Vgl. Fassott (2005), S. 26.
[84] Vgl. Chin (1998a), S. 332.
[85] Vgl. Barroso, Carrión & Roldán (2010).
[86] Vgl. Chin (1998a), S. 332 f.

Indikatorvariablen nicht erforderlich. Dies ist vor dem Hintergrund der bisher unbekannten Grundgesamtheit, bei der nicht davon ausgegangen werden kann, dass sie überhaupt einer Normalverteilung folgt, entscheidend. Des Weiteren ist der notwendige Stichprobenumfang i.d.R. kleiner. Insbesondere jedoch ist die inhaltlich differenzierte Betrachtung des Innovationsfähigkeitskonstrukts von besonderem Interesse in dieser Arbeit. Ziel ist die Bestimmung der jeweiligen Beziehungen von Faktoren beziehungsweise Dimensionen in diesem Konstrukt. Der Fokus liegt auf der Analyse von Prädiktoren und der möglichen Varianzaufklärung dieser endogenen Variablen. Bei einer solchen *„Prognose der relativen Höhe eines Parameters [...] ist die Anwendung von PLS von Vorteil"*.[87] Auf Basis dieser Überlegungen wird für die Analyse des SEM das Verfahren der PLS unter Anwendung des Programms SmartPLS 2.0 genutzt.[88]

2.2   Beurteilung von Messmodellen

Messmodelle sind die Grundlage zur Beantwortung empirischer Forschungsfragen mittels SEM. Sie stellen eine Möglichkeit dar, mit quantitativen Methoden aus komplexen theoretischen Modellen einen empirisch fundierten Erkenntnisgewinn zu suchen. Messmodelle versuchen, mittels beobachtbarer beziehungsweise empirisch erfassbarer, manifester Indikatoren die nicht beobachtbaren und nicht direkt messbaren, latenten Variablen darzustellen (vgl. Teil IV.2). Die vorliegende Untersuchung zielt mit der dritten Forschungsfrage auf die empirische Analyse eines aus der Theorie deduzierten Konstrukts der Innovationsfähigkeit und dem dazugehörigen Hypothesensystem ab. Um eine statistische Aussagekraft entwickeln zu können, muss die Messung der Daten Gütekriterien gerecht werden. Diese unterscheiden sich je nach Spezifikationsart der latenten Modellkonstrukte.[89]

2.2.1   Gütekriterien reflektiver Messmodelle

Die Qualität einer reflektiven Messung eines theoretischen Konstrukts durch manifeste Indikatoren wird zum einen durch die Reliabilität, zum anderen durch die Validität bestimmt. Die Reliabilität drückt die Zuverlässigkeit der Messung aus, d.h. sie stellt ein Maß für die formale Genauigkeit beziehungsweise Verlässlichkeit einer wissenschaftlichen Messung dar. Sie wird definiert als derjenige Anteil an der Varianz, der durch tatsächliche Unterschiede und nicht durch zufällige Messfehler erklärt werden kann. Der zufällige Fehler umfasst alle Aspekte, welche ohne erkennbare Systematik die Messergebnisse eines Konstrukts beeinträchtigen.[90] Gütemaße für die Reliabilität schätzen daher die systemische Varianz einer Messung. Die Reliabilität einer reflektiven Messung wird als hoch bezeichnet, wenn ein wesentlicher Anteil der aufgetretenen Varianz in den Indikatorausprägungen durch die Assoziation mit einem einzelnen Faktor erklärt wird.

---

[87] Huber, Fischer & Herrmann (2010), S. 13.
[88] Vgl. Ringle, Wende & Will (2005).
[89] Vgl. Ringle, Sarstedt & Straub (2012) für einen Überblick zur Verwendung von Gütekriterien in PLS-basierten Studien.
[90] Vgl. Götz & Liehr-Gobbers (2004), S. 12.

Validität bezieht sich auf die Gültigkeit beziehungsweise Belastbarkeit von wissenschaftlichen Annahmen. Im Falle reflektiver Messmodelle sind dies vor allem die Annahmen von Korrespondenzregeln in der Beziehung von einem latenten Konstrukt zu seinen manifesten Indikatoren, die es in der Beobachtungssprache in Form von Items abbilden sollen (vgl. Teil IV.2 sowie Abschnitt 1.2.2). Als valide wird ein Messmodell bezeichnet, wenn es über die Indikatoren das misst, was es von der theoretischen Herleitung messen soll. Die Validität ist damit Ausdruck des Ausmaßes konzeptioneller Richtigkeit eines Messmodells. In der Literatur werden unterschiedliche Facetten des Validitätsbegriffs diskutiert. Homburg & Giering (1996) unterscheiden bei komplexen Konstrukten im Rahmen von SEM Konvergenz-, Diskriminanz-, Inhalts- und nomologische Validität.[91]

1. Die Konvergenzvalidität bezeichnet das Ausmaß der Übereinstimmung von zwei oder mehr Messungen bei einem theoretischen Konstrukt. Dieses Ausmaß ist bei reflektiven Messmodellen daher als die Beziehung aller einer latenten Variablen zugeordneten Indikatoren definiert.[92] Das Kriterium der Konvergenzvalidität fordert für eine ausreichend starke Beziehung, dass die Indikatoren homogen und möglichst hoch untereinander korreliert sind.

2. Die Diskriminanzvalidität ist Ausdruck des Ausmaßes, in dem sich die Messungen verschiedener Konstrukte in einem komplexen Modell unterscheiden.[93] Dies bedeutet, dass ein Konstrukt mit den eigenen Indikatoren mehr Varianz teilen sollte, als mit anderen Konstrukten.[94] Der Zusammenhang von Indikatoren eines Konstrukts muss größer sein, als der Zusammenhang mit einem anderen Konstrukt.[95] Die Indikatoren unterschiedlicher theoretischer Konstrukte in einem komplexen Modell sollen folglich eine möglichst geringe gemeinsame Varianz aufweisen.

3. Die Inhaltsvalidität stellt den Grad der inhaltlich-semantischen Zugehörigkeit von Indikatoren zu einem Konstrukt dar. Carmines & Zeller R. (1979) führen hierzu aus „…content validity depends on the extent to which an empirical measurement reflects a specific domain of content."[96] Die Indikatoren müssen die theoretisch vom Konstrukt geforderten Bedeutungsinhalte abbilden.

4. Die nomologische Validität bezeichnet das Ausmaß, in welchem die theoretisch postulierten Beziehungen eines latenten Konstrukts mit andern Konstrukten in dem entworfenen Modell (allg. die Hypothesen beziehungsweise das Hypothesensystem eines Modells) empirisch aufgezeigt werden können.[97] Diese Verbindungen werden auch als nomologisches Netz bezeichnet. Die Untersuchung der nomologischen Validität benötigt daher die Integration des jeweils interessierenden Konstrukts in einen umfassenden Theorierahmen und ein darauf aufbauendes Modell.[98] Hier wird die Betrachtungsebene des einzelnen Konstrukts somit verlassen und die Analyse

---

[91] Vgl. Homburg & Giering (1996), S. 7 f.
[92] Vgl. Bagozzi & Phillips (1982), S. 468 f.
[93] Vgl. ebd., S. 469.
[94] Vgl. Fornell & Larcker (1981).
[95] Vgl. Peter (1981), S. 137.
[96] Carmines & Zeller R. (1979), S. 20.
[97] Vgl. Peter (1981), S. 135.
[98] Vgl. Hildebrandt (1984), S. 44.

des nomologischen Netzes kann bereits zur Beurteilung des Strukturgleichungsmodells herangezogen werden (vgl. Abschnitt 2.3).

Zur Prüfung von Reliabilität und Validität von Messmodellen werden in der Literatur verschiedene Gütekriterien diskutiert. In Anlehnung an Homburg (1998) kann zwischen zwei Gruppen unterschieden werden.[99] Die Reliabilitäts- und Validitätskriterien der ersten Generation wurden in den 50er Jahren vor allem in der Psychometrie entwickelt. Hierzu zählen *Cronbachs Alpha, die Item-to-Total-Korrelation* sowie die *exploratorische Faktorenanalyse*.[100] Die jüngeren Kriterien der zweiten Generation entstammen hauptsächlich der konfirmatorischen Faktorenanalyse.[101] Hierzu zählen die *Indikatorreliabilität, die Faktorreliabilität, die durchschnittlich erfasst Varianz (DEV)* sowie das *Fornell-Larcker-Kriterium*. Bei mehreren reflektiv spezifizierten Messmodellen in einem Strukturmodell sollte außerdem das Ausmaß an *Kreuzladungen* geprüft werden.[102] Die zweite Generation wird als deutlich leistungsstärkere Prüfung betrachtet.[103] Gerade die erste Generation von Kriterien ist jedoch weit verbreitet und soll daher hier zunächst dargestellt werden. Im Anschluss werden die Kriterien der zweiten Generation erläutert. Zusammen bilden sie die Grundlage der reflektiven Messmodellprüfung anhand empirisch erhobener Daten in Teil VI.2 der Arbeit.

1.a   Reliabilitätskriterien der ersten Generation

- *Cronbachs Alpha* stellt das wohl am häufigsten verwendete Reliabilitätskriterium dar und wird oft verkürz als Alpha bezeichnet.[104] Mit diesem „*index of Common-Factor Concentration*"[105] kann die Reliabilität einer zusammengehörigen Gruppe von manifesten Indikatoren eines latenten Konstrukts (d.h. das einzelne Messmodell) gemessen werden.[106] Formal ist das Cronbachs Alpha wie folgt zu beschreiben:

$$\alpha = \frac{K}{K-1}\left(1 - \frac{\sum_{i=1}^{K} \sigma_i^2}{\sigma_t^2}\right)$$

K = Anzahl der Indikatoren, die einem Faktor zugeordnet sind
σ_i^2 = Varianz der Ausprägungen des i-ten Indikators
σ_t^2 = Varianz der Summe der Ausprägungen aller Faktorindikatoren

---

[99] Vgl. Homburg (1998), S. 72.

[100] Vgl. hierzu vor allem Cronbach (1951); Campbell & Fiske (1959); Campbell (1960).

[101] Siehe insbesondere Jöreskog (1967; 1969).

[102] Vgl. Chin (1998a), S. 320.

[103] Vgl. beispielsweise Homburg & Giering (1996), S. 8.

[104] Vgl. die Meta-Analyse zur Verwendung von Cronbachs Alpha von Peterson (1994).

[105] Cronbach (1951), S. 331.

[106] Vgl. Cronbach (1951), S. 297 ff.; Carmines & Zeller R. (1979), S. 44 f.; Churchill (1979), S. 68 f.

Das so berechnete α stellt den Mittelwert aller Korrelationen dar, welche sich ergeben, wenn die Indikatoren eines Konstrukts auf jede mögliche Art geteilt werden
und anschließend die Summen der jeweilig resultierenden Indikatorenhälften mitei-
nander korreliert werden.[107] Cronbachs Alpha stellt damit ein Maß für die interne
Konsistenz der Indikatoren eines Konstrukts dar. Es kann einen Wert zwischen 0
und 1 annehmen. Dabei sind hohe Werte ein Zeichen für hohe Reliabilität. Dieser
Wert hängt wesentlich von der Stärke der Beziehungen zwischen den Indikatoren
selbst ab.[108] Als akzeptabler Richtwert wird ein $\alpha \geq 0{,}7$ angesehen.[109] Dieser Empfehlung wird auch im Verlauf der weiteren Analyse gefolgt.

- Die *Item-to-Total-Korrelation (ITC)* misst die Korrelation der jeweiligen Ausprägungen einzelner Indikatoren mit der Summe der Ausprägungen aller einem
Konstrukt zugeordneten Indikatoren. Je höher diese Korrelation eines Indikators
ausfällt, desto höher ist die Reliabilität. *„Compared to items with relatively low correlations with total scores, those that have higher correlations with total scores
have more variance relating to the common factor among the items, and they add
more to the test reliability."*[110] Hierdurch ist es möglich, eine Rangfolge der in einem Messmodell eingesetzten Indikatoren entsprechend ihrem jeweiligen ITC-Wert
zu bilden. Dies kann im Falle eines als zu niedrig erachteten Cronbachs Alpha zur
Verbesserung des Messmodells von Nutzten sein. Churchill (1979) empfiehlt dann,
denjenigen Indikator mit dem geringsten ITC-Wert sukzessive zu eliminieren, um
die gesamte Reliabilität des Messmodells zu erhöhen.[111] Dies ist möglich, da bei
reflektiven Messmodellen die Indikatoren austauschbar sind und die Entfernung
einzelner Indikatoren keine Auswirkung auf die inhaltliche Breite des Konstrukts
hat (vgl. Teil IV.2.1).[112]

1.b   Validitätskriterien der ersten Generation

Einem reflektiven Messmodell liegt die Annahme zugrunde, dass ein latentes Konstrukt über manifeste Indikatoren abgebildet und messbar gemacht werden kann.
Bei mehreren, inhaltlich verschiedenen Konstrukten sollten ihre jeweiligen Indikatoren ebenfalls unterschiedlich sein. Mittels der *exploratorischen Faktorenanalyse
(EFA)* wird eine Gruppe von Indikatoren ohne vorherige Annahmen daraufhin untersucht, ob sie etwas Gemeinsames oder Unterschiedliches erfassen. Die EFA
macht daher keine Annahmen über die Zuordnung von Indikatoren zu möglichen
zugrundeliegenden Faktoren oder über ihre Anzahl. Die exploratorische Faktorenanalyse kann sowohl nur für ein theoretisches Konstrukt und dessen Messmodell als
auch für mehrere Konstrukte simultan durchgeführt werden.

---

[107] Vgl. Homburg & Giering (1996), S. 8.
[108] Vgl. Homburg & Giering (1996), S. 22.
[109] Meist wird dabei auf die Arbeit von Nunnally & Bernstein (1994), S. 245 verwiesen.
[110] Nunnally (1978), S. 279.
[111] Vgl. Churchill (1979), S. 68.
[112] Vgl. Bollen & Lennox (1991), S. 308; Jarvis, MacKenzie & Podsakoff (2003), S. 200.

- Bei der Anwendung für ein einzelnes Messmodell *(einfaktorielle EFA)* sollte im Hinblick auf die *Konvergenzvalidität* möglichst nur ein einzelner Faktor mit einem Eigenwert > 1 extrahiert werden[113], da reflektive Indikatoren alle nur ein Konstrukt abbilden sollen. Dieser extrahierte Faktor soll mindestens 50% der Varianz der Indikatoren erklären können. Die jeweiligen Faktorladungen[114] sollten mindesten den Wert 0,4 aufweisen.[115] Auch hierbei kann, für den Fall, dass die erkläre Varianz unter 50% liegt, eine Eliminierung des Indikators mit der geringsten Ladung von Nutzen sein, um die Validität des Messmodells zu erhöhen.

- Werden mehrere reflektiv operationalisierte Konstrukte simultan im Zuge einer *mehrfaktoriellen EFA* betrachtet, so erfolgt ein Test sowohl auf *Konvergenz- als auch Diskriminanzvalidität.* Wenn sich die Indikatoren jeweils eines theoretisch postulierten Konstrukts ohne vorherige Festlegung jeweils einem von mehreren extrahierten Faktoren zuordnen lassen, ist dies ein Zeichen, dass sie sich empirisch tatsächlich auf unterschiedliche Phänomene beziehen. Die jeweiligen Faktoren können dann im Sinne der theoretischen Konstrukte interpretiert werden.[116] Dafür müssen die einem Konstrukt beziehungsweise einem erkannten Faktor zugeordneten Indikatoren einen möglichst hohen – Homburg & Giering (1996) empfehlen hier einen Wert > 0,4 – und bezüglich der übrigen Faktoren einen möglichst niedrigen Wert der Faktorladung aufweisen.[117] Dieses Vorgehen ist insbesondere dann sinnvoll, wenn von mehreren latenten Konstrukten erwartet wird, dass sie in einem Modell in einem engen theoretisch-konzeptionellen Zusammenhang stehen, dennoch distinkt sind und jeweils einzeln durch ihre Indikatoren erfasst werden sollen.[118]

Die dargestellten Kriterien der ersten Generation zur Beurteilung von Reliabilität und Validität wurden aufgrund einiger Schwächen kritisiert.[119] So ist eine differenzierte Reliabilitätsbetrachtung auf der Ebene der einzelnen Indikatoren nicht möglich. Auch die Validitätsprüfung beruht nach Gerbing & Anderson (1988) im Wesentlichen auf Faustregeln und nicht auf interferenzstatistischen Tests.[120] Aufgrund dieser Nachteile werden verstärkt Kriterien zur Gütebeurteilung der zweiten Generation gefordert, die auf Basis der konfirmatorischen Faktorenanalyse[121] eine detailliertere Einschätzung ermöglichen.[122] Diese

---

[113] Vgl. Backhaus et al. (2003), S. 295.

[114] Eine Faktorladung stellt die Korrelation einer Variablen, hier eines Indikators, mit dem Faktor dar. Je kürzer die räumliche Entfernung zwischen Faktor und Variable im Faktorraum, desto höher die Korrelation, die Werte von -1 bis 1 annehmen kann. Bei 1 sind Variable und Faktor identisch.

[115] Vgl. Homburg & Giering (1996), S. 8.

[116] Vgl. Churchill (1979), S. 69; Homburg & Giering (1996), S. 8 f.; Homburg (1998), S. 86.

[117] Vgl. Homburg & Giering (1996), S. 8.

[118] Dies ist in der vorliegenden Arbeit insb. bei den reflektiv spezifizierten Konstrukten der Fall, welche zusammen die Innovationsfähigkeit bilden und als deren theoretisch-konzeptionelle Dimensionen beschrieben wurden.

[119] Vgl. Bagozzi & Phillips (1982), S. 459; Hildebrandt (1984), S. 44; Homburg & Giering (1996), S. 9.

[120] Vgl. Gerbing & Anderson (1988), S. 189.

[121] Mit Hilfe der konfirmatorischen Faktorenanalyse (KFA) können zum einen die Operationalisierungen hypothetischer Konstrukte geprüft und zum anderen Abhängigkeiten zwischen mehreren

werden im Folgenden in Anlehnung an Homburg & Giering (1996) und Homburg (1998) dargestellt.[123]

2. Reliabilitäts- und Validitätskriterien der zweiten Generation

- Die *Indikatorreliabilität* ist ein Maß, welches Aussagen über die Reliabilität der einzelnen Indikatoren trifft. Sie misst, welcher Anteil der Varianz eines Indikators durch den zugrundeliegenden Faktor erklärt wird. Der nicht erklärte Anteil wird auf Messfehler zurückgeführt.[124] Wie bei den bisherigen Kriterien erstreckt sich der Wertebereich der Indikatorreliabilität von 0 bis 1, wobei auch hierbei höhere Werte auf eine bessere Anpassungsgüte des einzelnen Indikators hinweisen. Formal entspricht die Indikatorreliabilität der quadrierten standardisierten Faktorladung eines Indikators auf Basis einer konfirmatorischen Faktorenanalyse:[125]

$$p_x = \lambda_x^2$$

λ_x = standardisierte Faktorladung des Indikators x

Für das Mindestmaß der Indikatorreliabilität haben sich keine eindeutigen Grenzwerte etabliert.[126] Hulland (1999) fordert für die Faktorladung mindestens 0,5. Für eher explorative Untersuchungen im frühen Forschungsstadium sieht Chin (1998a) eine Ladung von 0,5 bis 0,6 sowie Huber et al. (2007) von mindestens 0,6 als angemessen an, wenn für ein Messmodell insgesamt akzeptable Werte der Faktorreliabilität und der durchschnittlich erfassten Varianz (DEV) erreicht werden (hierzu im Folgenden). Krafft, Götz & Liehr-Gobbers (2005) fordern mindestens 0,7. Aus $p_x = \lambda_x^2$ ergeben sich somit akzeptierte Untergrenzen für die Indikatorreliabilität zwischen 0,25 und 0,49. Für die Beurteilung der Messmodelle wird daher Bagozzi & Baumgartner (1994), Homburg & Baumgartner (1995) und Homburg & Giering (1996) gefolgt, welche eine Indikatorreliabilität von mindesten 0,4 fordern.[127] Für die Faktorladungen ergibt dies eine Untergrenze von 0,6.[128] Falls einzelne Indikatoren in der Nähe dieser Werte liegen, wird auf Basis der

---

Konstrukten untersucht werden (beispielsweise in Form der hier verwendeten Strukturgleichungsmodelle). Im Fall der Gütebeurteilung unterstellt die KFA dabei reflektive Messmodelle. Zur Gütebeurteilung formativer Messmodelle werden daher andere Verfahren genutzt. Im Unterschied zur explorativen Faktorenanalyse als Basis der Gütekriterien der ersten Generation wird bei der KFA die Faktorenstruktur, d. h. die Zuordnung von Indikatorvariablen zu Faktoren, fixiert und die Stärke des Zusammenhangs dann durch Schätzung der Faktorladungen geprüft.

[122] Vgl. Homburg & Giering (1996), S. 9.

[123] Vgl. ebd., S. 10 ff.; Homburg (1998), S. 88.

[124] Vgl. Homburg & Baumgartner (1995), S. 170.

[125] Vgl. Fritz (1995), S. 131.

[126] Vgl. Hulland (1999), S. 198; Chin (1998a), S. 325; Huber et al. (2007), S. 87; Krafft, Götz & Liehr-Gobbers (2005), S. 73.

[127] Vgl. Bagozzi & Baumgartner (1994), S. 402; Homburg & Baumgartner (1995), S. 172; Homburg & Giering (1996), S. 13.

[128] Aus $p_x = \lambda_x^2$ ergibt sich bei einer Indikatorreliabilität von 0,4 eine Faktorladung von 0,632.

Faktorreliabilität und der durchschnittlich erfassten Varianz (DEV) entschieden, ob eine Eliminierung sinnvoll ist.

- Auf der Konstruktebene kann die Güteprüfung durch die *Faktorreliabilität* durchgeführt werden. Sie ermöglicht Aussagen darüber, wie gut das latente Konstrukt durch die ihr zugeordneten minifesten Variablen gemessen wird.[129] Auch hierbei wird gefordert, dass die Indikatoren eines Konstrukts eine starke Beziehung untereinander aufweisen. Formal lautete das Kriterium daher:[130]

$$FR(\eta) = \frac{\left(\sum_{i=1}^{q} \lambda_i\right)^2}{\left(\sum_{i=1}^{q} \lambda_i^2\right) + \sum_{i=1}^{q} \text{var}(\delta_i)}$$

λ_i = standardisierte Faktorladung des Indikators x_i
δ_i = Messfehler von x_i
q = Anzahl der Indikatorvariablen

Bei der Faktorreliabilität sind ebenfalls Werte zwischen 0 und 1 möglich und höhere Werte deuten auf eine höhere Reliabilität des Faktors hin. Zur Sicherstellung der Reliabilität sowie der Konvergenzvalidität wird ein Mindestwert von 0,7 gefordert.[131]

- Die *durchschnittlich erfasste Varianz (DEV)* ist ein weiteres Kriterium, welches eine Aussage darüber trifft, wie gut ein Faktor beziehungsweise Konstrukt durch die Gesamtheit seiner Indikatoren gemessen wird. Es liefert ebenfalls Auskunft über die Reliabilität der Konstruktmessung sowie zusätzlich über die Konvergenzvalidität der Indikatoren. Formal erfolgt die Berechnung mittels standardisierten Variablen wie folgt:[132]

$$DEV(\eta) = \frac{\sum_{i=1}^{q} \lambda_i^2}{q}$$

λ_i = standardisierte Faktorladung des Indikators x_i
q = Anzahl der Indikatorvariablen

Der Mindestwert der DEV liegt bei 0,5. Unterhalb dieses Wertes entfallen mehr als 50% der Varianz auf den Messfehler und das Messmodell wird als unzureichend bewertet.[133]

---

[129] Vgl. Bagozzi & Baumgartner (1994), S. 402 f.
[130] Vgl. Fritz (1995), S. 134.
[131] Vgl. Nunnally (1978), S. 245; Bock et al. (2005), S. 96.
[132] Vgl. Fritz (1995), S. 134.
[133] Vgl. Fornell & Larcker (1981), S. 39ff.; Bagozzi & Baumgartner (1994), S. 402; Fritz (1995), S. 134; Homburg & Giering (1996), S. 12 f.

- Mit den genannten Kriterien wird vor allem auf Reliabilität und Konvergenzvalidität der Konstrukte und Indikatoren getestet. Der Validierungsprozess reflektiver Messmodelle erfordert zusätzlich eine Prüfung auf Diskriminanzvalidität. Hierfür wird zum einen das *Fornell-Larcker-Kriterium* herangezogen.[134] Fornell & Larcker (1981) betrachten die Diskriminanzvalidität als gegeben, wenn die DEV eines latenten Faktors größer ist als jede quadrierte Korrelation dieses Faktors mit anderen latenten, reflektiv operationalisierten Faktoren im Untersuchungsmodell.[135]
- Komplementär zum Fornell-Larcker-Kriterium sollten bei komplexeren Strukturgleichungsmodellen mögliche *Kreuzladungen* überprüft werden.[136] Auf Basis einer konfirmatorischen Faktorenanalyse werden dabei die Ladungen aller reflektiven Indikatoren im gesamten Untersuchungsmodell geprüft.[137] Kein Indikator sollte höher auf einem anderem Konstrukt laden, als auf dem ihm zugeordneten.

Zusammenfassend zeigt Tabelle 20 die Validitäts- und Reliabilitätskriterien der ersten und zweiten Generation für reflektive Messmodelle, welche im Zuge der Datenanalyse in Teil VI.2.1 der Arbeit zum Einsatz kommen.

Kriterium	*Anforderung*	*für ...*	*Erläuterung*
Cronbach's Alpha	≥ 0,7	Reliabilität	α ist ein Maß der internen Konsistenz der Indikatoren eines Faktors (Mittelwert der Korrelationen).
Item-to-Total-Korrelation (ITC)	-	Reliabilität	Korrelation eines Indikators mit der Summe aller Indikatoren eines Faktors/Konstrukts. Bei geringem α kann die Entfernung des Indikators mit der geringsten ITC zu einer Steigerung führen.
Kaiser-Meyer-Olkin-Kriterium (KMO)	≥ 0,7	Eignung der Daten für Faktorenanalyse	Gibt das Maß an, in welchem Ausgangsindikatoren zusammen gehören und eine Faktorenanalyse sinnvoll ist.
Erklärte Varianz (einf. EFA)	≥ 50 %	Reliabilität & Konvergenz-validität	Misst die durch den zugrundeliegenden Faktor erklärte Varianz der Indikatoren.
Faktorladung (einf. EFA)	≥ 0,4	Reliabilität & Konvergenz-validität	Die Faktorladung zeigt an, in welchem Maß ein Faktor mit einen Indikator zusammenhängt.
Indikator-reliabilität	≥ 0,4	Reliabilität	Zeigt für jeden Indikator an, welcher Teil seiner Varianz durch den zugrundeliegenden Faktor erklärt wird.

---

[134] Nach Zinnbauer & Eberl (2004), S 8 ist das Kriterium zu bevorzugen, da es einen deutlich strengeren Maßstab als der meist verwendete χ^2-Differenztest anlegt.
[135] Vgl. Fornell & Larcker (1981), S. 46.
[136] Vgl. Chin (1998a), S. 320.
[137] Hierfür ist das Vorhandensein eines Modells aus mehreren Konstrukten Voraussetzung. Damit überschneidet sich dieser Schritt der Gütebeurteilung mehrerer reflektiver Messmodelle gemeinsam mit der Beurteilung auf Ebene des Strukturmodells (vgl. Abschnitt 2.3).

Faktorreliabilität	≥ 0,7	Reliabilität & Konvergenz-validität	Zeigt, wie gut ein Faktor durch die Gesamtheit seiner Indikatoren dargestellt wird.
Durchschnittlich erfasste Varianz (DEV)	≥ 0,5	Reliabilität & Konvergenz-validität	Zeigt, wie gut ein Faktor durch die Gesamtheit seiner Indikatoren dargestellt wird. Unter 0,5 entfallen mehr als 50 % der Erklärung auf den Fehlerterm einer Messung. (Entspricht dem Durchschnitt der Indikatorreliabilitäten).
Fornell-Larcker-Kriterium	DEV > Quadr. Faktor-korrelationen	Diskriminanz-validität	Die DEV eines Faktors muss größer sein als alle quadrierten Korrelationen dieses Faktors mit anderen reflektiven Faktoren im Struktur-gleichungsmodell.
Kreuzladungen	-	Konvergenz- & Diskriminanz-validität	Die einem theoretischen Faktor zugeordneten Indikatoren sollten eine hohe (≥ 0,4), gegenüber anderen Faktoren eine niedrigere Faktorladung aufweisen.

Tabelle 20: Gütekriterien reflektiv spezifizierter Messmodelle
Quelle: Eigene Darstellung

2.2.2 Gütekriterien formativer Messmodelle

Aufgrund umgekehrter Kausalbeziehungen der Korrespondenzregeln lassen sich formative Messmodelle nicht mit dem deutlich umfangreicheren Vorgehen zur Gütebeurteilung reflektiver Modelle betrachten.[138] Durch die mögliche vollkommene Unkorreliertheit der Indikatoren können weder die Unidimensionalität eines Konstrukts durch Faktorenanalyse noch die interne Konsistenz, die Diskriminanzvalidität oder die Indikatorreliabilität herangezogen werden.[139] Korrelationskoeffizienten erlauben daher keine Aussage über die Güte der Indikatoren in einem formativen Messmodell.

Auch die Gewichte ω formativer Modelle sind nicht im Sinne der Pfadkoeffizienten λ reflektiver Modelle zu interpretieren. Sie geben zwar Aufschluss darüber, welche der Indikatoren am stärksten zur Konstruktbildung beitragen, sind jedoch kein Maß für die Messgüte. Daher versucht der PLS-Ansatz die Höhe der erklärten Varianz insgesamt zu maximieren, indem die einzelnen Gewichte im Konstrukt optimiert werden. Der Fehlerterm formativer Modelle stellt somit eine aggregierte Größe auf der Konstruktebene dar. Dadurch liegen, anders als bei reflektiven Modellen, keine Informationen über die Messfehleranteile der einzelnen Indikatoren vor.[140] Diamantopoulos & Winkelhofer (2001) schlagen für die Prüfung formativer Messmodelle daher ein vierstufiges Vorgehen vor.[141]

---

[138] Vgl. Diamantopoulos (1994), S. 452 f.; Fassott & Eggert (2005), S. 38 f.
[139] Vgl. Rossiter (2002), S. 306f.; Jarvis, MacKenzie & Podsakoff (2003), S. 202.
[140] Vgl. Jarvis, MacKenzie & Podsakoff (2003), S. 202.
[141] Vgl. Diamantopoulos & Winkelhofer (2001), S. 271 ff; Belsley, Kuh & Welsch (1980), insb. S. 93 ff.

1. Die *Inhaltsspezifikation* ist der erste Schritt in der Bildung formativer Messmodelle. Sie geschieht durch die theoretisch fundierte Festlegung der konzeptionellen Breite beziehungsweise der inhaltlichen Facetten eines latenten Konstrukts.[142] Dies wurde im Zuge der Modellentwicklung unter Bezug auf den theoretisch-konzeptionellen Rahmen (vgl. Teil III.4 & IV.2.4) sowie unter Berücksichtigung der Expertengespräche (vgl. Abschnitt 1.3) gewährleistet.

2. Eng mit dem ersten Schritt ist die *Indikatorspezifikation* verbunden. Sie bezieht sich auf die Formulierung entsprechender Indikatoren beziehungsweise Items, welche die inhaltlich-konzeptionelle Beschreibung des Konstrukts im Erhebungsinstrument konkret abbilden sollen. Hierfür werden neben Literaturrecherchen zu bestehenden Operationalisierungen ebenfalls die Ergebnisse der Experteninterviews beziehungsweise die Folgegespräche des Pre-Tests herangezogen.

3. Die Prüfung der *externen Validität* des Messmodells wird über die Formulierung einer Variablen vorgenommen, welche das betreffende Konstrukt zusammenfasst, „*to use as an external criterion a global item that summarizes the essence of the construct*"[143]. Jedes der zur Messung verwendeten Items sollte demnach eine signifikante Korrelation mit dieser konstruktexternen Variablen aufweisen.[144]

4. Die Prüfung auf *Multikolinearität* ist für formative Messmodelle vorzunehmen. Unter Kolinearität wird der Grad der linearen Abhängigkeit der einzelnen Items voneinander verstanden.[145] Das auf dem Regressionsprinzip basierende PLS-Schätzverfahren geht jedoch von der Annahme aus, dass keine exakte lineare Abhängigkeit der Regressoren besteht.[146] Zur Prüfung wird der *Variance-Inflation-Factor (VIF)* für jeden Indikator berechnet.[147] Er zeigt an, wie stark die Varianz eines Schätzers durch Multikolinearität inflationiert beziehungsweise beeinflusst ist.

$$VIF = \frac{1}{1 - R^2}$$

Hierfür wird jeder Indikator eines formativen Messmodells einer Regression auf die übrigen Indikatoren desselben Konstrukts unterzogen. Das Bestimmtheitsmaß R^2 stellt hier jeweils den Anteil der Varianz eines Indikators (als abhängige Variable der Regression) dar, welcher durch die anderen Indikatoren des Messmodells (als unabhängige Variablen) erklärt werden kann. Wünschenswert sind hier, anders als im Strukturmodell (vgl. Abschnitt 2.3), daher kleine Werte des R^2. Bei vollkommener Unabhängigkeit der Items beträgt der Wert des VIF 1. Entsprechend ist die gemeinsame Varianz des jeweiligen Indikators mit den anderen Indikatoren 0. Der kritische Grenzwert des VIF wird in der Literatur bei 10 gesehen.[148] Damit liegt die

---

[142] Vgl. Nunnally & Bernstein (1994), S. 484; Fassott & Eggert (2005), S. 40.

[143] Diamantopoulos & Winkelhofer (2001), S. 272.

[144] Es existiert kein Mindestwert.

[145] Vgl. Krafft, Götz & Liehr-Gobbers (2005), S. 78.

[146] Vgl. Backhaus et al. (2003), S. 88.

[147] Der VIF ist der Kehrwert der Toleranz; vgl. Herrmann, Huber & Kressmann (2006), S. 25.

[148] Vgl. Diamantopoulos & Winkelhofer (2001), S. 272; Krafft, Götz & Liehr-Gobbers (2005), S. 79.

maximal zulässige Varianz, welche ein Indikator mit anderen teilen darf, bei 90% beziehungsweise $R^2 = 0,9$.

Während hohe VIF auf insgesamt hohe Multikolinearität hinweisen, kann auf Basis multipler Regressionen der Indikatoren eines Messmodells eine Analyse der Varianzzerlegung erfolgen. Sie dient der Ermittlung paarweiser Abhängigkeiten. Die Varianzen der Regressionskoeffizienten (Indikatoren) werden in Komponenten zerlegt, welche sich auf die Eigenwerte/Dimensionen der Korrelationsmatrix der Indikatoren verteilen. Weisen mehrere Indikatoren in hohem Maße eine Erklärung ihrer Varianz durch dieselbe Dimension auf, lässt sich daraus auf paarweise Abhängigkeit schließen. Belsley, Kuh & Welsch (1980) gehen bei Varianzanteilen zwischen 0,4 und 0,7, welche sich bei mehreren Indikatoren auf eine gemeinsame Dimension beziehen, von „*reasonably weak near dependencies*", zwischen 0,7 bis 0,9 von „*moderately strong*" und darüber von „*strong*" aus.[149] Bei hohen Werten ist eine Eliminierung der jeweiligen Indikatoren, allerdings nur vor dem Hintergrund theoretisch-konzeptioneller Abwägungen, zu prüfen (vgl. Teil IV.2.4). Da in der vorliegenden Arbeit kaum auf bereits geprüfte Operationalisierungen zurückgegriffen werden kann (vgl. Abschnitt 1.2.2), wird als konservativer Grenzwert das Auftreten von Varianzanteilen > 0,7 mehrerer Indikatoren auf einer Dimension angesetzt.

Den Kriterien zur Beurteilung formativer Messmodelle wird auch im Rahmen der vorliegenden Arbeit gefolgt. Die qualitativ geprägten Schritte Eins und Zwei wurden bereits im Zuge der Modell- und Fragebogenentwicklung berücksichtigt. Die Prüfung der quantitativ geprägten Schritte Drei und Vier findet in Teil VI.2.2 statt und ist in Tabelle 21 zusammenfassend dargestellt.

Kriterium	*Anforderung*	*für …*	*Erläuterung*
Korrelation mit sum. Indikator	sig. positiv	externe Validität	Korrelation jedes Indikators mit einem das Konstrukt inhaltlich zusammenfassenden Indikator.
Variance Inflation Faktor (VIF)	< 10	Multikolinearität	Gibt das Ausmaß an, wie viel Varianz eines Indikators mit den anderen Indikatoren des Konstrukts geteilt wird.
Varianzanteile	≤ 0,7	Multikolinearität (paarweise Abhängigkeit)	Hohe Varianzanteile von zwei oder mehr Indikatoren sollten nicht auf eine gemeinsame Dimension zurückgeführt werden.

Tabelle 21: Gütekriterien formativ spezifizierter Messmodelle
Quelle. Eigene Darstellung

---

[149] Belsley (1991), S. 142.

2.3   Beurteilung von Strukturmodellen

Ein Strukturmodell stellt als theoretisch deduziertes Hypothesensystem dar, wie latente Variablen in Beziehung zueinander stehen. Dessen Gütebeurteilung unterscheidet sich bei varianzbasierten und kovarianzbasierten Schätzverfahren. Der durch PLS durchgeführte varianzbasierte Schätzvorgang durchläuft prinzipiell drei Stufen.[150] Der eingesetzte Algorithmus schätzt die Parameter für jede latente Variable und geht dabei jeweils von der Annahme aus, dass die Werte der benachbarten latenten Variablen bekannt sind. Somit werden alle Teile des Modells sukzessiv und iterativ betrachtet.[151]

1.   Zunächst wird zur Initialisierung oder Ausgangslösung des Verfahrens jede latente Variable als Linearkombination ihrer Indikatoren formuliert. Dies wird als äußere Approximation bezeichnet, welche sich auf die Beziehung von Variablen zu ihren Indikatoren, d.h. auf die Messmodelle bezieht. Voraussetzung dafür ist deren vorherige explizite Spezifikation (Teil IV.2).[152] Die erste äußere Approximation führt zur initialen Schätzung fallweiser latenter Konstruktwerte für jede Variable im Modell, den *Latent Variable Scores (LVS)*.

2.   Auf der zweiten Stufe werden weiter iterative Schätzungen der einzelnen latenten Variablen und ihrer Beziehungen durch wechselweise innere und äußere Approximationen vorgenommen, um die ersten Schätzwerte zu verbessern. An die erste äußere Approximation aus Stufe 1 schließt sich daher zunächst eine innere Schätzung an. Diese bezieht sich auf die Beziehungen einer latenten Variablen zu anderen latenten Variablen, d.h. auf das Strukturmodell. Multiple Regressionen berücksichtigen dabei die Variablen mit ihren jeweiligen Vorgängern und Nachfolgern im Pfadmodell. Auf diese Weise werden die Gewichte der einzelnen Variablen als Regressanden geschätzt und in einer inneren Approximation erneut *Latent Variable Scores* geschätzt. Daran schließt sich wiederum eine Schätzung der äußeren Gewichte (Beziehung zu Indikatoren) und erneute äußere Approximation der *LVS* an. Äußere und innere Approximation werden iterativ wiederholt, bis die Veränderung der Variablengewichte ≤ 0,001 beträgt und damit eine stabile Schätzung eintritt.[153] Dies wird als Konvergenzkriterium erachtet. Somit werden die Residualvarianzen sowohl im Struktur- als auch im jeweiligen Messmodell einer Variablen minimiert. Insgesamt wird „*each latent variable [..] determined by both the inner struc-*

---

[150] Vgl. im Folgenden Lohmöller (1989), S. 30 f. und Götz & Liehr-Gobbers (2004a), S. 722 f.

[151] Auf das PLS-Schätzverfahren wird hier zusammenfassend eingegangen, da es in Zusammenhang mit den Kriterien zur Gütebeurteilung von Strukturmodellen steht. Eine umfassende Darstellung, insb. des Algorithmus, kann an anderer Stelle nachgeschlagen werden, bspw. Lohmöller (1989); Fornell & Cha (1994); Götz & Liehr-Gobbers (2004); Henseler (2004); Bezin & Henseler (2005); Bliemel et al. (2005).

[152] Zur individuellen Gütebeurteilung der einzelnen Messmodelle siehe methodisch Abschnitt 2.2 sowie konkret Teil VI.2.

[153] Vgl. Chin & Newsted (1999), S. 320.

ture and the measurement model. In each iteration, both equations are used to find an approximation of the latent variable."[154]

3. Auf der dritten Stufe erfolgt die endgültige PLS-Schätzung von Faktorladungskoeffizenten (reflektives Messmodell), Gewichtskoeffizienten (formatives Messmodell) sowie der Pfadkoeffizienten als beta-Werte (β) im Strukturmodell mit Hilfe Kleinster-Quadrate-Regressionen.[155] In einfachen Pfadmodellen mit zwei Variablen führt dies zu einer einzelnen Regressionsgleichung, in komplexeren Modellen zu einem Gleichungssystem.[156] Je nach ihrer Stellung im Modell werden die Variablen als unabhängige oder abhängige Größen betrachtet. Die endogenen Variablen werden als Regressanden ihrer jeweiligen Vorgänger im Modell beschrieben. Diese multiplen Regressionen bilden auch die Grundlage für das Bestimmtheitsmaße R^2 als Varianzaufklärung jedes endogenen Konstrukts.[157]

Obwohl der Algorithmus im Einzelnen partiell ist, können durch die iterative Weise Schätzwerte erreicht werden, welche für das Gesamtmodell eine optimale Lösung abbilden, d.h. die Schätzung möglichst nah an der Rohdatenmatrix liegt.[158] Der Fokus liegt jedoch auf der Schätzung endogener Variablen und deren Varianzaufklärung. *„The PLS procedure is [..] used to estimate the latent variables as an exact linear combination of its indicators with the goal of maximizing the explained variance for the indicators and latent variables. Following a series of ordinary least squares analyses, PLS optimally weights the indicators such that a resulting latent variable estimate can be obtained. The weights provide an exact linear combination of the indicators for forming the latent variable score which is not only maximally correlated with its own set of indicators (as in component analysis), but also correlated with other latent variables according to the structural (i.e. theoretical) model.*"[159]

Die Gütebeurteilung des Strukturmodells kann nur vor dem Hintergrund des hier dargestellten Verfahrens geschehen. Durch das jeweils partielle Vorgehen und dem Vorhersagefokus auf einzelne endogene Variablen gilt eine globale Gütebeurteilung einer PLS-Modellschätzung, unabhängig von dem verwendeten Softwareprogramm, mathematisch als nach wie vor unzureichend gelöst.[160] Neben anderen schlägt Ringle (2004) daher vor, *„in*

---

[154] Cassel, Hackl & Westlund (2000), S. 902.

[155] Vgl. Backhaus et al. (2003), S. 58; Götz & Liehr-Gobbers (2004), S. 24; Ringle (2004), S. 8 f.; Bezin & Henseler (2005), S. 69.

[156] Vgl. Henseler & Fassot (2010).

[157] Vgl. bspw. Albers & Hildebrandt (2006).

[158] Vgl. Götz & Liehr-Gobbers (2004), S. 6.

[159] Chin, Marcolin & Newsted (2003), S. 199.

[160] Gängige globale goodness-of-fit-Maße eignen sich nicht für varianzbasierte Modelle; vgl. Ringle (2004), S. 23; Temme & Kreis (2005), S. 208; Barroso, Carrión & Roldán (2010). Denn sie beziehen ihre Aussagekraft auf die Fähigkeit von Modellen, i.S.d. Gesamtvarianzaufkärung die Kovarianzmatrizen möglichst gut abzubilden. Dies ist bei PLS nicht der Fall. Fokus ist vielmehr die Optimierung partieller Modellkonstrukte, auch bei nicht normalverteilten Daten und bei Modellen mit sowohl reflektiven als auch formativen Konstrukten. LISREL sowie AMOS bieten zwar auch die Möglichkeit, formative Konstrukte zu nutzen, unterliegen jedoch der Annahme einer Normalverteilung

einer Gesamtschau das Kompendium verschiedener Gütemaße zur Beurteilung"[161] heranzu-ziehen. Hierfür werden das Bestimmtheitsmaß R^2 als Varianzaufklärung der endogenen Modellvariablen, die Stärke und Signifikanz der Pfadkoeffizienten β sowie die von den Konstrukten erreichten Effektstärken f^2 genutzt.[162]

- Das *Bestimmtheitsmaß R^2* gibt den Anteil der durch exogene Variablen erklärten Varianz einer endogenen Variablen an. Es stellt das Verhältnis von erklärter Streu-ung zur Gesamtstreuung dar und ist somit Ausdruck der Anpassungsgüte einer Regressionsfunktion an die empirischen Daten.[163] Bei Werten zwischen 0 und 1 gilt grundsätzlich, dass höhere Werte eine bessere Anpassungsgüte darstellen. Backhaus et al. (2003) konstatieren jedoch: *„Allgemein gültige Aussagen, ab welcher Höhe ein R^2 als gut einzustufen ist, lassen sich [...] nicht machen, da dies von der jeweili-gen Problemstellung abhängig ist."*[164] Unter weniger gefestigten theoretischen Annahmen und bei sozialwissenschaftlich geprägten Phänomenen mit einer hohen Zahl potenziell beeinflussender Faktoren bei starker inhaltlicher Modelldifferenzie-rung und wenigen exogenen erklärenden Variablen sind daher geringere Werte der Bestimmtheitsmaße für endogene Variablen zu erwarten. So gibt Chin (1998a) bei-spielsweise einen Wert von 0,67 als *substanziell* an, während Werte von 0,33 sowie 0,19 als *durchschnittlich* beziehungsweise *schwach* erachtet werden.[165] Amoroso & Cheney (1991) hingegen sehen Werte ab 0,45 unter oben genannten Erwägungen als „*strong*".[166]

- Die Stärke der *Pfadkoeffizienten β* wird im Zuge der PLS-Modellschätzung ermit-telt. Ihre Signifikanz wird mittels der *Bootstrapping Methode* geprüft.[167] Diese ermittelt die Standardabweichungen, womit t-Werte approximativ auf der Standard-normalverteilung geschätzt werden können. Signifikante Pfadkoeffizienten mit postulierten Vorzeichen und β-Werten > 0,1 weisen auf die empirische Erhärtung

---

der Datenbasis; vgl. Albers (2010), S. 422. Auf kovarianzbasierte GoF-Maßzahlen wird daher nicht weiter eingegangen.

[161] Ringle (2004), S. 23.

[162] Vgl. auch Lohmöller (1989), S. 49 ff.; Fornell & Cha (1994), S. 68 ff.; Gefen, Straub & Boudreau (2000), S. 42 ff. Ein weiteres Maß stellt des Stone-Geisser-Test-Kriterium Q^2 dar (vgl. Stone (1974); Geisser (1975)). Da der Test allerdings nur auf endogene Variablen mit reflektiv spezifizierten Mess-modellen bezogen wird und die zentrale endogene Variable der Innovationsfähigkeit hier als formatives Konstrukt 2. Ordnung spezifiziert ist, kommt das Kriterium nicht zur Anwendung; vgl. diesbezüglich Huber et al. (2007), S. 43 ff.; Henseler, Ringle & Sinkowics (2009), S. 305.

[163] Vgl. Krafft, Götz & Liehr-Gobbers (2005), S. 83.

[164] Backhaus et al. (2003), S. 96.

[165] Vgl. Chin (1998a), S. 323.

[166] Amoroso & Cheney (1991), S. 81.

[167] Aufgrund der fehlenden Verteilungsannahmen sind Angaben zum Signifikanzniveau bei PLS-Schätzungen nur über *resampling-Methoden* möglich. Beim *Bootstrapping* wird aus den Rohdaten eine große Anzahl von zufälligen Teilmengen gezogen, wobei für jede die Modellparameter geschätzt werden (vgl. Reimer (2007), S: 397 ff.). Die Streuung der Parameter dient dann zur Berechnung von t-Werten. Dem *Bootstrapping* wird gegenüber dem alternativen *Jackknifing* aufgrund seiner höheren Effizienz meist Vorzug eingeräumt; vgl. Chin (1998a), S. 320; Chin, Marcolin & Newsted (2003), S. 212; Krafft, Götz & Liehr-Gobbers (2005), S. 83.

hypothetischer Modellannahmen hin.[168] Sie zeigen eine nicht zufällige Verbindung der Variablen an und geben somit ebenfalls Hinweise auf die Güte des Modells.

- Die *Effektstärke f²* stellt einen Ausdruck für den substanziellen Erklärungsbeitrag einer oder mehrerer unabhängiger, exogener Variablen auf eine abhängige, endogene Variable dar. Sie beruht auf dem Vergleich von zwei Bestimmtheitsmaßen. Hierfür wird ein R^2_{exkl} für die endogene Variable unter Ausschluss derjenigen exogenen Variablen aus dem Modell, dessen Effektstärke berechnet werden soll, geschätzt. Dieses wird mit dem R^2_{inkl} verglichen, welches mit der/den exogenen Variablen im Modell ermittelt wird. Bei $f^2 = 0,02$ liegt ein schwacher, bei $f^2 = 0,15$ ein mittlerer und bei $f^2 = 0,35$ ein substanzieller Erklärungsbeitrag vor.[169]

2.4 Mehrdimensionale latente Konstrukte höherer Ordnung in PLS-Strukturgleichungsmodellen

Im postulierten Modell der Innovationsfähigkeit von Netzwerken besteht das zentrale Konstrukt der Innovationsfähigkeit aus sechs distinkten Dimensionen (vgl. Teil IV.1.4). Einzeln stellen diese eigenständige latente Konstrukte dar, welche mittels ihrer jeweiligen Indikatoren beziehungsweise Items erfasst werden (vgl. Abschnitt 1.2.2). Innovationsfähigkeit ist damit ein auf der zweiten Abstraktionsebene verdichtetes theoretisches Konstrukt.[170] Solche mehrdimensionalen Konstrukte zweiter Ordnung lassen sich analog der Konstrukte erster Ebene spezifizieren. Auf Basis der theoretisch-konzeptionellen Erwägungen stellt sich hier Innovationsfähigkeit als formativ spezifiziertes Konstrukt dar (vgl. Teil IV.2.4).

Ein solches *„aggregate construct is a composite of its dimensions, meaning the dimensions combine to produce the construct [...]. The dimensions of an aggregate construct are analogous to formative measures, which form or induce a construct [...]. However, whereas formative measures are observed variables, the dimensions of an aggregate construct are themselves constructs conceived as specific components of the general construct they collectively constitute."*[171] Anders als die einzelnen Dimensionen als eigenständige Konstrukte erster Ordnung verfügt das Konstrukt Innovationsfähigkeit folglich nicht über eigene manifeste Indikatoren, welche sein Messmodell bilden. Denn als formative `quasi Indikatoren´ dienen die sechs Variablen *Institutionalisierte Reflexivität, Wissensaustauschroutinen, Innovationskultur* und *-strategie, Kospezialisierung* sowie die *Transformationsorientierte Netzwerkführung*. Diese `Indikatorvariablen´ sind teils selbst formativ, teils reflektiv spezifiziert. Es handelt sich daher insgesamt um eine Mischform auf zweiter Abstraktionsebene.[172]

---

[168] Vgl. Huber et al. (2007), S. 104.

[169] Vgl. Krafft, Götz & Liehr-Gobbers (2005), S. 85; Chin (1998a), S. 316; Cohen (1988), S. 413.

[170] Nach MacKenzie, Podsakoff & Jarvis (2005), S. 714 f. sind latente Konstrukte höherer Ordnung insbesondere dann sinnvoll, wenn ein Forschungsvorhaben auf konzeptionell abstrakte und gleichzeitig differenzierte Phänomene fokussiert. Die notwendige Abstraktion in der vorliegenden Untersuchung der Innovationsfähigkeit wurde bereits in Teil II.3 aufgezeigt. Der theoretisch-konzeptionelle Rahmen in Teil III bildet die Basis einer differenzierten Betrachtung einzelner Facetten.

[171] Edwards (2001), S. 147.

[172] Vgl. Jarvis, MacKenzie & Podsakoff (2003), S. 204.

Bislang ist in der Literatur kein Standardvorgehen etabliert, wie Konstrukte zweiter Ordnung in Strukturgleichungsmodellen zu schätzen sind.[173] PLS ermöglicht zwar die Schätzung formativer wie reflektiver Konstrukte gemeinsam in einem Modell, nicht jedoch die direkte Abbildung formativer Konstrukte zweiter Ordnung, weil sie nicht selber über manifeste Indikatoren verfügen.[174] Um dieses methodische Problem zu lösen, wird meist der *Repeated Indicators Approach*[175] angewandt. Dieser nutzt alle Indikatoren der Konstrukte erster Ordnung erneut als Indikatoren für das Konstrukt zweiter Ordnung. Dies ist jedoch nicht sinnvoll, wenn die Konstrukte erster Ordnung verschiedenartig spezifiziert sind oder wenn sie eine unterschiedliche Anzahl an Indikatoren aufweisen.[176] Daher wird im Rahmen der vorliegenden Arbeit das *Composite Second Order (CSO)-Verfahren* genutzt.[177]

$$CSO = \sum_{i=1}^{n} F_i \lambda_i$$

CSO = Composite Second Order Score
F_i = Faktorwerte der Dimensionen (auch LVS)
λ_i = Faktorladungen von Dimensionen auf dem Konstrukt zweiter Ordnung
n = Anzahl von Dimensionen erster Ordnung

Hierfür werden zwei Submodelle sequenziell geschätzt.[178] Das erste Submodell enthält alle dem Konstrukt zweiter Ordnung vorgelagerten, exogenen Variablen sowie die Dimensionen der Innovationsfähigkeit als endogene Variablen. Für die Dimensionen werden in einem ersten Schritt des Verfahrens im Rahmen der PLS-Analyse (vgl. Abschnitt 2.3) des ersten Submodells jeweils standardmäßig *first order Latent Variable Scores (LVS)* als gewichtete Summe ihrer manifesten Indikatorausprägungen ermittelt.[179] Diese stellen die Ausprägung jeder der sechs Dimensionen auf erster Ordnungsebene pro Beobachtungsfall, d.h. je Netzwerk, mit einem Variablenwert dar.[180] In einem zweiten Schritt werden die Dimensionen, repräsentiert durch diese Werte, mit dem Konstrukt zweiter Ordnung in Beziehung gesetzt. Als `künstliche´ Indikatoren können sie jedoch eine hohe Multikolinearität aufweisen, welche zu einer instabilen Schätzungen führt. Daher wird das Konstrukt zweiter Ordnung als gewichteter Mittelwert der LVS der Dimensionen berechnet. Hierzu werden in einer vorläu-

---

[173] Vgl. Albers & Götz (2006), S. 673.

[174] Vgl. Yi & Davis (2003), S. 158 f.

[175] Auch als *Hierarchical Component Model* bezeichnet; vgl. Lohmöller (1989), S. 130 ff.

[176] Vgl. Wold (1982), S. 40 ff. Die Verwendung identischer Indikatoren auf erster und zweiter Abstraktionsebene kann außerdem zu einem künstlich stark erhöhten R^2 führen. Beim Fehlen weiterer exogener Variablen kann methodisch sogar eine Varianzaufklärung von 100% ($R^2=1$) resultieren.

[177] Beispielhafte Anwendungen und Beschreibung liefern insb. Yi & Davis (2003), S. 158 ff; ferner Bock et al. (2005); Giere, Wirtz & Schilke (2006); Andres (2010); Šaric (2012).

[178] Vgl. Agarwal & Karahanna (2000), S. 678 f.

[179] Vgl. Giere, Wirtz & Schilke (2006), S. 691. Diese werden im Rahmen der CFA (Hauptkomponentenanalyse) einer PLS-Schätzung standardmäßig vom Softwareprogramm ausgegeben.

[180] Vgl. Backhaus et al. (2003), S. 302.

figen Schätzung des zweiten Submodells die Ladungen der sechs Indikatoren bestimmt.[181] Die berechneten LVS werden dann mit ihren jeweiligen Ladungen gewichtet und abschlie-ßend fallweise summiert.[182] Somit ergibt sich ein aggregierter Wert, der *Composite Second Order Score*, für jedes Netzwerk.

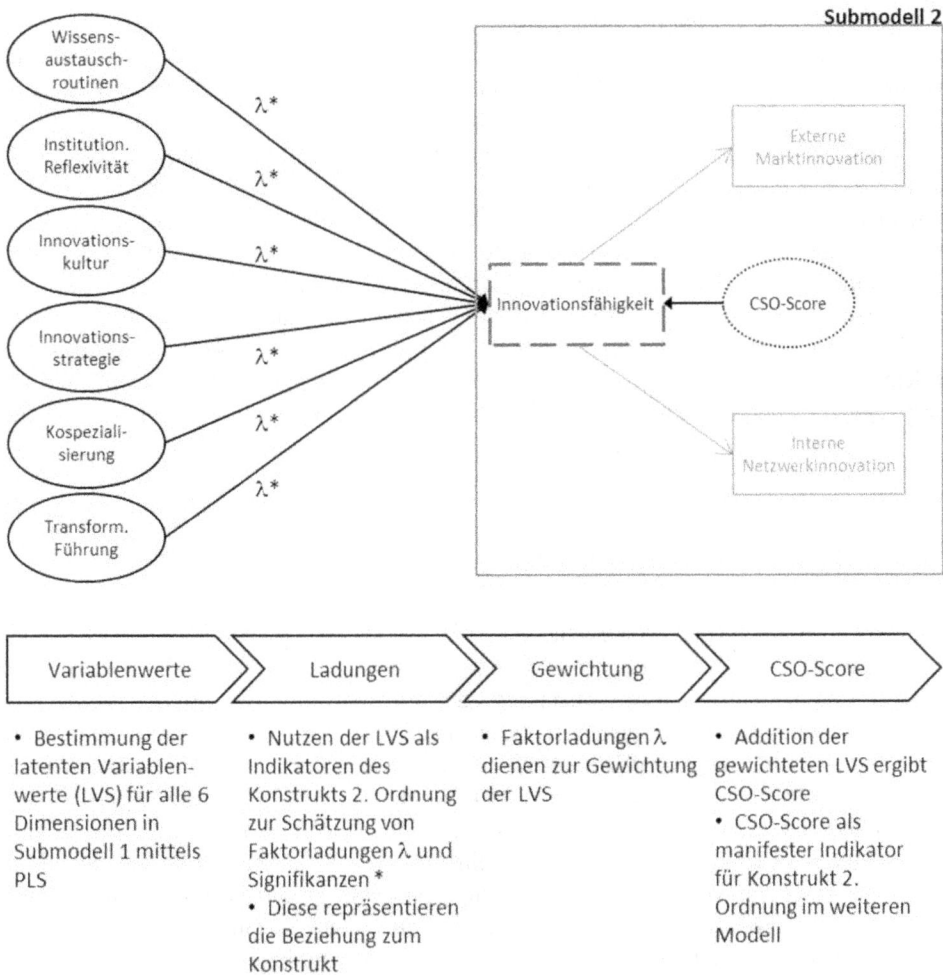

Abbildung 8: CSO-Verfahren zur Messung der Innovationsfähigkeit als formatives Konstrukt 2. Ordnung
Quelle: Eigene Darstellung

---

[181] Auf Grund der möglichen Multikolinearität werden Ladungen und nicht Gewichte genutzt, vgl. Fornell & Bookstein (1982); Chin (1998a); Yi & Davis (2003).
[182] Vgl. Fornell & Bookstein (1982); Chin (1998); Yi & Davis (2003); Giere, Wirtz & Schilke (2006).

Dieser *CSO-Score* repräsentiert somit sämtliche Dimensionen ihrem jeweiligen Anteil beziehungsweise ihrer Ladung entsprechend. Dies ist für formative Konstrukte zweiter Ordnung relevant, da die einzelnen Dimensionen potenziell unterschiedlich starke Beziehungen zum Konstrukt aufweisen können (vgl. Teil IV.2.2). Die Informationen der ersten Modellebene fließen damit in das Konstrukt auf zweiter Ebene ein. Der *CSO-Score* wird als manifester Indikator der Innovationsfähigkeit in Submodell 2 genutzt.[183] Dies sind u.a. die Beziehungen der Ressourcenvariablen auf das Gesamtkonstrukt (Hypothesen H2 & H4) sowie die Wirkung der Innovationsfähigkeit auf die Variablen externe und interne Innovationen (H6 & H7) (vgl. Teil III.1.4).

Durch dieses Vorgehen ist es möglich, Innovationsfähigkeit gemeinsam durch sowohl reflektive als auch formative Konstrukte erster Ordnung zu spezifizieren, ohne dass direkt eigene manifeste Items auf der zweiten Abstraktionsebene notwendig sind. Solche Items, an welche der Anspruch erhoben werden müsste, Innovationsfähigkeit umfassend abzubilden, sind für eine differenzierte inhaltliche Erklärung der Innovationsfähigkeit mit mehreren Facetten von geringem Nutzen. Denn sie sind nicht in der Lage die Ausprägungen der verschiedenen Dimensionen der Innovationsfähigkeit detailliert zu erfassen (vgl. Teil II.3.2). Mit dem *Composite Second Order Verfahren* kann hier in vollem Umfang der theoretisch-konzeptionellen Argumentation und Mehrebenen-Modellspezifizierung gefolgt werden, indem die Dimensionen in einzelne Indikatoren überführt, zwei Submodelle sequenziell geschätzt und anschließend zusammengeführt werden.[184]

2.5 Mediatoreffekte in PLS-Strukturgleichungsmodellen

Mediierende Variablen wirken intervenierend auf eine Beziehung von exogener und endogener Variable. Der Effekt einer exogenen Variablen, im Hypothesenmodell zum Beispiel die finanzielle Ressourcenbasis, wird vollständig oder teilweise durch die Mediatorvariable, in diesem Fall die innovationsbezogenen Ressourcenspezifität, vermittelt.[185] Die Mediatorvariable steht sowohl mit der exogenen als auch endogenen Variablen in einem Zusammenhang. Dies wird im Modell der vorliegenden Arbeit für die Variablen Ressourcenspezifität und Ressourcenkomplementarität angenommen (Hypothesen H3/H3a & H5/H5a). Sie sind nicht unabhängig vom grundsätzlichen Vorhandensein von finanziellen Ressourcen sowie Wissen und Kompetenzen und weisen ihrerseits vermutete Einflüsse auf die Ausprägung der Innovationsfähigkeit beziehungsweise der einzelnen Dimensionen auf. Es kann bei partieller Media-Mediation gleichzeitig ein direkter Zusammenhang und ein indirekter, d.h. vermittelter Zusammenhang bestehen.[186]

---

[183] Vgl. Bollen & Lennox (1991).
[184] Vgl. auch für diese Untersuchung in Teil VI.3.3 die deutlich geringe Erklärungskraft eines Alternativmodells mit direkter Operationalisierung der Innovationsfähigkeit.
[185] Vgl. Baron & Kenny (1986), S. 1176.
[186] Vgl. Hair et al. (2006), S. 866 ff.

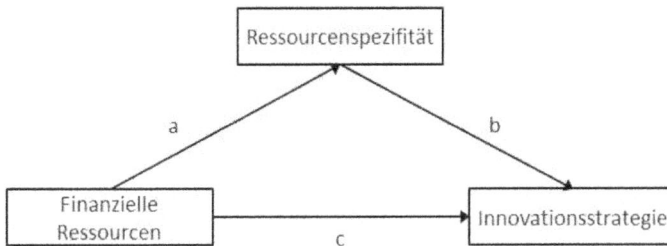

Abbildung 9: Mediatoreffekt
Quelle: Eigene Darstellung

Für das Vorliegen eines Mediatoreffekts in Strukturgleichungsmodellen sind nach Eggert, Fassott & Helm (2005) drei Voraussetzungen zu erfüllen:[187]

1. Die exogene Variable hat einen signifikanten Einfluss auf die Mediatorvariable (Pfad a ≠ 0 und signifikant).

2. Die Mediatorvariable zeigt ihrerseits einen signifikanten Einfluss auf die endogene Variable (Pfad b ≠ 0 und signifikant).

3. Der direkte Einfluss (Pfad c) liegt zwischen 0 und dem Wert eines direkten Einflusses in einem alternativen Modell ohne Mediator, d.h. er fällt deutlich kleiner aus.[188]

Die Signifikanzbedingungen von 1. und 2. werden dabei auch als *Joint Significance Test* der Mediation bezeichnet.[189] „*Mediated effects are estimated by the product of the coefficients for each of the paths in the mediational chain.*"[190] Sollte einer der beiden Pfade (a oder b) statistisch nicht signifikant sein, besteht eine erhöhte Irrtumswahrscheinlichkeit, dass der Einfluss der exogenen Variablen bis zur Zielvariablen 'übermittelt' werden kann. Sind beide Pfade (a und b) signifikant, so besteht Signifikanz für den Mediatoreffekt, d.h. die Nullhypothese, dass kein Effekt vorliegt, kann verworfen werden.

Um das Ausmaß dieser Mediation zu erfassen, wird der *VAF (Variance Accounted For)* herangezogen.[191] Er bildet den indirekten Effekt in Relation zum Gesamteinfluss auf eine endogene Variable (totaler Effekt) ab. Bei einem VAF = 0 liegt kein mediirender Effekt vor.

---

[187] Vgl. Eggert, Fassott & Helm (2005), S. 105 sowie Preacher & Hayes (2004), S. 717.

[188] Eine vollständige Mediation liegt vor, wenn Pfad c im Modell mit Mediator nicht signifikant von 0 abweicht. Bei einer partiellen Mediation ist Pfad c ≠ 0 und signifikant, wobei jedoch obige Bedingungen erfüllt sind; vgl. James & Brett (1984), S. 310.

[189] Vgl. MacKinnon et al. (2002) sowie Taylor, MacKinnon & Tein (2008), S.261: „*In circumstances where [..] a test of the null hypothesis of no mediation is of interest, it [the joint significance test] is an ideal method, as it controlled Type I error at or below its nominal level and had good power.*" (Anmerk. DPK). Der Test wird hier herangezogen, da er im Vergleich zu anderen Schätzern wie Sobel's z-Test oder Godman's keine Annahmen über eine Normalverteilung voraussetzt (vgl. hierzu auch Abschnitt 2.1), sondern vielmehr auf den bereits durch bootstrapping ermittelten t-Werten (vgl. Abschnitt 2.3) aufbaut.

[190] Taylor, MacKinnon & Tein (2008), S.243.

[191] Vgl. Eggert, Fassott & Helm (2005), S. 106.

Ein VAF = 1 drückt eine vollständige Mediation aus. Zwischenwerte weisen entsprechend eine partielle Mediation aus.

$$VAF = \frac{a \times b}{a \times b + c}$$

a;b;c = Pfadkoeffizient a; Pfadkoeffizient b; Pfadkoeffizient c

Teil VI
Datenanalyse und Ergebnisdarstellung

Im folgenden Teil der Arbeit werden die im Rahmen der Primärerhebung gewonnenen Daten analysiert. Hierfür wird zunächst die Datengrundlage beschrieben (Abschnitt 1), auf welche sich die Beurteilung der Konstruktoperationalisierungen (Abschnitt 2) stützt. Die zentrale Analyse der Wirkungsbeziehungen im Modell der Innovationsfähigkeit (Abschnitt 3) untersucht die in Teil IV postulierten theoretisch-konzeptionellen Zusammenhänge. Die Abschließende Ergebnisdarstellung in Abschnitt 4 greift die Forschungshypothesen und die eingangs formulierten forschungsleitenden Fragen auf.

1 Datengrundlage der empirischen Analyse

1.1 Verteilung des Rücklaufs

Auf Basis einer umfangreichen Recherche wurde eine Vollerhebung unter 774 identifizierten Netzwerken durchgeführt (vgl. Teil V.1.3). Da die Grundgesamtheit aller in Deutschland existierenden Innovationsnetzwerke nicht ermittelt und eine entsprechend repräsentative Stichprobe nicht gezogen werden kann (vgl. Teil V.1.1.3), wird zur Einordnung der erzielten Datengrundlage im Folgenden auf die Beschaffenheit des Rücklaufs eingegangen. Die Darstellung der spezifischen Netzwerkcharakteristika erfolgt in Abschnitt 1.3.

Im Rahmen der postalischen Befragung konnten 757 der 774 verschickten Fragebögen zugestellt werden. Insgesamt gingen bis Ende des 6-wöchigen Erhebungszeitraums 222 Rückantworten ein, was einer gesamten Rücklaufquote von 29% entspricht. Von diesen wiesen 13 zu viele fehlende Werte auf (vgl. Abschnitt 1.2).[1] 12 erfüllten nicht die Kriterien der Mitgliederzahl, der Verbindung von Unternehmen und Forschungseinrichtungen im Netzwerk oder einer Innovationsorientierung (vgl. Teil V.1.1.4). Durch Ausschluss dieser 25 wurden somit 197 Fälle für eine weitergehende Analyse selektiert. Dies entspricht einer nutzbaren Rücklaufquote von 26% der zugestellten Fragebögen und bildet die Datengrundlage der folgenden Analysen.[2]

---

[1] Es wurden alle Fälle, welche vollständig fehlende Werte einer oder mehrerer kompletter Konstrukte aufwiesen, von der Analyse ausgeschlossen; vgl. Hulland, Chow & Lam (1996).

[2] Die bis dato m.W.n. umfangreichste Studie unter Innovationsnetzwerken, allerdings mit thematischem Schwerpunkt auf individuellen Personen als Innovationspromotoren, stammt von Sand, Rese & Baier (2010) und umfasst 717 angeschriebene Netzwerke mit einem Rücklauf von 107 Fragebögen (15%). Auch vor diesem Hintergrund ist der hier erzielte nutzbare Rücklauf als hoch zu bewerten.

Der stärkste Wochenrücklauf mit 63 Fragebögen wurde bereits in der ersten Woche nach Versand verzeichnet. Im Anschluss an eine Erinnerungsaktion zu Beginn der vierten Erhebungswoche konnte der zwischenzeitlich gesunkene Wochenrücklauf wieder gesteigert werden.

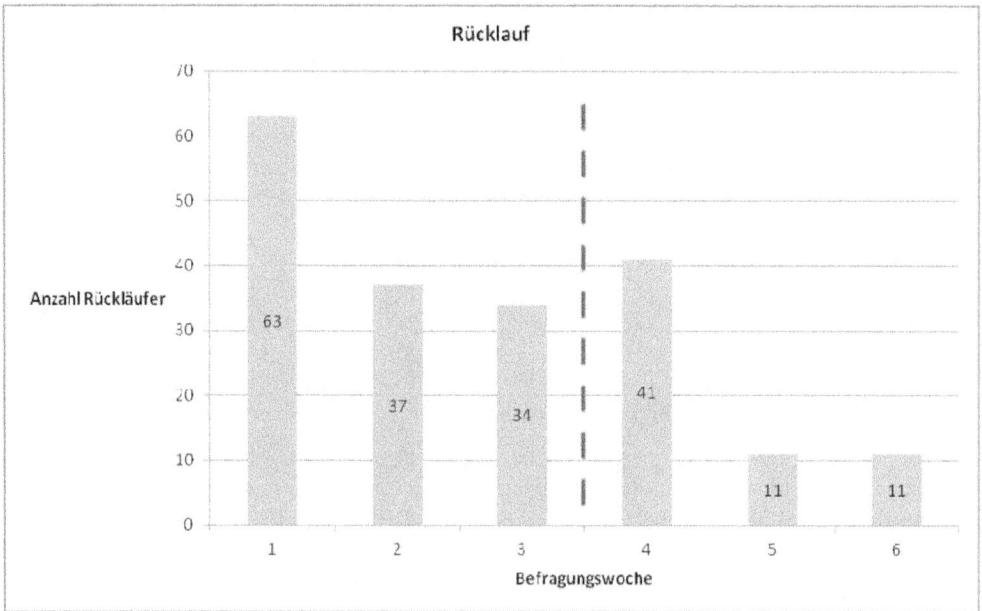

Abbildung 10: Zeitliche Verteilung des Erhebungsrücklaufs
Quelle: Eigene Darstellung

Gemessen an den Postleitzahlenbereichen variiert die jeweils nutzbare Rücklaufquote zwischen 11% im 5er- und 42% im 6er-Postleitzahlenbereich. Hierdurch kommt es zu einer leichten Verschiebung bei der relativen Regionenpräsenz im Analysedatensatz gegenüber der Erhebungsgrundlage (vgl. Teil V.1.1.4). Im Vergleich zu der Gesamtheit aller zugestellten Fragebögen sind im nutzbaren Rücklauf die 4er- und 6er-Bereiche leicht über-, die 5er- und 2er-Bereiche leicht unterrepräsentiert. Dies ist jedoch vor dem Hintergrund fehlender Angaben der Postleitzahl (36 Fälle) und teilweise kleiner Fallzahlen für einige Postleitzahlenbereiche zu interpretieren. So hätten nur fünf Antworten mehr aus der Region mit der zweitgrößten Repräsentationsabweichung die zweitgenauste gemacht. Zudem weisen die zahlenmäßig dominierenden Bereiche die geringsten Abweichungen auf. Die größten Positionen bei den zugestellten Fragebögen waren der 1er- sowie der 0er-Postleitzahlenbereich mit jeweils 142 beziehungsweise 124 Netzwerken.[3] Dies trifft proportional auch für den Rücklauf zu. Gemessen an der postalischen Verteilung der Netzwerke ist daher von einem geringen Repräsentanzproblem auszugehen.

---

[3] Hierbei ist anzumerken, dass die stark vertretenen PLZ-Bereiche vor allem in ostdeutschen Bundesländern liegen, welche zahlreiche Netzwerkförderprogramme aufweisen; vgl. bspw. Initiative Kompetenznetze Deutschland (2008).

Verteilung des Rücklaufs nach PLZ-Bereich

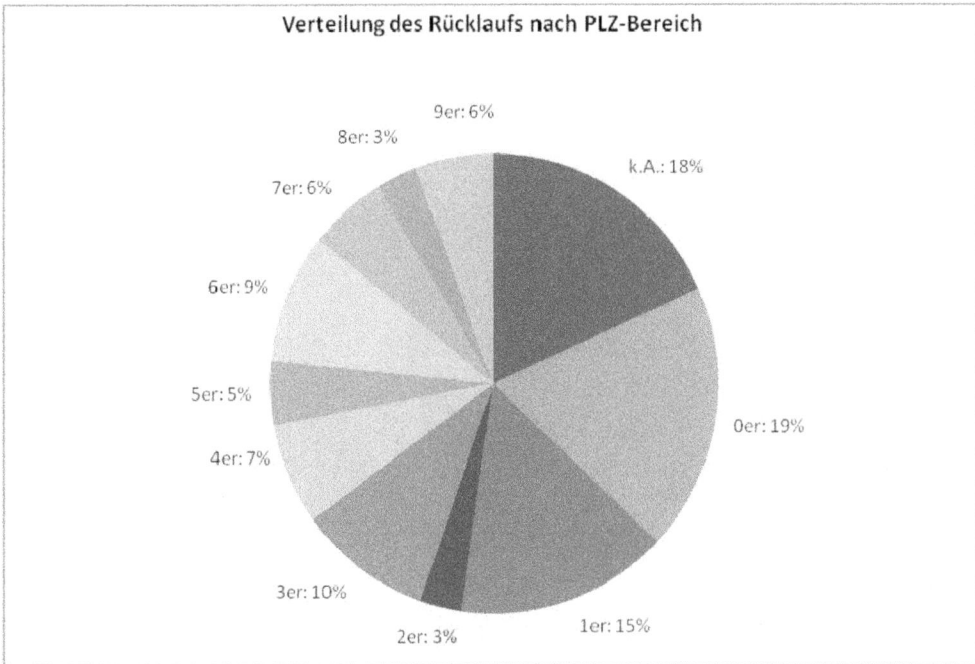

Abbildung 11: Geografische Verteilung des Erhebungsrücklaufs
Quelle: Eigene Darstellung

Angeschrieben wurden jeweils Vorstände beziehungsweise Geschäftsführer/Koordinatoren der Netzwerke, da im Rahmen eines *key-informant-Designs* davon ausgegangen wird, dass diese zentralen Personen einen möglichst breiten Überblick haben und ihnen die umfassendsten Kenntnisse der Abläufe und Entwicklungen im Netzwerk zugeschrieben werden (vgl. Teil V.1.1.2). Aufschlussreich für die Qualität der Daten ist daher die Stellung der Personen, welche den Fragebogen für das jeweilige Netzwerk tatsächlich beantwortet haben. Insgesamt waren 136 von ihnen Netzwerkmanager, Geschäftsführer, Vorstand oder Koordinator und 35 in einer vergleichbaren Stellvertreterposition. Lediglich 16 bekleideten eine sonstige Position. Die angestrebte Expertenzielgruppe wurde damit zu 87% erreicht. Ein Identitätsproblem (vgl. Teil.V.1.2) kann daher weitestgehend ausgeschlossen werden.

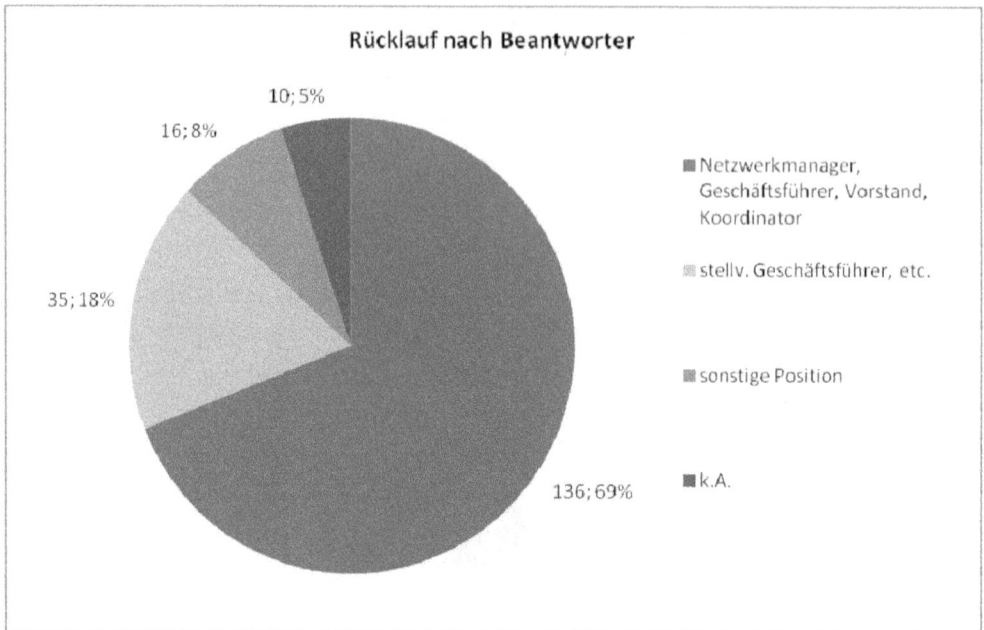

Abbildung 12: Verteilung des Rücklaufs nach Beantworter
Quelle: Eigene Darstellung

Insgesamt können die erzielte nutzbare Rücklaufquote und der hohe Anteil an Experten unter den Antwortenden, trotz ihrer starken zeitlichen Belastung (vgl. Teil V.1.1.2), damit als Hinweis auf eine erfolgreiche Fragebogengestaltung sowie eine hohe Relevanz des Themas unter den Befragten gewertet werden.

1.2 Fallzahl und Behandlung fehlender Werte

Grundlage der Datenauswertung und -analyse sind fehlerfreie, konsistente Datensätze in ausreichender Anzahl. Diese beinhalten alle *relevanten und statistisch aussagekräftigen* Fälle der Erhebung. Zur Behandlung fehlerhafter Datensätze beziehungsweise fehlender Werte in diesen ist zunächst der gesamte Rücklauf zu selektieren. Zu diesem Zweck wurden sämtliche Angaben der Befragten in ein Tabellenkalkulationsprogramm überführt.[4] Die so geschaffene Datenmatrix bildet alle Rohdaten ab. Ihre Nutzung für die spätere Analyse und Auswertung wird durch fehlende Werte innerhalb dieser Matrix eingeschränkt. Sie können in Form vollständig fehlender Angaben für ganze Konstrukte oder lediglich für einzelne Items eines Konstrukts (*Item-non-Response*) auftreten. Im Rahmen dieser Arbeit wurden Fälle, welche vollständig fehlende Werte einer oder mehrerer kompletter Konstrukte aufwiesen, von der

---

[4] Aus technischen Gründen für die spätere Auswertung mit der Software SmartPLS wurden die Werte der Rating-Skalen von 0–5 in 1–6 transformiert. Dies verändert ihren Charakter nicht.

Analyse ausgeschlossen.[5] Dies war in 13 Fällen nötig. Sie werden in der Datengrundlage nicht berücksichtigt.[6]

Die verbleibenden Fälle weisen nur geringe Anteile fehlender Werte bei einzelnen Items auf, ohne dabei ein systematisches Muster zu zeigen, d.h. sie werden als zufällig fehlend dargestellt.[7] Nach Schnell, Hill & Esser (1999) fehlen bei sozialwissenschaftlich geprägten Erhebungen zwischen 1% und 10% der Werte eines Konstrukts.[8] In der vorliegenden Untersuchung beläuft sich der Anteil fehlender Werte, gemessen an jeweils allen Items eines Konstrukts, auf minimal 0% und maximal 1,02%. Diese sehr geringe Fehlerquote erlaubt es, die nur vereinzelt fehlenden Werte im Zuge der PLS-Schätzung durch den Mittelwert der übrigen Items eines Konstrukts zu ersetzt.[9]

Des Weiteren muss trotz detaillierter und umfangreicher Recherche sowie der Berücksichtigung von Selektionskriterien davon ausgegangen werden, dass auch Netzwerke angeschrieben wurden, welche nach eigenen Angaben diese Kriterien nicht (mehr) vollständig erfüllen. Daher erfolgt außerdem ein Ausschluss anhand dieser Kriterien (vgl. Teil V.1.1.4). Zum einen wurden dadurch diejenigen Fälle aus der Rohdatenmatrix entfernt, bei denen es sich ausschließlich um reine Unternehmensnetzwerke oder reine Forschungsnetzwerke handelte.[10] Zum anderen wurden Fälle eliminiert, welche keine oder nur eine geringe Innovationsorientierung angaben[11] oder die zum Zeitpunkt der Befragung über weniger als vier Netzwerkmitglieder verfügen. Die in der Rohdatenmatrix für die Analyse verbleibenden Fälle zeichnen sich folglich durch ihren Sitz in Deutschland[12], eine grundlegende Innovationsorientierung sowie mindestens vier Teilnehmer, welche sowohl Unternehmen als auch universitäre und/oder außeruniversitäre Forschungseinrichtungen darstellen, aus. Die so erzielte Datengrundlage von 197 Datensätzen entspricht damit den Selektionskriterien und dem grundlegenden Verständnis von Innovationsnetzwerken dieser Arbeit (vgl. Teil II.2.2).

Ferner gilt es zu prüfen, ob dieser Datenumfang ausreichend für eine PLS-basierte Auswertung ist. „*Generell gilt für Partial Least Squares-Modelle: Je mehr Indikatorvariablen in einem Messmodell aufgenommen werden, desto umfangreicher wird die latente Variable inhaltlich durch beobachtete Daten erklärt.*“[13] Eine Schätzung ist dabei aufgrund der partiellen Schätzung einzelner Elemente des Modells mit weniger empirisch erhobenen Fällen möglich als bei der Analyse mit kovarianzbasierten Verfahren.[14] Chin (1998a) liefert eine Heuristik für die benötigte Mindestfallzahl.[15] Zunächst wird für alle formativen Messmodelle die jeweilige Anzahl an Indikatorvariablen festgestellt. Es wird dasjenige mit der höchsten Anzahl an Indikatoren bestimmt. In der vorliegenden Untersuchung ist dies das Innovationskulturkonstrukt mit 9 Indikatoren. Anschließend werden sämtliche latenten endogenen

---

[5] Vgl. Hulland, Chow & Lam (1996).
[6] Auch in der Darstellung des nutzbaren Rücklaufs (vgl. Abschnitt 1.1) sind sie bereits nicht enthalten.
[7] Vgl. Little & Rubin (2002).
[8] Vgl. Schnell, Hill & Esser (1999).
[9] Vgl. Gerbing & Anderson (1993).
[10] Die Angabe beim Item FA_1 (Forschungsanteil) von 0% oder 100% führten zum Ausschluss.
[11] Die Angabe von 0 oder 1 auf der 6-stufigen Skala der Selektionsfrage IS_1 – *Innovationen sind ein wichtiges Ziel des Netzwerks, auf das hingearbeitet wird* – führte zum Ausschluss.
[12] Ergibt sich aus der Anschrift der Geschäftsstelle/des Netzwerkmanagers.
[13] Ringle (2004a), S. 26.
[14] Vgl. Chin & Newsted (1999), S. 314 ff.
[15] Vgl. Chin (1998a), S. 311.

Variablen betrachtet und auch hier diejenige mit der höchsten Anzahl an Beziehungen zu exogenen Variablen im Strukturmodell ermittelt. Dies ist im Gesamtmodell das Innovations-fähigkeitskonstrukt mit 4 exogenen Variablenbeziehungen. Von beiden Überprüfungen wird der höhere Wert ausgewählt und mit dem Faktor 10 multipliziert. Das Produkt gibt den benötigten Stichprobenumfang an. Demnach wird der benötigte Mindestumfang von 90 Fällen mit den zur Verfügung stehenden 197 Fällen deutlich übertroffen.

1.3   Netzwerkcharakteristika

Die Mehrzahl (63%) der Innovationsnetzwerke befinden sich in einer regulären Arbeitspha-se, d.h. in der Verfolgung zentraler Ziele. Lediglich 11% sind in Anbahnung oder Auflösung begriffen. Von der überwiegenden Mehrheit (88%) der befragten Netzwerke konnten damit Daten aus einer aktiven Entwicklungsphase erhoben werden.[16]

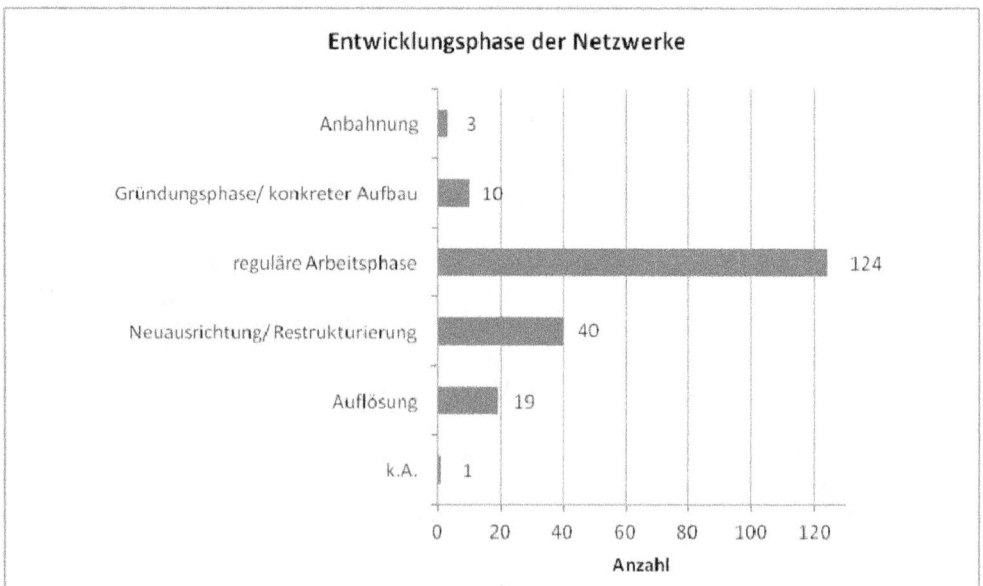

Abbildung 13: Entwicklungsphase der Netzwerke
Quelle: Eigene Darstellung

---

[16] Als aktive Entwicklung werden Phasen zwischen der ersten Anbahnung und der Auflösung eines Netzwerks verstanden. Hierzu gehören der konkrete Aufbau von Strukturen und Prozessen, reguläre Arbeitsphasen sowie die Neuausrichtung und Veränderung von Strukturen und Prozessen, ohne dass eine Auflösung erfolgt.

Bei der Betrachtung der Ansässigkeit der Netzwerkmitglieder zeigt sich, dass der Großteil der Netzwerke räumlich konzentriert ist (vgl. Abbildung 14). Die regionale (47%) bis über-regionale (18%) Ansässigkeit von Firmen und Forschungseinrichtungen beträgt insgesamt 65%. Gleichwohl ist fast ein Drittel der Netzwerke (30%) bundesweit ausgerichtet. Demge-genüber sind Innovationsnetzwerke, welche auch auf internationaler Ebene Mitglieder aufweisen, mit 5% eher gering vertreten. Die Ansässigkeit der Netzwerkmitglieder, gemes-sen an ihrem Hauptsitz, trifft dabei keine Aussage über die internationalen Aktivitäten dieser Mitglieder.

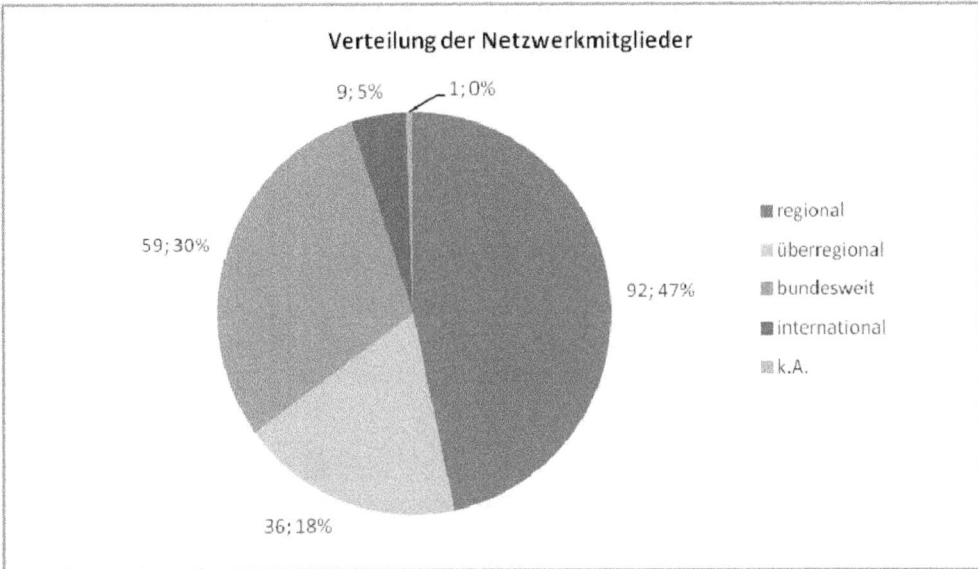

Abbildung 14: Geografische Konzentration der Netzwerke
Quelle: Eigene Darstellung

Bei der Art der Netzwerkkooperation dominiert mit 84% eine komplementäre Ausrichtung. Dies bedeutet, dass Kooperation sowohl zwischen verschiedenen Stufen als auch innerhalb derselben Stufe der Wertschöpfungskette innerhalb eines Netzwerks stattfindet. Dies ist beispielsweise bei Netzwerken mit mehreren Zulieferern und mehreren Produzenten und ggf. Händlern der Fall. Jeweils 8% sind ausschließlich vertikal oder horizontal ausgerichtete Netzwerke.
Die betrachteten Innovationsnetzwerke weisen dabei im Mittel einen Anteil von universitä-ren und außeruniversitären Forschungseinrichtungen von 28% auf.

53 % der untersuchten Netzwerke weist eine Mitgliederanzahl von 25 oder weniger auf. 15%
setzten sich aus mehr als 100 Mitgliedern zusammen.

Netzwerkgröße

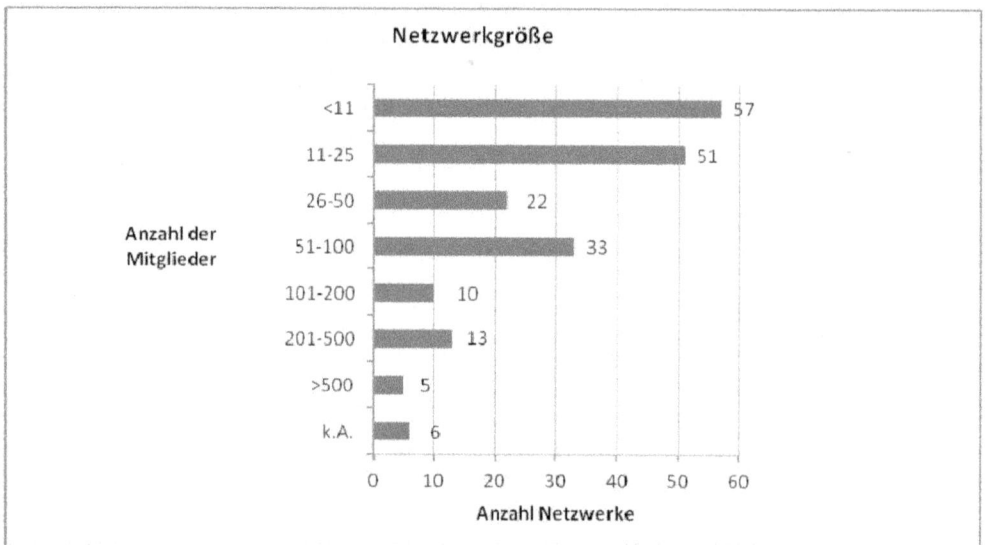

Abbildung 15: Verteilung nach Netzwerkgrößen
Quelle: Eigene Darstellung

Über 75% der Innovationsnetzwerke sind maximal 10 Jahre alt. Lediglich 5% sind älter als
20 Jahre. Dies verdeutlicht den Trend zu Netzwerken vor allem seit der Jahrtausendwende.

Netzwerkalter

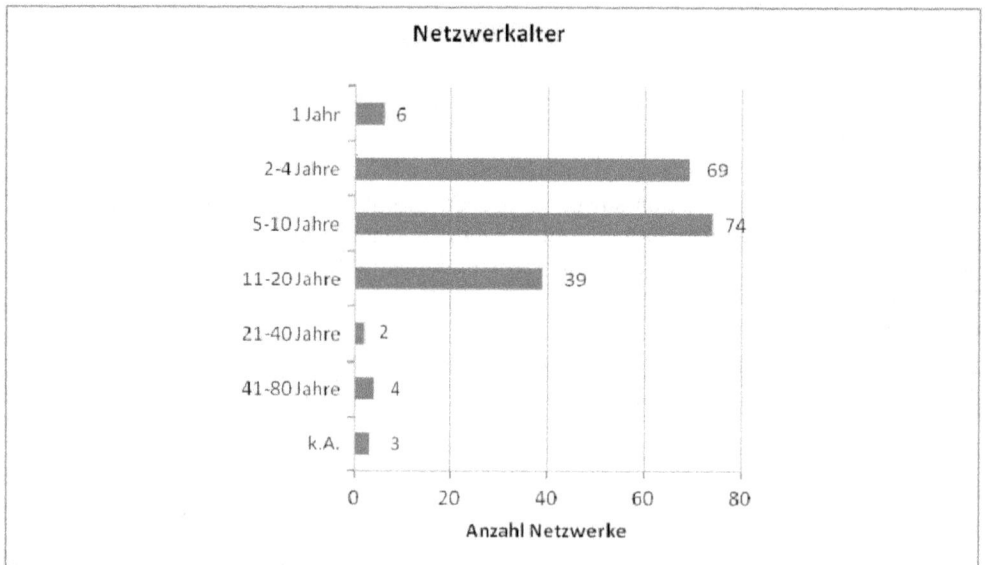

Abbildung 16: Verteilung nach Netzwerkalter
Quelle: Eigene Darstellung

Produktions- und Verfahrenstechnologien sowie Werkstoff- und Materialtechnologien stellen die dominierenden Innovationsfelder der Netzwerke dar. Am geringsten sind die Bereiche Sicherheitstechnologien und maritime Technologien vertreten. Bei der Beantwortung dieser Frage konnten drei Innovationsfelder angegeben werden.

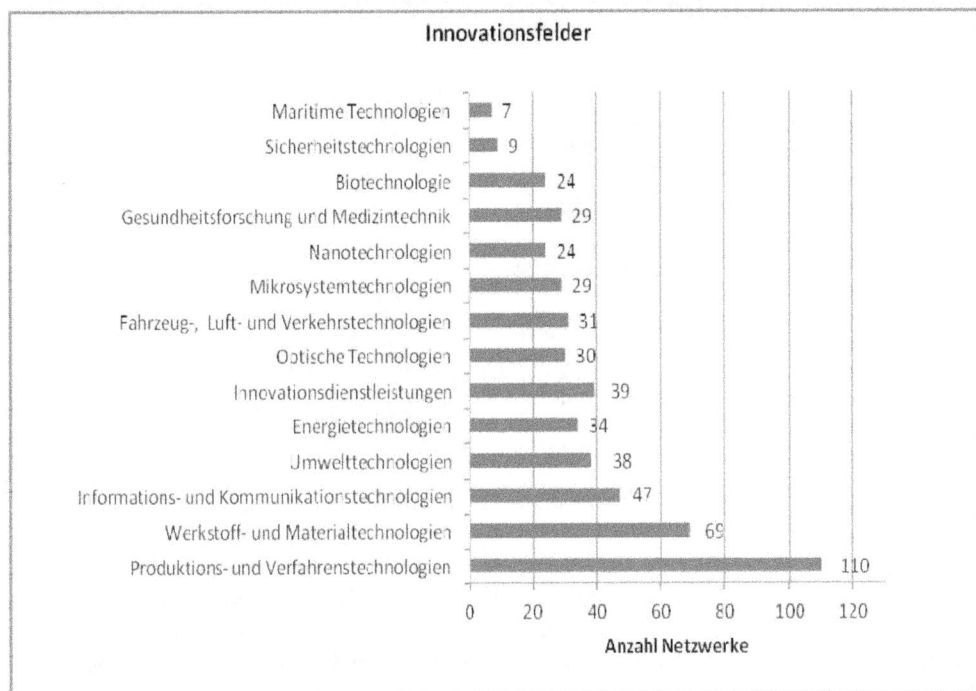

Innovationsfelder

Innovationsfeld	Anzahl Netzwerke
Maritime Technologien	7
Sicherheitstechnologien	9
Biotechnologie	24
Gesundheitsforschung und Medizintechnik	29
Nanotechnologien	24
Mikrosystemtechnologien	29
Fahrzeug-, Luft- und Verkehrstechnologien	31
Optische Technologien	30
Innovationsdienstleistungen	39
Energietechnologien	34
Umwelttechnologien	38
Informations- und Kommunikationstechnologien	47
Werkstoff- und Materialtechnologien	69
Produktions- und Verfahrenstechnologien	110

Abbildung 17: Verteilung nach Innovationsfeldern
Quelle: Eigene Darstellung

Zur finanziellen Unterstützung der Netzwerktätigkeit existieren in Deutschland zahlreiche Fördermöglichkeiten. Aus diesem Grund soll hier auch auf die Art des Fördermittelbezugs eingegangen werden. Es war bei der Befragung eine Mehrfachangabe möglich. 37% der Netzwerke beziehen keine Fördermittel. Von den knapp 2/3 der Netzwerke, welche Fördermittel nutzen, sind Bundesmittel mit 49% am häufigsten vertreten. Auf Ebene der Landesmittelförderung sind Programme der Bundesländer Nordrhein-Westfalen, Baden-Württemberg und Hessen am stärksten verbreitet in der vorliegenden Datengrundlage. Bei Betrachtung einzelner Bundesförderprogramme dominiert die Netzwerkförderung des ZIM-Programms sowie des InnoNet-Programms des Bundesministeriums für Wirtschaft und Technologie.

Insgesamt verfügen die Netzwerke dieser Studie über ein kumuliertes Jahresbudget von fast 150 Mio. Euro. Im arithmetischen Mittel ergibt sich ein Budget von 952.783 Euro für jedes der Netzwerke. Angesichts der beträchtlichen Spannweite von 750 Euro bis 50 Mio. Euro bei einzelnen Netzwerken hat dieser Mittelwert jedoch nur eine begrenzte Aussagekraft.

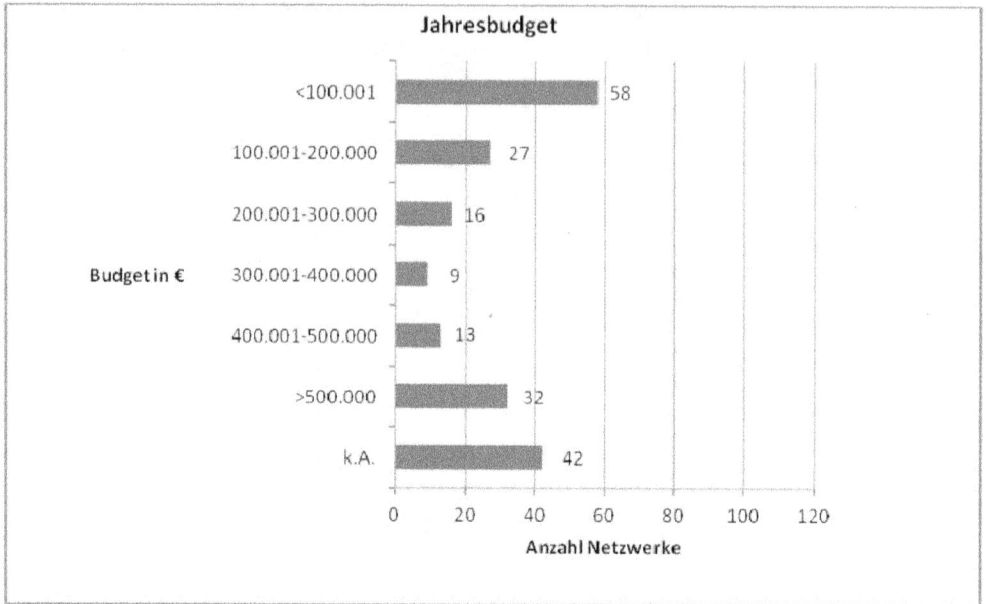

Abbildung 18: Verteilung nach Jahresbudget
Quelle: Eigene Darstellung

Die hier beschriebene Datengrundlage bildet die Basis der weiteren Analyse. Zunächst erfolgt in Abschnitt 2 die Bewertung der Messmodelle der einzelnen Modellkonstrukte. Abschnitt 3 fügt die Konstrukte in Form eines Strukturgleichungsmodells zusammen, welches das in Teil IV der Arbeit dargestellte Hypothesensystem abbildet.

2 Gütebeurteilung der Messmodelle

In den folgenden Abschnitten werden die einzelnen Messmodelle beurteilt. Entsprechend der in Teil V.2.2 dargestellten Methodik werden reflektiv und formativ spezifizierte Modelle unterschieden. Die Beurteilungen bezieht sich auf die Messmodellebene, d.h. wie gut die einzelnen latenten Variablen durch ihre Indikatoren gemessen werden. Dies dient u.a. zur Beantwortung der dritten Forschungsfrage, ob eine gewählte Operationalisierung die Gütekriterien erfüllt.[17] Eine Beurteilung des eigentlichen Hypothesensystems, d.h. die Analyse der Beziehungen zwischen latenten Variablen, findet auf Strukturmodellebene in Abschnitt 3 statt. Voraussetzung hierfür sind jedoch reliable und valide Messmodelle.

2.1 Bewertung der reflektiven Messmodelle

Reflektiv spezifizierte Messmodelle werden anhand der in Teil V.2.2.1 dargestellten Gütekriterien auf Reliabilität sowie Validität geprüft.[18] Hierzu werden im Folgenden für jedes Konstrukt zunächst die Kriterien der ersten Generation geprüft. Dies umfasst die Ermittlung von *Cronbachs Alpha,* der *Item-to-Total-Korrelation (ITC)* sowie die Prüfung mittels *exploratorischer Faktorenanalyse.*[19] Hierbei sollte möglichst jeweils nur ein Faktor extrahiert werden, welcher mindestens 50% der Varianz der Indikatoren eines Konstrukts aufklären kann.[20] Die Reliabilitäts- und Validitätskriterien der zweiten Generation sind deutlich strengere Gütemaße. Auf Basis einer konfirmatorischen Faktorenanalyse (CFA) werden *Indikatorreliabilität, Faktorreliabilität* und die *durchschnittlich erfasst Varianz (DEV)* ermittelt. Zusammenfassend für alle reflektiven Konstrukte wird abschließend die Einhaltung des *Fornell-Larcker-Kriteriums* zur Prüfung der Diskriminanzvalidität ermittelt.[21]

---

[17] Ringle, Sarstedt & Straub (2012) zeigen, in welchem Maße die beschriebenen Kriterien in PLS-basierten Studien zur Anwendung kommen. Die vorliegende Arbeit nutzt diese demnach in deutlich größerem Umfang als allgemein verbreitet.

[18] Vgl. Tabelle 20.

[19] Die einfaktorielle EFA als Gütekriterium der ersten Generation wird mittels Hauptachsenanalyse vorgenommen. Hierdurch lassen sich die extrahierten Faktoren als ursächlich für die Varianz der Indikatoren interpretieren, was den Annahmen eines reflektiven Messmodells entspricht (vgl. IV.2.1); vgl. Backhaus et al. (2003), S. 291 ff. Die schiefwinklige Oblimin-Rotation berücksichtigt, dass extrahierte Faktoren nicht gänzlich voneinander unabhängig sind. Sie kommt allerdings nur dann zur Anwendung, wenn mehr als ein Faktor extrahiert wird, was bei reflektiven Messmodellen *eines* Konstrukts jedoch nicht gewünscht ist (vgl. V.2.2.1). Sollten jedoch mehrere Faktoren extrahiert werden, ist die Annahme ihrer Korrelation realistisch, da sie von einem möglichst unidimensionalen Set von Indikatoren gemessen werden.

[20] Die Kriterienanalysen der ersten Generation wurden mit IBM PASW/SPSS 18.0 vorgenommen.

[21] Die Kriterienanalysen der zweiten Generation beruhen auf konfirmatorischen Faktorenanalysen sowie auf *resampling mittels Bootstrapping* mit 500 Wiederholungen (vgl. Ringle et al. (2006), S. 86). Beim *Bootstrapping* wird aus den Rohdaten eine große Anzahl von zufälligen Teilmengen mit Zurücklegen gezogen, wobei für jede die Modellparameter geschätzt werden (vgl. Reimer (2007), S: 397 ff.). Die Streuung der Parameter über alle Teilmengen dient dann zur Berechnung von t-Werten. Hierfür wurde smartPLS 2.0 eingesetzt; vgl. Ringle, Wende & Will (2005).

Finanzielle Ressourcen

Finanzielle Ressourcenbasis Gütekriterien der 1. Generation			
Indikator		Item-to-Total- Korrelation	Faktorladung (EFA) (≥ 0,4)
FR_1	Dem Netzwerk stehen ausreichend finanzielle Ressourcen zur Verfügung	0,703	0,738
FR_2	Die Finanzierung des Netzwerks ist momentan sicher	0,803	0,848
FR_3	Für geplante Netzwerkaktivitäten ist i.d.R. ausreichend Budget vorhanden	0,883	0,941
FR_4	Das Netzwerk steht auf einer soliden finanziellen Basis	0,849	0,894
~~FR_5~~	Finanzielle Schwierigkeiten schränken die Netzwerkarbeit deutlich ein		
Deskriptive Beurteilungskennzahl			
Cronbachs Alpha (≥ 0,7)		0,915	
Ergebnisses der explorativen Faktorenanaylse			
Extraktionsmethode		Hauptachsen oblimin	
Kaiser-Meyer-Olkin-Kriterium (≥ 0,7)		0,791	
Anzahl extrahierter Faktoren		1	
Erklärte Varianz durch Faktor (≥ 50%)		80%	

Tabelle 22: Gütebeurteilung I – Finanzielle Ressourcenbasis

Quelle: Eigene Darstellung

Sämtliche Indikatoren der Variablen Finanzielle Ressourcenbasis erfüllen die geforderten Gütekriterien. Da FR_5 jedoch bei der CFA eine Indikatorreliabilität < 0,4 aufwies, wurde es von der Messung des Konstrukts ausgeschlossen. Es er sich ein hohes Maß an interner Konsistent mit einem Cronbachs Alpha von > 0,9. Die verbleibenden vier Indikatoren führen in einer explorativen Faktorenanalyse zur Extrahierung eines Faktors, welcher 80% der Varianz aufklären kann. Für die einzelnen Indikatoren ergeben sich hohe bis sehr hohe Ladungen auf diesen gemeinsamen Faktor.

Auch die Gütekriterien der zweiten Generation werden mit einem Messmodell der vier Indikatoren deutlich erzielt. Damit kann von einer reliablen und validen Messung der finanziellen Ressourcenbasis ausgegangen werden.

Gütekriterien der 2. Generation				
Indikator		Faktorladung (CFA) (≥ 0,6)	Indikator- reliabilität (≥ 0,4)	Faktorreliabilität (≥ 0,7) durchschn. erfasste Varianz (≥ 0,5)
FR_1	Dem Netzwerk stehen ausreichend finanzielle Ressourcen zur Verfügung	0,845****	0,714	
FR_2	Die Finanzierung des Netzwerks ist momentan sicher	0,879****	0,773	FR: 0,940
FR_3	Für geplante Netzwerkaktivitäten ist i.d.R. ausreichend Budget vorhanden	0,939****	0,882	DEV: 0,798
FR_4	Das Netzwerk steht auf einer soliden finanziellen Basis	0,906****	0,822	
**** α=0,000 *** α<0,01 ** α<0,05 * α<0,1				

Tabelle 23: Gütebeurteilung II – Finanzielle Ressourcenbasis

Quelle: Eigene Darstellung

Ressourcenspezifität

Ressourcenspezifität Gütekriterien der 1. Generation			
Indikator		Item-to-Total-Korrelation	Faktorladung (EFA) (≥ 0,4)
RS_1	Im Netzwerk wird gezielt in innovative Projekte investiert	0,714	0,837
RS_2	Besonders bei neuen, vielversprechenden Ideen werden im Netzwerk Ressourcen eingesetzt	0,687	0,794
RS_3	Ein Teil der finanziellen Mittel wird im Netzwerk ausschließlich für innovative Vorhaben ausgegeben	0,652	0,732
Deskriptive Beurteilungskennzahl			
Cronbachs Alpha (≥ 0,7)		0,824	
Ergebnisses der explorativen Faktorenanaylse			
Extraktionsmethode		Hauptachsen oblimin	
Kaiser-Meyer-Olkin-Kriterium (≥ 0,7)		0,717	
Anzahl extrahierter Faktoren		1	
Erklärte Varianz durch Faktor (≥ 50%)		75%	

Tabelle 24: Gütebeurteilung I – Ressourcenspezifität

Quelle: Eigene Darstellung

Die Operationalisierung der Variablen Ressourcenspezifität zeigt sich in sämtlichen Kriterien der ersten Generation als gut. Alle formulierten Indikatoren laden deutlich über dem geforderten Maß auf einem einzelnen Faktor, welcher 75% ihrer Varianz erklären kann. Auch auf Basis der strengeren Kriterien der zweiten Generation ist keine Änderung im Messmodell notwendig. Sämtliche Faktorladungen sind hoch und hoch signifikant. Das Messmodell der Ressourcenspezifität stellt sich damit als reliabel und valide dar.

Gütekriterien der 2. Generation				
Indikator		Faktorladung (CFA) (≥ 0,6)	Indikator-reliabilität (≥ 0,4)	Faktorreliabilität (≥ 0,7) durchschn. erfasste Varianz (≥ 0,5)
RS_1	Im Netzwerk wird gezielt in innovative Projekte investiert	0,909****	0,826	FR: 0,894 DEV: 0,738
RS_2	Besonders bei neuen, vielversprechenden Ideen werden im Netzwerk Ressourcen eingesetzt	0,855****	0,732	
RS_3	Ein Teil der finanziellen Mittel wird im Netzwerk ausschließlich für innovative Vorhaben ausgegeben	0,811****	0,658	
**** α=0,000 *** α<0,01 ** α<0,05 * α<0,1				

Tabelle 25: Gütebeurteilung II – Ressourcenspezifität

Quelle: Eigene Darstellung

Wissens- und Kompetenzbasis der Netzwerkmitglieder

Wissens- & Kompetenzbasis Gütekriterien der 1. Generation		
Indikator	Item-to-Total-Korrelation	Faktorladung (EFA) (≥ 0,4)
WK_1 Auf wichtigen Themengebieten sind die Mitglieder kompetent	0,596	0,671
WK_2 Im Netzwerk existiert ein ausreichender Grundstock an wichtigem Know-How	0,683	0,764
WK_3 Die Mitglieder zeigen, dass sie über umfassendes und fundiertes Fachwissen verfügen	0,736	0,851
WK_4 Im Netzwerk sind kompetente Vertreter der für uns relevanten Branche(n) versammelt	0,587	0,643
WK_5 Die Mitglieder verstehen ihr jeweiliges Geschäft gut	0,535	0,591
Deskriptive Beurteilungskennzahl		
Cronbachs Alpha (≥ 0,7)	0,824	
Ergebnisses der explorativen Faktorenanaylse		
Extraktionsmethode	Hauptachsen oblimin	
Kaiser-Meyer-Olkin-Kriterium (≥ 0,7)	0,826	
Anzahl extrahierter Faktoren	1	
Erklärte Varianz durch Faktor (≥ 50%)	60%	

Tabelle 26: Gütebeurteilung I – Wissens- und Kompetenzbasis

Quelle: Eigene Darstellung

Das Messmodell für die zweite Ressourcenvariable und damit eine postulierte Basis für die Innovationsfähigkeit von Netzwerken zeigt ebenfalls eine akzeptable reflektive Operationalisierung. Alle Kriterien der ersten Generation werden übertroffen.

Der Indikator WK_5 weist die geringste Faktorladung auf, liegt allerdings über den zu Grunde gelegten Grenzwerten. Da sowohl die Ladung hoch signifikant ist, als auch die insgesamt mit der Konstruktmessung erzielte Faktorreliabilität gut ausfällt, wird der Indikator beibehalten (vgl. Teil V.2.2.1).

Gütekriterien der 2. Generation			
Indikator	Faktorladung (CFA) (≥ 0,6)	Indikator-reliabilität (≥ 0,4)	Faktorreliabilität (≥ 0,7) durchschn. erfasste Varianz (≥ 0,5)
WK_1 Auf wichtigen Themengebieten sind die Mitglieder kompetent	0,769****	0,591	
WK_2 Im Netzwerk existiert ein ausreichender Grundstock an wichtigem Know-How	0,821****	0,673	
WK_3 Die Mitglieder zeigen, dass sie über umfassendes und fundiertes Fachwissen verfügen	0,867****	0,751	FR: 0,880 DEV: 0,596
WK_4 Im Netzwerk sind kompetente Vertreter der für uns relevanten Branche(n) versammelt	0,701****	0,491	
WK_5 Die Mitglieder verstehen ihr jeweiliges Geschäft gut	0,689****	0,475	
**** α=0,000 *** α<0,01 ** α<0,05 * α<0,1			

Tabelle 27: Gütebeurteilung II – Wissens- und Kompetenzbasis

Quelle: Eigene Darstellung

Ressourcenkomplementarität

Ressourcenkomplementarität Gütekriterien der 1. Generation		
Indikator	Item-to-Total-Korrelation	Faktorladung (EFA) ($\geq$ 0,4)
RK_1 In ihren Kompetenzen ergänzen sich die Mitglieder	0,482	0,594
~~RK_2~~ Bei der Zusammensetzung der Mitglieder im Netzwerk wird/wurde eine sinnvolle Ergänzung der Kompetenzen berücksichtigt		
RK_3 Die Mitglieder passen zueinander	0,556	0,736
RK_4 Die Mitglieder bereichern sich gegenseitig durch Wissen und Erfahrung	0,552	0,665
Deskriptive Beurteilungskennzahl		
Cronbachs Alpha ($\geq$ 0,7)	0,702	
Ergebnisses der explorativen Faktorenanaylse		
Extraktionsmethode	Hauptachsen oblimin	
Kaiser-Meyer-Olkin-Kriterium ($\geq$ 0,7)	0,667	
Anzahl extrahierter Faktoren	1	
Erklärte Varianz durch Faktor ($\geq$ 50%)	63%	

Tabelle 28: Gütebeurteilung I – Ressourcenkomplementarität

Quelle: Eigene Darstellung

Beim Messmodell der Ressourcenkomplementarität wurde zunächst der verlangte Wert des Cronbachs Alpha von $\geq$ 0,7 knapp unterschritten. Daher wurde der Indikator RK_2 mit dem geringsten ITC-Wert entfernt. Die verbleibenden drei Indikatoren laden bei einer EFA alle über dem Mindestwert auf einem Faktor, welcher mit 63% deutlich mehr als die geforderte Hälfte ihrer Varianz aufklären kann.

Das respezifizierte Messmodell wurde einer weiteren Prüfung der zweiten Generation unterzogen. Dabei zeigt sich, dass alle Gütekriterien erfüllt werden und somit von einer insgesamt guten Messung der Ressourcenkomplementarität ausgegangen werden kann.

Gütekriterien der 2. Generation			
Indikator	Faktorladung (CFA) ($\geq$ 0,6)	Indikator-reliabilität ($\geq$ 0,4)	Faktorreliabilität ($\geq$ 0,7) durchschn. erfasste Varianz ($\geq$ 0,5)
RK_1 In ihren Kompetenzen ergänzen sich die Mitglieder	0,771****	0,596	FR: 0,834 DEV: 0,626
RK_3 Die Mitglieder passen zueinander	0,792****	0,627	
RK_4 Die Mitglieder bereichern sich gegenseitig durch Wissen und Erfahrung	0,810****	0,656	
**** α=0,000 *** α<0,01 ** α<0,05 * α<0,1			

Tabelle 29: Gütebeurteilung II – Ressourcenkomplementarität

Quelle: Eigene Darstellung

Wissensaustauschroutinen

	Wissensaustausch Gütekriterien der 1. Generation		
Indikator		Item-to-Total-Korrelation	Faktorladung (EFA) (≥ 0,4)
WA_1	Die Mitglieder werden ermuntert intensiv und regelmäßig untereinander zu kommunizieren	0,587	0,652
WA_2	Gegenseitige Besuche von Mitgliedern untereinander sind gängige Praxis im Netzwerk	0,638	0,699
WA_3	Die Mitglieder tauschen sich sehr wenig aus	0,625	0,681
WA_4	Regelmäßige Treffen dienen zum Wissensaustausch der Mitglieder	0,578	0,648
WA_5	Die Mitglieder haben eine gewisse Routine im Austausch untereinander	0,614	0,677
~~WA_6~~	Regelmäßige Publikationen, Newsletter, Rundbriefe etc. dienen der Wissensverbreitung im Netzwerk		
WA_7	Für die Mitglieder ist der regelmäßige Wissensaustausch Normalität	0,671	0,752
Deskriptive Beurteilungskennzahl			
Cronbachs Alpha (≥ 0,7)		0,839	
Ergebnisses der explorativen Faktorenanaylse			
Extraktionsmethode		Hauptachsen oblimin	
Kaiser-Meyer-Olkin-Kriterium (≥ 0,7)		0,838	
Anzahl extrahierter Faktoren		1	
Erklärte Varianz durch Faktor (≥ 50%)		56%	

Tabelle 30: Gütebeurteilung I – Wissensaustauschroutinen
Quelle: Eigene Darstellung

Für die erste Dimension der Innovationsfähigkeit zeigen die Gütekriterien erster Generation Anpassungsnotwendigkeit. Die erste EFA deutet auf zwei Faktoren hin. Dies kann bedeuten, dass sich hinter den Indikatoren zwei Facetten des Wissensaustausches verbergen. Da jedoch allein WA_6 auf dem ersten und zweiten Faktor lädt, alle weiteren Indikatoren laden ausschließlich auf den ersten Faktoren, erfolgt keine Respezifikation. WA_6 wird im Messmodell nicht weiter berücksichtigt. Die verbleibenden Indikatoren weisen einen guten Zusammenhang (α = 0,84) auf. Der verbleibende Faktor erklärt über 50% ihrer Varianz. Damit ergibt sich ein reliables und valides Messmodell. Die Prüfung der zweiten Generation ergibt zufriedenstellende Werte. Der Indikator WA_2 weist eine relativ geringe Faktorladung auf, ist jedoch aufgrund der insgesamt guten Faktorreliabilität und dem Einhalten aller Grenzwerte akzeptabel. Das Messmodell mit sechs Indikatoren wird daher beibehalten.

	Gütekriterien der 2. Generation			
Indikator		Faktorladung (CFA) (≥ 0,6)	Indikator-reliabilität (≥ 0,4)	Faktorreliabilität (≥ 0,7) durchschn. erfasste Varianz (≥ 0,5)
WA_1	Die Mitglieder werden ermuntert intensiv und regelmäßig untereinander zu kommunizieren	0,759****	0,575	
WA_2	Gegenseitige Besuche von Mitgliedern untereinander sind gängige Praxis im Netzwerk	0,695****	0,483	FR: 0,881 DEV: 0,554
WA_3	Die Mitglieder tauschen sich sehr wenig aus	0,711****	0,505	
WA_4	Regelmäßige Treffen dienen zum Wissensaustausch der Mitglieder	0,754****	0,569	
WA_5	Die Mitglieder haben eine gewisse Routine im Austausch untereinander	0,723****	0,523	
WA_7	Für die Mitglieder ist der regelmäßige Wissensaustausch Normalität	0,815****	0,664	
**** α=0,000 *** α<0,01 ** α<0,05 * α<0,1				

Tabelle 31: Gütebeurteilung II – Wissensaustauschroutinen
Quelle: Eigene Darstellung

Kospezialisierung

Kospezialisierung Gütekriterien der 1. Generation		
Indikator	Item-to-Total- Korrelation	Faktorladung (EFA) (≥ 0,4)
KS_1 Die Mitglieder entwickeln zueinander passende Arbeitsabläufe	0,735	0,815
KS_2 Bei der Entwicklung von Prozessen und Verfahren achten die Mitglieder verstärkt auf Synergieeffekte untereinander	0,785	0,875
KS_3 Die Mitglieder entwickeln Produkte oder Dienstleistungen, die sich ergänzen	0,684	0,742
KS_4 Die Kompetenzen der Mitglieder ergänzen sich im Laufe der Zeit zunehmend	0,644	0,696
Deskriptive Beurteilungskennzahl		
Cronbachs Alpha (≥ 0,7)	0,862	
Ergebnisses der explorativen Faktorenanaylse		
Extraktionsmethode	Hauptachsen oblimin	
Kaiser-Meyer-Olkin-Kriterium (≥ 0,7)	0,79	
Anzahl extrahierter Faktoren	1	
Erklärte Varianz durch Faktor (≥ 50%)	71%	

Tabelle 32: Gütebeurteilung I – Kospezialisierung

Quelle: Eigene Darstellung

Die Operationalisierung der Variablen Kospezialisierung der Netzwerkmitglieder zeigt sich in allen Kriterien als gelungen. Sämtliche Mindestmaße werden deutlich erreicht. Auch die Prüfung auf Basis der Gütekriterien der zweiten Generation zeigt eine hohe Reliabilität und Validität der Messung.

Gütekriterien der 2. Generation			
Indikator	Faktorladung (CFA) (≥ 0,6)	Indikator- reliabilität (≥ 0,4)	Faktorreliabilität (≥ 0,7) durchschn. erfasste Varianz (≥ 0,5)
KS_1 Die Mitglieder entwickeln zueinander passende Arbeitsabläufe	0,872****	0,760	
KS_2 Bei der Entwicklung von Prozessen und Verfahren achten die Mitglieder verstärkt auf Synergieeffekte untereinander	0,889****	0,791	FR: 0,906
KS_3 Die Mitglieder entwickeln Produkte oder Dienstleistungen, die sich ergänzen	0,810****	0,656	DEV: 0,707
KS_4 Die Kompetenzen der Mitglieder ergänzen sich im Laufe der Zeit zunehmend	0,789****	0,623	
**** α=0,000 *** α<0,01 ** α<0,05 * α<0,1			

Tabelle 33: Gütebeurteilung II – Kospezialisierung

Quelle: Eigene Darstellung

Innovationsstrategie

Innovationsstrategie Gütekriterien der 1. Generation			
Indikator		Item-to-Total-Korrelation	Faktorladung (EFA) (≥ 0,4)
IS_1	Innovationen sind ein wichtiges Ziel des Netzwerks, auf das hingearbeitet wird	0,590	0,720
IS_2	Innovationsprojekte werden von Mitgliedern gemeinsam geplant		
IS_3	Für das Netzwerk sind Innovationen von großer Bedeutung	0,515	0,641
IS_4	Eine gemeinsame Strategie existiert nicht	0,513	0,570
IS_5	Für das Netzwerk strategisch wichtige Schwerpunktthemen werden gemeinsam festgelegt		
IS_6	Strategische Überlegungen prägen die Innovationsaktivitäten im Netzwerk	0,565	0,631
IS_7	Es werden gezielt netzwerkweite Innovationsschwerpunktthemen bearbeitet	0,607	0,703
Deskriptive Beurteilungskennzahl			
Cronbachs Alpha (≥ 0,7)		0,767	
Ergebnisses der explorativen Faktorenanaylse			
Extraktionsmethode		Hauptachsen oblimin	
Kaiser-Meyer-Olkin-Kriterium (≥ 0,7)		0,756	
Anzahl extrahierter Faktoren		1	
Erklärte Varianz durch Faktor (≥ 50%)		54%	

Tabelle 34: Gütebeurteilung I – Innovationsstrategie

Quelle: Eigene Darstellung

Ähnlich wie beim Messmodell der Variablen Wissensaustausch deutete die erste EFA auf zwei zu Grunde liegende Faktoren hin. Auch hier konnte durch die Eliminierung eines einzelnen Indikators (IS_2) jedoch eine einfaktorielle Lösung erzielt werden, bei der alle weiteren Indikatoren deutlich über dem geforderten Wert auf diesem einen Faktor laden. In der folgenden CFA zeigte IS_5 jedoch eine Indikatorreliabilität unter 0,4 und wurde aus dem Messmodell entfernt. Die respezifizierte Lösung zeigt für alle verbleibenden fünf Indikatoren sowie für das gesamte Konstrukt akzeptable bis gute Werte für die Gütekriterien der zweiten Generation.

Gütekriterien der 2. Generation				
Indikator		Faktorladung (CFA) (≥ 0,6)	Indikator-reliabilität (≥ 0,4)	Faktorreliabilität (≥ 0,7) durchschn. erfasste Varianz (≥ 0,5)
IS_1	Innovationen sind ein wichtiges Ziel des Netzwerks, auf das hingearbeitet wird	0,762****	0,580	
IS_3	Für das Netzwerk sind Innovationen von großer Bedeutung	0,712****	0,506	
IS_4	Eine gemeinsame Strategie existiert nicht	0,669****	0,448	FR: 0,854
IS_6	Strategische Überlegungen prägen die Innovationsaktivitäten im Netzwerk	0,735****	0,541	DEV: 0,540
IS_7	Es werden gezielt netzwerkweite Innovationsschwerpunktthemen bearbeitet	0,791****	0,626	
**** α=0,000 *** α<0,01 ** α<0,05 * α<0,1				

Tabelle 35: Gütebeurteilung II – Innovationsstrategie

Quelle: Eigene Darstellung

Externe Marktinnovationen

Externe Innovation Gütekriterien der 1. Generation		
Indikator	Item-to-Total-Korrelation	Faktorladung (EFA) (≥ 0,4)
Gemessen am Wettbewerb in dem/den Innovationsschwerpunkt(en) …		
EI_1 … entstehen im Netzwerk Innovationen, mit denen Mitglieder erfolgreich sind	0,757	0,821
EI_2 … werden aus dem Netzwerk heraus Innovationen von den Mitgliedern erfolgreich vermarktet	0,793	0,869
EI_3 … werden aus dem Netzwerk heraus beständig Innovationen erfolgreich angeboten	0,739	0,796
EI_4 … wurden bisher Innovationen aus dem Netzwerk heraus geschaffen	0,697	0,754
Deskriptive Beurteilungskennzahl		
Cronbachs Alpha (≥ 0,7)	0,880	
Ergebnisses der explorativen Faktorenanaylse		
Extraktionsmethode	Hauptachsen oblimin	
Kaiser-Meyer-Olkin-Kriterium (≥ 0,7)	0,795	
Anzahl extrahierter Faktoren	1	
Erklärte Varianz durch Faktor (≥ 50%)	74%	

Tabelle 36: Gütebeurteilung I – Marktinnovationen

Quelle: Eigene Darstellung

Für die erste von zwei Outputvariablen im Modell der Innovationsfähigkeit ergeben sich auf Basis der Gütekriterien erster Generation keine Anpassungsindizien. Sämtliche Mindestwerte werden deutlich überschritten. Der einzige gemeinsame Faktor der vier Indikatoren kann 74% ihrer Varianz aufklären. Auch die weitere Prüfung zeigt die hohe Messgüte der Operationalisierung. Damit ist auch hier von einem validen und reliablen Modell auszugehen, dessen Indikatoren hohe und hoch signifikante Faktorladungen aufweisen und zu einer insgesamt sehr hohen Faktorreliabilität beitragen.

Gütekriterien der 2. Generation			
Indikator	Faktorladung (CFA) (≥ 0,6)	Indikator-reliabilität (≥ 0,4)	Faktorreliabilität (≥ 0,7) durchschn. erfasste Varianz (≥ 0,5)
Gemessen am Wettbewerb in dem/den Innovationsschwerpunkt(en) …			
EI_1 … entstehen im Netzwerk Innovationen, mit denen Mitglieder erfolgreich sind	0,864****	0,747	FR: 0,920 DEV: 0,741
EI_2 … werden aus dem Netzwerk heraus Innovationen von den Mitgliedern erfolgreich vermarktet	0,893****	0,798	
EI_3 … werden aus dem Netzwerk heraus beständig Innovationen erfolgreich angeboten	0,867****	0,752	
EI_4 … wurden bisher Innovationen aus dem Netzwerk heraus geschaffen	0,817****	0,668	
**** α=0,000 *** α<0,01 ** α<0,05 * α<0,1			

Tabelle 37: Gütebeurteilung II – Marktinnovationen

Quelle: Eigene Darstellung

Interne Netzwerkinnovationen

Interne Innovation Gütekriterien der 1. Generation			
Indikator		Item-to-Total- Korrelation	Faktorladung (EFA) (≥ 0,4)
	Seit Gründung des Netzwerks wurden ...		
II_1	... neue, für die meisten Mitglieder bis dahin wenig bekannte Maßnahmen im Netzwerk etabliert	0,626	0,685
II_2	... wichtige Neuerungen im Netzwerk erfolgreich umgesetzt	0,728	0,801
II_3	... neue Serviceangebote für die Netzwerkmitglieder erfolgreich eingeführt	0,719	0,783
II_4	... veränderte Strukturen im Netzwerk neu etabliert	0,655	0,701
II_5	... neue Prozesse im Netzwerk erfolgreich eingeführt	0,794	0,863
Deskriptive Beurteilungskennzahl			
Cronbachs Alpha (≥ 0,7)		0,873	
Ergebnisses der explorativen Faktorenanaylse			
Extraktionsmethode		Hauptachsen oblimin	
Kaiser-Meyer-Olkin-Kriterium (≥ 0,7)		0,80	
Anzahl extrahierter Faktoren		1	
Erklärte Varianz durch Faktor (≥ 50%)		67%	

Tabelle 38: Gütebeurteilung I – Netzwerkinnovationen

Quelle: Eigene Darstellung

Etwas geringer als im Messmodell der externen Marktinnovation aber dennoch mit hohen 67% Varianzaufklärung wird auf Basis der EFA ein Faktor extrahiert, welcher auf eine gute Messgüte auch von internen Netzwerkinnovationen hinweist.

Dies bestätigt auch die weitere Qualitätsprüfung des Messmodells. Sämtliche Indikatoren laden deutlich über dem geforderten Wert und hoch signifikant auf einem zugrunde liegenden Faktor.

Gütekriterien der 2. Generation				
Indikator		Faktorladung (CFA) (≥ 0,6)	Indikator- reliabilität (≥ 0,4)	Faktorreliabilität (≥ 0,7) durchschn. erfasste Varianz (≥ 0,5)
	Seit Gründung des Netzwerks wurden ...			
II_1	... neue, für die meisten Mitglieder bis dahin wenig bekannte Maßnahmen im Netzwerk etabliert	0,775****	0,601	
II_2	... wichtige Neuerungen im Netzwerk erfolgreich umgesetzt	0,855****	0,731	FR: 0,909
II_3	... neue Serviceangebote für die Netzwerkmitglieder erfolgreich eingeführt	0,827****	0,684	DEV: 0,666
II_4	... veränderte Strukturen im Netzwerk neu etabliert	0,742****	0,550	
II_5	... neue Prozesse im Netzwerk erfolgreich eingeführt	0,875****	0,765	
**** α=0,000 *** α<0,01 ** α<0,05 * α<0,1				

Tabelle 39: Gütebeurteilung II – Netzwerkinnovationen

Quelle: Eigene Darstellung

Die Güteprüfungen der Messmodelle aller reflektiven Konstrukte zeigen das insgesamt hohe Niveau der Operationalisierung. Keines der Messmodelle musste in größerem Umfang angepasst werden. Auch die zum Erreichen der geforderten Gütekriterien mögliche Eliminierung einzelner Indikatoren bei reflektiven Messmodellen (vgl. Teil IV.2.1 & V.2.2.1) beschränkt sich auf vier Konstrukte und beläuft sich auf insgesamt lediglich fünf Indikatoren. *„Frequently, authors report a percentage of deleted items of up to 50%."*[22]
Durch die vorgenommenen Einzelprüfungen kann die Reliablität, Inhaltsvalidität und Konvergenzvalidität der reflektiven Messmodelle als gut beurteilt werden. Weitere Hinweise auf Konvergenzvalidität, insbesondere jedoch auf Diskriminanzvalidität, sind im Vergleich der Faktorladungen über alle reflektiven Konstrukte sowie auf Basis des Fornell-Larcker-Kriteriums zu erzielen.

Konvergenz- und Diskriminanzvalidität der reflektiven Messmodelle

Das Fornell-Larcker-Kriterium nutzt die ermittelte durchschnittlich erfasste Varianz (DEV) der einzelnen Messmodelle. Fornell & Larcker (1981) betrachten die Diskriminanzvalidität als gegeben, wenn die DEV eines latenten Konstrukts größer ist als jede seiner quadrierten Korrelation mit anderen latenten, reflektiv operationalisierten Faktoren im Untersuchungsmodell. Tabelle 40 zeigt, dass das Kriterium von allen Konstrukten deutlich erfüllt wird.

Tabelle 40: Fornell-Larcker-Kriterium

Konstrukt	EI	FR	II	IS	KS	RK	RS	WA	WK
DEV	0,741	0,798	0,666	0,540	0,707	0,626	0,738	0,554	0,596
EI	0,741	Quadrierte Korrelationen der reflektiven Modellkonstrukte							
FR	0,798	0,052							
II	0,666	0,174	0,058						
IS	0,540	0,134	0,132	0,070					
KS	0,707	0,166	0,017	0,023	0,200				
RK	0,626	0,147	0,054	0,067	0,164	0,289			
RS	0,738	0,200	0,103	0,032	0,189	0,155	0,073		
WA	0,554	0,103	0,054	0,114	0,153	0,214	0,252	0,066	
WK	0,596	0,117	0,055	0,064	0,113	0,038	0,238	0,028	0,155
Fornell-Larcker-Kriterium	✓	✓	✓	✓	✓	✓	✓	✓	

Quelle: Eigene Darstellung

Während das Fornell-Larcker-Kriterium sich mit der Nutzung der DEV und den Korrelationen latenter Konstrukte vor allem auf die Konstruktebene bezieht, kann komplementär hierzu die Diskriminanzvalidität direkt durch den Vergleich der Faktorladungen aller im Modell genutzten reflektiven Indikatoren erfasst werden. Hierzu werden mögliche Kreuzladungen ermittelt. Kein Indikator sollte höher auf einem anderen Konstrukt laden, als auf dem ihm zugeordneten. Auch hier zeigt sich, dass alle Indikatoren der verwendeten Messmodelle dieser Arbeit mit ausreichendem Abstand auf `ihrem´ Konstrukt laden. Problematische Kreuzladungen treten nicht auf.

---

[22] Albers (2010), S. 415.

Indikator	EI	FR	II	IS	KS	RK	RS	WA	WK
EI_1	0,86	0,18	0,32	0,38	0,30	0,37	0,34	0,26	0,33
EI_2	0,89	0,19	0,39	0,27	0,39	0,34	0,38	0,29	0,29
EI_3	0,87	0,27	0,43	0,33	0,40	0,35	0,45	0,31	0,28
EI_4	0,82	0,12	0,28	0,26	0,31	0,25	0,36	0,23	0,29
FR_1	0,17	0,85	0,17	0,34	0,20	0,19	0,29	0,23	0,21
FR_2	0,22	0,88	0,26	0,33	0,06	0,23	0,25	0,20	0,21
FR_3	0,17	0,94	0,17	0,34	0,13	0,21	0,28	0,20	0,21
FR_4	0,25	0,91	0,26	0,28	0,07	0,20	0,33	0,18	0,20
II_1	0,28	0,06	0,78	0,18	0,10	0,15	0,10	0,31	0,14
II_2	0,42	0,16	0,86	0,24	0,17	0,25	0,19	0,28	0,31
II_3	0,34	0,21	0,83	0,22	0,06	0,21	0,11	0,29	0,16
II_4	0,22	0,26	0,74	0,11	0,04	0,13	0,10	0,23	0,19
II_5	0,40	0,30	0,87	0,29	0,21	0,28	0,22	0,27	0,22
IS_1	0,29	0,22	0,18	0,76	0,28	0,30	0,37	0,23	0,25
IS_3	0,31	0,21	0,09	0,71	0,32	0,23	0,28	0,16	0,28
IS_4	0,22	0,25	0,14	0,67	0,30	0,30	0,25	0,37	0,23
IS_6	0,22	0,24	0,28	0,74	0,34	0,29	0,27	0,24	0,29
IS_7	0,31	0,38	0,26	0,79	0,39	0,36	0,41	0,43	0,21
KS_1	0,40	0,14	0,12	0,38	0,87	0,39	0,41	0,44	0,17
KS_2	0,33	0,15	0,18	0,44	0,89	0,40	0,35	0,42	0,16
KS_3	0,31	0,06	0,01	0,40	0,81	0,48	0,27	0,30	0,22
KS_4	0,32	0,07	0,18	0,28	0,79	0,56	0,27	0,38	0,11
RK_1	0,30	0,09	0,16	0,24	0,38	0,77	0,20	0,35	0,39
RK_3	0,27	0,25	0,18	0,38	0,44	0,79	0,26	0,31	0,35
RK_4	0,34	0,22	0,27	0,35	0,45	0,81	0,19	0,52	0,41
RS_1	0,43	0,34	0,13	0,41	0,32	0,25	0,91	0,25	0,18
RS_2	0,35	0,25	0,21	0,33	0,34	0,20	0,86	0,21	0,06
RS_3	0,36	0,22	0,13	0,38	0,37	0,24	0,81	0,18	0,19
WA_1	0,32	0,15	0,42	0,34	0,38	0,41	0,19	0,76	0,24
WA_2	0,20	-0,01	0,12	0,18	0,42	0,36	0,17	0,70	0,19
WA_3	0,26	0,13	0,19	0,25	0,31	0,47	0,18	0,71	0,26
WA_4	0,18	0,27	0,19	0,41	0,35	0,35	0,20	0,75	0,37
WA_5	0,19	0,10	0,22	0,21	0,34	0,29	0,19	0,72	0,30
WA_7	0,26	0,29	0,29	0,29	0,32	0,37	0,21	0,81	0,36
WK_1	0,32	0,23	0,19	0,34	0,15	0,37	0,18	0,30	0,77
WK_2	0,29	0,23	0,24	0,30	0,19	0,40	0,16	0,36	0,82
WK_3	0,29	0,14	0,21	0,30	0,18	0,41	0,12	0,36	0,87
WK_4	0,24	0,15	0,18	0,12	0,11	0,30	0,05	0,24	0,70
WK_5	0,16	0,15	0,14	0,19	0,11	0,39	0,12	0,24	0,69
Alle Hauptladungen sind auf dem Niveau von $\alpha = 0,000$ hoch signifikant.									

Tabelle 41: PLS-basierte mehrfaktorielle CFA
Quelle: Eigene Darstellung

Nach umfangreicher Einzel- und Gemeinschaftsprüfung kann damit insgesamt von einer validen und reliablen Messung sämtlicher reflektiv spezifizierter Variablen dieser Untersuchung ausgegangen werden. Die Gütebeurteilung der drei formativ spezifizierten Variablen wird im folgenden Abschnitt dargestellt.

2.2 Bewertung der formativen Messmodelle

Da formativ spezifizierte Konstrukte im Vergleich zu reflektiven Spezifikationen umgekehrte Korrespondenzregeln aufweisen, ihre Indikatoren weisen von der manifesten Beobachtungsebene auf das latente, theoretische Konstrukt, kommen abweichende Gütekriterien zum Einsatz. Die Forderungen nach einer einheitlichen Messung, hoher Zusammengehörigkeit und Korrelation der Indikatoren sowie die Extrahierung eines gemeinsamen zugrundeliegenden Faktors sind bei formativen Konstrukten nicht relevant. Sie messen unterschiedliche Facetten eines Phänomens, welche korrelieren können, jedoch nicht müssen. Der methodischen Beschreibung in Teil V.2.2 folgend, wird in diesem Abschnitt die Prüfung der Konstrukte Institutionalisierte Reflexivität, Innovationskultur und Transformationsorientierte Netzwerkführung vorgenommen.

Die *externe Validität* des Messmodells wird als gegeben betrachtet, wenn signifikante Korrelationen aller Indikatoren mit einem summativen Indikator, welcher das betreffende Konstrukt semantisch zusammenfasst, vorhanden sind. Die Prüfung auf *Multikolinearität* erfolgt durch Ermittlung des *Variance-Inflation-Factor (VIF < 10)*. Zusätzlich werden die paarweisen Kolinearitäten durch die Analyse der Varianzverteilung analysiert.

Institutionalisierte Reflexivität

Institutionalisierte Reflexivität					
	Indikator		Korrelation mit sum. Indikator	VIF (< 10)	R^2
IR_1	Im Netzwerk werden Maßnahmen genutzt, mit denen die Netzwerkentwicklung regelmäßig kritisch hinterfragt wird		0,574****	1,92	0,479
IR_2	Kritische externe Meinungen zum Netzwerk werden regelmäßig ausgewertet		0,549****	1,57	0,363
IR_3	Für die Außendarstellung des Netzwerks werden regelmäßig externe Berichte über das Netzwerk genutzt		0,416****	1,43	0,299
IR_4	Es findet regelmäßig eine für die Mitglieder offene Evaluation des Netzwerks statt		0,516****	1,57	0,364
IR_5	Für die Netzwerkentwicklungen werden unterschiedliche Szenarios/ Entwicklungsalternativen betrachtet		0,557****	1,38	0,275
IR_I	Im Netzwerk werden Maßnahmen genutzt, mit denen die Netzwerkentwicklung regelmäßig kritisch hinterfragt wird		sum. Indikator		
Varianzanteile					
Dimension	IR_1	IR_2	IR_3	IR_4	IR_5
1	,00	,00	,00	,00	,00
2	,01	,00	,46	,43	,08
3	,00	,01	,23	,44	,26
4	,02	,30	,18	,00	,56
5	,05	,38	,00	,12	,08
6	,93	,30	,13	,01	,02
	1,00	1,00	1,00	1,00	1,00

**** α=0,000   *** α<0,01   ** α<0,05   * α<0,1

Tabelle 42: Gütebeurteilung – Institutionalisierte Reflexivität

Quelle: Eigene Darstellung

Das formative Messmodell zeigt in allen geforderten Kriterien eine hohe Güte der Modell-operationalisierung. Alle Messindikatoren weisen hoch signifikante Korrelationen mit dem summativen Indikator auf, was auf hohe externe Validität hinweist. Problematische lineare Abhängigkeiten voneinander sind nicht vorhanden. Dies wird in den sehr geringen VIF-Werten und den unterschiedlich verteilten Varianzanteilen deutlich. Das entwickelte Mess-modell der Institutionalisierten Reflexivität kann ohne Anpassungen beibehalten werden.

Innovationskultur

Innovationskultur			
Indikator	Korrelation mit sum. Indikator	VIF (< 10)	R²
IK_1 · Die Geschäftsstelle des Netzwerks setzt Beispiele für innovatives Denken und Handeln	0,285****	1,11	0,096
IK_2 · Die Mitglieder engagieren sich für Veränderungen im Netzwerk	0,383****	1,71	0,416
IK_3 · Im Allgemeinen sind die Mitglieder bei Netzwerkaktivitäten experimentierfreudig	0,416****	1,85	0,459
IK_4 · Für neue Ideen sind die Beteiligten bereit, ein gewisses Maß an Risiko einzugehen	0,486****	1,79	0,443
IK_5 · Im Netzwerk werden Werte und Normen geteilt, die Innovationen fördern	0,473****	1,40	0,287
IK_6 · Das Netzwerk ist eher unflexibel und kann sich Veränderungen nur schwer anpassen	0,355****	1,43	0,298
IK_7 · Ideenträger werden im Großen und Ganzen unterstützt	0,494****	1,42	0,298
IK_8 · Im Netzwerk werden neue Ideen offen kommuniziert	0,419****	1,45	0,310
IK_9 · Unpopuläre Meinungen werden zumeist ignoriert	0,126*	1,22	0,177
IK_I · Insgesamt herrscht im Netzwerk eine innovationsfreundliche Grundhaltung	sum. Indikator		

Varianzanteile									
Dimension	IK_1	IK_2	IK_3	IK_4	IK_5	IK_6	IK_7	IK_8	IK_9
1	,00	,00	,00	,00	,00	,00	,00	,00	,00
2	,01	,09	,09	,07	,00	,01	,00	,01	,21
3	,62	,03	,01	,00	,00	,05	,00	,00	,15
4	,11	,22	,02	,05	,28	,01	,03	,00	,18
5	,00	,17	,11	,11	,02	,36	,00	,04	,34
6	,01	,34	,12	,03	,53	,07	,02	,05	,02
7	,09	,01	,04	,17	,01	,35	,03	,50	,04
8	,00	,04	,52	,56	,09	,06	,00	,18	,01
9	,09	,09	,09	,00	,07	,08	,42	,22	,00
10	,07	,01	,01	,00	,01	,00	,50	,00	,06
	1,00	1,00	1,00	1,00	1,00	1,00	1,00	1,00	1,00

**** α=0,000   *** α<0,01   ** α<0,05   * α<0,1

Tabelle 43: Gütebeurteilung – Innovationskultur

Quelle: Eigene Darstellung

Sämtliche Indikatoren der Innovationskultur weisen signifikante oder hoch signifikante Korrelationen zum summativen Indikator auf. Die geringen Werte des VIF weisen nicht auf Multikolinearität hin. Die Analyse der Varianzanteile zeigt in Einzelfällen zwar leicht höhere paarweise Abhängigkeiten als im Messmodell der Institutionalisierten Reflexivität. Teile der Varianzen sowohl von IK_3 als auch IK_4 können durch einen gemeinsamen hypothetischen

Faktor erklärt werden. Sie liegen jedoch im Bereich der *„reasonably weak near dependencies"*[23]. Eine Eliminierung eines der Indikatoren ist daher nicht sinnvoll. Insgesamt zeigen die Werte der Gütekriterien, dass von einer validen Messung der Innovationskultur ausgegangen werden kann.

Transformationsorientierte Netzwerkführung

Transformationsorientierte Führung			
Indikator	Korrelation mit sum. Indikator	VIF (< 10)	R²
Für wichtige Personen im Netzwerk, z.B. Vorstand, Geschäftsführer, Koordinatoren, Arbeitskreisleiter etc. gilt im Großen und Ganzen, dass sie ...			
TF_1 ... eine klare und positive Sicht der zukünftigen Netzwerkentwicklung vertreten	0,517****	2,04	0,509
TF_2 ... andere in ihrer Entwicklung im Netzwerk unterstützen	0,525****	2,47	0,596
TF_3 ... die Leistungen anderer anerkennen	0,447****	2,40	0,584
TF_4 ... Vertrauen und Kooperation fördern	0,464****	2,58	0,612
TF_5 ... Annahmen hinterfragen und dadurch zu neuen Problemlösungsansätzen anregen	0,470****	2,37	0,577
TF_6 ... für Ihre Überzeugungen einstehen und danach handeln	0,507****	1,90	0,472
TF_7 ... durch ihre Kompetenz andere inspirieren	0,616****	2,03	0,508
TF_I Insgesamt sind wichtige Personen im Netzwerk in der Lage, andere zur gemeinsamen Umsetzung von neuen Ideen zu bewegen.	sum. Indikator		

Varianzanteile							
Dimension	TF_1	TF_2	TF_3	TF_4	TF_5	TF_6	TF_7
1	,00	,00	,00	,00	,00	,00	,00
2	,26	,16	,02	,00	,01	,06	,02
3	,08	,00	,02	,00	,35	,00	,11
4	,11	,00	,17	,27	,01	,16	,00
5	,00	,04	,02	,01	,16	,19	,73
6	,05	,02	,10	,01	,31	,30	,09
7	,48	,75	,01	,01	,05	,15	,03
8	,01	,03	,67	,69	,11	,13	,01
	1,00	1,00	1,00	1,00	1,00	1,00	1,00

**** α=0,000 *** α<0,01 ** α<0,05 * α<0,1

Tabelle 44: Gütebeurteilung – Transformationsorientierung der Netzwerkführung

Quelle: Eigene Darstellung

Auch im Messmodell der Transformationsorientierten Netzwerkführung weisen alle Indikatoren hoch signifikante Korrelationen mit dem zusammenfassenden Indikator und damit eine hohe externe Validität des Konstrukts auf. Die Prüfung der Varianzzerlegung zeigt lediglich schwache paarweise Abhängigkeiten von TF_3 und TF_4 an. Dies kann darauf zurückgeführt werden, dass die Anerkennung von Leistungen (TF_4) das Vertrauen (TF_3), auch in die Beurteilung dieser Leistung, fördern kann. Da es sich jedoch um zwei deutlich unter-

---

[23] Belsley (1991), S. 142.

schiedliche Facetten von Führung handelt[24] und die aufgezeigten paarweisen Abhängigkeiten keinen starken Einfluss nehmen, wird vor dem Hintergrund der theoretisch-konzeptionellen Fundierung kein Ausschluss eines Indikator vorgenommen. Dies würde die inhaltliche Breite des Konstrukts unnötig beschneiden. Nach der positiven Beurteilung aller Messmodelle kommen diese in der Analyse des Hypothesensystems zum Einsatz. Der folgende Abschnitt stellt die Prüfung des in Teil IV aufgestellten Untersuchungsmodells dar.

3 Wirkungsbeziehungen im PLS-Strukturgleichungsmodell

Auf Basis des theoretisch-konzeptionellen Bezugsrahmens wurde in Teil IV der Arbeit ein Modell der Innovationsfähigkeit und ihrer Einflussfaktoren sowie möglichen Konsequenzen entwickelt. Die einzelnen hypothetischen Wirkbeziehungen zwischen den Modellvariablen werden hier in Form von Strukturgleichungsmodellen abgebildet und damit einer empirischen Prüfung auf Grundlage der erhobenen Datenbasis zugänglich gemacht. Hierzu werden zunächst Teilmodelle analysiert (vgl. Abbildung 19), da die direkte Abbildung der aus sechs latenten Dimensionen gebildeten Innovationsfähigkeit als formatives Konstrukt zweiter Ordnung methodisch nicht möglich ist (vgl. Teil V.2.4). Submodell 1 widmet sich in Abschnitt 3.1.1 der Betrachtung der direkten Beziehungen der Ressourcenvariablen zu den *einzelnen Dimensionen* (Hypothesen H2a & H4a). Die durch die Mediatorvariablen Ressourcenspezifität und -komplementarität mediierten Einflüsse auf die Dimensionen (H3a & H5a) werden in Abschnitt 3.1.2 dargestellt. Abschnitt 3.1.3 erörtert zusammenfassend die Gesamteffekte auf die Dimensionen. Submodell 2 analysiert zunächst das zentrale Innovationsfähigkeitskonstrukt (H1) mit Hilfe des *Composite Second Order*-Verfahrens (vgl. Teil V.2.4). Analog zum Vorgehen in Submodell 1 werden anschließend in Abschnitt 3.2.2 die direkten (H2 & H4) und mediierten Beziehungen (H3 & H5) zur Innovationsfähigkeit als Konstrukt zweiter Ordnung dargestellt. Abschnitt 3.2.3 erörtert dessen Wirkung auf das Ausmaß an internen Netzwerkinnovationen und externen Marktinnovationen (H6 & H7). Abschnitt 3.3 fasst beide Submodelle zum Gesamtmodell der Innovationsfähigkeit von Netzwerken zusammen, wie es dem postulierten Hypothesensystem insgesamt entspricht (vgl. Teil IV.1.4). In diesem Zuge werden auch die möglichen weiteren Einflussfaktoren auf die Innovationsfähigkeit sowie auf das Ausmaß an Innovationen berücksichtigt (vgl. Teil IV.1.3). Diese differenzierte Analyse von Wirkbeziehungen der Dimensionen sowie des Gesamtkonstrukts entspricht dem zentralen Anliegen der Arbeit, inhaltliche Aspekte der Innovationsfähigkeit theoretisch-konzeptionell zu verankern und dies empirisch zu beurteilen (vgl. Forschungsfragen 1–3). Das Vorgehen entspricht der Forderung von Edwards (2001) nach „*models that relate each dimension of the construct to other variables within a general nomological network*".[25] Abschnitt 3.4 widmet sich der Ergebnisdiskussion und einem hypothesenbezogenen Zwischenfazit.

---

[24] Vgl. Carless, Wearing & Mann (2000), S. 393; Neuberger (2002), S. 199.

[25] Edwards (2001), S: 148 f.: „*Critics have questioned the theoretical utility of multidimensional constructs [...if] ambiguity occurs because variation in a multidimensional construct may imply variation in any or all of its dimensions. Consequently, theories that explain the relationship between a*

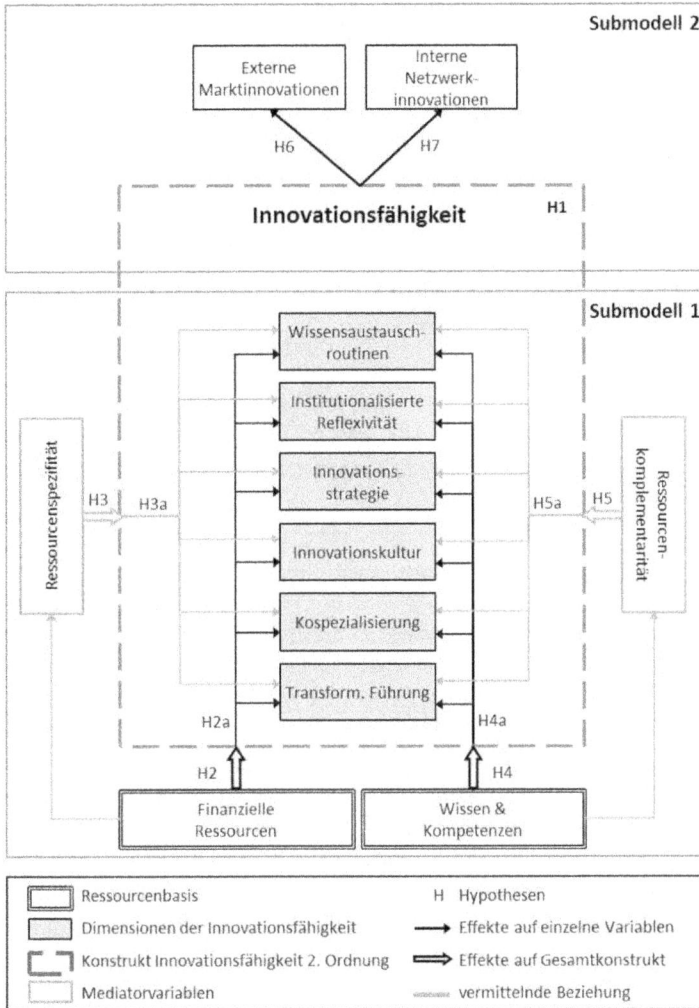

Abbildung 19: Methodische Submodellaufteilung
Quelle: Eigene Darstellung

multidimensional construct and other variables are difficult to develop, because different explanations may apply to different dimensions of the construct [...]. [Therefore] critics advocate theoretical models that relate each dimension of the construct to other variables within a general nomological network [...]. Such models accommodate differences in relationships involving the dimensions of the construct, which critics consider important for theory development and refinement [...]. The foregoing debate partly reflects ideological differences regarding the value of theories that are broad versus specific. [...] This dilemma may be ameliorated by developing theories that incorporate multidimensional constructs along with their dimensions. Such theories can be used to explain how the construct and its dimensions relate to one another and to other relevant variables, thereby addressing questions that are broad and specific." Siehe auch die Empfehlung von Homburg (2007), S. 42 f. zur stärkeren Berücksichtigung von Mehrdimensionalität von Konstrukten in der empirischen betriebswirtschaftlichen Forschung.

3.1   Einfluss von Wissen, Kompetenzen und finanziellen Ressourcen auf die einzelnen Dimensionen der Innovationsfähigkeit

Theoretisch durch den DCV, RV sowie durch die Konzeption der Institutionellen Reflexivität fundiert, geht das Modell von einer finanziellen Ressourcenbasis des Netzwerks sowie von operationalen Kompetenzen und Wissen der Netzwerkmitglieder als grundlegende Voraussetzungen der Innovationsfähigkeit aus. Auf diesen Grundpositionen bauen höher aggregierte Meta-Fähigkeiten auf. I.d.S. wurden sechs theoretisch-konzeptionelle Dimensionen identifiziert, welche zusammen die Innovationsfähigkeit von Netzwerken bilden. Die grundlegenden Zusammenhangsannahmen der Hypothesen H2 und H4 wurden daher ebenfalls weiter differenziert. Hypothesen H2a und H4a beschreiben die Annahmen über *direkte* Wirkbeziehungen der Wissens-, Kompetenz- und Finanzbasis auf die einzelnen Dimensionen Wissensaustauschroutinen, institutionalisierte Reflexivität, Innovationskultur und -strategie, Kospezialisierung sowie Transformationsorientierung der Netzwerkführung.

Da das Vorhandensein einer Ressourcenbasis zwar als notwendig, nicht jedoch als hinreichend für eine Erklärung der Ausprägung von Innovationsfähigkeit und ihrer Dimensionen gesehen wird, wurden auf Basis des RV ferner die Hypothesen H3a und H5a abgeleitet. Sie beziehen sich insbesondere auf den Netzwerkkontext des Untersuchungsgegenstands Innovationsfähigkeit. Demnach sind neben direkten Beziehungen zwischen Ressourcenbasis und den Dimensionen vor allem *indirekte* Beziehungen für ihre Varianzerklärung zu prüfen. Die finanzielle Ressourcenbasis wirkt vor allem vermittelt durch die innovationsspezifische Verwendung. Die Kompetenzen und das Wissen der Netzwerkpartner wirken insbesondere dann auf die Dimensionen, wenn sie komplementär sind, d.h. sich ergänzen. Diese indirekten Beziehungen von Ressourcenbasis über Ressourcenspezifität und Ressourcenkomplementarität zu den Dimensionen der Innovationsfähigkeit sollten demnach einen signifikanten Teil zur Erklärung der Dimensionsausprägungen beitragen. Es wird von einem Mediatoreffekt der Ressourcenspezifität und Ressourcenkomplementarität ausgegangen, welcher zusätzlich zu den direkten Ressourcenbeziehungen besteht (vgl. Teil V.2.5). Abbildung 20 stellt sowohl die direkten (schwarz) als auch die indirekten (grau) Ressourcenbeziehungen als Pfade im Strukturmodell dar. Die Pfadkoeffizienten (β) drücken jeweils das Ausmaß der Zusammenhänge aus.

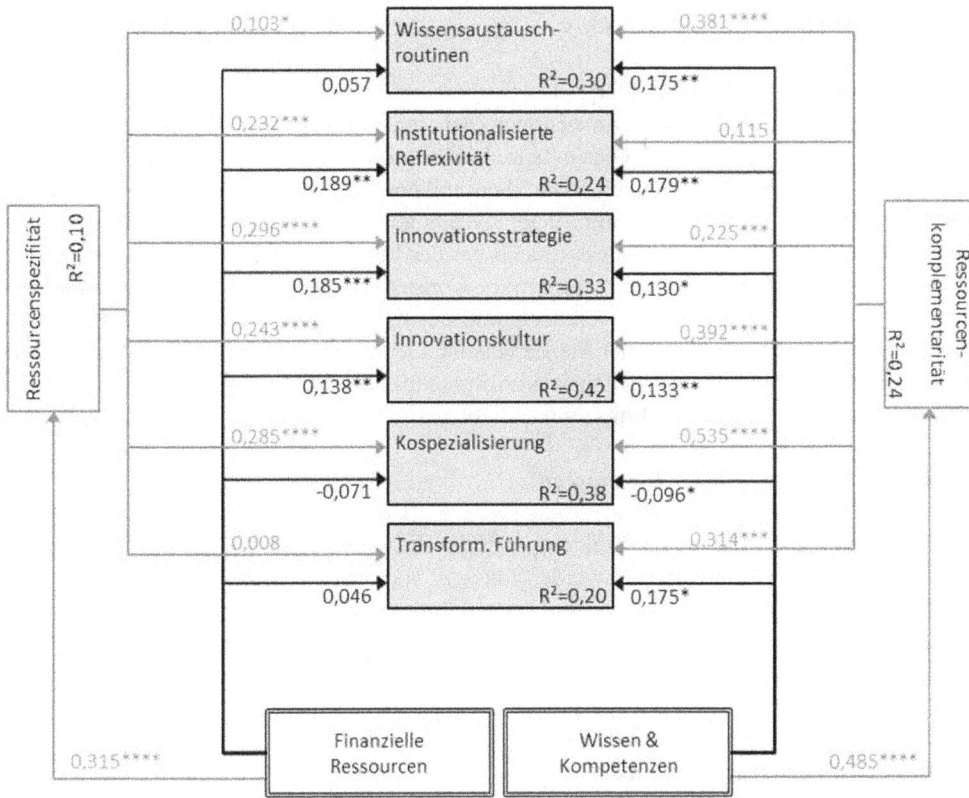

Abbildung 20: Einflüsse auf die Dimensionen der Innovationsfähigkeit
Quelle: Eigene Darstellung

3.1.1 Direkte Ressourceneffekte

Zunächst werden die direkten Pfade der finanziellen Ressourcen und der Wissens- und Kompetenzbasis zu den sechs Dimensionen der Innovationsfähigkeit, in Abbildung 20 schwarz dargestellt, betrachtet.[26] Dies entspricht den Hypothesen H2a und H4a. Auf Grundlage der PLS-Schätzung zeigt sich, dass die direkten Beziehungen unterschiedlich hohe Ausprägungen und verschiedene Signifikanzniveaus aufweisen. Dies kann bereits als erster Hinweis darauf gewertet werden, dass es sich bei der Innovationsfähigkeit, wie theoretisch-konzeptionell angenommen, um ein formatives Konstrukt handelt (vgl. im Detail Abschnitt 3.2 zu Hypothese 1). Denn die Differenzen sind ein Zeichen dafür, dass das nomologische Netz der Dimensionen sich in seiner Stärke voneinander unterscheidet (vgl. Teil IV.2.3). Die zwei exogenen Ressourcenvariablen als Antezedenzfaktoren haben verschieden starke Wirkungen auf die endogenen Dimensionsvariablen.

Direkte Wirkung finanzieller Ressourcen
Durch die zum Teil geringen und nicht signifikanten Beziehungen zeigt sich, dass die Hypothesen H2a und H4a über einen direkten positiven Zusammenhang von Ressourcenbasis zu allen sechs Dimensionen relativiert werden müssen. So wirken finanzielle Ressourcen direkt auf die Innovationskultur, die Institutionalisierte Reflexivität sowie die Innovationsstrategie in Netzwerken. Diese Beziehungen sind alle mit einer Irrtumswahrscheinlichkeit von unter 5% statistisch signifikant[27], allerdings eher schwach ausgeprägt. Die Beziehungen zwischen finanziellen Ressourcen und der Kospezialisierung, Transformationsorientierung der Netzwerkführung und Wissensaustauschroutinen sind nur gering und statistisch nicht unter 15% Irrtumswahrscheinlichkeit signifikant.

Direkte Beziehungen finanzieller Ressourcen (H2a)			
Finanz. Ressourcen zu ...	β	T	Signifikanz
Innovationskultur	0,138	2,005	0,046
Institutionalisierte Reflexivität	0,189	2,482	0,013
Innovationsstrategie	0,185	2,791	0,005
Kospezialisierung	-0,071	1,380	0,168
Transform. Netzwerkführung	0,046	0,535	0,593
Wissensaustauschroutinen	0,057	1,133	0,258

Tabelle 45: Direkte Effekte finanzieller Ressourcen
Quelle: Eigene Darstellung

---

[26] Vgl. Henseler, Ringle & Sinkowics (2009), S. 304
[27] In der gesamten Analyse werden die Signifikanzniveaus auf Basis des zweiseitigen T-Tests ausgegeben.

- Die Hypothese H2a – *Die finanzielle Ressourcenbasis des Netzwerks hat einen direkten positiven Einfluss auf die Ausprägung der Dimensionen der Innovationsfähigkeit* – muss demnach in Teilen für die Dimensionen Kospezialisierung, Transformationsorientierung der Netzwerkführung und Wissensaustauschroutinen abgelehnt werden. Für die Dimensionen Innovationskultur, Institutionalisierte Reflexivität sowie die Innovationsstrategie wird die Hypothese H2a über einen direkten positiven Einfluss nicht abgelehnt.

Direkte Wirkung von Wissen und Kompetenzen

Die direkten Beziehungen der Wissens- und Kompetenzbasis zu den Dimensionen der Innovationsfähigkeit weisen geringe bis mittlere positive Effekte auf und sind alle mit einer maximalen Irrtumswahrscheinlichkeit von 8 % signifikant. Eine Ausnahme bildet die sehr geringe negative Pfadbeziehung der Wissens- und Kompetenzbasis zur Kospezialisierung. Da der Wert der Pfadbeziehung gegen 0 tendiert, ist die Annahme von hinderlichen Einflüssen jedoch nicht substantiell. Vielmehr ist weder von einem positiven, noch von einem negativen Effekt auszugehen.

Direkte Beziehungen von Wissen und Kompetenzen (H3a)			
Wissens- und Kompetenzbasis zu ...	β	T	Signifikanz
Innovationskultur	0,133	2,065	0,039
Institutionalisierte Reflexivität	0,179	2,314	0,021
Innovationsstrategie	0,130	1,895	0,059
Kospezialisierung	-0,096	1,739	0,083
Transform. Netzwerkführung	0,175	1,738	0,083
Wissensaustauschroutinen	0,175	2,091	0,037

Tabelle 46: Direkte Effekte von Wissen und Kompetenzen
Quelle: Eigene Darstellung

- Die Hypothese H4a – *Die Wissens- und Kompetenzbasis der Mitglieder hat einen direkten positiven Einfluss auf die Ausprägung der Dimensionen der Innovationsfähigkeit* – kann mit einer Einschränkung, der Beziehung zur Kospezialisierung, aufrecht erhalten werden.

Insgesamt sind die eher geringen direkten Effekte in Relation zu den meist größeren Effekten, welche von den Mediatorvariablen ausgehen, ein Zeichen dafür, dass wie angenommen mediierende Einflüsse im Modell vorliegen können (vgl. Teil V.2.5). Dies wird im Folgenden analysiert.

3.1.2 Einfluss der Mediatorvariablen

Bei einem Mediatoreffekt muss (1.) die exogene Variable einen signifikanten Einfluss auf die Mediatorvariable aufweisen. Diese muss (2.) ihrerseits einen signifikanten Einfluss auf die endogene Variable haben. (3.) muss der direkte Einfluss der exogenen auf die endogene Variable zwischen 0 und dem Wert eines direkten Einflusses in einem alternativen Modell ohne Mediator liegen (vgl. Teil V.2.5).

1. Sowohl für die Verbindung von finanziellen Ressourcen zur Ressourcenspezifität ($\beta = 0,315$; $\alpha = 0,000$) als auch von Wissen und Kompetenzen zur Variablen Ressourcenkomplementarität ($\beta = 0,485$; $\alpha = 0,000$) liegen bedeutsame und hoch signifikante Effekte vor. Die erste Bedingung wird für beide Mediatorvariablen erfüllt.

2. a) Die Wirkbeziehungen der Variablen Ressourcenspezifität auf die Dimensionen der Innovationsfähigkeit sind mit Ausnahme auf die Transformationsorientierung der Netzwerkführung signifikant oder hoch signifikant. Dabei ist der Effekt auf die Wissensaustauschroutinen eher klein, auf die anderen Dimensionen mittelstark.

Ressourcenspezifität zu ...	β	T	Signifikanz
Innovationskultur	0,243	3,508	0,000
Institutionalisierte Reflexivität	0,232	2,944	0,003
Innovationsstrategie	0,296	4,154	0,000
Kospezialisierung	0,285	5,006	0,000
Transform. Netzwerkführung	0,008	0,159	0,873
Wissensaustauschroutinen	0,103	1,792	0,074

Tabelle 47: Direkte Effekte von Ressourcenspezifität auf Dimensionen
Quelle: Eigene Darstellung

b) Ähnlich stellen sich die Pfadbeziehungen zwischen der Ressourcenkomplementarität und den Dimensionen dar. Hier sind bis auf die Verbindung zur Institutionalisierten Reflexivität alle Effekte mit einer Irrtumswahrscheinlichkeit $\leq 0,3\,\%$ hoch signifikant und zumeist deutlich stärker ausgeprägt.

Ressourcenkomplementarität zu ...	β	T	Signifikanz
Innovationskultur	0,392	5,516	0,000
Institutionalisierte Reflexivität	0,115	1,491	0,137
Innovationsstrategie	0,225	2,991	0,003
Kospezialisierung	0,535	7,904	0,000
Transform. Netzwerkführung	0,314	3,295	0,001
Wissensaustauschroutinen	0,381	5,047	0,000

Tabelle 48: Direkte Effekte von Ressourcenkomplementarität auf Dimensionen
Quelle: Eigene Darstellung

3. Im Alternativmodell unter Ausschluss der zwei Mediatorvariablen ergeben sich für alle direkten Beziehungen größere Effekte als im Modell mit Mediatorvariablen.

Modellvergleich				
Wissens- und Kompetenzbasis zu ...	Modell ohne Mediator (β)	Signif.	Modell mit Mediator (β)	Signif.
Innovationskultur	0,327	0,000	0,133	0,039
Institutional. Reflexivität	0,259	0,001	0,179	0,021
Innovationsstrategie	0,267	0,000	0,130	0,059
Kospezialisierung	0,183	0,005	-0,096	0,083
Transform. Netzwerkführung	0,256	0,067	0,175	0,083
Wissensaustauschroutinen	0,369	0,000	0,175	0,037
Finanz. Ressourcen zu ...	Modell ohne Mediator (β)	Signif.	Modell mit Mediator (β)	Signif.
Innovationskultur	0,314	0,000	0,145	0,046
Institutional. Reflexivität	0,276	0,001	0,198	0,013
Innovationsstrategie	0,299	0,000	0,183	0,005
Kospezialisierung	0,084	0,190	-0,077	0,168
Transform. Netzwerkführung	0,210	0,103	0,111	0,593
Wissensaustauschroutinen	0,158	0,021	0,071	0,258

Tabelle 49: Modellvergleich Mediation auf Dimensionsebene
Quelle: Eigene Darstellung

Insgesamt sind damit bei 8 von 12 Beziehungen die Grundlagen von Mediatoreffekten erfüllt. Durch die geringen Signifikanzniveaus der Pfade zwischen Mediatorvariablen und endogenen Dimensionsvariablen kann die Nullhypothese, dass kein Mediatoreffekt besteht, für die Beziehungen *Finanzielle Ressourcenbasis-Ressourcenspezifität-Transformationsorientierung der Netzwerkführung* sowie *Wissens- und Kompetenzbasis-Ressourcenkomplementarität-Institutionalisierte Reflexivität* nicht abgelehnt werden. Für alle weiteren Beziehungen zeigen sich auf Basis der *Joint Significance* statistisch relevante Mediatoreffekte, deren relative Stärke der VAF-Wert angibt (vgl. Teil V.2.5).

Mediatoreffekte					
Einfluss von finanziellen Ressourcen vermittelt durch Ressourcenspezifität auf ...	VAF	Joint Significance	Einfluss von Wissen und Kompetenzen vermittelt durch Ressourcenkomplementarität auf ...	VAF	Joint Significance
Innovationskultur	0,36	✓	Innovationskultur	0,59	✓
Institutionalisierte Reflexivität	0,28	✓	Institutionalisierte Reflexivität**	0,24	-
Innovationsstrategie	0,34	✓	Innovationsstrategie	0,45	✓
Kospezialisierung*	-	-	Kospezialisierung*	-	-
Transform. Netzwerkführung**	0,05	-	Transform. Netzwerkführung	0,47	✓
Wissensaustauschroutinen	0,36	✓	Wissensaustauschroutinen	0,51	✓
* durch neg. direkten Effekt von exog. auf endog. Variable ist Bedingung für Mediation nicht erfüllt					
** durch nicht sig. Effekt von Mediator auf endog. Variable wird H0 (kein indirekter Effekt) nicht abgelehnt					

Tabelle 50: Mediatoreffekte auf Dimensionen
Quelle: Eigene Darstellung

Der VAF gibt den Anteil des indirekten Effekts in Relation zum totalen Effekt (vgl. im Detail Abschnitt 3.1.3) einer exogenen Variablen auf eine endogene Variable wieder. Sein unterer Wert liegt bei 0 und zeigt an, dass kein indirekter Effekt, d.h. keine Mediation vorliegt. Bei einem Wert von 1 ist von einer vollständigen Mediation auszugehen. Im vorliegenden Modell zeigen sich acht partielle Mediationen, am stärksten ausgeprägt bei der Vermittlung der Wissens- und Kompetenzbasis durch die Variable Komplementarität auf die Innovationskultur. Hierbei wirken stark ausgeprägtes Wissen und operationale Kompetenzen der Netzwerkmitglieder zu einem vergleichsweise geringen Maß ($\beta = 0{,}133$) direkt auf die Ausprägung der Innovationskultur (vgl. Abbildung 20). Das Vorhandensein einer umfassenden Wissens- und Kompetenzbasis wirkt jedoch positiv auf die Komplementarität zwischen den Netzwerkteilnehmern ($\beta = 0{,}485$). Diese wiederum hat einen deutlich positiven Effekt auf die gemeinsame Innovationskultur der Partner im Netzwerk ($\beta = 0{,}392$). Der indirekte Einfluss von Wissen und Kompetenzen vermittelt durch deren Komplementarität beträgt fast 60% des Gesamteinflusses der Wissens- und Kompetenzbasis (VAF = 0,59). Es liegt somit ein deutlicher partieller und signifikanter Mediatoreffekt vor. Dies gilt analog für weitere sieben Beziehungen.

- Deutliche und statistisch signifikante mediierende Effekte liegen bei den durch die Ressourcenspezifiät vermittelten Beziehungen zwischen finanziellen Ressourcen und Innovationskultur, institutionalisierter Reflexivität, Innovationsstrategie sowie Wissensaustauschroutinen vor. Der gezielte Einsatz finanzieller Mittel für Innovationsprojekte steht folglich in einem positiven Zusammenhang insbesondere mit der Wahrnehmung von Innovationschancen (*sensing*) durch Wissensaustauschroutinen und institutionalisierte reflexive Verfahren sowie mit der Ausprägung einer Innovationskultur und -strategie als Mechanismen der Ergreifung (*seizing*) dieser Innovationschancen (vgl. Teil III & IV.1). Für diese vier Dimensionen der Innovationsfähigkeit wird Hypothese H3a – *Die Ressourcenspezifität vermittelt den Einfluss von finanziellen Ressourcen auf die Dimensionen der Innovationsfähigkeit* – damit nicht abgelehnt.
- Ebenfalls deutliche und signifikante Mediatoreffekte liegen bei den durch die Ressourcenkomplementarität vermittelten Beziehungen zwischen der Wissens- und Kompetenzbasis der Netzwerkmitglieder und der Ausprägung von Innovationsstrategie und transformationsorientierter Netzwerkführung vor. Erhebliche Mediatoreffekte treten in Bezug auf die Innovationskultur und Wissensaustauschroutinen auf. Für die genannten vier Dimensionen wird Hypothese H5a – *Die Ressourcenkomplementarität vermittelt den Einfluss von Wissen und Kompetenzen auf die Dimensionen der Innovationsfähigkeit* – nicht abgelehnt.

Abschließend ist insbesondere von Interesse, welche Effekte von den Ressourcenvariablen *insgesamt* auf die einzelnen Dimensionen der Innovationsfähigkeit ausgehen und welcher Anteil ihrer Varianzen damit erklärt werden kann.[28] Dies wird im Folgenden durch die totalen Ressourceneffekte und Bestimmtheitsmaße dargestellt.

---

[28] Vgl. Albers (2010).

3.1.3 Totale Effekte

Der totale Effekt drückt die Gesamtwirkung einer exogenen auf eine endogene Modellvariable aus, wenn direkte und indirekte Verbindungen zusammen berücksichtigt werden. Er ergibt sich somit aus dem Produkt der Werte der Pfade von (a) exogener Ressourcenvariable zu Mediatorvariable und (b) Mediatorvariable zu Dimension, addiert mit dem Wert der direkten Pfadbeziehung von (c) Ressourcenvariable zu Dimension.[29]

$$\beta_{total} = \beta_a \times \beta_b + \beta_c$$

Auch hier werden zunächst die Effekte der finanziellen Ressourcenbasis, anschließend die Effekte der Wissens- und Kompetenzbasis auf die sechs einzelnen Dimensionen betrachtet.

Totale Effekte der finanziellen Ressourcenbasis
Für das Submodell 1 ergeben sich folgende totale Effekte der exogenen Variablen finanzielle Ressourcen auf die sechs endogenen Dimensionen der Innovationsfähigkeit:

Totale Effekte finanzieller Ressourcen			
Finanz. Ressourcenbasis zu ...	β	T	Signifikanz
Innovationskultur	0,214	2,816	0,005
Institutionalisierte Reflexivität	0,262	3,169	0,002
Innovationsstrategie	0,278	4,530	0,000
Kospezialisierung	0,019	0,322	0,747
Transform. Netzwerkführung	0,049	0,421	0,674
Wissensaustauschroutinen	0,089	1,356	0,176

Tabelle 51: Totale Effekte finanzieller Ressourcen auf Dimensionen
Quelle: Eigene Darstellung

Die Ausprägung der finanziellen Ressourcenbasis eines Netzwerks wirkt insgesamt statistisch signifikant und positiv auf die Dimensionen Innovationskultur, institutionalisierte Reflexivität und Innovationsstrategie. Die totalen Effekte auf Kospezialisierung, Transformationsorientierung der Netzwerkführung und Wissensaustauschroutinen sind, wie schon die direkten Effekte, nicht signifikant (vgl. Abbildung 20).
Insgesamt zeigt Submodell 1 damit positive totale Effekt der finanziellen Ressourcenbasis des Netzwerks eher auf die die Wahrnehmung und Ergreifung von Innovationschancen theoretisch fundierenden Aspekte der Innovationsfähigkeit. Für die Umsetzung scheinen sie keine signifikant nachweisbaren Effekte zu besitzen. Dies kann damit gedeutet werden, dass die Dimensionen Kospezialisierung und Transformationsorientierung wichtiger Führungspersonen vor allem das Verhalten der Netzwerkmitglieder als Organisationen beziehungsweise das einzelner Personen darstellen. Dieses ist zwar relevant für die Innovationsfähigkeit insgesamt (vgl im Detail Abschnitt 3.2). Es wird von den finanziellen Ressourcen auf der gesamten Netzwerkebene jedoch weniger beeinflusst als möglicherweise

---

[29] Vgl. Kenny (2012).

von den individuellen Ressourcen der einzelnen Mitglieder oder den dort vorherrschenden Management- und Führungsmethoden, welche auch das Führungsverhalten der aus diesen Organisationen stammenden Personen in Arbeitskreisen und Projektgruppen im Netzwerk prägen können. Organisationale Spezifika waren jedoch explizit nicht Teil der vorliegenden Untersuchung auf Netzwerkebene und aus der Netzwerkperspektive auf das interorganisationale Phänomen Innovationsfähigkeit (vgl. Teil II.2.1).

Totale Effekte der Wissens- und Kompetenzbasis
Die Wissens- und Kompetenzbasis wirkt sich insgesamt positiv und signifikant beziehungsweise hoch signifikant auf alle sechs Dimensionen der Innovationsfähigkeit aus. Dies schließt, im Gegensatz zu der Wirkung finanzieller Ressourcen, damit insbesondere auch die positiven Beziehung zur Transformationsorientierung der Netzwerkführung und zur Kospezialisierung als umsetzungsorientierte Dimensionen der Innovationsfähigkeit (*transforming*) ein. Dabei sind die Irrtumswahrscheinlichkeiten geringer und die Wirkungen deutlich höher als bei der alleinigen Betrachtung der direkten Beziehungen.

Totale Effekte der Wissens- und Kompetenzbasis			
Wissens- und Kompetenzbasis zu ...	β	T	Signifikanz
Innovationskultur	0,322	4,698	0,000
Institutionalisierte Reflexivität	0,234	3,198	0,001
Innovationsstrategie	0,239	3,777	0,000
Kospezialisierung	0,164	2,555	0,011
Transform. Netzwerkführung	0,327	3,485	0,001
Wissensaustauschroutinen	0,360	4,993	0,000

Tabelle 52: Totale Effekte von Wissen und Kompetenzen auf Dimensionen
Quelle: Eigene Darstellung

Erklärungsumfang für die Dimensionen der Innovationsfähigkeit
Signifikante Wirkbeziehungen auf eine endogene Variable bestimmen die Höhe ihrer Varianzerklärung, d.h. den Wert des Bestimmtheitsmaßes R^2. Dieser kann als Anteil der Erklärung interpretiert werden, welcher durch das Modell ermöglicht wird. Ein Wert von $R^2 = 1$ zeigt demnach eine vollständige Erklärung einer Variablen an, d.h. das innerhalb eines Modells keine weitere Erklärung durch Residuen möglich ist.[30] Schwache Werte weisen darauf hin, dass neben den betrachteten Zusammenhängen noch weitere Faktoren relevant sind. Meist wird zur Einschätzung des Bestimmtheitsmaßes Chin (1998a) gefolgt. Ein R^2 von 0,19 wird als *schwach*, von 0,33 als *durchschnittlich* und von 0,67 als *substanzi-*

---

[30] Dies gilt unter Hinweis darauf, dass kausalanalytische Pfadmodelle nur eine mögliche Erklärung auf empirische Phänomene darstellen. Die Pfadbeziehungen (β) entstehen zwar durch Regressionen und bekräftigen, wenn Richtung und Signifikanz den konzeptionell-theoretisch postulierten Annahmen entsprechen, die jeweiligen Hypothesen. Doch sind i.d.R. auch andere Erklärungen durch verschiedene theoretische Perspektiven und damit anders strukturierte Modelle mit anderen oder unterschiedlich operationalisierten Variablen denkbar; vgl. Bortz & Döring (2006), S. 521 f.

ell bezeichnet.[31] Die Werte sind jedoch immer vor dem Hintergrund der jeweiligen Problemstellung, der Reife des Forschungsfeldes und bereits gefestigter theoretischer Annahmen zu beurteilen.[32] Amoroso & Cheney (1991) beispielsweise sehen Werte in sozialwissenschaftlich geprägten Untersuchungen ab 0,45 als „*strong*".[33]

In Submodell 1 ergeben sich für die Dimensionen der Innovationsfähigkeit folgende Bestimmtheitsmaße:

Dimension	R^2
Innovationskultur	0,42
Institutionalisierte Reflexivität	0,24
Innovationsstrategie	0,33
Kospezialisierung	0,38
Transform. Netzwerkführung	0,20
Wissensaustauschroutinen	0,30

Tabelle 53: Bestimmtheitsmaße der Dimensionen
Quelle: Eigene Darstellung

Vor dem Hintergrund der bislang wenig quantitativ-empirisch erforschten Fragestellung nach inhaltlich differenzierten Dimensionen der Innovationsfähigkeit in Netzwerken und der Tatsache, dass Submodell 1 nur zwei exogene Variablen aufweist, kann der Erklärungsbeitrag des Modells insbesondere für die Dimensionen Innovationskultur und Kospezialisierung als überdurchschnittlich bis stark betrachtet werden.[34] Die Variablen Innovationsstrategie und Wissensaustauschroutinen werden durchschnittlich, institutionalisierte Reflexivität eher unterdurchschnittlich bestimmt. Lediglich die Varianzerklärung der Dimension Transformationsorientierung der Netzwerkführung ist als eher schwach zu bezeichnen, liegt jedoch über dem von Chin (1998a) vorgeschlagenen Niveau.

Insgesamt entsprechen die Analyseergebnisse bezüglich der einzelnen Dimensionen und ihrer Einflussfaktoren aufgrund der zumeist guten Bestimmtheitsmaße und der totalen Effekte, welche alle ein wie angenommen positives Vorzeichen, d.h. positive Wirkbeziehungen, aufweisen und in der überwiegenden Mehrzahl signifikant und deutlich über $\beta > 0{,}1$ liegen, den postulierten Modellannahmen. Damit liegen neben den theoretisch-konzeptionellen Bezugspunkten (vgl. Teil III) auch empirisch fundierte Indizien vor, um Innovationsfähigkeit in Abhängigkeit der Finanz-, Wissens- und Kompetenzbasis im Folgenden als ein mehrdimensionales Konstrukt mit den sechs validierten und analysierten Dimensionen zu modellieren.

---

[31] Vgl. Chin (1998a), S. 323.
[32] Backhaus et al. (2003), S. 96.
[33] Amoroso & Cheney (1991), S. 81.
[34] Vgl. Henseler, Ringle & Sinkowics (2009), S. 303.

3.2 Wirkungen und Einflussfaktoren der Innovationsfähigkeit als Konstrukt zweiter Ordnung

Den Forschungsfragen 1 und 2 folgend, wurde die Innovationsfähigkeit von Netzwerken auf Basis des DCV, RV und der Konzeption der Institutionellen Reflexivität als mehrdimensionales Konstrukt theoretisch fundiert und konzeptionell in ein Modell überführt (vgl. Teile III & IV). Demnach wird das Konstrukt gebildet durch die sechs distinkten Dimensionen Wissensaustauschroutinen, institutionalisierte Reflexivität, Innovationskultur und -strategie, Kospezialisierung sowie Transformationsorientierung der Netzwerkführung. Dies wurde mit Hypothese H1 formuliert. Die formative Spezifikation und Konstruktoperationalisierung wird anhand der empirischen Daten im Folgenden beurteilt.[35]

3.2.1 Innovationsfähigkeit als formatives Konstrukt zweiter Ordnung

Die postulierte formative Spezifikation des Innovationsfähigkeitskonstrukts auf zweiter Abstraktionsebene beruht zunächst auf den theoretisch-konzeptionellen Erwägungen. Die Dimensionen sind definierende Charakteristika des Konstrukts. Die Kausalitätsrichtung weist damit auf das Konstrukt. Die inhaltlich-semantische Breite und damit Abgrenzung der einzelnen Dimensionen voneinander findet sich in ihren jeweiligen Beschreibungen und Herleitungen wieder (vgl. Teil IV.1.1). Diese schlagen sich auch in den Itemformulierungen nieder, welche wiederum bereits in den Experteninterviews und im Pre-Test als abgrenzbar bewertet wurden. Änderungen in einzelnen Dimensionen führen somit zu Änderungen bei dem Konstrukt. Neben der theoretisch-konzeptionellen Begründung kann die formative Spezifikation der Innovationsfähigkeit im Folgenden zudem anhand der empirischen Daten weiter bekräftigt werden.

Einen ersten Hinweise, dass die Wahl einer formativen Spezifikation zutreffend ist, stellt das unterschiedlich stark ausgeprägte nomologische Netz der Dimensionen dar (vgl. Teil IV.2.3). Hier zeigte sich bereits, dass die Beziehungen zu den Antezedenzien zwischen den Dimensionen deutlich variieren (vgl. Abschnitt 3.1.1). Dies sollte bei einer reflektiven Spezifikation nicht der Fall sein, spricht jedoch für eine formative Spezifikation. Für die drei selbst reflektiv spezifizierten Dimensionen Wissensaustauschroutinen, Innovationsstrategie und Kospezialisierung kann außerdem mittels einer mehrfaktoriellen EFA, d.h. ohne vorherige Modellannahmen, das Muster der Indikatorladungen ermittelt werden (vgl. Teil V.2.2.1). Hierbei zeigt sich, dass alle Indikatoren deutlich über dem geforderten Maß von 0,4 auf 'ihrem' Konstrukt laden und gegenüber den anderen Konstrukten geringere Ladungen aufweisen. Es werden damit genau drei unabhängige Faktoren extrahiert, welche sich i.S.d. einzelnen theoretisch deduzierten Konstrukte erster Ordnung interpretieren lassen (vgl. Teil

---

[35] Vgl. zu den Kriterien Teil IV.2.3, insb. Tabelle 7.

V.2.4).[36] Dies unterstützt ebenfalls die Annahme von distinkten Dimensionen der Innovationsfähigkeit und damit einer formativen Spezifikation, da sie untereinander nicht beliebig austauschbar sind.

Konstrukt	Indikator	Faktor		
		1	2	3
Innovations-strategie	IS_1	0,054	0,767	0,109
	IS_3	-0,065	0,736	0,203
	IS_4	0,308	0,616	0,059
	IS_6	0,067	0,683	0,206
	IS_7	0,293	0,707	0,164
Kospezialisierung	KS_1	0,253	0,198	0,790
	KS_2	0,221	0,266	0,805
	KS_3	0,099	0,221	0,809
	KS_4	0,218	0,084	0,760
Wissensaustausch	WA_1	0,665	0,230	0,173
	WA_2	0,704	-0,058	0,327
	WA_3	0,747	0,059	0,132
	WA_4	0,654	0,355	0,094
	WA_5	0,723	0,026	0,180
	WA_7	0,784	0,144	0,088
Extraktionsmethode		Hauptkomponenten Varimax		
Kaiser-Meyer-Olkin-Kriterium (≥0,7)		0,85		
Anzahl extrahierter Faktoren		3		

Tabelle 54: Mehrfaktorielle EFA der reflektiven Konstruktdimensionen
Quelle: Eigene Darstellung

Die selbst formativ spezifizierten Dimensionen Institutionalisierte Reflexivität, Innovationskultur und Transformationsorientierung der Netzwerkführung können nicht in das obige Prüfschema einbezogen werden. Wird jedoch aufgrund der bisherigen Indizien von einem formativen Konstrukt ausgegangen, kann eine Beurteilung des gesamten Messmodells des Innovationsfähigkeitskonstrukts nach den entsprechenden formativen Gütekriterien erfolgen (vgl. Teil V.2.2.2).

---

[36] Die mehrfaktorielle EFA prüft die Diskriminanz zwischen den Messmodellen der einzelnen reflektiven Konstrukten. Hierfür sind die Schätzung mittels Hauptkomponentenanalyse und die Annahme nicht korrelierter extrahierter Faktoren sinnvoll, da diese sonst nicht als unabhängige Konstrukte interpretiert werden können. Als Rotationsverfahren kommt somit die orthogonale Varimax-Rotation zum Einsatz; vgl. bspw. Huber et al. (2007), S. 96.

Zur Aufstellung des Messmodells kommt das in Teil V.2.4 dargestellte *Composite Second Order-Verfahren* zum Einsatz. In einem ersten Schritt werden hierbei die durch den PLS-Algorithmus im Zuge der ersten Submodellanalyse (vgl. Abschnitt 3.1) ermittelten *first order Latent Variable Scores (LVS)* der sechs Dimensionen genutzt. Als gewichtete Summe der manifesten Indikatoren einer Dimension stellt ein *LVS* die Ausprägung der jeweiligen Dimension pro Beobachtungsfall, d.h. je Netzwerk, durch einen einzelnen Wert dar. Somit werden die Informationen der Indikatoren auf erster Ebene in einem aggregierten Indikator zusammengefasst. Dass die einzelnen Messmodelle der latenten Konstrukte erster Ebene reliabel und valide sind, wurde bereits in Abschnitt 2 dargelegt. Zur Prüfung, inwieweit sich diese LVS als Repräsentanten ihrer Dimensionen voneinander unterscheiden und als Indikatoren auf zweiter Abstraktionsebene eignen, können sie wie bereits bei den formativen Konstrukten auf erster Ebene einer Beurteilung unterzogen werden. Es zeigt sich, dass die sechs LVS als Indikatoren alle eine positive und hoch signifikante Korrelation zu einem gemeinsamen summativen Indikator aufweisen. Somit kann von ausreichender externer Validität ausgegangen werden.

Mit einem maximalen *Variance Inflation Factor* von 2,26 liegen keine Indizien für Multikolinearität vor. Paarweise Abhängigkeiten sind bei Analyse der Varianzzerlegung ebenfalls nicht zu erwarten. Dies ist wiederum ein Hinweis, dass keine reflektive Spezifikation des Konstrukts erfolgen sollte.

Innovationsfähigkeit					
Gütekriterien					
Indikator			Korrelation mit sum. Indikator	VIF (< 10)	R²
IK_LVS	Dimension Innovationskultur als Konstrukt 1.Ordnung		0,459****	2,26	0,56
IR_LVS	Dimension Institutionalisierte Reflexivität als Konstrukt 1.Ordnung		0,398****	1,51	0,34
IS_LVS	Dimension Innovationsstrategie als Konstrukt 1.Ordnung		0,459****	1,70	0,41
KS_LVS	Dimension Kospezialisierung als Konstrukt 1.Ordnung		0,351****	1,59	0,37
TF_LVS	Dimension Transformationsorient. Führung als Konstrukt 1.Ordnung		0,295****	1,40	0,29
WA_LVS	Dimension Wissensaustauschroutinen als Konstrukt 1.Ordnung		0,275****	1,53	0,34
IF_I	Verglichen mit anderen Netzwerken ist das beschriebene eher in der Lage, erfolgreich Veränderungen und Innovationen zu gestalten.		sum. Indikator		
Varianzanteile					
Dimension	IK_LVS	IR_LVS	IS_LVS	KS_LVS	TF_LVS	WA_LVS
1	,00	,00	,00	,00	,00	,00
2	,00	,72	,00	,12	,00	,01
3	,00	,10	,01	,69	,03	,01
4	,00	,00	,02	,03	,36	,69
5	,02	,01	,43	,00	,42	,11
6	,11	,16	,20	,16	,13	,07
7	,87	,01	,35	,01	,06	,11
	1,00	1,00	1,00	1,00	1,00	1,00

**** α=0,000   *** α<0,01   ** α<0,05   * α<0,1

Tabelle 55: Gütebeurteilung – Innovationsfähigkeitskonstrukt
Quelle: Eigene Darstellung

- Auf Basis der bisherigen Hinweise – der konzeptionell-inhaltlichen Unterschiede, der Nicht-Austauschbarkeit und des unterschiedlich stark ausgeprägten nomologischen Netzes der Dimensionen, der eindeutigen Mehrfaktorenlösung der EFA sowie den mangelnden Indizien auf Multikolinearität und paarweise Abhängigkeiten der

LVS – kann von einem formativen Konstrukt mit den entsprechenden sechs Dimensionen ausgegangen werden. Hypothese H1 ist vorerst nicht abzulehnen.

Zur abschließenden nomologischen Beurteilung wird das Konstrukt der Innovationsfähigkeit in ein Strukturgleichungsmodell eingebunden. Nur in der Beziehung zu anderen latenten Variablen lässt sich sein Erklärungsbeitrag beurteilen und ein Bestimmtheitsmaß ermitteln.[37] Hierfür werden die verbleibenden Schritte das *Composite Second Order-Verfahren* weiter angewandt (vgl. Teil V.2.4). Unter Nutzung der oben dargestellten LVS als Indikatoren ergeben sich hierbei folgende Beziehungen der sechs Dimensionen zum Konstrukt auf zweiter Abstraktionsebene:

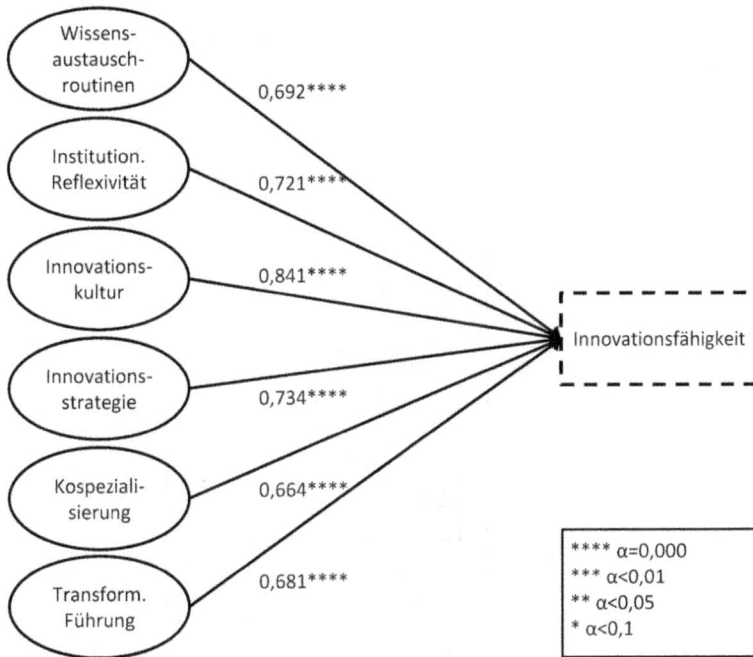

Abbildung 21: Dimensionsbeziehungen zum Innovationsfähigkeitskonstrukt
Quelle: Eigene Darstellung

Die Ladungen und Signifikanzen repräsentieren hierbei die Beziehungen zwischen den Dimensionen als Indikatoren und der Innovationsfähigkeit als Konstrukt zweiter Ordnung.[38] Alle sechs Dimensionen weisen positive und hoch signifikante Beziehungen auf. Hervorzuheben sind insbesondere die Innovationskultur sowie -strategie mit Ladungen von 0,84 und 0,73. Die Ladungen dienen zur Gewichtung der jeweiligen LVS. Die sechs Produkte werden abschließend fallweise summiert.[39] Somit ergibt sich der *Composite Second Order Score*

---

[37] Vgl. Edwards (2001), S: 148 f.
[38] Vgl. Chin (1998a); Yi & Davis (2003).
[39] Vgl. Fornell & Bookstein (1982); Chin (1998); Yi & Davis (2003); Giere, Wirtz & Schilke (2006).

(CSO-Score) als ein aggregierter Wert der Innovationsfähigkeit für jedes Netzwerk. Er dient im Folgenden als manifester Messindikator der Innovationsfähigkeit in Submodell 2.

3.2.2   Direkter und vermittelter Einfluss von Wissen, Kompetenzen und finanziellen Ressourcen auf die Innovationsfähigkeit

Die Wirkungen von Wissen, Kompetenzen und der finanziellen Ressourcenbasis werden hier direkt auf das *second order*-Konstrukt der Innovationsfähigkeit als zweites Submodell modelliert (vgl. Abbildung 22). Die Existenz von mediierenden Effekten durch Ressourcenspezifität und -komplementarität auf die Dimensionen wurde bereits in Abschnitt 3.1.2 dargelegt. Da das Konstrukt der Innovationsfähigkeit durch das *CSO-Verfahren* alle Dimensionen aggregiert und in sich vereint, werden die Mediatoren auch hier aufgenommen. Insgesamt ergeben sich Effekte vergleichbar mit denen in Submodell 1 mit Bezug zu den Dimensionen der Innovationsfähigkeit (vgl. Abbildung 20).

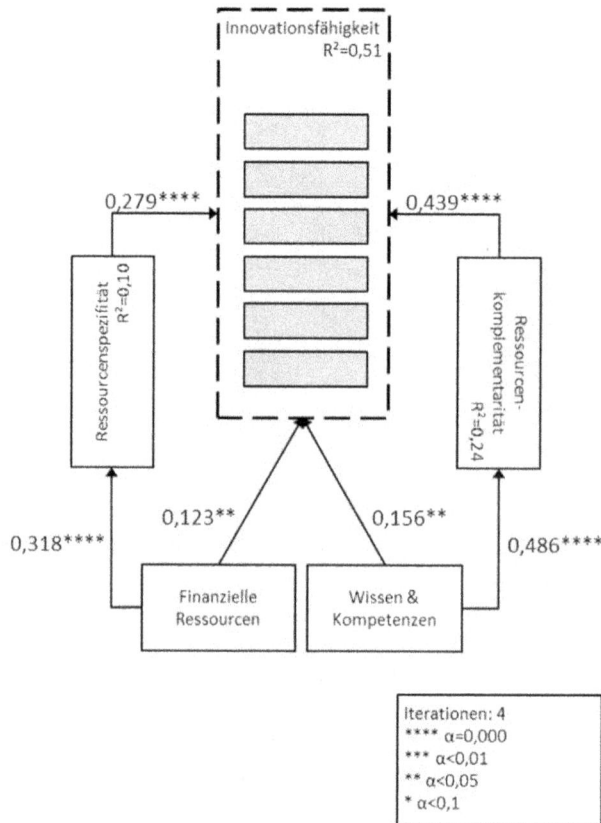

Abbildung 22: Direkte und vermittelte Ressourceneinflüsse auf die Innovationsfähigkeit
Quelle: Eigene Darstellung

Die Effekte der Wissens- und Kompetenzbasis sowie der finanziellen Ressourcenbasis auf die Mediatorvariablen Ressourcenkomplementarität respektive Ressourcenspezifität sind mittelstark und hoch signifikant.[40] Die eher geringe Erklärungskraft für die Mediatorvariablen mit Bestimmtheitsmaßen von $R^2 = 0,10$ beziehungsweise $R^2 = 0,24$ entspricht der bereits in Submodell 1 festgestellten Varianzaufklärung. Dies ist für Mediatorvariablen, welche einem Grundmodell hinzugefügt werden und deren Antezedenzien damit kaum im Modell abgebildet werden, nicht ungewöhnlich.[41] Sie verfügen jeweils nur über eine einzelne erklärende Variable. Selber bringen sie jedoch deutliche und signifikante Effekte und damit eine mögliche mediierende Wirkung in das Modell ein.

Analog zum Vorgehen in Abschnitt 3.1.2 gelten die gleichen Voraussetzungen für Mediatoreffekte (vgl. Teil V.2.5). Für beide Beziehungen der Mediatorvariablen zur Innovationsfähigkeit liegen mittelstarke und hoch signifikante Effekte vor. Die Effekte der beiden Ressourcenvariablen auf die Mediatorvariablen sind ebenfalls mittelstark und hoch signifikant. Somit sind auch die vermittelnden Pfade *jointly significant*. Zusammen mit den signifikanten direkten Effekten der beiden Ressourcenvariablen auf die Innovationsfähigkeit, welche zwischen $\beta = 0$ und einem jeweils höheren β-Wert im Vergleichsmodell ohne Mediatorvariablen liegen, sind damit alle Voraussetzungen für das Vorliegen von Mediatoreffekten erfüllt

Modellvergleich				
Pfadbeziehung	Modell ohne Mediator (β)	Signifikanz	Modell mit Mediator (β)	Signifikanz
Wissens- und Kompetenzbasis zu Innovationsfähigkeit	0,349	0,000	0,156	0,011
Finanz. Ressourcenbasis zu Innovationsfähigkeit	0,199	0,000	0,123	0,003

Tabelle 56: Modellvergleich Mediation auf Konstruktebene
Quelle: Eigene Darstellung

Der VAF-Wert weist auch hier das Verhältnis des indirekten Effekts zum totalen Effekt aus. Der vermittelte Einfluss der finanziellen Ressourcenbasis auf die Innovationsfähigkeit liegt bei 42% des Gesamteffekts. Die vermittelte Beziehung der Wissens- und Kompetenzbasis beträgt 58% des totalen Effekts auf die Innovationsfähigkeit. In beiden Beziehungen ergeben sich somit deutliche und signifikante partielle Mediatoreffekte.

Die vermittelten Effekte tragen damit wesentlich zum totalen Effekt der Ressourcenvariablen auf die Innovationsfähigkeit bei. Dieser beträgt für die Wissens- und Kompetenzbasis

$$\beta_{total} = 0,486 \times 0,439 + 0,156 = 0,369 \ (\alpha = 0,000),$$

sowie für die finanzielle Ressourcenbasis

$$\beta_{total} = 0,318 \times 0,279 + 0,123 = 0,212 \ (\alpha = 0,000).$$

---

[40] Die geringen Unterschiede in den Effektstärken gegenüber Submodell 1 resultieren aus den iterativen Schätzprozessen des PLS-Algorithmus.
[41] Vgl. Henseler, Ringle & Sinkovics (2009), S. 303.

Insgesamt können dadurch 51% der Varianz des zentralen Innovationsfähigkeitskonstrukts erklärt werden ($R^2 = 0{,}51$). Dies entspricht einer wesentlich überdurchschnittlichen bis substanziell-starken Erklärungskraft des Modells.[42] Ein Alternativmodell ohne die Variablen Ressourcenspezifität und -komplementarität erreicht nur eine Varianzaufklärung der Innovationsfähigkeit von 27%.

- Allein durch die Ausprägung der Basis von finanziellen Ressourcen des Netzwerks sowie dem Wissen und den Kompetenzen der Netzwerkmitglieder kann die Innovationsfähigkeit in durchschnittlichem Maße zu 27% erklärt werden. Hypothese H2 – *Die finanzielle Ressourcenbasis des Netzwerks bildet eine Grundlage der Innovationsfähigkeit. Sie trägt insgesamt positiv zur Erklärung der Innovationsfähigkeit bei* – sowie H4 – *Die Wissens- und Kompetenzbasis der Mitglieder bildet eine Grundlage der Innovationsfähigkeit von Netzwerken. Sie trägt insgesamt positiv zur Erklärung der Innovationsfähigkeit bei* – werden damit nicht abgelehnt.
- Diese grundlegende Ressourcenbasis ist notwendig, nicht jedoch hinreichend für die substanzielle Erklärung von insgesamt 51%. Die deutlichen Mediatoreffekte bekräftigen dies. Damit werden auch die Hypothesen H3 – *Die Ressourcenspezifität vermittelt den Einfluss von finanziellen Ressourcen auf die Innovationsfähigkeit* – sowie H5 – *Die Ressourcenkomplementarität vermittelt den Einfluss von Wissen und Kompetenzen auf die Innovationsfähigkeit* – auf Basis der bisherigen Modellanalyse nicht abgelehnt.

3.2.3 Einfluss der Innovationsfähigkeit auf die Innovationsleistung von Netzwerken

Die im vorherigen Abschnitt 3.2.2 dargestellten Beziehungen ermöglichen die Bestimmung der Varianzerklärung der Innovationsfähigkeit insgesamt, d.h. als Konstrukt auf zweiter Abstraktionsebene. Da hierbei ein deutlich überdurchschnittlicher Wert erzielt wird, ist auch die Analyse der Wirkbeziehungen der Innovationsfähigkeit auf die Innovationsleistung von Interesse. Diese sind bisher nicht modelliert worden, sind jedoch ebenfalls Bestandteil von Submodell 2, welches damit Aufschluss über die Hypothesen H6 – *Die Ausprägung der Innovationsfähigkeit von Netzwerken wirkt positiv auf das Ausmaß, in welchem aus dem Netzwerk heraus Innovationen am relevanten Markt platziert werden* – sowie H7 – *Die Ausprägung der Innovationsfähigkeit von Netzwerken wirkt positiv auf das Ausmaß, in welchem interne Netzwerkinnovationen eingeführt werden* – gibt.

---

[42] Vgl. Amoroso & Cheney (1991), S. 81; Chin (1998a), S. 323.

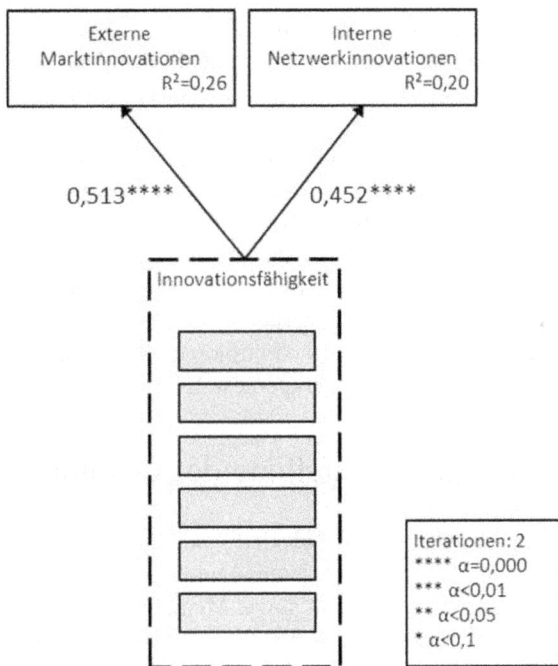

Abbildung 23: Wirkungen der Innovationsfähigkeit auf das Ausmaß an Innovationen
Quelle: Eigene Darstellung

Die PLS-Schätzung von Submodell 2 liefert mit $\beta = 0,513$ für die Wirkung der Innovationsfähigkeit auf die externen Marktinnovationen und $\beta = 0,452$ für die Wirkung auf interne
Netzwerkinnovationen hohe und hoch signifikante Werte der Pfadkoeffizienten. Zwar ist die
Wirkung anhand der signifikanten Pfadkoeffizienten nachweisbar, eher durchschnittlich bis
gering ist jedoch die allein durch das Innovationsfähigkeitskonstrukt ausgeübte Varianzaufklärung der beiden Innovationsarten.[43] Die Bestimmtheitsmaße von $R^2 = 0,26$ für externe
Innovationen beziehungsweise 0,20 für interne Innovationen lassen darauf schließen, dass
neben der Innovationsfähigkeit weitere Variablen für die Erklärung des Ausmaßes an geschaffenen Innovationen existieren. Das Forschungsmodell (vgl. IV.1.4) antizipiert dies
durch die Aufnahme von möglichen Einflussfaktoren, für welche weniger theoretisch-
konzeptionelle als vielmehr sachlogische, durch die Beschaffenheit der Forschungseinheit
begründete Annahmen vorliegen. Diese werden abschließend in der Darstellung und Beurteilung des Gesamtmodells berücksichtigt.

---

[43] Wesentlich zu berücksichtigen ist dabei, dass das zentrale Interesse der vorliegenden Arbeit in der
inhaltlich differenzierten Betrachtung der Innovations*fähigkeit* liegt. Die Erklärung des Ausmaßes an
Innovationen selber ist dabei sekundär. Dennoch ist der Erklärungsbeitrag des entwickelten Modells
höher als in vergleichbaren Studien, bspw. Fischer & Huber (2005), welche ebenfalls in einer empirischen Arbeit Merkmale für die *„optimale Ausgestaltung der netzwerkinternen Prozesse"* (S. 245) von
Innovationsnetzwerken erfassen, jedoch lediglich 13% des Innovationserfolgs erklären können.

- Die Hypothesen H6 sowie H7 werden damit nicht abgelehnt. Die Innovationsfähigkeit von Netzwerken übt einen deutlichen und positiven Einfluss auf das Ausmaß sowohl an externen Marktinnovationen als auch internen Netzwerkinnovationen aus.
- Durch die Einbindung in ein Strukturmodell kann auch die formative Spezifikation der Innovationsfähigkeit als mehrdimensionales Konstrukt, definiert durch Wissensaustauschroutinen, institutionalisierte Reflexivität, Innovationskultur und -strategie, Kospezialisierung sowie Transformationsorientierung der Netzwerkführung, bekräftigt werden. Da das Konstrukt der Innovationsfähigkeit hierbei durch die zum CSO-Score aggregierten Variablenwerte dieser sechs Dimensionen gemessen wird und es hohe und hoch signifikante Wirkungen auf das Ausmaß an Innovationen aufweist, wird auch Hypothese H1 nicht abgelehnt.

3.3 Zusammenfassende Darstellung des Gesamtmodells

Bisher wurde in Abschnitt 3.1 das erste Submodell betrachtet. Es stellt die Wirkbeziehungen von finanziellen Ressourcen sowie der Wissens- und Kompetenzbasis auf die einzelnen sechs Dimensionen der Innovationsfähigkeit sowie Mediatoreffekte der Ressourcenspezifität und -komplementarität dar. Abschnitt 3.2 analysiert als zweites Submodell die Innovationsfähigkeit als zentrales Konstrukt der vorliegenden Arbeit, welches durch die Dimensionen gebildet wird. Dabei wurden zum einen, analog zu Abschnitt 3.1, die Einflüsse von Ressourcen und Mediatoreffekten auf das Konstrukt, zum anderen die Wirkungen der Innovationsfähigkeit auf das Ausmaß an Innovationen dargestellt. Abschnitt 3.3 fügt nun die einzelnen Betrachtungen und Submodelle wieder zu einem Gesamtmodell der Innovationsfähigkeit von Netzwerken zusammen, wie es dem postulierten Hypothesensystem insgesamt entspricht (vgl. Teil IV.1.4). Die Variablen Netzwerkgröße sowie -alter und der Anteil von Forschungsinstituten am Netzwerk werden dabei ebenfalls einbezogen. Von ihnen wird angenommen, dass sie, in geringem Maße, das Ausmaß an Innovationen ebenfalls beeinflussen können. Von der Kooperationserfahrung der Netzwerkmitglieder sowie der Erfahrung des Netzwerkmanagers in der Koordination von Netzwerken wird angenommen, dass sie die Innovationsfähigkeit in geringem Maße direkt beeinflussen können (vgl. Teil IV.1.3).

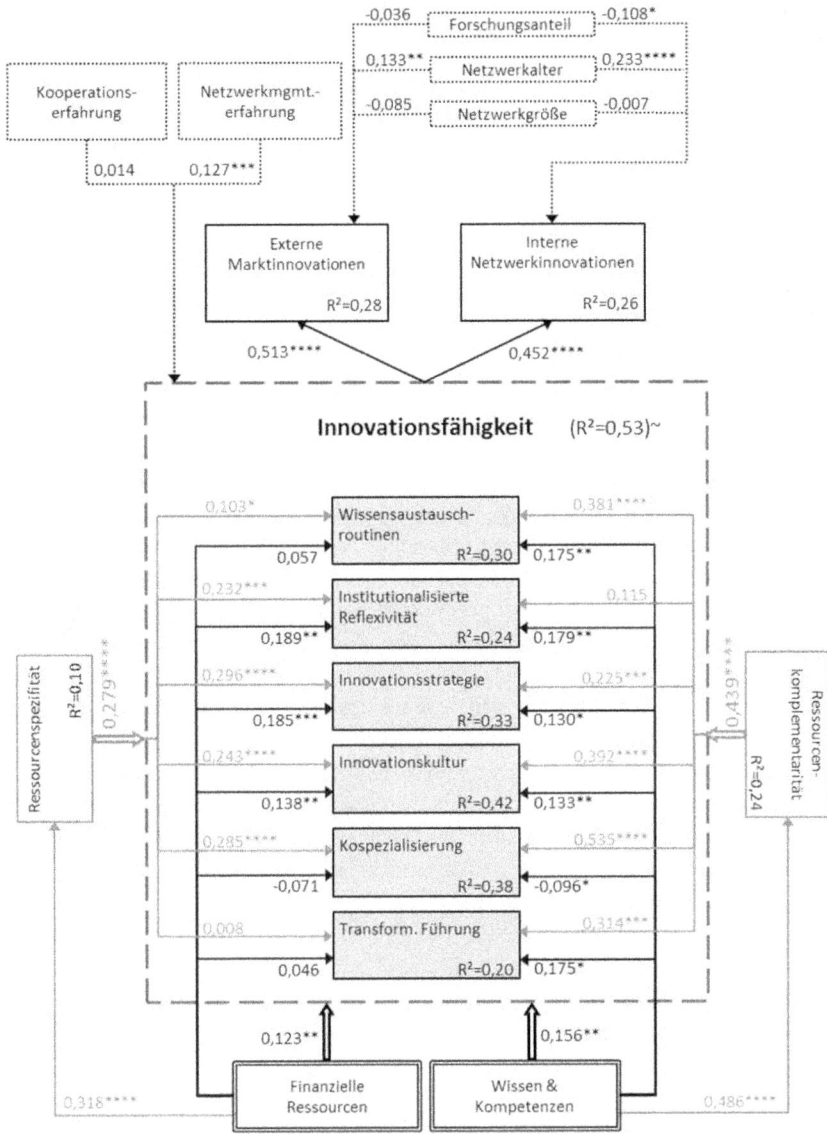

Abbildung 24: Beziehungen im Gesamtmodell
Quelle: Eigene Darstellung

Zur Beurteilung des Strukturmodells werden die Bestimmtheitsmaße der endogenen Variablen R^2, die Pfadkoeffizienten im Modell sowie die Effektstärken f^2 herangezogen (vgl. Teil V.2.3).[44] Sie werden im Folgenden erörtert.

Bestimmtheitsmaße

Einzelne Bestimmtheitsmaße der Dimensionsvariablen weisen zwar eher geringe Werte auf (Transformationsorientierung der Netzwerkführung $R^2 = 0,20$ und Institutionalisierte Reflexivität $R^2 = 0,24$). Die Mehrheit der Werte mit $R^2 = 0,30$ bis $R^2 = 0,42$ kann vor dem Hintergrund der bislang wenig quantitativ-empirisch erforschten Fragestellung nach inhaltlich differenzierten Dimensionen der Innovationsfähigkeit in interorganisationalen Netzwerken als überdurchschnittlich betrachtet werden.[45]

Für das zentrale Element der Arbeit, die Innovationsfähigkeit von Netzwerken als mehrdimensionales Konstrukt, weist das Gesamtmodell insgesamt ein substanzielles Bestimmtheitsmaß von 53% auf.[46] Das Modell besitzt damit eine starke Erklärungskraft.[47] Der Einfluss der Kooperationserfahrung der Netzwerkmitglieder ist dabei statistisch nicht signifikant. Die Managementerfahrung des Netzwerkkoordinators weist einen signifikanten positiven, aber geringen Effekt auf. Dies entspricht den sachlogisch begründeten Annahmen bezüglich dieser ergänzenden Variablen über einen eher geringen Einfluss (vgl. Teil IV.1.3). Durch das eigentliche, theoretisch deduzierte Modell der Innovationsfähigkeit auf Basis des DCV, RV und der Konzeption der Institutionellen Reflexivität werden bereits 51% Varianzaufklärung erzielt (vgl. Abschnitt 3.2.2).

Durch Submodell 2 wurden die positiven Effekte der Innovationsfähigkeit auf das Ausmaß an Innovationen, welche aus dem Netzwerk heraus erfolgreich am Markt eingeführt oder welche im Netzwerk umgesetzt werden, bereits aufgezeigt (vgl. Abschnitt 3.2.3). Die Bestimmtheitsmaße von $R^2 = 0,26$ für externe Innovationen beziehungsweise $R^2 = 0,20$ für interne Innovationen waren jedoch eher unterdurchschnittlich. Hier lässt sich durch die Berücksichtigung von Netzwerkgröße, -alter und dem Anteil von Forschungsinstituten am Netzwerk eine Verbesserung erzielen. Insgesamt wird damit eine Varianzaufklärung von $R^2 = 0,28$ für externe Marktinnovationen und $R^2 = 0,26$ für interne Netzwerkinnovationen erreicht. Die Verbesserung ist dabei jedoch ausschließlich auf das Netzwerkalter zurückzuführen. Die Netzwerkgröße hat in beiden Fällen keinen signifikanten Effekt. Der Anteil von Forschungsinstituten am Netzwerk wirkt kaum signifikant negativ auf interne Innovationen.

---

[44] Vgl. Henseler, Ringle & Sinkowics (2009), S. 303 f. Eine Anwendung der Stone-Geissner Prognoserelevanz Q^2 ist aufgrund der formativen Spezifikation der zentralen endogenen Variablen der Innovationsfähigkeit als Konstrukt 2. Ordnung und der ebenfalls formativen Spezifikation von drei endogenen Dimensionsvariablen nicht sinnvoll (vgl. Teil V.2.3 sowie Henseler, Ringle & Sinkowics (2009), S. 305).

[45] Vgl. Henseler, Ringle & Sinkowics (2009), S. 303; Chin (1998a), S. 323; Amoroso & Cheney (1991), S. 81.

[46] Ein Alternativmodell, welches Innovationsfähigkeit nicht durch die sechs Dimensionen auf zweiter Ebene spezifiziert und es entsprechend auch nicht auf Basis ihrer LVS mittels CSO-Score misst, sondern alternativ einen eigenständigen manifesten Indikator zur direkten Messung (IF_I) nutzt, erreicht lediglich eine Varianzaufklärung von 25%. Vgl. zur Forderung nach einem solchen alternativen Prüfmodell Edwards (2001), S. 186 f.

[47] Vgl. Amoroso & Cheney (1991), S. 81.

Er ist nicht signifikant für externe Marktinnovationen. Da in der vorliegenden Erhebung das Ausmaß an Innovationen gemessen wurde, ist es nicht verwunderlich, dass mit zunehmendem Netzwerkalter die Anzahl an Innovationen, vor allem die im Netzwerk umgesetzten, positiv beeinfluss wird. Durch Ein- und Austritte von Netzwerkmitgliedern, veränderte Rahmenbedingungen, Technologien und Fördermöglichkeiten entsteht über längere Zeiträume mehr Veränderungsbedarf beziehungsweise ergeben sich mehr Innovationschancen als über kurze Zeiträume. Insofern ist die Annahme über geringe Einflüsse möglicher ergänzender Faktoren auf sachlogischer Basis diesbezüglich ebenfalls zutreffend gewesen.

Pfadkoeffizienten

Der Anteil signifikanter Pfade liegt im theoretisch deduzierten Gesamtmodell bei hohen 85%.[48] Alle diese Pfade tragen statistisch relevant zur Erklärungskraft des Modells bei. Die Pfade entsprechend der zentralen Hypothesen über die Einflüsse auf die Innovationsfähigkeit als mehrdimensionales Konstrukt zweiter Ordnung sind sämtlich mit einer Irrtumswahrscheinlichkeit < 5% signifikant bis hoch signifikant. Ebenfalls hoch signifikant sind die Wirkungsbeziehungen der Innovationsfähigkeit auf das Ausmaß an Innovationen.

Effektstärken

Der in Abbildung 24 dargestellte Erklärungsumfang für das zentrale Innovationsfähigkeitskonstrukt von $R^2=0,53$ ergibt sich unter Einbezug aller im Modell mit ihm in Beziehung stehender Einflussvariablen. Er wird daher auch als $R^2_{inklusive}$ bezeichnet. Um den Erklärungsbeitrag einzelner Variablen hierfür darzustellen, werden diese sequenziell aus dem Modell entfernt und das Bestimmtheitsmaß der Innovationsfähigkeit jeweils mit (R^2_{inkl}) und ohne (R^2_{exkl}) die entsprechende Variable verglichen. Die hierauf beruhende Effektstärke f^2 (vgl. Teil V.2.3) wird als Ausdruck der Modellgüte von Strukturmodellen herangezogen, da mit ihr die statistische Relevanz der in das Modell aufgenommenen Variablen ersichtlich wird. Somit ist eine deutlich ausgeprägte Effektstärke derjenigen erklärenden Variablen wünschenswert, für welche ein entsprechender Effekt bezogen auf die zentrale endogene Variable postuliert wird. Bei $f^2 = 0,02$ liegt ein schwacher, bei $f^2 = 0,15$ ein mittlerer und bei $f^2 = 0,35$ ein substanzieller Effekt vor.[49] Für die vorliegende Analyse ergaben sich die in Tabelle 57 aufgeführten R^2_{exkl} des Innovationsfähigkeitskonstrukts und die damit verbundenen Effektstärken der entsprechend genannten Variablen.

---

[48] Das Gesamtmodell inkl. der sachlogisch berücksichtigten ergänzenden Einflussfaktoren weist einen Wert von 78% auf (vgl. geringe Effekterwartung dieser ergänzenden Faktoren).
[49] Vgl. Krafft, Götz & Liehr-Gobbers (2005), S. 85; Chin (1998a), S. 316; Cohen (1988), S. 413.

Ausschlussvariable	R^2_{exkl}	Effektstärke f^2
Ressourcenkomplementarität	0,46	0,15
Ressourcenspezifität	0,40	0,28
Finanzielle Ressourcenbasis	0,52	0,02
Wissens- und Kompetenzbasis	0,51	0,04
Kooperationserfahrung	0,53	0,00
Managementerfahrung	0,52	0,02

Tabelle 57: Effektstärken
Quelle: Eigene Darstellung

Die deutlich ausgeprägten Effektstärken von Ressourcenkomplementarität sowie -spezifität zeigen ihre auch theoretisch-konzeptionell herausgestellte Bedeutung für die Innovationsfähigkeit (vgl. Teil III.4.3). Die geringeren Effektstärken der beiden Ressourcenvariablen resultieren aus den vergleichsweise eher schwachen direkten Ressourcenbeziehungen (vgl. Abschnitt 3.1.1 & 3.2.2) zur Innovationsfähigkeit. Sie entsprechen ebenfalls dem theoretisch-konzeptionellen Rahmen, welcher das Vorhandensein von basalen Ressourcen lediglich als notwendige, nicht jedoch als hinreichende Bedingung der Innovationsfähigkeit anerkennt.[50] Die geringe beziehungsweise nicht vorhandene Effektstärke der Variablen Managementerfahrung und Kooperationserfahrung der Netzwerkmitglieder folgt den Annahmen im Zuge der Modellentwicklung, welche bei diesen lediglich ergänzenden Einflussfaktoren von einer geringen Relevanz für das Gesamtmodell ausgehen (vgl. Teil IV.1.3).

3.4 Ergebnisdiskussion und Zwischenfazit

Mit Bezug zur PLS-Strukturgleichungsmodellanalyse werden zum Abschluss des empirischen Teils der Arbeit die in Teil IV entwickelten Hypothesen zusammenfassend erörtert. Sie stellen Annahmen über Wirkbeziehungen zwischen den latenten Variablen des Untersuchungsmodells dar (vgl. Abbildung 2). Signifikante Pfadkoeffizienten im PLS-Modell (vgl. Abbildung 24) mit einem der Hypothese entsprechenden Vorzeichen, d.h. der angenommenen Ursache-Wirkungs-Richtung, bekräftigen die Modellannahmen. Die einzelnen Hypothesen werden nachfolgend diskutiert. Im Anschluss erfolgt ein zusammenfassendes Zwischenfazit der Ergebnisse in Bezug zu den eingangs gestellten Forschungsfragen.

---

[50] Im theoretischen Kontext des DCV ist diese Annahme ebenfalls verankert. Der Fokus liegt, analog zum mehrdimensionalen Konstrukt der Innovationsfähigkeit, auf Metafähigkeiten, welche auf basale Ressourcen und operationale Kompetenzen zurückgreifen und sie modifizieren sollen. Ressourcen selber sind keine hinreichende Erklärung für diese Metafähigkeiten.

Hypotheseneörterung

- *Hypothese 1: Die Innovationsfähigkeit von Netzwerken ist ein mehrdimensionales Konstrukt und wird durch die sechs Dimensionen Wissensaustauschroutinen, institutionalisierte Reflexivität, Innovationskultur und -strategie, Kospezialisierung sowie Transformationsorientierung der Netzwerkführung definiert.*

Die Einzelanalysen der Dimensionen (vgl. Abschnitt 3.1) zeigen, dass jeweils unterschiedlich stark ausgeprägte Beziehungen zu den exogenen Variablen finanzielle Ressourcenbasis sowie Wissens- und Kompetenzbasis vorliegen. Auch die Mediatorvariablen Ressourcenspezifität und -komplementarität wirken nicht in gleichem Maße auf alle sechs Dimensionen. Werden die Dimensionen als Indikatorvariablen des Konstrukts Innovationsfähigkeit betrachtet (vgl. Abschnitt 3.2), kann somit von einem unterschiedlich ausgeprägten nomologischen Netz ausgegangen werden. Die Dimensionen unterscheiden sich in ihren Ursachenbeziehungen.[51]

Auf Basis der Latent Variable Scores der Dimensionen zeigt sich des Weiteren, dass diese nur geringen Abhängigkeiten voneinander beziehungsweise kaum Multikolinearität aufweisen. Sie sind damit nicht nur auf Basis theoretisch-konzeptioneller Überlegungen und inhaltlicher Definitionen als unterschiedliche Aspekte der Innovationsfähigkeit zu betrachten (vgl. Teil III & VI), sondern bilden auch auf Basis der empirischen Daten verschiedene Komponenten des Konstrukts zweiter Ordnung. Sie sind somit nicht beliebig austauschbar oder entfernbar, da hierdurch das Konstrukt an inhaltlich-konzeptioneller Breite und empirischen Messindikatoren verändert würde.

Die empirische Analyse beziehungsweise die Erfüllung der Gütekriterien für formative Konstrukte[52] zeigt, dass eine formative Spezifikation möglich und auf Basis des entwickelten Modells sinnvoll ist. Diesbezüglich wurde in Teil III dargelegt, dass es sich bei den Dimensionen um Mechanismen handelt, welche Mikrofundierungen der funktionalen Aspekte der Innovationsfähigkeit darstellen. Diese wird aus Sicht des Dynamic Capability-based View somit als Konstrukt auf der Metaebene von den Mikrofundierungen geprägt. Eine reflektive Spezifikation ist damit nicht sinnvoll.

Sowohl auf Grund der theoretischen Modellannahmen als auch der empirischen Befunde kann die Innovationsfähigkeit von Netzwerken als formatives Konstrukt zweiter Ordnung, welches durch die sechs Dimensionen Wissensaustauschroutinen, institutionalisierte Reflexivität, Innovationskultur und -strategie, Kospezialisierung sowie Transformationsorientierung der Netzwerkführung definiert ist, betrachtet werden. Unter Berücksichtigung des theoretisch-konzeptionellen Bezugsrahmens der Arbeit sowie der PLS-Modellanalyse wird Hypothese 1 daher nicht abgelehnt.

- *Hypothese 2: Die finanzielle Ressourcenbasis des Netzwerks bildet eine Grundlage der Innovationsfähigkeit. Sie trägt insgesamt positiv zur Erklärung der Innovationsfähigkeit bei.*

Das PLS-Pfadmodell zeigt, dass die finanzielle Ressourcenbasis einen signifikanten Einfluss auf das Konstrukt der Innovationsfähigkeit aufweist. Der direkte Effekt ist mit $\beta = 0{,}123$ dabei deutlich schwächer ausgeprägt als der hoch signifikante Gesamteffekt

---

[51] Vgl. Tabelle 7: Kriterien zur Wahl der Spezifikationsart in Teil IV.2.3.
[52] Vgl. Tabelle 21: Gütekriterien formativ spezifizierter Messmodelle in Teil V.2.2.2.

von $\beta_{total} = 0,212$, welcher durch die Ressourcenspezifität mediiert wird. Insgesamt tragen finanzielle Ressourcen damit positiv zur Erklärung der Innovationsfähigkeit bei. Hypothese 2 wird nicht abgelehnt.

- *Hypothese 2a: Die finanzielle Ressourcenbasis des Netzwerks hat einen direkten positiven Einfluss auf die Ausprägung der Dimensionen der Innovationsfähigkeit.*
  Der direkte Effekt finanzieller Ressourcen auf die einzelnen Dimensionen fällt unterschiedlich aus. Keine signifikanten Wirkungen zeigen sich auf die Ausprägung der Wissensaustauschroutinen, auf die Kospezialisierung sowie die Transformationsorientierung der Netzwerkführung. Signifikante Einflüsse bestehen auf die Ausprägung der institutionalisierten Reflexivität, die Innovationsstrategie und die Innovationskultur. Hypothese 2a kann daher nur mit Einschränkung aufrecht erhalten werden.

- *Hypothese 3: Die Ressourcenspezifität vermittelt den Einfluss von finanziellen Ressourcen auf die Innovationsfähigkeit.*
  Die Ressourcenspezifität ist nicht unabhängig von dem grundlegenden Vorhandensein finanzieller Ressourcen zu betrachten. Dies zeigt auch die hoch signifikante, positive Pfadbeziehung von $\beta = 0,318$. Ressourcenspezifität bezieht sich auf diejenigen finanziellen Ressourcen, welche spezifisch für Innovationsvorhaben im Netzwerk eingesetzt werden. Ihre Wirkung auf die Innovationsfähigkeit ist mit $\beta = 0,279$ deutlich erkennbar. Als Mediator steht sie damit zwischen der grundlegenden finanziellen Ressourcenbasis und dem Konstrukt der Innovationsfähigkeit. Sie vermittelt den Einfluss. Hypothese 3 wird damit nicht abgelehnt.

- *Hypothese 3a: Die Ressourcenspezifität vermittelt den Einfluss von finanziellen Ressourcen auf die Dimensionen der Innovationsfähigkeit.*
  Der unmittelbare Effekt der Ressourcenspezifität auf die einzelnen Dimensionen fällt unterschiedlich stark aus. Bis auf die Beziehung zur Transformationsorientierung der Netzwerkführung ist er jeweils signifikant oder hoch signifikant. Da jedoch nicht alle Pfadbeziehungen der finanziellen Ressourcenbasis zu den Dimensionen signifikant sind, können deutliche und statistisch signifikante mediierende Effekte bei den durch die Ressourcenspezifität vermittelten Beziehungen zwischen finanziellen Ressourcen und Innovationskultur, institutionalisierter Reflexivität, Innovationsstrategie sowie Wissensaustauschroutinen nachgewiesen werden. Der gezielte Einsatz finanzieller Mittel für Innovationsprojekte steht folglich in einem positiven Zusammenhang insbesondere mit der Wahrnehmung von Innovationschancen durch Wissensaustauschroutinen und institutionalisierten reflexiven Verfahren sowie mit der Ausprägung einer Innovationskultur und -strategie als theoretisch fundierende Mechanismen der Ergreifung dieser Innovationschancen (vgl. Teil III & IV.1). Für diese vier Dimensionen der Innovationsfähigkeit wird Hypothese H3a nicht abgelehnt.

- *Hypothese 4: Die Wissens- und Kompetenzbasis der Mitglieder bildet eine Grundlage der Innovationsfähigkeit von Netzwerken. Sie trägt insgesamt positiv zur Erklärung der Innovationsfähigkeit bei.*
  Die Wissens- und Kompetenzbasis weist einen signifikanten Einfluss auf das Konstrukt der Innovationsfähigkeit auf. Wie schon bei der finanziellen Ressourcenbasis ist der direkte Effekt mit $\beta = 0{,}156$ dabei deutlich schwächer ausgeprägt als der hoch signifikante Gesamteffekt von $\beta_{total} = 0{,}369$, welcher hier durch die Ressourcenkomplementarität mediiert wird. Insgesamt tragen das Wissen und die operationalen Kompetenzen der Netzwerkmitglieder positiv zur Erklärung der Innovationsfähigkeit bei. Hypothese 4 wird nicht abgelehnt.

- *Hypothese 4a: Die Wissens- und Kompetenzbasis der Mitglieder hat einen direkten positiven Einfluss auf die Ausprägung der Dimensionen der Innovationsfähigkeit.*
  Die direkten Beziehungen der Wissens- und Kompetenzbasis zu den Dimensionen der Innovationsfähigkeit weisen positive und in allen Fällen signifikante oder hoch signifikante Effekte auf. Eine Ausnahme bildet die geringe negative Pfadbeziehung der Wissens- und Kompetenzbasis zur Kospezialisierung. Umfangreiches Wissen und ausgeprägte operationale Kompetenzen und Know-How der Netzwerkmitglieder scheinen demnach nicht per se förderlich für eine gegenseitig abgestimmte Entwicklung von Arbeitsabläufen, Prozessen oder Verfahren. Eine mögliche Deutung können *lock-in-Effekte* durch *core regidities* sein.[53] Diese beschreiben die Schwierigkeit von Anpassungen und Veränderungen der jeweiligen Netzwerkmitglieder, wenn ihre Kompetenzen sehr stark ausgeprägt sind und über lange Zeiträume als (strategisch) wichtig erachtet wurden. Da der Wert der Pfadbeziehung gegen 0 tendiert, ist die Annahme von hinderlichen Einflüssen jedoch nicht substantiell. Vielmehr ist weder von einem positiven, noch von einem negativen Effekt auszugehen. Hypothese 4a kann mit einer Einschränkung aufrecht erhalten werden.

- *Hypothese 5: Die Ressourcenkomplementarität vermittelt den Einfluss von Wissen und Kompetenzen auf die Innovationsfähigkeit.*
  Analog zur Ressourcenspezifität ist auch die Ressourcenkomplementarität nicht unabhängig von der Ausprägung der grundlegenden Ressourcenbasis, hier von Wissen und operationalen Kompetenzen. Dies zeigt die hoch signifikante, positive Pfadbeziehung von $\beta=0{,}486$. Selber weist sie eine Wirkung auf die Innovationsfähigkeit von $\beta=0{,}439$ auf. Als Mediator steht sie zwischen der grundlegenden Wissens- und Kompetenzbasis und dem Konstrukt der Innovationsfähigkeit. Sie vermittelt den Einfluss. Hypothese 5 wird nicht abgelehnt.

- *Hypothese 5a: Die Ressourcenkomplementarität vermittelt den Einfluss von Wissen und Kompetenzen auf die Dimensionen der Innovationsfähigkeit.*
  Der unmittelbare Effekt der Ressourcenkomplementarität auf die einzelnen Dimensionen fällt unterschiedlich stark aus. Im Unterschied zur Ressourcenspezifität sind dabei die Wirkungsbeziehungen bis auf den Effekt auf die Ausprägung institutionalisierter re-

---

[53] Vgl. Leonard-Barton (1992).

flexiver Verfahren signifikant oder hoch signifikant. Da jedoch auch hier nicht alle direkten Pfadbeziehungen der Wissens- und Kompetenzbasis zu den Dimensionen
signifikant sind, können deutliche und statistisch signifikante mediierende Effekte nicht
für alle durch die Ressourcenkomplementarität vermittelten Beziehungen nachgewiesen
werden. Erhebliche Mediatoreffekte treten in Bezug auf die Innovationskultur und Wissensaustauschroutinen auf. Ebenfalls deutliche und signifikante Effekte liegen bei der
vermittelten Beziehung auf die Transformationsorientierung der Netzwerkführung sowie auf eine gemeinsame Innovationsstrategie vor. Entscheidende Voraussetzung bleibt
eine grundsätzlich vorhandene Wissens- und Kompetenzbasis. Für die genannten vier
Dimensionen wird Hypothese 5a nicht abgelehnt.

- *Hypothese 6: Die Ausprägung der Innovationsfähigkeit von Netzwerken wirkt positiv
  auf das Ausmaß, in welchem aus dem Netzwerk heraus Innovationen am relevanten
  Markt platziert werden.*
  Das PLS-Modell zeigt mit einem hoch signifikanten Pfadkoeffizienten von $\beta = 0,513$
  deutliche Effekte der Innovationsfähigkeit auf die externen Marktinnovationen. Demnach fördern die sechs Dimensionen gemeinsam das Ausmaß an Innovationen, welche
  aus dem Netzwerk heraus erfolgreich generiert werden. Hypothese 6 wird nicht abgelehnt.

- *Hypothese 7: Die Ausprägung der Innovationsfähigkeit von Netzwerken wirkt positiv
  auf das Ausmaß, in welchem interne Netzwerkinnovationen eingeführt werden.*
  Mit einem ebenfalls hoch signifikanten Pfadkoeffizienten von $\beta = 0,452$ ist die gemeinsame Wirkung der sechs Dimensionen als Konstrukt zweiter Ordnung auf das Ausmaß
  an internen Netzwerkinnovationen nur leicht geringer als auf externe Innovationen. Das
  entwickelte Konstrukt der Innovationsfähigkeit leistet demnach ebenfalls einen Erklärungsbeitrag zur internen Veränderung und Erneuerung von Innovationsnetzwerken.
  Hypothese 7 wird nicht abgelehnt.

Tabelle 58 fasst die oben beschriebenen Erörterungen mit Bezug zu den einzelnen Hypothesen zusammen. Keine der in Teil IV entwickelten Annahmen ist auf Basis der Analyse
insgesamt zu verwerfen. In der Mehrzahl ergeben sich keine empirischen Anhaltspunkte für
eine Einschränkung. Dies gilt insbesondere für das Gesamtmodell beziehungsweise die
Hypothesen bezüglich der Einflussfaktoren und Wirkungen des Innovationsfähigkeitskonstrukts. Die Hypothesen mit direktem Bezug zu den einzelnen Dimensionen können bedingt
aufrecht erhalten werden.[54] Die in ihnen postulierten Beziehungen sind zwar in der großen
Mehrheit, nicht aber für alle sechs Dimensionen gleichermaßen statistisch signifikant nachweisbar (vgl. Abschnitt 3.1).

---

[54] Aufrechterhaltung von Hypothesen ohne Einschränkung sind mit ✓ gekennzeichnet. Bedingte
Einschränkungen sind mit (✓) angegeben.

Nr.	Hypothese	Analyseergebnis
H1	Die Innovationsfähigkeit von Netzwerken ist ein mehrdimensionales Konstrukt und wird durch die sechs Dimensionen Wissensaustauschroutinen, institutionalisierte Reflexivität, Innovationskultur und -strategie, Kospezialisierung sowie Transformationsorientierung der Netzwerkführung definiert.	✓
H2	Die finanzielle Ressourcenbasis des Netzwerks bildet eine Grundlage der Innovationsfähigkeit. Sie trägt insgesamt positiv zur Erklärung der Innovationsfähigkeit bei.	✓
H2a	Die finanzielle Ressourcenbasis des Netzwerks hat einen direkten positiven Einfluss auf die Ausprägung der Dimensionen der Innovationsfähigkeit.	(✓)
H3	Die Ressourcenspezifität vermittelt den Einfluss von finanziellen Ressourcen auf die Innovationsfähigkeit.	✓
H3a	Die Ressourcenspezifität vermittelt den Einfluss von finanziellen Ressourcen auf die Dimensionen der Innovationsfähigkeit.	(✓)
H4	Die Wissens- und Kompetenzbasis der Mitglieder bildet eine Grundlage der Innovationsfähigkeit von Netzwerken. Sie trägt insgesamt positiv zur Erklärung der Innovationsfähigkeit bei.	✓
H4a	Die Wissens- und Kompetenzbasis der Mitglieder hat einen direkten positiven Einfluss auf die Ausprägung der Dimensionen der Innovationsfähigkeit.	(✓)
H5	Die Ressourcenkomplementarität vermittelt den Einfluss von Wissen und Kompetenzen auf die Innovationsfähigkeit.	✓
H5a	Die Ressourcenkomplementarität vermittelt den Einfluss von Wissen und Kompetenzen auf die Dimensionen der Innovationsfähigkeit.	(✓)
H6	Die Ausprägung der Innovationsfähigkeit von Netzwerken wirkt positiv auf das Ausmaß, in welchem aus dem Netzwerk heraus Innovationen am relevanten Markt platziert werden.	✓
H7	Die Ausprägung der Innovationsfähigkeit von Netzwerken wirkt positiv auf das Ausmaß, in welchem interne Netzwerkinnovationen eingeführt werden.	✓

Tabelle 58: Zusammenfassende Hypothesenprüfung
Quelle: Eigene Darstellung

Zusammenfassende Implikationen für die Forschungsfragen

Bezugnehmend auf die einleitend gestellten Forschungsfragen (vgl. Teil I.3) ergibt sich aus der Analyse des theoretisch deduzierten Modells folgendes Zwischenfazit:[55]

- Die 1. sowie 2. Forschungsfrage – *Wie kann die Innovationsfähigkeit von Netzwerken theoretisch-konzeptionell fundiert werden? – beziehungsweise – Welche inhaltlichen Aspekte zeichnen diese Fähigkeit auf Netzwerkebene aus und welche wesentlichen Einflussfaktoren wirken auf sie?* – werden in Teil III aufgearbeitet. Implikationen aus dem Stand der Forschung (vgl. Teil II.4 & II.5) liefern bereits erste Hinweise. Die konzeptionelle Disaggregation *dynamischer Fähigkeiten* identifiziert die grundlegenden funktionalen Aspekte von Innovationsfähigkeit als Wahrnehmen, Ergreifen und Umsetzen von Innovationschancen. Zur Schließung konzeptioneller Lücken und insbesondere zur Berücksichtigung der Forschungseinheit Netzwerk erweisen sich ergänzend die *Institutionelle Reflexivität* und der *Relational View* als kommensurable Ansätze. Alle drei stellen das theoretisch-konzeptionelle Fundament der weiteren Betrachtung dar. Auf dieser Basis werden interorganisationale Wissensaustauschroutinen, institutionalisierte reflexive Verfahren, eine gemeinsame Innovationskultur und -strategie, die Kospezialisierung der Netzwerkpartner und eine Transformationsorientierung der Netzwerkführung als die sechs inhaltlichen Dimensionen der Innovationsfähigkeit er-

---

[55] Die vierte Forschungsfrage ist auf Implikationen für Wissenschaft und Management gerichtet. Sie werden im Rahmen der Schlussbetrachtung in Teil VII.2 detaillierter ausgeführt. Alle Forschungsfragen werden im abschließenden Fazit der Arbeit (Teil VII.3) daher nochmals ausführlich aufgegriffen und hier vorerst überblickshalber als Zwischenfazit zusammengefasst.

achtet. Sie stellen relational interpretierte Mikrofundierungen und damit inhaltlich detaillierte Betrachtungen der funktionalen Aspekte dar. Wesentliche Einflussfaktoren für die Innovationsfähigkeit sind die finanzielle Ressourcenbasis des Netzwerks sowie die operationale Wissens- und Kompetenzbasis der Netzwerkmitglieder. Betont wird der vermittelnde Einfluss eines innovationsspezifischen Ressourceneinsatzes sowie der Komplementarität von Wissen und Kompetenzen. Damit werden die 1. sowie 2. Forschungsfrage theoretisch-konzeptionell beantwortet.

Die Datenanalyse bekräftigt diese Erkenntnisse auch empirisch. Zum einen wirkt die grundsätzliche finanzielle Ressourcenbasis sowie Wissens- und Kompetenzbasis positiv auf die Ausprägung der Innovationsfähigkeit. Ebenso werden die Ressourcenspezifität und Ressourcenkomplementarität von dem grundlegenden Vorhandensein dieser Ressourcenbasis positiv beeinflusst. Selber vermitteln sie einen erheblichen Teil der Effekte auf die Innovationsfähigkeit und treten damit als Mediatoren auf. Im Gesamteffekt zeigt sich eine stärkere Bedeutung von Wissen und Kompetenzen für die Innovationsfähigkeit als von finanziellen Ressourcen. Durch das entwickelte Modell mit den sechs Dimensionen als inhaltliche Facetten der Innovationsfähigkeit und den vermittelten Einflüssen der Ressourcenbasis können substantielle 53% der Varianz des Innovationsfähigkeitskonstrukts erklärt werden.

- Die 3. Forschungsfrage zielt auf die Messbarkeit der Innovationsfähigkeit: *Wie lässt sich Innovationsfähigkeit operationalisieren und empirisch erfassen?* Hierzu wurde der theoretisch-konzeptionelle Rahmen in ein Forschungsmodell überführt. Die einzelnen Modellvariablen wurden als latente Konstrukte je nach ihrer inhaltlichen Breite und theoretischen Verankerung formativ oder reflektiv spezifiziert. Da die einzelnen Dimensionen alleine betrachtet nicht gleichbedeutend mit Innovationsfähigkeit sind, selber jedoch theoretisch gebildete Konstrukte darstellen, handelt es sich bei der Innovationsfähigkeit um ein formatives Konstrukt auf 2. Ebene. Die Spezifikationen und entwickelten Operationalisierungen aller Modellkonstrukte wurden auf Basis der Erhebungsdaten anhand differenzierter Gütekriterien als reliabel und valide nachgewiesen. Die gewählten Itemformulierungen und das entwickelte Erhebungsinstrument sind daher gelungene Operationalisierungen. Damit erfolgt eine Beantwortung der 3. Forschungsfrage.

- Die 4. Forschungsfrage – *Welche Implikationen ergeben sich aus der Kenntnis inhaltlich differenzierter Aspekte der Innovationsfähigkeit für die weitere Forschung und Managementpraxis?* – wird in der Schlussbetrachtung in Teil VII ausführlich aufgegriffen. Zunächst ist Folgendes festzuhalten:
(1.) Für die Forschung zeigt der vorgeschlagene theoretisch-konzeptionelle Rahmen, dass relationale, ressourcen-fähigkeits-geprägte und regelorientierte Perspektiven in Form des Relational View, des Dynamic Capability-based View und der Institutionellen Reflexivität kommensurabel und zur Erklärung von Innovationsfähigkeit nutzbar sind. Sie ermöglichen die Fundierung von Einflussfaktoren und inhaltlich differenzierten Aspekten der Innovationsfähigkeit auf Netzwerkebene. Die empirischen Ergebnisse zeigen, dass mit dem entwickelten Modell hier entscheidende Elemente identifiziert werden konnten. Der eingenommene Fokus auf die Netzwerkebene bietet aus wissen-

schaftlicher Perspektive eine fundierte Grundlage zum einen für weitere Detailuntersuchungen, beispielsweise in Form einer stärkeren Fokussierung auf die einzelnen Dimensionen, insbesondere unter Berücksichtigung ihrer unterschiedlich ausgeprägten Wirkbeziehungen. Zum anderen kann eine Vergrößerung des Fokus durch eine ebenenübergreifende Betrachtungen des Phänomens Innovationsfähigkeit unter Einbezug des gesellschaftlichen Kontextes von Innovationsnetzwerken und/oder der Organisations- sowie Individuumsebene von Netzwerkmitgliedern und personalen Akteuren den entwickelten Erklärungsrahmen erweitern.

(2.) Die gewonnenen Erkenntnisse zur mehrdimensionalen Struktur der Innovationsfähigkeit haben Implikationen für die Managementpraxis. Wesentliche Gestaltungsfelder mit starkem Bezug zur Mitglieder- beziehungsweise Organisationebene sind die Kospezialisierung mit den Netzwerkpartnern sowie eine Transformations- beziehungsweise Veränderungsorientierung der in ein Netzwerk abgesandten Unternehmensvertreter. Sie sind Stellschrauben zur Förderung der Innovationsfähigkeit, hier insbesondere zur Umsetzung von Innovationschancen, auf welche die Organisationen und die entsprechenden Vertreter direkt Einfluss nehmen können. Hierfür sind auch organisationsintern entsprechende Strukturen und Voraussetzungen zu gewährleisten. Auf Netzwerkebene ergeben sich für die Netzwerkkoordinatoren insbesondere Aufgaben zur Unterstützung des Erkennens und Ergreifens von Innovationschancen, u.a. durch die Formulierung einer gemeinsamen Innovationsstrategie sowie die Schaffung und Aufrechterhaltung einer Innovationskultur. Hierfür ist die Sicherstellung ausreichender, vor allem für Innovationsaktivitäten zur Verfügung stehender finanzieller Mittel sowie insbesondere die Zusammensetzung des Netzwerks i.S.v. komplementären Wissens- und Kompetenzbeiträgen der Mitglieder zu prüfen und ggf. zu beeinflussen. Das reine Vorhandensein von finanziellen Ressourcen sowie von Wissen und Kompetenzen hat nur eine vergleichsweise geringe Wirkung.

Teil VII
Schlussbetrachtung

1 Zusammenfassung der Arbeit

Teil I stellt einleitend die Forschungslücke und Relevanz des Themas dar. Der Zielstellung der Arbeit liegt das grundlegende Interesse an der Innovationsfähigkeit von Netzwerken zugrunde. Aus der Netzwerkperspektive weist die Forschung hier bislang eine deutliche Schwäche bei Konzeptionen auf, welche nicht primär auf Output- oder Inputgrößen beruhen und Fähigkeit auf der Netzwerkebene als interorganisationales Phänomen konzipieren (vgl. Teil I.1 sowie II.3.2 & II.4). Das konkrete Anliegen der Arbeit besteht somit darin, den Forschungsgegenstand Innovationsfähigkeit als komplexes Phänomen inhaltlich differenziert zu betrachten, theoretisch-konzeptionell zu fundieren und einer empirischen Analyse zu unterziehen.

Teil II der Arbeit erörtert in einer ausführlichen Grundlagendiskussion die latente Komplexität und perspektivische Ambiguität sowohl des Forschungsgegenstandes Innovationsfähigkeit als auch der Forschungseinheit Innovationsnetzwerk. Erste Implikationen verdeutlichen, dass Innovationsfähigkeit unterschiedliche Facetten beziehungsweise Aspekte aufweist und gängige Ansätze diese Komplexität auf Netzwerkebene i.d.R. kaum theoretisch aufarbeiten und differenziert operationalisieren. Aus dem bisherigen Stand der Forschung zu Konstrukten der Innovationsfähigkeit auf Netzwerkeben ergeben sich erste Hinweise auf mögliche inhaltliche Aspekte und theoretische Bezugspunkte. Da es sich bei Innovationsprozessen im Kern um ressourcenkombinierende und -transformierende Mechanismen handelt, erweist sich die ressourcen- und fähigkeitsorientierte Perspektive des DCV anschlussfähig an das grundlegende Verständnis von Innovationsfähigkeit. Sie stellt ein auf die Schaffung von Neuerungen gerichtetes Vermögen von Netzwerken dar, innovative Produkte, Technologien oder Dienstleistungen im Netzwerk zu entwickeln und erfolgreich am externen Markt einzuführen sowie netzwerkintern neuartige Strukturen, Prozesse und Methoden zu etablieren.

Teil III baut auf dieser Basis auf und arbeitet i.S.d. ersten Forschungsfrage theoretische Bezugspunkte und Implikationen des DCV, des RV und der Institutionellen Reflexivität heraus. Mit *sensing, seizing* und *transforming* werden drei grundlegende theoretische Facetten aufgezeigt. Sie lassen sich i.S.d. Forschungsgegenstandes als Funktionen des Wahrnehmens, Ergreifens und Umsetzens von Innovationschancen interpretieren. Diese grundlegende Fundierung wird aus konzeptionellen Erwägungen und aufgrund der interorganisationalen Charakteristika der Forschungseinheit durch die Berücksichtigung relationaler und reflexiv-verfahrensförmiger Aspekte weiter spezifiziert und damit an den Netzwerkkontext angepasst. Im Ergebnis stellen Wissensaustauschroutinen, institutionalisierte Reflexivität, Innovationskultur und -strategie, Kospezialisierung der Netzwerkpartner sowie eine Transformationsorientierung der Netzwerkführung die Mikrofundierungen der jeweils grundlegenden Funktionen dar. I.S.d. zweiten Forschungsfrage kann die Innovationsfähigkeit von Netzwerken damit theoretisch gestützt inhaltlich differenziert dargestellt werden. Diese theoretisch deduzierte Konzeption wird einer empirischen Beurteilung zugeführt.

Teil IV greift die Mikrofundierungen auf und beschreibt sie als Dimensionen der Innovationsfähigkeit. Da sie jeweils unterschiedliche Aspekte darstellen beziehungsweise verschiedene Funktionen unterstützten, wird Innovationsfähigkeit als formatives Konstrukt spezifiziert, welches durch seine sechs Dimensionen definiert ist. Zusammen mit den weiteren Annahmen über die Ressourcenbasis und deren Beschaffenheit beziehungsweise Einsatz wird aus Hypothesen das konkrete Untersuchungsmodell entwickelt.

Teil V stellt die methodischen Aspekte der Datenerhebung und -analyse dar. Da bislang insbesondere qualitative (Einzel)Fallstudien zur Innovationsfähigkeit im Kontext von Netzwerken vorliegen und kaum großzahlige vergleichbare Studien mit generalisierbaren Erkenntnissen existieren, wird eine quantitative Methodik gewählt. Die einzelnen Variablen des Modells werden operationalisiert und entsprechende Items für ihre Messung formuliert. Die Daten werden im Rahmen einer standardisierten schriftlichen Befragung erhoben.

Teil VI unternimmt zunächst eine Beschreibung der erzielten Datengrundlage und stellt die Charakteristika der 197 Innovationsnetzwerke dar, deren Angaben die Basis der empirischen Auswertung und Analyse bilden. Durch Beurteilung der entwickelten Messmodelle beziehungsweise Operationalisierungen anhand relevanter Gütekriterien wird deren Reliabilität und Validität nachgewiesen. Die gewählten Itemformulierungen und das entwickelte Erhebungsinstrument können daher i.S.d. dritten Forschungsfrage als gelungene Operationalisierungen angesehen werden. Hierdurch ist auch die empirische Analyse der Innovationsfähigkeit als latentes, formatives Konstrukt zweiter Ordnung möglich. Dabei zeigt sich, dass alle sechs Dimensionen positiv und hoch signifikant zur Konstruktbildung beitragen. Das Konstrukt selber weist hohe und hoch signifikante Wirkungen auf das Ausmaß an Innovationen auf, welche aus dem Netzwerk heraus erfolgreich am Markt eingeführt oder netzwerkintern implementiert werden. Damit ist auch die Spezifikation und Operationalisierung der Innovationsfähigkeit mittels ihrer sechs Dimensionen als gelungen und erklärungsfähig zu betrachten.

Die empirische Analyse zeigt außerdem, dass der theoretisch-konzeptionelle Bezugsrahmen aus DCV, RV und Institutioneller Reflexivität eine adäquate Fundierung für das entwickelte Modell der Innovationsfähigkeit darstellt. Die darauf basierenden Hypothesen konnten in großem Umfang bekräftigt werden. Auf dieser theoretischen Basis lassen sich substanzielle 51% der Varianz des Innovationsfähigkeitskonstrukts erklären. Die empirische Analyse gibt somit neben der theoretisch-konzeptionellen Argumentation eine datengestützte Antwort auf die erste und zweite Forschungsfrage.

Teil VII zieht aus den gewonnenen Erkenntnissen im Folgenden Implikationen für Forschung und Managementpraxis und widmet sich damit der vierten Forschungsfrage. Ein Fazit greift alle vier eingangs formulierten forschungsleitenden Fragen auf und schließt damit die Arbeit ab.

2 Implikationen

Implikationen für die zukünftige Forschung sowie die Managementpraxis ergeben sich sowohl aus den Erkenntnissen als auch aus den Schwachstellen einer empirischen Arbeit. Im Folgenden wird daher eine kritische Betrachtung des Beitrags dieser Arbeit unternommen.

2.1 Forschung

Mehrebenenbetrachtung

Die vorliegende Konzeption der Innovationsfähigkeit bezieht sich auf interorganisationale Innovationsnetzwerke als Forschungseinheiten. Deren grundlegende Charakteristika wurden ausführlich beschrieben (vgl. Teil II.2.2) und ihre Ausprägungen in der Stichprobe der Studie dargestellt (vgl. Teil VI.1.3). Auf dieser Analyseebene des Netzwerks sind bislang kaum theoretisch fundierte und empirisch gefestigte, differenzierte Konzepte der Innovationsfähigkeit auszumachen (vgl. Teil II.4). Hier ermöglicht die Arbeit wichtige Einblicke. Mit der Unterscheidung von finanzieller Ressourcenbasis des Netzwerks und der operationalen Wissens- und Kompetenzbasis der Netzwerkmitglieder sowie der Ressourcenspezifität und -komplementarität wurden wesentliche Einflussfaktoren auf die Innovationsfähigkeit von Netzwerken identifiziert. Sie können 51% der Innovationsfähigkeit als Konstrukt der sechs konstitutiven Dimensionen institutionalisierte Reflexivität, Innovationskultur und -strategie, Kospezialisierung der Netzwerkpartner sowie eine Transformationsorientierung der Netzwerkführung erklären. Somit konnten zum einen die entscheidenden Grundlagen als auch die zentralen inhaltlichen Aspekte theoretisch und empirisch aufgezeigt werden.

Die entwickelte Konzeption berücksichtigt dabei das Wesen von Netzwerken als Formen wirtschaftlicher Zusammenarbeit mehrerer Organisationen. Denn Netzwerkphänomene, hier die Innovationsfähigkeit, können sinnvoller Weise nur durch die Berücksichtigung relationaler Aspekte mehrerer Betrachtungs- respektive Bezugsebenen analysiert werden.[1] Während sich beispielsweise die finanziellen Ressourcen oder die institutionalisierte Reflexivität i.S.v. regelmäßig angewandten Verfahren der Revision direkt auf die Netzwerkebene beziehen, liegen anderen Modellvariablen organisationale und individuelle Bezüge zugrunde. Die Wissens- und Kompetenzbasis ist im Wesentlichen auf der Ebene der Netzwerkmitglieder, d.h. als organisationales Wissen beziehungsweise Kompetenzen verortet. Die Transformationsorientierung der Netzwerkführung spiegelt das Führungsverhalten wichtiger Personen in Gremien, Arbeitskreisen oder Projektgruppen im Netzwerk wieder.

Die vorliegende Arbeit erfasst diese Variablen mit Organisations- und Individuenbezug als aggregierte Größen. Eine individuelle Analyse der Wissens- und Kompetenzbasis *aller* Mitglieder eines Netzwerks oder des individuellen Führungsverhaltens *aller* wichtigen Personen im Netzwerk fand zu Gunsten einer differenzierten inhaltlichen Betrachtung des übergeordneten Phänomens Innovationsfähigkeit auf Netzwerkebene nicht statt. Ein solches Vorgehen setzt eine Konzeption der Innovationsfähigkeit sowie ein empirisches Forschungsdesign voraus, welches simultan die Netzwerkebene, die Organisationsebene(n) *aller* beteiligten Netzwerkmitglieder und die Individuumsebene mit spezifischen Operationalisie-

---

[1] Vgl. Hippe (1996); Duschek (1998); Windeler (2001); Duschek (2002); Sydow (2010a).

rungen beziehungsweise Erhebungsinstrumenten erfasst. In dieser ausführlichen und zugleich spezifischen empirischen Untersuchung aller Betrachtungsebenen liegt nach wie vor eine Forschungslücke.[2] Denn in einer quantitativen Studie ist dieses Anliegen kaum zu bewerkstelligen. So wären in der vorliegenden Arbeit, die sich auf die Daten von 197 Netzwerken stützt, bei denen die Anzahl der Mitglieder im Median 18 beträgt, 3743 Datensätze zu verarbeiten. Diese berücksichtigten zwar Netzwerkmanager und Netzwerkmitglieder, ließen die Individuen jedoch auch weiterhin unberücksichtigt. Fehlende Daten, nicht nur zu einzelnen Variablen sondern von einzelnen Netzwerkmitgliedern, können zudem schnell zum Ausschluss ganzer Netzwerke aus einer Analyse führen. Empirische Arbeiten, welche mehrere Analyseebenen ausführlich, d.h. jeweils individuell, spezifisch und umfassend berücksichtigen, tun dies daher i.d.R. mittels Fallstudien von wenigen Netzwerken[3] oder in Einzelfallstudien.[4] Dies wiederum erschwert umfassende vergleichende Aussagen über diejenigen Aspekte und Phänomene, welche auf der Netzwerkebene verortet sind. Letzteres war mit Bezug zur Innovationsfähigkeit die zentrale Zielstellung der vorliegenden Arbeit.

Dennoch erscheint es lohnenswert, sich über solche qualitativen Untersuchungen beispielsweise der Entstehung der Wissens- und Kompetenzbasis, insbesondere in Kooperation und durch Kospezialisierung zwischen Netzwerkpartnern, zu widmen.[5] Denn die vorliegende Arbeit zeigt, dass diese grundlegend von großer Bedeutung für die Innovationsfähigkeit auf Netzwerkebene ist. Insbesondere die Relevanz der Ressourcenkomplementarität zwischen den beteiligten Organisationen verdeutlicht, dass eine umfassende Mehrebenenanalyse sinnvoll ist. Diese legt, zugunsten vertiefender Einblicke in einzelne Faktoren und Facetten, den Fokus dann freilich nicht auf das Innovationsfähigkeitskonstrukt als Ganzes auf der Netzwerkebene.

Auch die Berücksichtigung der gesellschaftlichen Makroebene kann weitere Erkenntnisse bringen. Denn Innovationsnetzwerke sind eingebettet in strukturelle und institutionelle Rahmenbedingungen. Hierunter fallen u.a. die staatliche und föderale Wirtschafts- und Forschungsförderung oder die Anbindung an Wissenschaftsstandorte. Für Hirsch-Kreinsen (2007) sind vermehrt solche Aspekte der übergeordneten Ebene und damit der eher soziologisch verankerten *Innovation Studies* mit ihren institutionalistischen Perspektiven, beispielsweise die NIS/RIS, von Bedeutung.[6] Sie reichen analytisch über die Mikro- und die im Rahmen der vorliegenden Arbeit vor allem eingenommene interne Makroperspektive auf Netzwerke hinaus. Diese – aus Netzwerksicht – Kontextfaktoren für gemeinsame, interorganisationale Innovationsaktivitäten wurden hier zugunsten des Fokus auf die theoretisch-konzeptionelle Fundierung inhaltlicher Aspekte der Innovationsfähigkeit als Forschungsgegenstand weitestgehend vernachlässigt. Weiterführende Studien können i.S.e. umfassenden Mehrebenenbetrachtung auch eine gesellschaftliche Kontextebene neben Netzwerk-, Organisations- und Individualebene in eine Analyse der Innovationsfähigkeit einbeziehen. Die oben angedeuteten theoretischen und methodischen Herausforderungen treffen auch hier zu. Für eine mögliche theoretisch-konzeptionelle Fundierung besteht die Herausforderung dabei im angestrebten Erklärungshorizont. Eine umfassende und allgemeine Berücksichtigung gesell-

---

[2] Vgl. Provan, Fish & Sydow (2007), S. 510 f.; Sydow (2010), S. 424.

[3] Vgl. bspw. Provan & Milward (1995); Deitmer (2004).

[4] Vgl. bspw. Duschek (2002); Sydow (2004).

[5] Vgl. zu Wissensaustausch bspw. Capasso, Dagnino & Lanza (2005).

[6] Vgl. Hirsch-Kreinsen (2007); S. 135 ff.

schaftlicher, organisationaler und individueller Einflussfaktoren ermöglicht i.d.R. keine inhaltlich-differenzierte Konstruktion des Phänomens Innovationsfähigkeit selber. Doch auch eine noch stärker inhaltliche Detailbetrachtung der hier identifizierten Dimensionen erscheint ein lohnenswertes Forschungsvorhaben.

Inhaltliche Detailbetrachtung

Die vorliegende Arbeit identifiziert sechs Dimensionen, welche entscheidend für die Innovationsfähigkeit von Netzwerken sind. Diese Erkenntnisse sollten i.S.v. Mayring (2001) mittels einer folgenden qualitativen Studie im Detail weiter untersucht werden.[7] Das Potenzial einer solchen Vertiefungsstudie liegt beispielsweise darin, Mechanismen zu identifizieren, welche zur Bildung und Aufrechterhaltung einer gemeinsamen Innovationskultur auf Netzwerkebene beitragen oder wie die Formulierung einer Innovationsstrategie auch unter heterarchischen, polyzentrischen Steuerungsmechanismen in Innovationsnetzwerken gelingt. Im Rahmen der Wissensaustauschroutinen wäre beispielsweise von Interesse, welche Arten des Wissens über welche spezifischen Mechanismen oder Routinen zwischen den Netzwerkpartnern ausgetauscht werden.[8] Einblicke in jeweils spezifische Austauschbarrieren ermöglichen dann die weitere Verstetigung oder Steigerung des Wissensaustausches, was nach den hier gewonnenen Erkenntnissen wiederum bedeutend für die Innovationsfähigkeit ist.

Auch die Wirkung institutionalisierter Verfahren, hier vor allem als systematische Analyse und Revision von Innovationshemmnissen und Dysfunktionalitäten bei der Netzwerkentwicklung betrachtet, lässt sich mit einer Vertiefungsstudie detaillierter untersuchen. Auf der Organisationsebene liegen hierzu erste Studien vor.[9] Für die Netzwerkebene sind noch geeignete Operationalisierungen zu entwickeln, welche neben dem Vorhandensein und der Art und Weise des Einsatzes dieser Verfahren auch ihre kontextbezogene Angemessenheit beziehungsweise ihren Nutzen, auch jenseits von Innovationen, empirisch erfassen können. Dies kann sinnvoller Weise eher in einem qualitativen Forschungsdesign mit Einzelfallstudien berücksichtig werden.[10]

Entsprechende qualitative Untersuchungen sollten mit dem Fokus auf ausgewählte Aspekte der Innovationsfähigkeit dabei die oben angesprochene Interdependenz von Netzwerk- und Organisationsebene berücksichtigen. Zudem erscheint hier insbesondere ein stärker prozessualer Ansatz nützlich, wenn die Entwicklung von Stellgrößen und Mechanismen, aus theoretischer Perspektive die Mikrofundierungen der Innovationsfähigkeit, angestrebt wird. Die Prozessperspektive ist bislang vergleichsweise gering ausgeprägt in der Netzwerkforschung.[11] Eine Berücksichtigung von Innovations- beziehungsweise Technologiephasen[12]

---

[7] Vgl. Mayring (2001).

[8] Vgl. Amin & Cohendet (2004) unterscheiden bspw. zwischen tacit-codified, individual-social, appropriable-exclusive sowie divisible-indivisible. Sammarra & Biggiero (2008) analysieren technological, market und managerial knowledge.

[9] Vgl. Schirmer, Knödler & Tasto (2012); Hallensleben et al. (2011); Moldaschl et al. (2011).

[10] Vgl. Moldaschl (2006), S. 24 ff.

[11] Vgl. Sydow (2010), S. 423.

[12] Vgl. Hirsch-Kreinsen (2007), 131 ff.

oder Phasen der Produktentwicklung[13] dürfte insbesondere für die Innovationsforschung auf Netzwerkebene neue Erkenntnisse bringen. Hier ist bis dato die Netzwerkperspektive auf konstitutive Aspekte der Innovationsfähigkeit vernachlässigt worden. Der Großteil der Arbeiten weist einen Fokus auf das Innovationsmanagement und operationale Praktiken zur Steuerung von spezifischen Innovationsprojekten auf.[14] Gerade hierbei sind jedoch inhaltliche Aspekte der übergeordneten Fähigkeit von Bedeutung, wenn es um Stellgrößen für die Verbesserung von Innovationsprozessen geht. Sie bilden das Potenzial zur Generierung von Innovationen als gewünschten Output solcher Prozesse ab.

Innovationsfähigkeit als Potenzialgröße

Die vorliegende Arbeit stellt ein theoretisch fundiertes Konzept sowie eine Operationalisierung zur Erfassung der Innovationsfähigkeit von Netzwerken bereit. Es wurde davon ausgegangen, dass Innovationsnetzwerke als ökonomische Koordinationsformen von interorganisationalen Innovationsaktivitäten den funktionalen Zweck beziehungsweise das Ziel von kooperativ geschaffenen Innovationen für (dauerhafte) Wettbewerbsvorteile verfolgen. Dabei wird eine weitgehend neutrale Sicht auf Innovationsnetzwerke und die Innovationsfähigkeit von Netzwerken eingenommen. Der ambivalente Charakter dieser Organisationsform, ausgedrückt in Spannungsverhältnissen wie Kooperation und Konkurrenz, Stabilität und Veränderung oder Autonomie und Abhängigkeit, steht nicht im Fokus der Betrachtung.[15] Damit einher gehen Aspekte der Kontrolle, Dominanz und Macht.[16] Zwar ist eine bestimmte Ausprägung der Steuerungs- beziehungsweise Kontrollprozesse – hierarchisch oder heterarchisch, zentral oder dezentral – kein konstitutives Merkmal von Innovationsnetzwerken (vgl. Teil 2.2), dennoch scheinen Macht- und Interessensausübung und -abhängigkeit relevante Aspekte für zukünftige Forschungsvorhaben. Denn mit Bezug zur vorliegenden Erhebung kann davon ausgegangen werden, dass sie mögliche Einflüsse beispielsweise auf die Entwicklung einer gemeinsamen Innovationsstrategie und -kultur, die Kospezialisierung der Netzwerkmitglieder oder die Appropriation von Leistungen, welche im Netzwerk entstehen, haben und somit potenziell eine hohe Relevanz für die Ausprägung der Innovationsfähigkeit vorliegt.

Unter Berücksichtigung der obigen Ausführungen sind Netzwerke nicht einseitig und kontextfrei als positiv zu bewerten.[17] Berghoff & Sydow (2007) führen beispielsweise den Niedergang der Kohle- und Stahlindustrie des Ruhrgebiets an, in dem Netzwerke auch zur Verhinderung von Innovation und Veränderung durch Abschottung und Kartellbildung beigetragen haben.[18] Auch wenn dies für *Innovations*netzwerke weniger wahrscheinlich sein dürfte, wenn realiter eine Innovationsorientierung und entsprechende Zielstellung vorliegt,

---

[13] Vgl. zum Wissensaustausch und Wissensmanagement in verschiedenen Phasen der Neuproduktentwicklung in Netzwerken bspw. Carlsson (2003).

[14] Vgl. bspw. Gemünden, Ritter & Heydebreck (1996); Heidenreich (1997); Voigt & Wettengl (1999); Baier (2004); Deitmer (2004); Lemmens (2004); Dhanarai & Parkhe (2005); Franke et al. (2005); Hauschild & Salomo (2007), insb. S 67 ff.; Keast & Hampson (2007); Behnken (2010).

[15] Vgl. Sydow (2010), S. 404 f. zum Netzwerkmanagement in diesen Spannungsverhältnissen.

[16] Vgl. Kloyw (2004).

[17] Vgl. Borchert, Goos & Hagenhoff (2004), S. 15 f.; Kirschten (2005), S. 10 ff.; Berghoff & Sydow (2007), S. 11 ff.

[18] Vgl. Berghoff & Sydow (2007), S. 30.

wird hier dennoch der *Potenzialcharakter* der Innovationsfähigkeit deutlich. Die Dimensionen der Innovationsfähigkeit sind nicht als Mechanismen der Netzwerk*performanz* zu verstehen.[19] Somit ist auch zu berücksichtigen, dass das hier entwickelte Modell einen substanziellen Erklärungsbeitrag der Innovationsfähigkeit ermöglicht, dieses Potenzial von den Netzwerken jedoch nicht umgesetzt werden muss oder mitunter nicht immer verwirklicht werden kann. Dies zeigt sich auch in der eher durchschnittlichen Varianzaufklärung des Ausmaßes an erfolgreichen Innovationen der betrachteten Netzwerke. Insofern ist nicht jedes Innovationsnetzwerk mit entsprechendem Potenzial auch zwingend erfolgreich i.S. seiner konstitutiven Zielfunktion.

Genau hierin, in dieser Unterscheidung von Einflussgrößen, inhaltlichen Aspekten der Fähigkeit als Potenzial und von Performanzgrößen als möglichem Output liegt jedoch das Ziel und der Erklärungsbeitrag der Arbeit innerhalb der einleitend dargestellten Forschungs-glücke. Es hilft wenig zu wissen, ob oder wie viele Innovationen geschaffen werden, wenn unklar bleibt, welche Aspekte dazu beitragen und wie diese verstetigt werden können. Der Output kann von zahlreichen weiteren Faktoren beeinflusst werden. Die grundlegende Wirkung finanzieller Ressourcen sowie von Wissen und Kompetenzen, gepaart mit der Erkenntnis um die vermittelnde Bedeutung von Ressourcenspezifität und -komplementarität, bietet einen wichtigen Ansatzpunkt. Die angesprochenen Spannungsver-hältnisse stellen jedoch potenziell negative Einflussfaktoren dar. Zukünftige Arbeiten sollten sie i.S. möglicher Innovationsbarrieren berücksichtigen und die Modellentwicklung weiter differenzieren. Dies ist sowohl aus wissenschaftlicher Perspektive geboten als auch relevant für die Managementpraxis. Die Implikationen, welche sich aus der Arbeit für das Netzwerk-management von Unternehmen und das Management von Innovationsnetzwerken ergeben, werden im Folgenden diskutiert.

2.2 Managementpraxis

In Teil II.4 wurden verschiedene Perspektiven auf interorganisationale Netzwerke erörtert. Implikationen ergeben sich damit zum einen für das *Netzwerk- und Kooperationsmanage-ment von einzelnen Unternehmen* (Mikroperspektive), d.h. die Sicht des Unternehmens auf sein Netzwerk beziehungsweise seine Beteiligungen an Netzwerken. Zum anderen lassen sich Implikationen für das *Management von Innovationsnetzwerken* (interne Makroperspek-tive), d.h. für Netzwerkkoordinatoren gewinnen.

Netzwerkmanagement von Unternehmen
Studien zeigen, dass bei über 40% der Unternehmen das Topmanagement über Netzwerkbe-teiligungen und das Engagement bei der Netzwerkformation entscheidet.[20] Die hohe Relevanz für diese Entscheidungsebene ergibt sich gerade bei Innovationsnetzwerken aus der meist langfristigen, auf Wettbewerbsvorteile gerichteten strategischen Wirkung, Intention sowie den möglichen Abhängigkeiten bei der Verlagerung (ausgewählter) Innovationsaktivi-täten des Unternehmens in Netzwerke.

---

[19] Vgl. Zaheer, Gözübüyük & Milanov (2010).
[20] Vgl. Dilk et al. (2008), S. 697.

Die Ergebnisse der vorliegenden Arbeit weisen zum einen darauf hin, dass bei der Auswahl der Partner im Zuge der Netzwerkformation und -entwicklung den jeweils unterschiedlich ausgeprägten Kompetenzen hohe Beachtung geschenkt werden sollte. Der reine 'Einkauf' beziehungsweise die externe Beschaffung von nicht im Unternehmen vorhandenen Wissens und operationalen Kompetenzen ist ohne eine Prüfung auf deren grundlegende, sich ergänzende Komplementarität jedoch wenig sinnvoll i.S.d. Innovationsfähigkeit. Insbesondere wenn ein Unternehmen eine zentrale, dominierende Stellung im Innovationsnetzwerk einnehmen will, wie dies oft in der Automobilindustrie durch die Automobilhersteller (OEM) zu beobachten ist,[21] ist der Blick auf einzelne Partner, d.h. dyadische Beziehungen nicht ausreichend. Um das Potenzial von Synergieeffekten nutzen zu können, ist eine Gesamtsicht, eine Netzwerkperspektive sinnvoll.

Währende die Innovationsfähigkeit eines Netzwerks durch sechs Dimensionen zusammen ausgedrückt wird, sind einige davon, beispielsweise die Innovationskultur, vor allem auf der Netzwerkebene verankert. Zur Bildung der Innovationsfähigkeit tragen jedoch auch die Kospezialisierung sowie eine Transformationsorientierung wichtiger Personen in Netzwerkgremien, Arbeitskreisen, Projektgruppen etc. bei. Hier ergeben sich direkte Ansatzpunkte für das Management eines Unternehmens. I.S.d. Kospezialisierung mit den Netzwerkpartnern sind beispielsweise Arbeitsabläufe, Prozesse, genutzte Verfahren und Technologien der einzelne Produkte, Komponenten und Module untereinander abzustimmen und entsprechend Schnittstellen zu entwickeln.[22] Eine solche Kospezialisierung erweist sich als wesentlicher Aspekt der Innovationsfähigkeit.

Hierzu werden i.d.R. Manager der mittleren Hierarchieebene beauftragt.[23] Sie sind für die konkreten Kooperationen und Verhandlungen im Netzwerk verantwortlich. Die Ergebnisse der Arbeit verdeutlichen, dass das Führungsverhalten, welches sie in den entsprechenden Netzwerkgremien zeigen, für die Innovationsfähigkeit relevant ist. Eine Transformationsorientierung wird auf theoretischer Ebene als Unterstützung der Umsetzung von Innovationen verstanden. Personen mit einem entsprechenden Führungsverhalten vertreten eine klare und positive Sicht der zukünftigen Netzwerkentwicklung, unterstützen die Partner daher in ihrer Entwicklung im Netzwerk und honorieren erbrachte Leistungen. Sie tragen zur Förderung von Vertrauen und Kooperation bei, hinterfragen dabei jedoch auch bestehende Annahmen und regen zu neuen Problemlösungsansätzen an. Ihre Überzeugung und Kompetenz wird für andere durch ihr Handeln sichtbar.

Sowohl für Kospezialisierung wie für das Handeln der in Netzwerke abgesandten Manager sind organisationsintern bei den einzelnen Unternehmen entsprechende Voraussetzungen und Möglichkeiten zu schaffen.[24] Beispielsweise sind Manager ohne entsprechende Handlungsbefugnisse und strategische Zielstellungen bei Netzwerkentwicklungen und Veränderungsbemühungen eingeschränkt, wenn ihnen der Rückhalt in der eigenen Organisation fehlt. Ein als reines outsourcing von Innovationsleistungen verstandenes Netzwerkengagement ohne adäquate interne Entwicklungen im Unternehmen, welche zur

---

[21] Vgl. Wildemann (1998); Struthoff (1999); Franke et al. (2005); Reichwald et al. (2005); General Motors (2006); Hensel (2007).
[22] Siehe bspw. auch Deitmer & Davoine (2002); Deitmer (2004); Franke et al. (2005).
[23] Vgl. Dilk et al. (2008), S. 697.
[24] Vgl. Kantner & Myers (1991).

Kospezialisierung mit den Netzwerkpartnern notwendig sind, bleibt in seinen Möglichkeiten eingeschränkt i.S.d. Innovationsfähigkeit.

Netzwerkkoordination

Neben den Aspekten, welche vor allem auf Organisations- und Individuumsebene verankert sind, zeigt sich, dass finanzielle Ressourcen, insbesondere solche, die spezifisch für Innovationsaktivitäten eingesetzt werden, die zweite wesentliche Grundlage der Innovationsfähigkeit auf Netzwerkebene darstellen. Entsprechend sind solche Aspekte von Relevanz für das *Management von Innovationsnetzwerken* (interne Makroperspektive). Hier ist die Koordination eines gesamten Netzwerks, d.h. die Perspektive eines Netzwerkkoordinators angesprochen, nicht das Management aus Sicht einer der beteiligten Organisationen.

Bezugnehmend zur Innovationsfähigkeit liegt eines der entscheidenden Gestaltungsfelder des Netzwerkkoordinators in der Sicherstellung einer ausreichenden Finanzierungsbasis des Innovationsnetzwerks. Dies kann, muss jedoch nicht beziehungsweise nicht ausschließlich durch die finanziellen Beiträge der Mitglieder geschehen. Zur finanziellen Unterstützung der Netzwerktätigkeit existieren in Deutschland zahlreiche Fördermöglichkeiten. Etwa 2/3 der Netzwerke der vorliegenden Arbeit beziehen diese. Dabei sind Bundesmittel mit 49% am häufigsten vertreten. Des Weiteren sind Service- und Beratungsangebote Finanzierungsquellen, die nicht von den Mitgliedern getragen werden. Fast 30% der befragten Netzwerke nutzen dies. Die Sicherung einer ausreichenden Finanzbasis ist eine wesentliche Grundlage der Innovationsfähigkeit, welche vom Netzwerkkoordinator direkt auf Netzwerkebene beeinflusst werden kann. Insbesondere förderlich ist es, wenn die Mittel für konkrete Innovationsprojekte eingesetzt werden.

Weitere Implikationen ergeben sich aus dem inhaltlichen Verständnis der Innovationsfähigkeit. Innovationskultur und Innovationsstrategie stellen hier bedeutende Aspekte des mehrdimensionalen Innovationsfähigkeitskonstrukts dar. Beides sind Mechanismen auf Netzwerkebene, die insbesondere mit der Ergreifung von Innovationschancen in Verbindung gebracht werden können. Wesentliche Gestaltungsmöglichkeiten für Netzwerkkoordinatoren zur Förderung der Innovationsfähigkeit des Netzwerks liegen somit in der Unterstützung und Vermittlung zwischen den Netzwerkpartnern zur Entwicklung einer gemeinsamen Strategie und Zielfindung. Dieser Prozess ist vom Netzwerkkoordinator zu begleiten und zu moderieren, um zu einem Interessensausgleich beizutragen. Ähnliches gilt für die kontinuierliche Förderung einer Innovationskultur im Netzwerk, indem durch den Koordinator beziehungsweise die Geschäftsstelle des Netzwerks Beispiele für innovatives Denken und Handeln gesetzt werden, welches die Mitglieder zum Engagement für neue Ideen, Projekte und Veränderungen animiert. Eine moderierende und regulierende Funktion des Koordinators besteht außerdem darin, Ideenträger, auch von unpopulären Meinungen, zu stützen und für eine entsprechend offene Kommunikation im Netzwerk zu sorgen.

Die Wahrnehmung von Innovationschancen auf Netzwerkeben kann durch den Netzwerkkoordinator gefördert werden, indem regelmäßige Netzwerktreffen, gegenseitige Besuche der Netzwerkmitglieder, periodische Rundschreiben und Newsletter mit Erfahrungsberichten oder Großgruppenworkshops etabliert werden. Sie stellen beispielhafte Mechanismen beziehungsweise Routinen für den Wissensaustausch der Mitglieder dar, welcher einen Aspekt der Innovationsfähigkeit bildet.

Neben der Wahrnehmung von Innovationschancen ist auch die Risikowahrnehmung beziehungsweise Analyse von Innovationsbarrieren i.S.v. dysfunktionalen Entwicklungen im Netzwerk ein weiterer Mechanismus, der die Innovationsfähigkeit fundiert. Entsprechend gilt es, systematische Verfahren zu etablieren um diese regelmäßig kritisch zu prüfen. Hierzu gehören u.a. eine kritische Auseinandersetzung mit externen Sichtweisen auf das Netzwerk, eine regelmäßig stattfindende und für alle Netzwerkmitglieder offene Evaluation der Netzwerkaktivitäten und der Netzwerkkoordination, die periodische Szenarioanalyse und Überprüfung der tatsächlichen Entwicklung sowie möglicher Alternativen. Es geht um einen reflexiven Umgang mit der Netzwerkentwicklung und den Methoden und Instrumenten des Netzwerkmanagements.[25] Entscheidend ist, dass dieser nicht (ausschließlich) von einzelnen Personen abhängt, sondern systematisch und regelmäßig in die kontinuierliche Netzwerkaktivität eingebettet ist. Hierzu kann der Netzwerkkoordinator entsprechend beitragen, indem diese Aufgaben nicht ausschließlich bei ihm beziehungsweise in der Geschäftsstelle des Netzwerks zentralisiert, sondern verteilt und koordiniert und damit in Strukturen, Regeln und Prozesse eingebettet werden.[26]

3 Fazit

Abschließend werden die eingangs formulierten forschungsleitenden Fragen aufgegriffen. Sie lassen sich auf Basis des theoretisch-konzeptionellen Teils der Arbeit sowie der darauf aufbauenden empirischen Erhebung und Analyse beantworten.

1. *Wie kann die Innovationsfähigkeit von Netzwerken theoretisch-konzeptionell fundiert werden?*

    Der *Dynamic Capability-based View* bietet eine adäquate theoretische Fundierung der Innovationsfähigkeit. Für eine inhaltlich differenzierte Betrachtung erweist sich der Ansatz von Teece (2007) durch seine Disaggregation und Mikrofundierung dynamischer Fähigkeiten als besonders geeignet. Er ermöglicht die Identifizierung von Facetten, mit denen die grundlegenden funktionalen Aspekte von Innovationsfähigkeit als Wahrnehmen, Ergreifen und Umsetzen von Innovationschancen beschrieben werden können. Um diese durch entsprechende Mechanismen auf Netzwerkebene auszudrücken beziehungsweise mit einer Mikrofundierung greifbar zu machen, werden jedoch weitere theoretische Bezugspunkte benötigt. Dem Ansatz fehlt zum einen eine detaillierte Konzeption institutionalisierter Verfahren respektive institutionell verankerter analytischer Systeme der Wahrnehmung von Risiken beziehungsweise Dysfunktionalitäten, zum anderen wird die Relevanz von Netzwerken zwar hervorgehoben, aber keine konkreten, relationalen Mechanismen auf Netzwerkebene thematisiert.

    Daher bildet die Konzeption der *Institutionellen Reflexivität* in Anlehnung an Moldaschl (2006) eine weitere wichtige Fundierung der Innovationsfähigkeit. Sie ermöglicht es, Reflexivität als Element der Innovationsfähigkeit über institutionelle

---

[25] Vgl. auch Sydow (2005); Weber (2006); Sydow & Lerch (2011).
[26] Vgl. hierzu Schirmer, Knödler & Tasto (2012), S. 152 ff.

Verfahren zu spezifizieren. Diese sollen Dysfunktionalitäten, Innovationsbarrieren und inadäquate Routinen einer systematischen Revision zugänglich machen. Sie sind daher weitestgehend unabhängig von einzelnen Akteuren konzipiert und können somit als analytische Systeme i.S.d. Wahrnehmung verstanden werden. Die Institutionelle Reflexivität unterstützt damit die Mikrofundierung von Innovationsfähigkeit und bietet gleichzeitig operationale Kriterien für eine empirische Erfassung an. Auch hier ist der Netzwerkkontext jedoch bislang nicht expliziert worden.

Der *Relational View* in Anlehnung an Dyer & Singh (1998) versteht die gemeinsame Entwicklung und Nutzung von beziehungsspezifischen Ressourcen und Fähigkeiten im interorganisationalen Kontext als Quelle von Wettbewerbsvorteilen. Auf dieser Basis lassen sich mit interorganisationalen Wissensaustauschroutinen, einer gemeinsamen Innovationskultur als informellem Koordinationsmechanismus und der Kospezialisierung der Netzwerkpartner die Mikrofundierungen von Wahrnehmen, Ergreifen und Umsetzen von Innovationschancen auf Netzwerkebene weiter spezifizieren. Der Relational View stellt damit neben der ressourcen- und fähigkeitsorientierten Perspektive des Dynamic Capability-based View sowie der verfahrens- beziehungsweise institutionenorientierten Sicht der Institutionellen Reflexivität die dritte, relationale Perspektive und damit eine weitere Fundierung der Innovationsfähigkeit bereit.

Die drei theoretischen Bezugspunkte unterscheiden sich zwar in ihrem originären Erklärungsanspruch von Innovation und Wettbewerbsvorteil auf Organisations- beziehungsweise Netzwerkebene, ergänzen sich jedoch durch ihre Sichtweisen auf Innovationsfähigkeit. Zudem sind ihre Basisannahmen einer grundlegenden Ressourcenbasis vergleichbar. Sie werden im Rahmen der Arbeit als kommensurabel erachtet und ihre wesentlichen Implikationen zu einem theoretisch-konzeptionellen Rahmen der Innovationsfähigkeit von Netzwerken verdichtet.

2. *Welche inhaltlichen Aspekte zeichnen diese Fähigkeit auf Netzwerkebene aus und welche wesentlichen Einflussfaktoren wirken auf sie?*
Auf Grundlage des theoretisch-konzeptionellen Rahmens lassen sich die funktionalen Aspekte der Innovationsfähigkeit durch ihre Mikrofundierungen detailliert beschreiben. Sie entstammen der Interpretation der oben dargestellten Bezugspunkte und werden vor dem Hintergrund interorganisationaler Innovationsnetzwerke interpretiert. Wissensaustauschroutinen, Institutionalisierte Reflexivität, Innovationskultur und -strategie, Kospezialisierung der Netzwerkpartner sowie eine Transformationsorientierung der Netzwerkführung stellen die zentralen inhaltlichen Aspekte der Innovationsfähigkeit dar.

Als grundlegende Einflussfaktoren ergeben sind die finanzielle Ressourcenbasis des Netzwerks sowie die operationale Wissens- und Kompetenzbasis der Netzwerkmitglieder. Aus Sicht des Relational View wird insbesondere der Einfluss spezifischer Ressourcen betont. Da die Netzwerkmitglieder bezüglich der gemeinsamen Innovationsaktivitäten zumindest teilweise voneinander abhängig sind, stellen finanziellen Ressourcen, welche explizit für diese Aktivitäten eingesetzt werden, beziehungsspezifische Investitionen i.S.d. Relational View dar. Wissen und Kompetenzen werden insbesondere dann als wertvoll erachtet, wenn diese komplementär sind, d.h. sich gegenseitig im Netzwerk ergänzen.

Auf Basis der empirischen Analyse konnte nachgewiesen werden, dass zum einen die grundsätzliche Ressourcenbasis positiv auf die Ausprägung der Innovationsfähigkeit wirkt. Finanzielle Ressourcen sowie Wissen und operative Kompetenzen können somit als wichtige Einflussfaktoren auf die Innovationsfähigkeit von Netzwerken erachtet werden. Auch die Ressourcenspezifität und Ressourcenkomplementarität werden von dem grundlegenden Vorhandensein dieser Ressourcenbasis positiv beeinflusst. Da sie selber ebenfalls wie postuliert positiv auf die Ausprägung der Innovationsfähigkeit wirken, vermitteln sie einen wesentlichen Teil der Gesamteffekte von finanziellen Ressourcen, Wissen und Kompetenzen auf die Innovationsfähigkeit. Ohne diese Vermittlungswirkung sinkt die Erklärungskraft des Modells deutlich. Der innovationsspezifische Einsatz finanzieller Ressourcen und die Komplementarität von Wissen und operationalen Kompetenzen der Netzwerkmitglieder sind von erheblicher Bedeutung für die Innovationsfähigkeit auf Netzwerkebene. Insgesamt zeigt sich eine stärkere Bedeutung für die Innovationsfähigkeit von Wissen und Kompetenzen als von finanziellen Ressourcen.

3.   *Wie lässt sich Innovationsfähigkeit operationalisieren und empirisch erfassen?*
Die theoretischen Mikrofundierungen stellen die zentralen inhaltlichen Aspekte der Innovationsfähigkeit von Netzwerken dar. Sie wurden konzeptionell als erfassbare Elemente eines latenten Konstrukts dargestellt, d.h. dass Innovationsfähigkeit als komplexes Phänomen nicht direkt erfassbar ist. Hier liegt auch eine der entscheidenden Abgrenzungen zu Konzeptionen, welche Innovationsfähigkeit anhand des Innovationsoutputs messen. Dieser wird in der vorliegenden Arbeit nicht als immanenter Teil der Fähigkeit betrachtet oder zu ihrer Messung herangezogen, sondern stellt vielmehr die mögliche, intendierte Konsequenz dar. Auch die Inputs, beispielsweise hohe Aufwendungen für Forschung und Entwicklung, werden nicht als identisch mit der Innovationsfähigkeit selber gesehen. Beide dieser Perspektiven erlauben keinen Einblick in die inhaltlichen Aspekte des Fähigkeitskonstrukts. Die theoretisch deduzierten inhaltlichen Aspekte wurden daher als sechs einzelne Dimensionen betrachtet, welche gemeinsam die Innovationsfähigkeit von Netzwerken bilden.

Für eine empirische Erhebung hat dies zur Folge, dass das Konstrukt selber formativ spezifiziert wird. Die Dimensionen stellen unterschiedliche Aspekte des Konstrukts dar. Einzeln betrachtet ist keine allein gleichbedeutend mit Innovationsfähigkeit und kann ohne die anderen kein Gesamtverständnis von Innovationsfähigkeit auf Netzwerkebene abbilden. Da die Dimensionen selber theoretisch gebildete, d.h. ebenfalls latente Konstrukte darstellen, handelt es sich bei der Innovationsfähigkeit um ein Konstrukt auf 2. Ebene. Dies folgt den Annahmen der theoretischen Fundierung durch den DCV, welcher von dynamischen Metafähigkeiten auf höherer Abstraktionsebene ausgeht. Somit wird die Innovationsfähigkeit über ihre Dimensionen definiert. Für diese sind wiederum geeignete Operationalisierungen vorzunehmen.

Die eingangs beschriebene Forschungslücke und die wenig vorhandenen empirischen Arbeiten mit Operationalisierungen von Innovationsfähigkeitskonstrukten machen weitestgehend eigenständige Formulierungen von Items notwendig, welche als manifeste Indikatoren der einzelnen Dimensionen dienen. Dies geschah in Anlehnung an die Literatur sowie gestützt auf Expertengespräche, Interviews und einen Pre-Test. Für die Dimensionen institutionalisierte Reflexivität und Transformationsorientierung der Netzwerkführung wurden bestehende Operationalisierungen für den Netzwerkkontext und die Befragungszielgruppe der Netzwerkmanager adaptiert.

Auf Basis von 197 Datensätzen der schriftlichen Befragung konnten die Operationalisierungen anhand der relevanten Gütekriterien als reliabel und valide nachgewiesen werden. Die gewählten Itemformulierungen und das entwickelte Erhebungsinstrument können daher als gelungene Operationalisierung der Modellvariablen angesehen werden. Hierdurch war auch die empirische Analyse der Innovationsfähigkeit als latentes, formatives Konstrukt zweiter Ordnung möglich. Dabei zeigt sich, dass alle sechs Dimensionen positiv und hoch signifikant zur Konstruktmessung beitragen. Das Konstrukt selber weist hohe und hoch signifikante Wirkungen auf das Ausmaß an Innovationen auf, welche aus dem Netzwerk heraus erfolgreich am Markt eingeführt oder netzwerkintern implementiert werden. Damit ist auch die Spezifikation und Operationalisierung der Innovationsfähigkeit mittels ihrer sechs Dimensionen als gelungen zu betrachten. Im Gesamtmodell ergibt sich eine substanzielle Erklärungskraft des Innovationsfähigkeitskonstrukts von 53%.

4. *Welche Implikationen ergeben sich aus der Kenntnis inhaltlich differenzierter Aspekte der Innovationsfähigkeit für die weitere Forschung und Managementpraxis?*
Die Arbeit konzentriert sich i.S.d. ersten drei Forschungsfragen auf Einflussfaktoren und insbesondere inhaltlich differenzierte Aspekte der Innovationsfähigkeit von Netzwerken. Die empirischen Ergebnisse zeigen, dass mit dem entwickelten Modell hier entscheidende Elemente identifiziert werden konnten. Aus wissenschaftlicher Perspektive sind die gewonnenen Erkenntnisse daher vor allem durch vertiefende Detailuntersuchungen der einzelnen Dimensionen zu erweitern. Sie sind in noch stärker ebenenübergreifenden Betrachtungen von gesellschaftlichem Kontext, Netzwerk, Organisation und den Individuen beim konkreten Agieren im Netzwerk zu ergründen. Der hier vorgeschlagene Rahmen stellt einen möglichen Ausgangspunkt dar.

Die gewonnenen Erkenntnisse zur mehrdimensionalen Struktur der Innovationsfähigkeit haben ebenfalls Implikationen für die Managementpraxis. Aus der Perspektive einzelner Unternehmen ergeben sich wesentliche Gestaltungsfelder mit Bezug zur Mitglieder- beziehungsweise Organisationsebene in der Kospezialisierung mit den Netzwerkpartnern sowie einer Transformations- beziehungsweise Veränderungsorientierung der in ein Netzwerk abgesandten Unternehmensvertreter. Sie sind Stellschrauben zur Förderung der Innovationsfähigkeit, insbesondere zur Umsetzung von Innovationschancen, auf welche die Organisationen und die entsprechenden Vertreter direkt Einfluss nehmen können. Hierfür sind auch organisationsintern entsprechende Strukturen und Voraussetzungen zu gewährleisten. *„Companies that understand this long-linked process [of collaborative innovation], and make the appropriate investments needed to establish and maintain it, will be the big winners in the twenty-first century global economy"*[27]. Die vorliegende Arbeit zeigt hierfür wichtige Schwerpunkte auf.

Auf Netzwerkebene ergeben sich für die Netzwerkkoordinatoren insbesondere Aufgaben zur Unterstützung des Erkennens und Ergreifens von Innovationschancen. Durch ihre koordinierende und moderierende Rolle ist die Formulierung einer gemeinsamen Innovationsstrategie sowie die Schaffung und Aufrechterhaltung einer Innovationskultur von besonderem Gewicht. Zentrale Aspekte der Innovationsfähigkeit sind auch die systematische und kritische Erfassung der Netzwerkentwicklung durch regelmäßig angewandte Verfahren. Hierzu zählen u.a. Szenarioanalysen und Netzwerkevaluationen oder die Auseinandersetzung mit externen Perspektiven auf das Innovationsnetzwerk sowie Routinen des Wissensaustausches zwischen den Netzwerkmitgliedern. Auch hier kann der Netzwerkkoordinator entsprechend seiner Rolle tätig werden und somit zur Innovationsfähigkeit des Netzwerks beitragen. Des Weiteren ist die Sicherstellung ausreichender, vor allem für Innovationsaktivitäten zur Verfügung stehender finanzieller Mittel sowie insbesondere die Zusammensetzung des Netzwerks i.S.v. komplementären Wissens- und Kompetenzbeiträgen der Mitglieder durch die Netzwerkkoordination zu prüfen und ggf. zu beeinflussen. Exzellenz in einzelnen, unverbundenen Kompetenzgebieten der Mitglieder ist nicht ausreichend. Die Komplementarität der Netzwerkteilnehmer ist von entscheidender Bedeutung für die Innovationsfähigkeit.

---

[27] Miles, Snow & Miles (2000), S. 1 (Anmerk. DPK).

Quellenverzeichnis

Adams, R.; Bessant, J. & R. Phelps (2006): Innovation management measurement: A review. *International Journal of Management Reviews,* 8 (1), 21–47.

Agarwal, R. & E. Karahanna (2000): Time flies when you're having fun: Cognitive absorption and beliefs about information technology usage. *MIS Quarterly,* 24 (4), 665–694.

Agarwal, R. & W. Selen (2009): Dynamic Capability Building in Service Value Networks for Achieving Service Innovation. *Decision Sciences,* 40 (3), 431–475.

Ahrweiler, P.; de Jong, S. & P. Windrum (2003). Evaluating Innovation Networks. In Pyka, A. & G. Küppers (Hrsg.), *Innovation networks – theory and practice* (197–223). Cheltenham: Elgar.

Albers, D. & O. Götz (2006): Messmodelle mit Konstrukten zweiter Ordnung in der betriebswirtschaftlichen Forschung. *Die Betriebswirtschaft,* 66 (6), 669–677.

Albers, L. & L. Hildebrandt (2006): Methodische Probleme bei der Erfolgsfaktorenforschung – Messfehler, formative versus reflektive Indikatoren und die Wahl des Strukturgleichungs-Modells. *zfbf – Schmalenbachs Zeitschrift für betriebswirtschaftliche Forschung,* 58 (1), 2–33.

Albers, S. (2010). PLS and Success Factors Studies in Marketing. In Esposito Vinzi, V.; Chin, W.; Henseler, J. & H. Wang (Hrsg.), *Handbook of Partial Least Squares – Concepts, Methods and Applications* (409–425). Berlin: Springer.

Aldrich, H. & D. Hecker (1977): Boundary Spanning Roles and Organizational Structure. *Academy of Management Review,* 2 (2), 217–230.

Altmann, T. & I. Wuddel (2008). *Innovationsfähigkeit als Basis für Innovation.* http://www.integrale-beratung.biz/documents//Studie%20Innovationsfaehigkeit.pdf [05.11.2008].

Ambrosini, V. & C. Bowman (2009): What are dynamic capabilities and are they a useful construct in strategic management? *International Journal of Management Reviews,* 11 (1), 29–49.

Ambrosini, V.; Bowman, C. & N. Collier (2009): Dynamic capabilities: an exploration of how firms renew their resource base. *British Journal of Management,* 20 (1), 9–24.

Amin, A. & P. Cohendet (2004). *Architectures of Knowledge: Firms, Capabilities, and Communities.* Oxford: Oxford University Press.

Amit, R. & P. Schoemaker (1993): Strategic Assets and Organizational Rents. *Strategic Management Journal,* 14 (1), 33–46.

Amoroso, D. & P. Cheney (1991): Testing a Causal Model of End-User Application Effectiveness. *Journal of Management Information Systems,* 8 (1), 63–89.

Andres, H. (2010): Second-Order Factor Structure of Team Cognition in Distributed Teams. Proceedings of the Southern Association for Information Systems Conference 2010.

Araujo, L. & C. Brito (1998): Agency and Constitutional Ordering in Networks: A Case Study of the Port Wine Industry. *International Studies of Management and Organization,* 27 (4), 22–46.

Argyris, C. & D. Schön (1978). *Organizational Learning: A Theory of Action Perspective.* Reading: Addison-Wesley.

Argyris, C. & D. Schön (1996). *Organizational Learning II: Theory, Method and Practice.* Reading: Addison-Wesley.

Asanuma, B. (1989): Manufacturer-supplier relationships in Japan and the concept of relation-specific skill. *Journal of the Japanese and International Economies,* 3 (1), 1–30.

Asdonk, J.; Bredeweg, U. & U. Kowohl (1994). Evolution in technikerzeugenden und technikverwendenden Sozialsystemen. In Rammert, W. & G. Bechmann (Hrsg.), *Technik und Gesellschaft: Jahrbuch 7 – Konstruktion und Evolution von Technik* (67–94). Frankfurt/M.: Campus.

Augier, M. & D. Teece (2007): Dynamic Capabilities and Multinational Enterprise: Penrosean Insights and Omissions. *Management International Review,* 47 (2), 175–192.

Aulinger, A. (Hrsg.), (2008). *Netzwerk-Evaluation.* Stuttgart: Kohlhammer.

Avolio, B.; Bass, B. & D. Jung (1995). *MLQ Multifactor leadership questionnaire: Technical report.* Palo Alto, CA: Mind Garden.

Avolio, B.; Bass, B. & D. Jung (1999): Re-Examining the Components of transformational and transactional leadership using the Multiple Leadership Questionnaire. *Journal of Occupational Psychology,* 72 (4), 441–462.

Bachmann, R. (2000). Koordination und Steuerung über Vertrauen und Macht. In Sydow, J. & A. Windeler (Hrsg.), *Steuerung von Netzwerken. Konzepte und Praktiken* (107–125). Wiesbaden: Westdeutscher Verlag.

Backhaus, C. (2009). *Beziehungsqualität in Dienstleistungsnetzwerken.* Wiesbaden: Gabler.

Backhaus, K.; Erichson, B.; Plinke, W. & R. Weiber (2003). *Multivariate Analysemethoden: Eine anwendungsorientierte Einführung.* 10. Aufl. Berlin: Springer.

Badaracco, J. (1991). *The Knowledge Link: How Firms Compete Through Strategic Alliances.* Boston: McGraw-Hill.

Baecker, D. (1996): Wenn es im System rauscht. *GDI-Impuls,* 1996 (1), 65–74.

Bagozzi, R. (1981). Causal Modeling: A General Method for Developing and Testing Theories in Consumer Research. In Monroe, K. (Hrsg.), *Advances in Consumer Research,* 8. Aufl. (195–202). Ann Arbor: Association for Consumer Research.

Bagozzi, R. (1981a): Evaluating Structural Equation Models with Unobservable Variables and Measurement Error: A Comment. *Journal of Marketing Research,* 18 (3), 375–382.

Bagozzi, R. (1994). Measurement in Marketing Research: Basic Principles of Questionnaire Design. In Bagozzi, R. (Hrsg.), *Principles of Marketing Research* (1–49). Camebridge: Blackwell.

Bagozzi, R. & H. Baumgartner (1994). The Evaluation of Structural Equation Models and Hypothesis Testing. In Bagozzi, R. (Hrsg.), *Principles of Marketing Research* (386–422). Camebridge: Blackwell.

Bagozzi, R. & C. Fornell (1982). Theoretical Concepts, Measurement and Meaning. In Fornell, C. (Hrsg.), *A Second Generation of Multivariate Analysis – Volume 2 – Measurement and Evaluation* (24–38). New York: Praeger Publishers.

Bagozzi, R. & L. Phillips (1982): Representing and Testing Organizational Theories: A Holistic Construal. *Administrative Science Quarterly,* 27 (3), 459–489.

Baier, D. (2004). Marketing und Innovationsmanagement für Netzwerke aus KMU und Forschungseinrichtungen: Das Wertschöpfungsnetzwerk Well-Fash. In OWL e.V. (Hrsg.), *Unternehmensnetzwerke* (96–105). Bielefeld: Kleine.

Bain, J. (1968). *Industrial organization.* 2. Aufl. Chichester u.a.: Wiley.

Barley, S. (1990): The Alignment of Technology and Structure through Roles and Networks. *Administrative Science Quarterly,* 35 (1), 61–103.

Barnes, J. (1972). *Social Networks.* Reading: Addison-Wesley.

Barney, J. (1991): Firm resources and sustained competitive advantage. *Journal of Management,* 17 (1), 99–120.

Barney, J. (1996). *Gaining and Sustaining Competitive Advantage.* Reading: Addison-Wesley.

Barney, J. & M. Hansen (1994): Trustworthiness as a form of competitive advantage. *Strategic Management Journal,* 15 (1 Supplement), 175–190.

Baron, R. & D. Kenny (1986): The Moderator-Mediator Variable Distinction in Social Psychological Research: Conceptual, Strategic, and Statistical Considerations. *Journal of Personality and Social Psychology,* 51 (6), 1173–1182.

Barroso, C.; Carrión, G. & J. Roldán (2010). Applying Maximum Likelihood and PLS on Different Sample Sizes: Studies on SERVQUAL Model and Employee Behavior Model. In Esposito Vinzi, V.; Chin, W.; Henseler, J. & H. Wang (Hrsg.), *Handbook of Partial Least Squares* (427–447). Berlin: Springer.

Bass, B. (1985). *Leadership and performance beyond expectations.* New York: Free Press.

Bass, B. (1998). *Transformational Leadership: Industrial, Military, and Educational Impact.* Mahwah, NJ: Lawrence Erlbaum.

Bass, B. & B. Avolio (1990). *Transformational leadership development: Manual for the Multifactor Leadership Questionnaire.* Palo Alto, CA: Consulting Psychologists Press.

Beamish, P. (1988). *Multinational Joint Ventures in Developing Countries.* London: Routledge.

Beck, U.; Giddens, A. & S. Lash (1996). *Reflexive Modernisierung.* Frankfurt/M.: Suhrkamp.

Becker, W. & J. Dietz (2002). Unternehmensgründungen, etablierte Unternehmen und Innovationsnetzwerke. In Schmude, J. & R. Leiner (Hrsg.), *Unternehmensgründungen: interdisziplinäre Beiträge zum Entrepreneurship Research* (235–268). Heidelberg: Physika.

Behnken, E. (2010). *Innovationsmanagement in Netzwerken: Analyse und Handlungskonzept zur kollektiven Innovationsgenerierung.* Frankfurt/M.: Peter Lang.

Bell, G. & A. Zaheer (2007): Geography, Networks, and Knowledge Flow. *Organization Science,* 18 (6), 955–972.

Bellmann, K. & A. Haritz (2001). Innovation in Netzwerken. In Blecker, T. & H. Gemünden (Hrsg.), *Innovatives Produktions- und Technologiemanagement* (271–298). Berlin: Springer.

Bellmann, K. & A. Hippe (1996). Netzwerkansatz als Forschungsparadigma im Rahmen der Untersuchung interorganisationaler Unternehmensbeziehungen. In Bellmann, K. & A. Hippe (Hrsg.), *Management von Unternehmensnetzwerken* (3–20). Wiesbaden: Gabler.

Belsley, D. (1991). *Conditioning diagnostics.* Chichester u.a.: Wiley.

Belsley, D.; Kuh, E. & R. Welsch (1980). *Regression Diagnostics.* Chichester u.a.: Wiley.

Bengtsson, L.; Niss, C. & R. Von Haartman (2010): Combining Master and Apprentice Roles: Potential for Learning in Distributed Manufacturing Networks. *Creativity & Innovation Management,* 19 (4), 417–427.

Bergenholtz, C. & C. Waldstrøm (2011): Inter-Organizational Network Studies: A Literature Review. *Industry & Innovation,* 18 (6), 539–562.

Berghoff, H. & J. Sydow (Hrsg.), (2007). *Unternehmerische Netzwerke.* Stuttgart: Kohlhammer.

Bergmann, G. (2000). *Kompakt-Training Innovation.* Ludwigshafen: Kiehl.

Betts, S. & M. Stouder (2004): The network perspective in organization studies: network organizations or network analysis? *Academy of Strategic Management Journal,* 3 (1), 1–20.

Bezin, J. & J. Henseler (2005). Einführung in die Funktionsweise des PLS-Algorithmus. In Bliemel, F.; Eggert, A.; Fassot, G. & J. Henseler (Hrsg.), *Handbuch PLS-Pfadmodellierung: Methoden, Anwendung, Praxisbeispiele* (49–69). Stuttgart: Schäffer-Poeschel.

Biemans, W. (1992). *Managing Innovation within Networks.* London: Routledge.

Biggiero, L. & A. Sammarra (2008): Does geographical proximity enhance knowledge flows? Paper presented at the DRUID 25th Celebration Conference 2008, Copenhagen, CBS, Denmark, June 17–20, 2008.

Billing, F. (2003). *Koordination in radikalen Innovationsvorhaben.* Wiesbaden: Gabler.

Blättel-Mink, B. & A. Ebner (2009). *Innovationssysteme.* Wiesbaden: VS.

Bleicher, K. (1996). Unterwegs zur Netzwerkorganisation. In Balck, H. (Hrsg.), *Networking und Projektorientierung – Gestaltung des Wandels in Unternehmen und Märkten* (59–71). Berlin: Springer.

Bliemel, F.; Eggert, A.; Fassott, G. & J. Henseler (Hrsg.), (2005). *Handbuch PLS-Pfadmodellierung: Methoden, Anwendung, Praxisbeispiele.* Stuttgart: Schäffer-Poeschel.

Blomqvist, K.; Hara, V.; Koivuniemi, J. & T. Äijö (2004): Towards networked R&D management: the R&D approach of Sonera Corporation as an example. *R&D Management,* 34 (5), 591–603.

Blumberg, B. (1998). *Management von Technologiekooperationen: Partnersuche und vertragliche Planung.* Wiesbaden: Gabler.

Bock, G.; Zmund, R.; Kim, Y. & J. Lee (2005): Behavioral Intention Formation in Knowledge Sharing: Examining the Roles of Extrinsic Motivators, Social Psychological Forces and organizational Climate. *MIS Quarterly,* 29 (1), 87–111.

Boettcher, E. (1974). *Kooperation und Demokratie in der Wirtschaft.* Tübingen: Mohr.

Bogers, M. & J. West (2012): Managing Distributed Innovation: Strategic Utilization of Open and User Innovation. *Creativity and Innovation Management,* Early View (Jan 2012), 1–15.

Bollen, K. (1984): Multiple Indicators: Internal Consistency of No Necessary Relationship? *Quality and Quantity,* 18 (4), 377–385.

Bollen, K. & R. Lennox (1991): Conventional Wisdom on Measurement: A Structural Equation Perspective. *Psychological Bulletin,* 110 (2), 305–314.

Bolz, A. (2008). *Innovation, Kooperation und Erfolg junger Technologieunternehmungen.* Wiesbaden: Gabler.

Borchert, J. (2006). *Operatives Innovationsmanagement in Unternehmensnetzwerken.* Göttingen: Cuvillier.

Borchert, J.; Goos, P. & S. Hagenhoff (2004). Innovationsnetzwerke als Quelle von Wettbewerbsvorteilen. In Schumann, M. (Hrsg.), *Arbeitspapier 11/2004 des Instituts für Wirtschaftsinformatik Georg-August-Universität Göttingen.*

Borchert, J. & S. Hagenhoff (2004). Anforderungen an Instrumente des operativen Innovationsmanagements in Netzwerken. In Schumann, M. (Hrsg.), *Arbeitspapier 16/2004 des Instituts für Wirtschaftsinformatik Georg-August-Universität Göttingen.*

Borchert, J. & S. Hagenhoff (2005): Management instruments in innovation networks from an operational perspective. Proceedings of the PICMET 05 Conference, Portland, Oregon, USA, 2005.

Bortz, J. (2005). *Statistik für Human- und Sozialwissenschaftler.* 6. Aufl. Berlin: Springer.

Bortz, J. & N. Döring (2006). *Forschungsmethoden und Evaluation.* 4. Aufl. Berlin: Springer.

Boschma, R. (2005): Proximity and innovation: a critical assessment. *Regional Studies,* 39 (1), 61–74.

Bossink, B. (2004): Managing Drivers of Innovation in Construction Networks. *Journal of Construction Engineering and Management,* 130 (3), 337–345.

Brockhoff, K. (1999). *Forschung und Entwicklung.* 5. erg. und erw. Aufl. München: Oldenbourg.

Brown, T. & K. Eisenhardt (1995): Product Development: Past Research, Present Findings, and Future Directions. *Academy of Management Review,* 20 (2), 343–378.

Bruni, D. & G. Verona (2009): Dynamic Marketing Capabilities in Science-based Firms. *British Journal of Management,* 20 (1 Supplement), 101–117.

Büchel, B.; Prange, C.; Probst, G. & C. Rüling (1997). *Joint-Venture Management: Aus Kooperationen lernen.* Bern: Haupt.

Buhl, C. (2009). Erhöhung der Innovationskraft durch Kooperation in Netzwerken und Clustern. In BMWi (Hrsg.), *Innovative Netzwerkservices* (13–20). Berlin: o.V.

Bundesministerium für Bildung und Forschung (2010). *Unternehmen Region – Die BMBF-Innovationsinitiative für die Neuen Länder.* http://www.unternehmen-region.de:8001/de/36.php [04.03.2010].

Bundesministerium für Wirtschaft und Technologie (2010a). *Kompetenznetze Deutschland – networking for innovation.* http://www.kompetenznetze.de/ [01.03.2010].

Bundesministerium für Wirtschaft und Technologie (2010b). *Zentrales Innovationsprogramm Mittelstand (ZIM).* http://www.zim-bmwi.de/netzwerkprojekte [27.03.2010].

Bundesministerium für Wirtschaft und Technologie; VDI; VDE; IT (2010). *Förderung von innovativen Netzwerken – InnoNet.* http://www.vdivde-it.de/innonet/projekte/ [10.03.2010].

Burns, T. & G. Stalker (1961). *The management of innovation.* London: Tavistock.

Burr, W. (2003): Das Konzept des verteidigungsfähigen Wettbewerbsvorteils – Ansatzpunkte zur Dynamisierung und Operationalisierung. *Die Unternehmung,* 67 (5), 357–373.

Burt, R. (1992). *Structural holes: The social structure of competition.* Cambridge: Harvard University Press.

Bycio, P.; Hackett, R. & J. Allen (1995): Further Assessments of Bass's (1985) Conceptualization of Transactional and Transformational Leadership. *Journal of Applied Psychology,* 80 (4), 468–478.

Calia, R.; Guerrini, F. & G. Moura (2007): Innovation networks: From technological development to business model reconfiguration. *Technovation,* 27 (8), 426–432.

Cameron, K. & S. Freeman (1991): Cultural Congruence, Strength, and Type: Relationships to Effectiveness. *Research in Organizational Change and Development,* 5 (1), 23–58.

Campbell, D. (1960): Reccomendations for APA Test Standards Regarding Construct, Trait, Discriminant Validity. *American Psychologist,* 15 (Aug), 546–553.

Campbell, D. & D. Fiske (1959): Convergent and Discriminant Validation by the Multitrait-Multimethod-Matrix. *Psychological Bulletin,* 56 (2), 81–105.

Cantner, U. & H. Graf (2006): The network of innovators in Jena: An application of social network analysis. *Research Policy*, 35 (4), 463–480.

Capasso, A.; Dagnino, G. & A. Lanza (Hrsg.), (2005). *Strategic Capabilities and Knowledge Transfer within and between Organizations*. Cheltenham: Elgar.

Carless, S.; Wearing, A. & L. Mann (2000): A short measure of Transformational Leadership. *Journal of Business and Psychology*, 14 (3), 389–405.

Carlsson, S. (2003): Knowledge managing and knowledge management systems in inter-organizational networks. *Knowledge & Process Management*, 10 (3), 194–206.

Carmines, E. & Zeller R. (1979). *Reliability and Validity Assessment*. Beverly Hills: Sage.

Carnap, R. & M. Gardner (1995). *An introduction to the philosophy of science*. New York: Dover.

Cassel, C.; Hackl, P. & A. Westlund (2000): On Measurement of Intangible Assets: A Study of Robustness of Partial Least Squares. *Total Quality Management*, 11 (7), 897–907.

Cavusgil, E.; Seggie, S. & M. Talay (2007): Dynamic Capabilities View: Foundations and Research Agenda. *Journal of Marketing Theory & Practice*, 15 (2), 159–166.

Cepeda, G. & D. Vera (2007): Dynamic capabilities and operational capabilities: A knowledge management perspective. *Journal of Business Research*, 60 (2007), 426–437.

Chang, Y. (2003): Benefits of co-operation on innovative performance: evidence from integrated circuits and biotechnology firms in the UK and Taiwan. *R&D Management*, 33 (4), 425–437.

Chesbrough, H. (2003). *Open innovation*. Boston, Mass: Harvard Business School Press.

Chesbrough, H. & D. Teece (1996): Innovation richtig organisieren – aber ist virtuell auch virtuos. *Harvard Business Manager*, 18 (3), 63–70.

Chin, W. (1998): Issues and opinions on structural equation modelling. *MIS Quarterly*, 22 (1), 7–15.

Chin, W. (1998a). The partial least squares approach to structural equation modeling,. In Marcoulides, G. (Hrsg.), *Modern methods for business research* (295–358). Mahwah, NJ: Lawrence Erlbaum.

Chin, W.; Marcolin, B. & P. Newsted (2003): A Partial Least Squares Latent Variable Modeling Approach for Measuring Interaction Effects: Results from a Monte Carlo Simulation Study and an Electronic-Mail Emotion/Adoption Study. *Information Systems Research*, 14 (2), 189–217.

Chin, W. & P. Newsted (1999). Structural Equation Modeling Analysis with Small Samples using Partial Least Squares. In Hoyle, R. (Hrsg.), *Statistical strategies for small sample research* (307–342). Thousand Oaks, CA: Sage.

Churchill, G. (1979): A Paradigm for Developing Better Measures of Marketing Constructs. *Journal of Marketing Management*, 16 (1), 64–73.

Clegg, S. & C. Hardy (1996). Introduction. Organizations, organization and organizing. In Clegg, S.; Hardy, C. & W. Nord (Hrsg.), *Handbook of organization studies* (1–38). London: Sage.

Clegg, S.; Pitsis, T.; Rura-Polley, T. & M. Marosszeky (2002): Governmentality Matters: Designing an Alliance Culture of Inter-organizational Collaboration for Managing Projects. *Organization Studies,* 23 (3), 317–337.

Cohen, J. (1988). *Statistical power analysis for the behavioral sciences.* 2. Aufl. Hillsdale, NJ: Erlbaum.

Cohen, W. & D. Levinthal (1990): Absorptive Capacity: a new perspective on learning and innovation. *Administrative Science Quarterly,* 35 (1), 128–152.

Conger, J. & R. Kanungo (1994): Charismatic leadership in organizations: Perceived behavioural attributes and their measurement. *Journal of Organizational Behavior,* 15 (5), 439–452.

Conger, J. & R. Kanungo (1998). *Charismatic leadership in organizations.* Beverly Hills: Sage.

Contractor, F.; Kim, C. & S. Beldona (2001). Interfirm learning in alliances and technology networks: An empirical study in the global pharmaceutical and chemical industries. In Contractor, F. & P. Lorange (Hrsg.), *Cooperative strategies and alliances* (493–516). Amsterdam: Elsevier Science.

Contractor, F.; Kumar, V.; Kundu, S. & T. Pedersen (2012): Reconceptionalising the firm in a world of outsourcing and offshoring. *Journal of Management Studies,* 47 (8), 1417–1433.

Cooke, P. (1996): The New Wave of Regional Innovation Networks: Analysis, Characteristics and Strategy. *Small Business Economics,* 8 (2), 159–171.

Coombs, R. & J. Metcalfe (2000). Organizing for Innovation: Co-ordinating Distributed Innovation Capabilities. In Foss, N. & V. Mahnke (Hrsg.), *Competence, Governance, and Entrepreneurship: Advances in Economic Strategy Research* (209–231). Oxford: Oxford Univ. Press.

Cooper, R.; Edgett, S. & E. Kleinschmidt (1999): New Product Portfolio Management. *Journal of Product Innovation Management,* 16 (4), 333–351.

Corsten, H. (2001). Grundlagen der Koordination in Unternehmensnetzwerken. In Corsten, H. (Hrsg.), *Unternehmungsnetzwerke: Formen unternehmungsübergreifender Zusammenarbeit* (1–57). München: Oldenbourg.

Cowan, R. & N. Jonard (2009): Knowledge Portfolios and the Organization of Innovation Networks. *Academy of Management Journal,* 34 (2), 320–342.

Cronbach, L. (1951): Coefficient Alpha and the Internal Structure of Tests. *Psychometrica,* 16 (3), 297–334.

Cross, R.; Dutra, A.; Thomas, B. & C. Newberry (2007): Using Network Analysis to build a new business. *Organizational Dynamics,* 36 (4), 345–362.

Curtis, R. & E. Jackson (1962): Multiple Indicators in Survey Research. *The American Journal of Sociology*, 68 (2), 195–204.

Damaskopoulos, T.; Gatautis, R. & E. Vitkauskaité (2008): Extended and Dynamic Clustering of SMEs. *Engineering Economics*, 56 (1), 11–21.

Daneels, E. (2002): The Dynamics of Product Innovation and Firm Competence. *Strategic Management Journal*, 23 (12), 1095–1121.

Daneels, E. (2008): Organizational Antecedence of Second–Order Competences. *Strategic Management Journal*, 29 (5), 519–543.

De Brentani, U. & E. Kleinschmidt (2004): Corporate Culture and Commitment: Impact on Performance of International New Product Development Programs. *Journal of Product Innovation Management*, 21 (5), 309–333.

Deal, T.; Kennedy, A. & A. Bruer (1987). *Unternehmenserfolg durch Unternehmenskultur*. Bonn: Rentrop.

DeBresson, C. & F. Amesse (1991): Networks of innovators: A Review and Introduction to the Issue. *Research Policy*, 20 (5), 363–379.

Deitmer, L. (2004). *Management regionaler Innovationsnetzwerke*. Baden-Baden: Nomos.

Deitmer, L. & E. Davoine (2002). Zur Evaluation von Innovationsprozessen. In Manske, F.; Ahrens, D. & L. Deitmer (Hrsg.), *Innovationspotenziale und -barrieren in und durch Netzwerke* (51–70). Bremen: Institut Technik und Bildung Universität Bremen.

Dejung, C. (2007). Hierarchie und Netzwerk. Steuerungsformen im Welthandel am Beispiel der Schweizer Handelsfirma Gebrüder Volkart (1851–1939). In Berghoff, H. & J. Sydow (Hrsg.), *Unternehmerische Netzwerke* (71–96). Stuttgart: Kohlhammer.

de Man, A. (2008). *Knowledge management and innovation in networks*. Cheltenham: Elgar.

Desai, D.; Sahu, S. & P. Sinha (2007): Role of Dynamic Capability and Information Technology in Customer Relationship Management. *Journal of Decision Makers*, 32 (4), 45–62.

Dhanarai, C. & A. Parkhe (2005): Orchastrating Innovation Networks. *Academy of Management Review*, 31 (3), 659–669.

Di Guardo, M. & M. Galvagno (2005). On the relationship between knowledge, networks, and local context. In Capasso, A.; Dagnino, G. & A. Lanza (Hrsg.), *Strategic capabilities and knowledge transfer within and between organizations: new perspectives from acquisitions, networks, learning and evolution* (176–195). Cheltenham: Elgar.

Di Stefano, G.; Peteraf, M. & G. Verona (2010): Dynamic capabilities deconstructed: a bibliographic investigation into the origins, development, and future directions of the research domain. *Industrial and Corporate Change*, 19 (4), 1187–1204.

Diamantopoulos, A. (1994): Modeling with LISREL: A guide for the Uninitated. *Journal of Marketing Management*, 10 (1–3), 105–136.

Diamantopoulos, A. & H. Winkelhofer (2001): Index Construction with Formative Indicators: an Alternative to Scale Development. *Journal of Marketing Research,* 38 (2), 269–277.

Dieckmann, D. (1999). *Internationale Unternehmensnetzwerke und regionale Wirtschaftspolitik. Kompetenzzentren in der Multimedia-Industrie.* Wiesbaden: DUV.

Diekmann, A. (2000). *Empirische Sozialforschung.* 6. Aufl. Reinbek: Rowohlt.

Dilk, C.; Gleich, R.; Wald, A. & J. Motwani (2008): State and development of innovation networks: Evidence from the European vehicle sector. *Management Decision,* 46 (5), 691–701.

Dillman, D. (2007). *Mail and internet surveys: The tailored design method.* 2. Aufl. Chichester u.a.: Wiley.

Dinnie, N.; McKee, L. & J. Bower (1999): Biomedical Innovation Networks and New Technologies. *International Journal of Innovation Management,* 3 (1), 63–91.

Dombrowski, C.; Kim, J.; Desouza, K.; Braganza, A.; Papagari, S.; Baloh, P. & S. Jha (2007): Elements of Innovative Cultures. *Knowledge and Process Management,* 14 (3), 190–202.

Dooley, L. & D. O'Sullivan (2007): Managing within distributet innovation networks. *International Journal of Innovation Management,* 11 (3), 397–416.

Doty, H. & W. Glick (1998): Common Methods Bias: Does Common Methods Variance Really Bias Results. *Organizational Research Methods,* 1 (4), 374–406.

Doz, Y. (1996): The evolution of cooperation in strategic alliances – Initial conditions or learning processes. *Strategic Management Journal: Summer Special Issue,* 17, 55–83.

Doz, Y. & G. Hamel (1998). *Alliance advantage. The art of creating value through partnering.* Boston, MA: Harvard Business School Press.

Drejer, A. (2001): How can we define and understand Competencies and their development? *Technovation,* 21 (3), 135–146.

Drewello, H. & U. Wurzel (2002): Humankapital und innovative regionale Netzwerke – Theoretischer Hintergrund und empirische Untersuchungsergebnisse. *DIW Materialien,* 12 (2002), 1–49.

Duschek, S. (1998): Kooperative Kernkompetenzen – Zum Management einzigartiger Netzwerkressourcen. *zfo – Zeitschrift Führung und Organisation,* 67 (4), 230–236.

Duschek, S. (2002). *Innovation in Netzwerken.* Wiesbaden: DUV.

Duschek, S. (2004): Inter-Firm Resources and Sustained Competitive Advantage. *Management Revue,* 15 (1), 53–73.

Dyer, J. (1996): Specialized Supplier Networks as a Source of Competitive Advantage. *Strategic Management Journal,* 17 (4), 271–291.

Dyer, J. (1997): Effective interfirm Collaboration. *Strategic Management Journal,* 18 (7), 535–556.

Dyer, J. & H. Singh (1998): The relational view: Cooperative strategy and sources of interorganizational competitive advantage. *Academy of Management Review,* 23 (4), 660–679.

Eagly, A.; Johannesen-Schmidt, M. & M. van Engen (2003): Transformational, Transactional, and Laissez-Faire Leadership Styles: A Meta-Analysis Comparing Women and Men. *Psychological Bulletin,* 129 (4), 569–591.

Eagly, A. & B. Johnson (1990): Gender and Leadership Style: A Meta-Analysis. *Psychological Bulletin,* 108 (2), 233–256.

Easterby-Smith, M.; Lyles, M. & M. Peteraf (2009): Dynamic Capabilities: Current Debates and Future Directions. *British Journal of Management,* 20 (1), 1–8.

Easterby-Smith, M. & I. Prieto (2008): Dynamic Capabilities and Knowledge Management: An integrative Role for Learning? *British Journal of Management,* 19 (3), 235–249.

Eberl, M. (2004). *Formative und reflektive Indikatoren im Forschungsprozess: Entscheidungregeln und die Dominanz des reflektiven Modells.* Schriften zur empirischen Forschung und quantitativen Unternehmensplanung (EFOplan). München: LMU.

Edwards, J. (2001): Multidimensional Constructs in Organizational Behavior Research: An Integrative Analytical Framework. *Organizational Research Methods,* 4 (2), 144–192.

Edwards, W. & R. Bagozzi (2000): On the Nature and Direction of Relationships between Constructs and Measures. *Psychological Methods,* 5 (2), 155–174.

Eggert, A. & G. Fassot (2003). *Zur Verwendung formativer und reflektiver Indikatoren in Strukturgleichungsmodellen: Ergebnisse einer Metaanalyse und Anwendungsempfehlungen.* Kaiserslauterer Schriftenreihe Marketing. Nr. 20. Kaiserslautern: TU Kaiserslautern.

Eggert, A.; Fassott, G. & S. Helm (2005). Identifizierung und Quantifizierung mediierender und moderierender Effekte in komplexen Kausalstrukturen. In Bliemel, F.; Eggert, A.; Fassot, G. & J. Henseler (Hrsg.), *Handbuch PLS-Pfadmodellierung: Methoden, Anwendung, Praxisbeispiele* (101–116). Stuttgart: Schäffer-Poeschel.

Eickelpasch, A.; Kauffeld, M. & I. Pfeiffer (2002): The InnoRegio-program: a new way to promote regional innovation networks. ERSA conference papers.

Eisenhardt, K. & C. Schoonhoven (1996): Resource-based View of Strategic Alliance Formation: Strategic and Social Effects in Entrepreneurial Firms. *Organization Science,* 7 (2), 136–150.

Eisenhardt, K. & J. Martin (2000): Dynamic Capabilities: What are they? *Strategic Management Journal,* 21 (10), 1105–1121.

Ellonen, H.; Wikström, P. & A. Jantunen (2009): Linking dynamic-capability portfolios and innovation outcomes. *Technovation,* 29 (11), 753–762.

Engelhard, J. & E. Sinz (1999). *Kooperation im Wettbewerb.* Wiesbaden: Gabler.

Eraydin, A. & B. Armatli-Köroglu (2005): Innovation, networking and the new industrial clusters: the characteristics of networks and local innovation capabilities in the Turkish industrial clusters. *Entrepreneurship and Regional Development,* 17 (7), 237–266.

Eriksen, B. & J. Mikkelsen (1996). Competititve Advantage and the Concept of Core Competence. In Foss, N. & C. Knudsen (Hrsg.), *Towards a Competence Theory of the Firm* (54–74). London: Routledge Chapman & Hall.

Ernst, H. (2001). *Erfolgsfaktoren neuer Produkte: Grundlagen für eine valide empirische Untersuchung.* Wiesbaden: Gabler.

Ernst, H. (2003): Unternehmenskultur und Innovationserfolg – Eine empirische Analyse. *ZfbF,* 55 (2), 23–44.

Esposito Vinzi, V.; Chin, W.; Henseler, J. & H. Wang (Hrsg.), (2010). *Handbook of partial least squares.* Berlin: Springer.

Faraj, S. & M. Wasko (2001): The web of knowledge: an investigation of knowledge exchange in networks of practice. *Paper presented at the Annual Meeting of the Academy of Management,* (2001).

Faria, A. & R. Wensley (2002): In search of 'interfirm management' in supply chains: recognizing contradictions of language and power of listening. *Journal of Business Research,* 55 (7), 603–610.

Fassott, G. (2005). Die PLS-Pfadmodellierung: Entwicklungsrichtungen, Möglichkeiten, Grenzen. In Bliemel, F.; Eggert, A.; Fassot, G. & J. Henseler (Hrsg.), *Handbuch PLS-Pfadmodellierung: Methoden, Anwendung, Praxisbeispiele* (19–29). Stuttgart: Schäffer-Poeschel.

Fassott, G. & A. Eggert (2005). Zur Verwendung formativer und reflektiver Indikatoren in Strukturgleichungsmodellen: Bestandsaufnahme und Handlungsempfehlungen. In Bliemel, F.; Eggert, A.; Fassot, G. & J. Henseler (Hrsg.), *Handbuch der PLS-Pfadmodellierung* (31–47). Stuttgart: Schäffer-Poeschel.

Feld, L.; Woodruff, D. & F. Salih (1987): A test of hypothesis that Cronbach's alpha reliability coefficient is the same for two tests administered to the same sample. *Psychometrica,* 45 (1), 99–105.

Feldman, M. & B. Pentland (2003): Reconceptualizing Organizational Routines as a Source of Flexibility and Change. *Administrative Science Quarterly,* 48 (1), 94–118.

Felfe, J. (2006): Transformationale und charismatische Führung – Stand der Forschung und aktuelle Entwicklungen. *Zeitschrift für Personalpsychologie,* 5 (4), 163–176.

Fichter, K. (2009): Innovation communities: the role of networks of promotors in Open Innovation. *R&D Management,* 39 (4), 357–371.

Fischer, B. (2006). *Vertikale Innovationsnetzwerke.* Wiesbaden: DUV.

Fischer, B. & F. Huber (2005). Innovationserfolg durch vertikale Vernetzung. In Stahl, H. & S. von den Eichen (Hrsg.), *Vernetzte Unternehmen – wirkungsvolles Agieren in Zeiten des Wandels* (243–264). Berlin: Schmidt.

Fliaster, A. (2007). *Innovationen in Netzwerken.* München: Hampp.

Fonti, F.; Whitbred, R. & M. Maoret (2011). Who's on first? The role of network perception in organizational free-riding. *Academy of Management Annual Meeting Proceedings* (1–6). Academy of Management.

Fornell, C. (1987). A Second Generation of Multivariate Analysis: Classification of Methods and Implications for Marketing Research. In Houston, M. (Hrsg.), *Review of Marketing* (407–450). Chicago: American Marketing Associates.

Fornell, C. & F. Bookstein (1982): Two Structural Equation Models: LISREL and PLS Applied to Consumer Exit-Voice Theory. *Journal of Marketing Research,* 19 (4), 440–452.

Fornell, J. & J. Cha (1994). Partial Least Squares. In Bagozzi, R. (Hrsg.), *Methods of Marketing Research* (52–78). Chichester u.a.: Wiley.

Fornell, C. & D. Larcker (1981): Evaluating Structural Equation Models with Unobservable Variables and Measurement Error. *Journal of Marketing Research,* 18 (1), 39–50.

Fowler, F. (1995). *Improving survey questions.* 4. Aufl. Thousand Oaks: Sage.

Franke, H.; Huch, B.; Hermann, C. & S. Löffler (Hrsg.), (2005). *Kooperationsorientiertes Innovationsmanagement.* Berlin: Logos.

Freiling, J. (2001). *Ressourcenorientierte Reorganisation. Problemanalyse und Change Management auf der Basis des Resource-based View.* Wiesbaden: Gabler.

Freiling, J. (2001a). *Resource-based view und ökonomische Theorie.* Wiesbaden: DUV.

Freiling, J.; Gersch, M. & C. Goeke (2006). Eine "Competence-based Theory of the Firm" als marktprozesstheoretischer Ansatz. In Schreyögg, G. & P. Conrad (Hrsg.), *Managementforschung 16 – Management von Kompetenz* (37–82). Wiesbaden: Gabler.

Fried, B.; Johnson, M.; Starrett, B.; Calloway, M. & J. Morrissey (1998): An empirical assessment of rural community support networks for individuals with severe mental disorders. *Community Mental Health Journal,* 34 (1), 39–56.

Friese, M. (1998). *Kooperation als Wettbewerbsstrategie für Dienstleistungsunternehmen.* Wiesbaden: Gabler.

Fritsch, M.; Koschatzky, K.; Schätzl, L. & R. Sternberg (1998): Regionale Innovationspotentiale und innovative Netzwerke. *Raumforschung und Raumordnung,* 56 (4), 243–252.

Fritz, W. (1995). *Marketing-Management und Unternehmenserfolg.* 2. Aufl. Stuttgart: Schäffer-Poeschel.

Frohmann, A. (1998): Building a Culture for Innovation. *Research Technology Management,* 41 (2), 9–12.

Frost, P. & C. Egri (1991): The political process of innovation. *Research in organizational behavior: An annual series of analytical essays and critical reviews,* 13 (1), 229–295.

Furtado, A. (1997): The French system of innovation in the oil industry – some lessons about the role of public policies and sectoral patterns of technological change in innovation networking. *Research Policy,* 25 (8), 1243–1259.

Galunic, D. & K. Eisenhardt (2001): Architectural Innovation and Modular Corporate Forms. *Academy of Management Journal*, 44 (6), 1229–1250.

García-Morales, V.; Lloréns-Montes, F. & A. Verdú-Jover (2008): The Effects of Transformational Leadership on Organizational Performance through Knowledge and Innovation. *British Journal of Management*, 19 (4), 299–319.

Gefen, D.; Straub, D. & M. Boudreau (2000): Structural equation modeling and regression: guidelines for research practice. *Communications of the Association for Information Systems*, 7 (7), 1–78.

Geisser, S. (1975): The predictive sample reuse method with applications. *Journal of the American Statistical Association*, 70 (350), 320–328.

Gemünden, H.; Lockemann, P.; Lechler, T. & A. Saad (1998). Erfolgreiche Startbedingungen internationaler F&E Kooperationen. In Franke, N. & C. von Braun (Hrsg.), *Innovationsforschung und Technologiemanagement* (130–137). Berlin: Springer.

Gemünden, H.; Ritter, T. & P. Heydebreck (1996): Network configuration and innovation success – an empirical analysis in German high-tech industries. *International Journal of Research in Marketing*, 13 (5), 449–462.

Gemünden, H. & A. Walter (1998). The Relationship Promoter – Motivator and Co-ordinator for Inter-organizational Innovation Co-operation. In Gemünden, H.; Ritter, T. & A. Walter (Hrsg.), *Relationships and Networks in International Markets* (180–197). Devon: Pergamon Press.

General Motors (2006). *GM, DaimlerChrysler, BMW Premiere Unprecedented Hybrid Technology.*
http://www.gm.com/experience/technology/news/2006/hybrid_2mode_042806.jsp
[11.03.2009].

Gerbing, D. & J. Anderson (1988): An Updated Paradigm for Scale Development Incorporating Unidimensionality and its Assessment. *Journal of Marketing Research*, 25 (2), 186–192.

Gerbing, D. & J. Anderson (1993). Monte Carlo evaluations of Goodness-of-fit Indices. In Bollen, L. & J. Long (Hrsg.), *Testing structural equation models* (40–65). Newbury Park: Sage.

Gerpott, T. (1993). *Integrationsgestaltung und Erfolg von Unternehmensakquisitionen.* Stuttgart: Schäffer-Poeschel.

Gerpott, T. (1999). *Strategisches Technologie- und Innovationsmanagement.* Stuttgart: Schäffer-Poeschel.

Gerstein, M. & R. Shaw (1994). Organisations-Architekturen für das einundzwanzigste Jahrhundert. In Nadler, D.; Gerstein, M. & R. Shaw (Hrsg.), *Organisations-Architektur: Optimale Strukturen für Unternehmen im Wandel* (262–272). Frankfurt/M.: Campus.

Gertler, M. (2003): Tacit knowledge and the economic geography of context, or: The undefinable tacitness of being (there). *Journal of Economic Geography*, 3 (1), 75–99.

Gerum, E. & N. Stieglitz (2004). Internationalisierung kleiner und mittlerer Betriebe durch Unternehmensnetzwerke. In Initiative für Beschäftigung OWL; Universität Bielefeld; Survey; Bertelsmann Stiftung (Hrsg.), *Unternehmensnetzwerke* (143–151). Bielefeld: Kleine.

Gerybadze, A. (2004). *Technologie- und Innovationsmanagement.* München: Vahlen.

Giddens, A. (1995). *Konsequenzen der Moderne.* Frankfurt/M.: Campus.

Giere, J.; Wirtz, B. & O. Schilke (2006): Mehrdimensionale Konstrukte. *Die Betriebswirtschaft,* 66 (6), 678–696.

Götz, O. & K. Liehr-Gobbers (2004). *Der Partial-Least-Squares (PLS)-Ansatz zur Analyse von Strukturgleichungsmodellen.* Arbeitspapiere des Instituts für Marketing. Nr. 2. Münster: Universität Münster.

Götz, O. & K. Liehr-Gobbers (2004a): Analyse von Strukturgleichungsmodellen mit Hilfe der Partial-Least-Squares(PLS)-Methode. *Die Betriebswirtschaft,* 64 (6), 714–738.

Goodwin, V.; Wofford, J. & J. Whittington (2001): A theoretical and empirical extension of the transformational leadership construct. *Journal of Organizational Behavior,* 22 (7), 759–774.

Goos, P. (2006). *Strategisches Innovationsmanagement in fokalen Unternehmensnetzwerken.* Lohmar: Eul.

Grabher, G. (1993). Rediscovering the Social in the Economics of the Interfirm Relations. In Grabher, G. (Hrsg.), *The Embedded Firm: On the Socioeconomics of the Industrial Networks,* 2. Aufl. (1–31). London: Routledge.

Grabher, G. (1993a). The weakness of strong ties: The lock-in of regional development in the Ruhr area. In Grabher, G. (Hrsg.), *The Embedded Firm: On the socioeconomics of industrial networks,* 2. Aufl. (255–277). London: Routledge.

Granovetter, M. (1985): Economic Action and Social Structure: The Problem of Embeddedness. *American Journal of Sociology,* 91 (3), 481–510.

Grant, R. (1991): The resource-based theory of competitive advantage: implications for strategy formulation. *California Management Review,* 33 (3), 114–135.

Greenberg, G. & R. Rosenheck (2010): An Evaluation of an Initiative to Improve Coordination and Service Delivery of Homeless Services Networks. *Journal of Behavioral Health Services ; Research,* 37 (2), 184–196.

Greiling, M. (1998). *Das Innovationssystem: Eine Analyse zur Innovationsfähigkeit von Unternehmen.* Frankfurt/M.: Lang.

Grün, O.; Hauschildt, J. & M. Janosch (2008): Systeminnovationen als Multi- Organization Innovation (MOI). *Zeitschrift für Organisation,* 77 (3), 177–185.

Günther, J. (2003). *Innovationskooperationen in Ost- und Westdeutschland: überraschende Unterschiede.* Wirtschaft im Wandel. Nr. 4. Halle/Saale: Institut für Wirtschaftsforschung Halle (IWH).

Gulati, R.; Nohria, N. & A. Zaheer (2000): Strategic Networks. *Strategic Management Journal,* 21 (3), 203–215.

Gulati, R. & J. Westphal (1999): Cooperative or Controlling? The Effects of CEO-board Relations and the Content of Interlocks on the Formation of Joint Ventures. *Administrative Science Quarterly,* 44 (3), 473–506.

Hagedoorn, J. (1993): Understanding the rationale of strategic technology partnering: Interorganizational modes of cooperation and sectoral differences. *Strategic Management Journal,* 14 (5), 371–385.

Hagedoorn, J.; Link, A. & N. Vonortas (2000): Research partnerships. *Research Policy,* 29 (4–5), 567–586.

Hagedoorn, J. & J. Schakenraad (1994): The effect of strategic technology alliances on company performance. *Strategic Management Journal,* 15 (4), 291–309.

Hagenhoff, S. (2008). *Innovationsmanagement für Kooperationen.* Göttingen: Univ.-Verl. Göttingen.

Hahn, R.; Gaiser, A.; Héraud, J. & E. Muller (1995): Innovationstätigkeit und Unternehmensnetzwerke. *Zeitschrift für Betriebswirtschaft,* 65 (3), 247–266.

Hair, J.; Black, W.; Robin, B.; Anderson, R. & R. Tatham (2006). *Multivariate data analysis.* 6. Aufl. Englewood Cliffs: Prentice-Hall.

Håkansson, H. (1987). *Industrial technological development.* London: Croom Helm.

Håkansson, H. & I. Snehota (Hrsg.), (1995). *Developing relationships in business networks.* London: Cengage.

Hallensleben, T.; Jain, A.; Manger, D. & M. Moldaschl (2011). *Innovationskompetenz und Performanz.* Papers and Preprints of the Department of Innovation Research and Sustainable Resource Management. Nr. 3/2011. Chemnitz: Technische Universität Chemnitz.

Hamel, G. & C. Prahalad (1993): Strategy as a Stretch and Leverage. *Harvard Business Review,* 71 (4), 75–84.

Hamel, W. (1996): Innovative Organisation der finanziellen Unternehmensführung. *Betriebswirtschaftliche Forschung und Praxis,* 48 (4), 323–341.

Hannan, M. & J. Freeman (1984): Structural Inertia and Organizational Change. *American Sociological Review,* 49 (2), 149–164.

Haritz, A. (2000). *Innovationsnetzwerke: ein systemorientierter Ansatz.* Wiesbaden: Gabler.

Harkness, J. (2003). Questionnaire translation. In Harkness, J.; van de Vijver, F. & P. Mohler (Hrsg.), *Cross-cultural survey methods* (35–56). Chichester u.a.: Wiley.

Harrigan, K. (1986): Joint Ventures. *Planning Review,* 14 (4), 10–14.

Harrigan, K. (1988): Strategic Alliances and Partner Asymmetries. *Management International Review, Special Issue,* 28 (4), 53–72.

Harrison, D. & H. Håkansson (2006): Activation in resource networks: a comparative study of ports. *Journal of Business & Industrial Marketing,* 21 (4), 231–238.

Hauenschild, C. (2003). Zum Stellenwert der empirischen betriebswirtschaftlichen Forschung. In Schwaiger, M. & D. Harhoff (Hrsg.), *Empirie und Betriebswirtschaftslehre – Entwicklung und Perspektiven* (3–24). Stuttgart: Schäffer-Poeschel.

Hauschild, J. & S. Salomo (2007). *Innovationsmanagement.* 4. Aufl. München: Vahlen.

Hayek, F. (1945): The use of knowledge in society. *American Economic Review,* 35 (4), 519–530.

Heidenreich, M. (1997). Netzwerke – Grundlage für ein neues Innovationsmodell? In Heidenreich, M. (Hrsg.), *Innovationen in Baden-Württemberg* (229–235). Baden-Baden: Nomos.

Heidenreich, M. (2000). Regionale Netzwerke in der globalen Wissensgesellschaft. In Weyer, J. (Hrsg.), *Soziale Netzwerke. Konzepte und Methoden der sozialwissenschaftlichen Netzwerkforschung* (87–110). München: Oldenbourg.

Helfat, C. (1997): Know-How and Asset Complementarity and Dynamic Capability Accumulation. *Strategic Management Journal,* 18 (5), 339–360.

Helfat, C.; Finkelstein, S.; Mitchell, W.; Peteraf, M.; Singh, H.; Teece, D. & S. Winter (Hrsg.), (2007). *Dynamic Capabilities: Unterstanding strategic change in organizations.* Malden: Blackwell.

Helfat, C. & S. Raubitschek (2000): Product sequencing: co-evolution of knowledge, capabilities and products. *Strategic Management Journal,* 21 (10/11), 961–979.

Hempel, C. (1952). *Fundamentals of concept formation in empirical science.* Chicago: University of Chicago Press.

Hempel, C. (1965). *Aspects of scientific explanation and other essays in the philosophy of science.* New York: Free Press.

Hempel, C. & P. Oppenheim (1948): Studies of the Logic of Explanation. *Philosophy of Science,* 15 (2), 135–175.

Henderson, R. & I. Cockburn (1994): Measuring Competence: Exploring Firm Effects in Pharmaceutical Research. *Strategic Management Journal,* 15 (S1), 63–84.

Hensel, J. (2007). *Netzwerkmanagement in der Automobilindustrie.* Wiesbaden: DUV.

Henseler, J. (2004). *Einführung in Pfadmodelle.* Working Paper des Lehrstuhls für Marketing. TU Kaiserslautern.

Henseler, J. & G. Fassot (2010). Testing Moderating Effects in PLS Path Models. In Esposito Vinzi, V.; Chin, W.; Henseler, J. & H. Wang (Hrsg.), *Handbook of Partial Least Squares* (713–735). Berlin: Springer.

Henseler, J.; Ringle, C. & R. Sinkowics (2009): The use of partial least squares path modeling in international marketing. *Advances in International Marketing,* 20 (1), 277–319.

Hernandez, M.; Eberly, M.; Avolio, B. & M. Johnson (2011): The loci and mechanisms of leadership: Exploring a more comprehensive view of leadership theory. *The Leadership Quarterly,* 22 (6), 1165–1185.

Herrmann, J.; Huber, F. & F. Kressmann (2006): Varianz- und kovarianzbasierte Strukturgleichungsmodelle – Ein Leitfaden zur Spezifikation, Schätzung und Beurteilung. *zfbf,* 58 (1), 34–66.

Herstatt, C. & C. Müller (2003). *Einflussfaktoren auf das Management von Forschungs- und Entwicklungskooperationen.* Arbeitspapier Nr. 19 des Instituts für Technologie- und Innovationsmanagement. TU Hamburg-Harburg.

Hildebrandt, L. (1984): Kausalanalytische Validierung in der Marketingforschung. *Marketing ZFP,* 5 (1), 41–51.

Hinterhuber, H. & B. Levin (1996): Strategic Networks. The Organization of the Future. *Long Range Planning,* 27 (3), 43–53.

Hippe, A. (1996). Betrachtungsebenen und Erkenntnisziele in strategischen Unternehmensnetzwerken. In Bellmann, K. & A. Hippe (Hrsg.), *Management von Unternehmensnetzwerken* (21–53). Wiesbaden: Gabler.

Hirsch-Kreinsen, H. (2002): Unternehmensnetzwerke – revisited. *Zeitschrift für Soziologie,* 31 (2), 106–124.

Hirsch-Kreinsen, H. (2007). Genese und Wandel von Innovationsnetzwerken. In Berghoff, H. & J. Sydow (Hrsg.), *Unternehmerische Netzwerke* (119–141). Stuttgart: Kohlhammer.

Homburg, C. (1998). *Kundennähe von Industrieunternehmen: Konzeption – Erfolgsauswirkungen – Determinanten.* 2. Aufl. Wiesbaden: Gabler.

Homburg, C. (2007): Betriebswirtschaftslehre als empirische Wissenschaft – Bestandsaufnahme und Empfehlungen. *Schmalenbachs Zeitschrift für betriebswirtschaftliche Forschung,* Sonderheft 56/07, 27–60.

Homburg, C. & H. Baumgartner (1995): Beurteilung von Kausalmodellen: Bestandsaufnahme und Anwendungsempfehlungen. *Marketing ZFP,* 17 (3), 162–176.

Homburg, C. & A. Giering (1996): Konzeptionalisierung und Operationalisierung komplexer Konstrukte. *Marketing ZFP,* 18 (1), 5–24.

Homburg, C. & L. Hildebrandt (1998). Die Kausalanalyse: Bestandsaufnahme, Entwicklungsrichtungen, Problemfelder. In Homburg, C. & L. Hildebrandt (Hrsg.), *Die Kausalanalyse – ein Instrument der empirischen betriebswirtschaftlichen Forschung* (15–44). Stuttgart: Schäffer-Poeschel.

Homburg, C. & H. Krohmer (2003). *Marketingmanagement. Strategie – Instrumente – Umsetzung – Unternehmensführung.* Wiesbaden: Gabler.

Hou, J. (2008): Toward a research model of market orientation and dynamic capabilities. *Social Behavior & Personality,* 36 (9), 1251–1268.

Huber, F.; Fischer, B. & A. Herrmann (2010): Management von vertikalen Innovationsnetzwerken in der Investitionsgüterindustrie – Ergebnisse einer empirischen Untersuchung. *ZfbF*, 62 (2), 104–131.

Huber, F.; Herrmann, A.; Meyer, F.; Vogel, J. & K. Vollhardt (2007). *Kausalmodellierung mit Partial Least Squares – Eine anwendungsorientierte Einführung.* Wiesbaden: Gabler.

Hulland, J. (1999): Use of Partial Least Square (PLS) in Strategic Management Research: A Review of Four Recent Studies. *Strategic Management Journal,* 20 (2), 195–204.

Hulland, J.; Chow, Y. & S. Lam (1996): Use of causal models in marketing research: A review. *International Journal of Research in Marketing,* 13 (2), 181–197.

Hung, R.; Yang, B.; Lien, B.; McLean, G. & Y. Kuo (2010): Dynamic capability: Impact of process alignment and organizational learning culture on performance. *Journal of World Business,* 45 (3), 285–294.

Iansiti, M. & K. Clark (1994): Integration and Dynamic Capability: Evidence from Product Developments in Automobiles and Mainframe Computers. *Industrial and Corporate Change,* 3 (3), 557–605.

Initiative Kompetenznetze Deutschland (2008). *Jahresbericht 2008 und 2009.* Berlin: o. V.

Inkpen, A. & E. Tsang (2005): Social Capital, Networks, and Knowledge Transfer. *Academy of Management Review,* 30 (1), 146–165.

Isaksen, A. & B. Kalsaas (2009): Suppliers and Strategies for Upgrading in Global Production Networks: The Case of a Supplier to the Global Automotive Industry in a High-cost Location. *European Planning Studies,* 17 (4), 569–585.

James, L. & J. Brett (1984): Mediators, moderators, and tests for mediation. *Journal of Applied Psychology,* 69 (2), 307–321.

Jamrog, J.; Vickers, M. & D. Bear (2006): Building and Sustaining a Culture that Supports Innovation. *Human Resource Planning,* 29 (3), 9–19.

Janowicz-Panjaitan, M. & N. Noorderhaven (2009): Trust, Calculation, and Interorganizational Learning of Tacit Knowledge: An Organizational Roles Perspective. *Organization Studies,* 30 (10), 1021–1044.

Jansen, D. (2006). Innovation durch Organisation, Märkte oder Netzwerke? In Reith, R.; Pichler, R. & C. Dirninger (Hrsg.), *Innovationskultur in historischer und ökonomischer Perspektive. Modelle, Indikatoren und regionale Entwicklungslinien* (77–97). Innsbruck: StudienVerlag.

Jarillo, J. (1988): On Strategic Networks. *Strategic Management Journal,* 9 (9), 31–41.

Jarvis, C.; MacKenzie, S. & P. Podsakoff (2003): A Critical Review of Construct Indicators and Measurement Model Misspecification in Marketing and Consumer Research. *Journal of Consumer Research,* 30 (2), 199–218.

Jassawalla, B. & H. Sashittal (2002): Cultures that support Product-Innovation Process. *Academy of Management Executive,* 16 (3), 42–53.

Jöreskog, K. (1967): Some Contributions to Maximum Likelyhood Factor Analysis. *Psychometrica,* 32 (4), 443–482.

Jöreskog, K. (1969): A general Approach to Confirmatory Maximum Likelihood Factor Analysis. *Psychometrica,* 34 (2), 183–202.

Jöreskog, K. (1970): A General Method for Analysis of Covariance Structures. *Biometrica,* 57 (2), 239–251.

Johnson, B.; Morrissey, J. & M. Calloway (1996): Structure and change in child mental health service delivery networks. *Journal of Community Psychology,* 24 (3), 275–289.

Johnson, J. & R. Sohi (2003): The development of interfirm partnering competence: Platforms for learning, learning activities, and consequences of learning. *Journal of Business Research,* 56 (9), 757–766.

Johnston, R. & P. Lawrence (1988): Beyond Vertical Integration – The Rise of the Value-Adding Partnership. *Harvard Business Review,* 66 (4), 94–101.

Judge, T. & R. Piccolo (2004): Transformational and Transactional Leadership: A Meta-Analytic Test of Their Relative Validity. *Journal of Applied Psychology,* 89 (5), 755–768.

Kale, P.; Dyer, J. & H. Singh (2002): Alliance Capability, Stock Market Response, and long-term Alliance Success: The Role of the Alliance Function. *Strategic Management Journal,* 23 (3), 747–467.

Kale, P.; Singh, H. & H. Perlmutter (2000): Learning and Protection of Proprietary Assets in Strategic Alliances: Building Relational Capital. *Strategic Management Journal,* 21 (3), 217–237.

Kandemir, D. & G. Hult (2005): A Conceptualisation of an Organizational Learning Culture in International Joint Ventures. *Industrial Marketing Management,* 34 (5), 430–439.

Kantner, R. & P. Myers (1991). Interorganizational bonds and intraorganizational behavior: How alliances and partnerships change the organizations forming them. In Etzioni, A. & P. Lawrence (Hrsg.), *Socio-economics – Towards a new synthesis* (329–344). New York: Armonk.

Katkalo, V.; Pitelis, C. & D. Teece (2010): Introduction: On the nature and scope of dynamic capabilities. *Industrial and Corporate Change,* 19 (4), 1175–1186.

Kauffeld-Monz, M. & M. Fritsch (2010): Who Are the Knowledge Brokers in Regional Systems of Innovation? A Multi-Actor Network Analysis. *Regional Studies,* (iFirst), 1–17.

Keast, R. & K. Hampson (2007): Building Constructive Innovation Networks: Role of Relationship Management. *Journal of Construction Engineering and Management,* 133 (5), 364–373.

Keil, T.; Maula, M.; Schildt, H. & Z. Shaker (2008): The effect of governance modes and relatedness of external business development activities on innovative performance. *Strategic Management Journal,* 29 (8), 895–907.

Kenny, D. (2012). *Mediation.* http://davidakenny.net/cm/mediate.htm [08.08.2012].

Keuken, F. & U. Sassenbach (2010): Förderung von Innovationsstrategien in mittelständischen Unternehmen. *Magazin der Gesellschaft für innovative Beschäftigungsförderung des Landes Nordrhein-Westfalen,* Sonderheft, 4–9.

Kilduff, M. & O. Hongseok (2006): Deconstructing Diffusion: An Ethnostatistical Examination of Medical Innovation Network Data Reanalyses. *Organizational Research Methods,* 9 (4), 432–455.

Kirsch, W. (1997). *Kommunikatives Handeln, Autopoiese, Rationalität – Kritische Aneignungen im Hinblick auf eine evolutionäre Organisationstheorie.* 2. Aufl. München: Kirsch.

Kirsch, W.; Brunner, K.; Eckert, N.; Guggemoss, W. & M. Weber (1998). *Evolutionäre Organisationstheorie I: Fortsetzung eines Projekts der Moderne mit anderen (postmodernen?) Mitteln.* Arbeitstext am Seminar für Strategische Unternehmensführung. Ludwig-Maximilians-Universität, München.

Kirsch, W. & W. Guggemoss (1999). *Evolutionäre Organisationstheorie II:Führung – ein erklärungsbedürftiges Phänomen.* Arbeitstext am Seminar für Strategische Unternehmensführung. Ludwig-Maximilians-Universität, München.

Kirschten, U. (2003). Unternehmensnetzwerke für nachhaltiges Wirtschaften. In Linne, G. & M. Schwarz (Hrsg.), *Handbuch Nachhaltige Entwicklung. Wie ist nachhaltiges Wirtschaften machbar?* (171–182). Opladen: Leske & Budrich.

Kirschten, U. (2005). Risiken der Zusammenarbeit in Innovationsnetzwerken: Konzeptionelle Überlegungen und empirische Ergebnisse. *Proceedings 7. TIM Fachtagung 2005, Universität Erfurt.*

Kirschten, U. (2006). Nachhaltige Innovationsnetzwerke in Theorie und Praxis: Ausgewählte Forschungsergebnisse. In Pfriem, R.; Antes, R.; Fichter, K.; Müller, M.; Paech, N.; Seuring, S. & B. Siebenhüner (Hrsg.), *Innovationen für eine nachhaltige Entwicklung* (269–286). Wiesbaden: DUV.

Klaus, E. (2002). *Vertrauen in Unternehmensnetzwerken. Eine interdisziplinäre Analyse.* Wiesbaden: DUV.

Kloyw, M. (2004): Opportunismus und Verhandlungsmacht in F&E-Lieferbeziehungen. *ZfbF,* 56 (6), 333–364.

Knack, R. (2006). *Wettbewerb und Kooperation.* Wiesbaden: Gabler.

Knoben, J. & L. Oerlemans (2006): Proximity and inter-organizational collaboration: A literature review. *International Journal of Management Reviews,* 8 (2), 71–89.

Knödler, D.; Degen, S. & K. Benath (2011): Interne Unternehmensberatung: Ein Beitrag zur Innovationsfähigkeit – Möglichkeiten, Grenzen und Kontext reflexiver Beratung. *Dresden Discussion Papers on Organization Research,* 11 (3), 1–16.

Knödler, D. & Schirmer, F. (2013). Prozessinnovation aus Sicht des Change Managements – Konzeptionelle Anregungen und empirische Befunde zum Management von Prozessen in betrieblichen Veränderungen. In Mieke, C. (Hrsg.): *Prozessinnovation und Prozessmanagement – Zwei Managementfelder zur Stärkung der Prozessleistung in Unternehmen.* Berlin: Logos (in Druck).

Knödler, D.; Schirmer, F. & M. Gühne (2011). Messreflex oder reflexives Messen? Eine kritische Analyse von Messinstrumenten der Innovations- und Veränderungsfähigkeit. In Barthel, E.; Hanft, A. & J. Hasebrook (Hrsg.), *Integriertes Kompetenzmanagement. Innovationsstrategien als Aufgabe der Organisations- und Personalentwicklung* (273–294). Münster, New York u.a.: Waxmann.

Koch, A. & G. Fuchs (2000): Economic globalization and regional penetration: The failure of networks in Baden-Württemberg. *European Journal of Political Research, 37* (1), 57–75.

Kogut, B. & U. Zander (1992): Knowledge of the firm, combinative capabilities, and the replication of technology. *Organization Science, 3* (3), 383–397.

Koschatzky, K. (1999): Innovation Networks of Industry and Business-Related Services: Relations Between Innovation Intensity of Firms and Regional Inter-Firm Cooperation. *European Planning Studies, 7* (6), 737–758.

Koschatzky, K. (2001). *Räumliche Aspekte im Innovationsprozess.* Münster: Lit.

Kotabe, M.; Martin, X. & H. Domoto (2003): Gaining from Vertical Partnerships: Knowledge Transfer, Relationship Duration, and Supplier Performance Improvement in the U.S. and Japanese Automotive Industries. *Strategic Management Journal, 24* (4), 293–316.

Koufteros, X.; Edwin-Cheng, T. & K. Lai (2007): "Black-box" and "gray-box" supplier integration in product development: Antecedents, consequences and the moderating role of firm size. *Journal of Operations Management, 25* (4), 847–870.

Kouzes, J. & B. Posner (1990). *Leadership Practices Inventory (LPI):A self-assessment and analysis.* San Diego, CA: Pfeiffer.

Kowol, U. (1998). *Innovationsnetzwerke – Technikentwicklung zwischen Nutzungsvisionen und Verwendungspraxis.* Wiesbaden: DUV.

Kowol, U. & W. Krohn (1995). Innovationsnetzwerke. Ein Modell der Technikgenese. In Bechmann, G. & W. Rammert (Hrsg.), *Technik und Gesellschaft. Jahrbuch 8.* (77–105). Frankfurt/M.: Campus.

Krafft, M.; Götz, O. & K. Liehr-Gobbers (2005). Die Validierung von Strukturgleichungsmodellen mit Hilfe des Partial-Least-Squares (PLS)-Verfahren. In Bliemel, F.; Eggert, A.; Fassot, G. & J. Henseler (Hrsg.), *Handbuch PLS-Pfadmodellierung: Methoden, Anwendung, Praxisbeispiele* (71–86). Stuttgart: Schäffer-Poeschel.

Kromrey, H. (1998). *Empirische Sozialforschung.* 8. Aufl. Opladen: Leske & Budrich.

Kumar, N.; Stern, L. & J. Anderson (1993): Conducting Interorganizational Research Using Key Informants. *Academy of Management Journal, 36* (6), 1633–1651.

Kupke, S. (2008). *Allianzfähigkeit.* Wiesbaden: Gabler.

Kutschker, M. (1994). Strategische Kooperationen als Mittel der Internationalisierung. In Schuster, L. (Hrsg.), *Die Unternehmung im internationalen Wettbewerb* (121–157). Berlin: Verlag Erich Schmitt.

Kutschker, M. (2005). Prozessuale Aspekte der Kooperation. In Zentes, J.; Swoboda, B. & D. Morschett (Hrsg.), *Kooperationen, Allianzen und Netzwerke*, 2. Aufl. (1125–1154). Wiesbaden: Gabler.

Ladwig, D. (1996). *F&E-Kooperationen im Mittelstand: Grundlagen für erfolgreiches Prozessmanagement.* Wiesbaden: DUV.

Lawson, B. & D. Samson (2001): Developing Innovation Capability in Organisations: A Dynamic Capabilities Approach. *International Journal of Innovation Management,* 5 (3), 377–400.

Lazonick, W. & A. Prencipe (2005): Dynamic capabilities and sustained innovation: strategic control and financial commitment at Rolls-Royce plc. *Industrial und Corporate Change,* 14 (3), 501–542.

Lee, C.; Lee, K. & J. Pennings (2001): Internal capabilities, external networks, and performance: A study on technology-based ventures. *Strategic Management Journal,* 22 (6), 615–640.

Lee, H. & D. Kelley (2008): Building dynamic capabilities for innovation: an exploratory study of key management practices. *R und D Management,* 38 (2), 155–168.

Lehmann-Waffenschmidt, M. (Hrsg.), (2002). *Perspektiven des Wandels.* Marburg: Metropolis.

Lemmens, C. (2004). *Innovation in technology alliance networks.* Cheltenham: Edward Elgar.

Leonard-Barton, D. (1992): Core Capabilities and Core Rigidities: A Paradox in managing New Product Development. *Strategic Management Journal,* 13 (Summer Issue), 111–125.

Leoncini, R.; Montresor, S. & G. Vertova (2003). *Dynamic Capabilities: Evolving Organisations in Evolving (Technological) Systems.* Univ. of Bergamo Economics Working Paper. Nr. 4, Bergamo.

Lewin, A.; Massini, S. & C. Peeters (2009): Why are companies offshoring innovation? *Journal of International Business Studies,* 40 (6), 901–925.

Liao, J.; Kickul, J. & H. Ma (2009): Organizational Dynamic Capability and Innovation: An Empirical Examination of Internet Firms. *Journal of Small Business Management,* 47 (3), 263–286.

Lichtenthaler, U. (2006). *Leveraging Knowledge Assets.* Wiesbaden: DUV.

Lichtenthaler, U. (2009): Absorptive Capacity, Environmental Turbulence, and the Complementarity of Organizational Learning Processes. *Academy of Management Journal,* 52 (4), 822–846.

Lipparini, A. & M. Sobrero (1994): The glue and the pieces: Entrepreneurship and innovation in small-firm networks. *Journal of Business Venturing,* 9 (2), 125–140.

Lippold, A. (2007). *Die Innovationskultur*. Göttingen: Cuvillier.

Little, R. & D. Rubin (2002). *Statistical analysis with missing data*. 2. Aufl. Chichester: Wiley.

Lohmöller, J. (1989). *Latent variable path modeling with partial least squares*. Heidelberg: Physika.

Luhmann, N. (1994). *Soziale Systeme. Grundriß einer allgemeinen Theorie*. 4. Aufl. Frankfurt/M: Suhrkamp.

Lundvall, B. (Hrsg.), (1992). *National Systems of Innovation: Towards a Theory of Innovation and Interactive Learning*. London: Pinter.

Lundvall, B. (2009): Innovation as an Interactive Process: From User-producer Interaction to the National System of Innovation. *African Journal of Science, Technology, Innovation and Development*, 1 (2&3), 10–34.

Lunnan, R. & S. Haugland (2008): Predicting and Measuring Alliance Performance: A Multidimensional Analysis. *Strategic Management Journal*, 29 (5), 545–556.

Macharzina, K. & J. Wolf (2005). *Unternehmensführung*. 5. grundlegend überarb. Aufl. Wiesbaden: Gabler.

Macher, J. & D. Mowery (2009): Measuring Dynamic Capabilities: Practices and Performance in Semiconductor Manufacturing. *British Journal of Management*, 20 (1), 41–62.

MacKenzie, S.; Podsakoff, P. & C. Jarvis (2005): The Problem of Measurement Model Misspecification in Behavioral and Organizational Research and Some Recommended Solutions. *Journal of Applied Psychology*, 90 (4), 710–730.

MacKinnon, D.; Lockwood, C.; Hoffman, J.; West, S. & V. Sheets (2002): A comparison of methods to test mediation and other intervening variable effects. *Psychological Methods*, 7 (1), 83–104.

Macpherson, A.; Jones, O. & M. Zhang (2005): Virtual reality and innovation networks: opportunity exploitation in dynamic SMEs. *International Journal of Technology Management*, 30 (1/2), 49–66.

Mairesse, J. & P. Mohnen (2002): Accounting for Innovation and Measuring Innovativeness: An Illustrative Framework and an Application. *The American Economic Review*, 92 (2), 226–230.

Manger, D. & M. Moldaschl (2010). Institutionelle Reflexivität als Modus der Kompetenzentwicklung von Organisationen. In Jakobsen, H. & B. Schallock (Hrsg.), *Innovationsstrategien jenseits des traditionellen Managements*. (282–291). Stuttgart: Fraunhofer-Verlag.

Marr, R. (1980). Innovation. In Grochla, E. (Hrsg.), *Handwörterbuch der Organisation*, 2. Aufl. (947–959). Stuttgart: Schäffer-Poeschel.

Marsh, S. & G. Stock (2006): Creating Dynamic Capability: The Role of Intertemporal Integration, Knowledge Retention, and Interpretation. *Journal of Product Innovation Management,* 23 (5), 422–436.

Marxt, C. (2004). Innovation in Unternehmensnetzwerken. In Bertelsmannstiftung (Hrsg.), *Unternehmensnetzwerke* (31–37). Bielefeld: Kleine.

Mason, K. & S. Leek (2008): Learning to Build a Supply Network: An Exploration of Dynamic Business Models. *Journal of Management Studies,* 45 (4), 774–799.

Matzler, K. (2006). *Immaterielle Vermögenswerte.* Berlin: Schmidt.

Maurer, P. (2010): Wie der Fahrplan auf's iPhone kam. *zfo – Zeitschrift Führung und Organisation,* 79 (1), 18–24.

Mayer, H. (2004). *Interview und schriftliche Befragung.* 2. Aufl. München: Oldenbourg.

Mayring, P. (2001). *Kombination und Integration qualitativer und quantitativer Analyse.* Forum Qualitative Sozialforschung/ Forum Qualitative Social Research (2)1 Art. 6, (online journal) http://nbn-resolving.de/urn:nbn:de:0114-fqs010162 [20.04.2012].

McKelvey, B. (1975): Guidelines for the empirical classification of organizations. *Administrative Science Quarterly,* 20 (3), 509–525.

McKelvie, A. & P. Davidsson (2009): From Resource Base to Dynamic Capability: an Investigation of New Firms. *British Journal of Management,* 20 (Issue Supplement S1), S63–S80.

Meagher, K. & M. Rogers (2004): Network density and R&D spillovers. *Journal of Economic Behavior & Organization,* 53 (2), 237–261.

Meffert, H. & M. Bruhn (2000). *Dienstleistungsmarketing.* 3. Aufl. Wiesbaden: Gabler.

Meier zu Köcker, G. (2008). *Clusters in Germany.* Berlin: Institute for Innovation and Technology.

Menguc, B. & S. Auh (2006): Creating a Firm-Level Dynamic Capability through Capitalizing on Market Orientation and Innovativeness. *Journal of the Academy of Marketing Science,* 34 (1), 63–73.

Meyer-Krahmer, F. (1994): Das Innovationssystem in Deutschland. *wt-Produktion und Management,* 1994 (84), 72–76.

Mildenberger, U. (1998). *Selbstorganisation von Produktionsnetzwerken, Erklärungsansatz auf Basis der neueren Systemtheorie.* Wiesbaden: Gabler.

Mildenberger, U. (2000). Kompetenzentwicklung in Produktionsnetzwerken. In Hammann, P. & J. Freiling (Hrsg.), *Die Ressourcen- und Kompetenzperspektive des Strategischen Managements* (383–407). Wiesbaden: Gabler.

Miles, R.; Snow, C. & G. Miles (2000): The Future.org. *Long Range Planning,* 33 (3), 300–321.

Mintzberg, H. (1989). *Mintzberg über Management – Führung und Organisation, Mythos und Realität.* Wiesbaden: Gabler.

Moldaschl, M. (2000). *Reflexivität.* Working Papers des Lehrstuhls für Soziologie Nr. 3/2000. München: Technische Universität München.

Moldaschl, M. (2001). Reflexive Beratung. Eine Alternative zu strategischen und systemischen Ansätzen. In Degele, N.; Münch, T.; Pongratz, H. & N. Saam (Hrsg.), *Perspektiven für Theorie und Praxis der Organisationsberatung* (133–157). Opladen: Leske & Budrich.

Moldaschl, M. (2004). *Institutionelle Reflexivität.* Papers and Preprints of the Department of Innovation Research and Sustainable Resource Management. Nr. 1/2004. Chemnitz: Technische Universität Chemnitz.

Moldaschl, M. (2005). Innovationsfähigkeit – Mythenkritik und Gegenentwurf. *Proceedings 7. TIM Fachtagung 2005, Universität Erfurt.*

Moldaschl, M. (2005a). Nachhaltigkeit von Unternehmensführung und Arbeit. In Moldaschl, M. (Hrsg.), *Immaterielle Ressourcen* (19–46). München: Hampp.

Moldaschl, M. (2006). Innovationsfähigkeit, Zukunftsfähigkeit, Dynamic Capabilities. In Schreyögg, G. & P. Conrad (Hrsg.), *Managementforschung 16 – Management von Kompetenz* (1–36). Wiesbaden: Gabler.

Moldaschl, M. (2007): Veränderungsrhetorik und Wettbewahren. Indikatoren für die Fähigkeit von Organisationen, sich zu erneuern. *OrganisationsEntwicklung,* 2007 (4), 34–43.

Moldaschl, M. (2007a). *Institutional Reflexivity – An institutional approach to measure innovativeness of firms.* Papers and Preprints of the Department of Innovation Research and Sustainable Resource Management. Nr. 2/2007, Technische Universität Chemnitz, Chemnitz.

Moldaschl, M. (2007b). Innovationsarbeit. In Ludwig, J.; Moldaschl, M.; Schmauder, M. & K. Schmierl (Hrsg.), *Arbeitsforschung und Innovationsfähigkeit in Deutschland* (135–146). München: Hampp.

Moldaschl, M. (2007c). Kompetenzvermögen und Untergangsfähigkeit. In Freiling, J. & H. Gemünden (Hrsg.), *Dynamische Theorien der Kompetenzentstehung. Jahrbuch Strategisches Kompetenzmanagement* (3–48). München: Hampp.

Moldaschl, M. (2009). *Theorien und Paradigmen der Innovationsfähigkeit.* http://www.tu-chemnitz.de/wirtschaft/bwl9/forschung/fprojekte/reflex/ergebnisse/tagung/Moldaschl.pdf [20.12.2009].

Moldaschl, M. (2010). Das Elend des Kompetenzbegriffs. In Stephan, M.; Kerber, W.; Kessler, T. & M. Lingenfelder (Hrsg.), *25 Jahre ressourcen- und kompetenzorientierte Forschung* (3–40). Wiesbaden: Gabler.

Moldaschl, M. (2011). Warum Gazellen nachts nicht leuchten. In Barthel, E.; Hanft, A. & J. Hasebrook (Hrsg.), *Integriertes Kompetenzmanagement. Innovationsstrategien als Aufgabe der Organisations- und Personalentwicklung* (15–51). Münster, New York u.a.: Waxmann.

Moldaschl, M.; Hallensleben, T.; Jain, A. & D. Manger (2011). *Innovationsfähigkeit – Empirische Befunde zur Rolle reflexiver Verfahren.* Papers and Preprints of the Department of Innovation Research and Sustainable Resource Management. Nr. 2/2011. Chemnitz: Technische Universität Chemnitz.

Morath, F. (1996). *Interorganisationale Netzwerke.* Working Paper des Lehrstuhls für Management. Nr. 15, Universität Konstanz, Konstanz.

Morrissey, J.; Calloway, M.; Bartko, W.; Ridgley, S.; Goldman, H. & R. Paulson (1994): Local mental health authorities and service system change. *Milbank Quarterly, 72* (1), 49–80.

Müller-Seitz, G. (2011): Leadership in Interorganizational Networks: A Literature Review and Suggestions for Future Research. *International Journal of Management Reviews,* Early View (Nov 2011), 1–16.

Mulders, D. & G. Romme (2007): Operationalizing dynamic capability: A systematic literature review. Proceedings of 23rd EGOS Colloquium.

Neely, A.; Filippini, R.; Forza, C.; Vinelli, A. & J. Hii (2001): A Framework for analysing Business Performance, Firm Innovation and related contextual Factors. *Integrated Manufacturing Systems, 12* (2), 114–124.

Nelson, R.W.S. (1982). *An Evolutionary Theory of Economic Change.* Cambridge: The Belknap Press of Harvard Univ. Press.

Neuberger, O. (2002). *Führen und führen lassen.* 6. Aufl. Stuttgart: Lucius und Lucius.

Nix, T. (2005). *Regionale Innovations- und Kooperationsförderung mit Hilfe gesteuerter regionaler Kompetenznetzwerke: eine Untersuchung am Beispiel der Region Nürnberg.* Beyreuth: Universitätsverlag Bayreuth.

Nötzel, R. (1987): Erfahrungen mit der schriftlichen Umfrage. *Planung und Analyse, 14* (4), 151–155.

Nohria, N. (1992). Is a network perspective a useful way of studying organizations? In Nohria, N. & R. Eccles (Hrsg.), *Networks and organizations: Structure, form, and action* (1–22). Boston, Mass: Harvard Business School Press.

Nonaka, I.; Takeuchi, H. & F. Mader (1997). *Die Organisation des Wissens.* Frankfurt/M.: Campus.

Nooteboom, B. (2000): Institutions and forms of coordination in innovation systems. *Organization Studies, 21* (5), 915–939.

Nunnally, J. (1978). *Psychometric Theory.* 2. Aufl. New York: McGraw-Hill.

Nunnally, J. & I. Bernstein (1994). *Psychometric Theory.* Boston: McGraw-Hill.

O'Reilly, C. & M. Tushman (2008): Ambidexterity as a dynamic capability: Resolving the innovator's dilemma. *Research in Organizational Behavior, 28* (1), 185–206.

Obermaier, R. & A. Otto (2006). Bewertung von Unternehmensnetzwerken – eine Analytik zur kausalen Erklärung des Netzeffektes. In Matzler, K.; Hinterhuber, H.; Renzl, B. & S. Rothenberger (Hrsg.), *Immaterielle Vermögenswerte – Handbuch der intangible Assets.* (365–397). Berlin: Schmidt.

OECD (2005). *The Measurement of Scientific and Technological Activities.* 2. Aufl. Paris: OECD Publishing.

OECD (2012). *Oslo Manual: Guidelines for Collecting and Interpreting Innovation Data, 3rd Edition.*
http://www.oecd.org/document/33/0,3746,en_2649_34273_35595607_1_1_1_1,00.html
[01.05.2012].

OECD & Eurostat (2005). *Oslo Manual.* 3. Aufl. Paris: OECD Publishing.

Olsson, A.; Wadell, C.; Odenrick, P. & M. Bergendahl (2010): An action learning method for increased innovation capability in organisations. *Action Learning: Research & Practice,* 7 (2), 167–179.

Orsenigo, L.; Pammolli, F. & M. Riccaboni (2001): Technological change and network dynamics: Lessons from the pharmaceutical industry. *Research Policy,* 30 (3), 485–508.

Ortmann, G.; Windeler, A.; Becker, A. & H. Schulz (1990). *Computer und Macht in Organisationen.* Opladen: Westdeutscher Verlag.

Park, S.H. & G.R. Ungson (2001): Interfirm Rivalry and Managerial Complexity: A Conceptual Framework of Alliance Failure. *Organization Science,* 12 (1), 37–55.

Parkhe, A. (1993): Strategic alliance structuring: A game theoretic and transaction cost examination of interfirm cooperation. *Academy of Management Journal,* 36 (4), 794–829.

Patrucco, P. (2011): Changing network structure in the organization of knowledge: the innovation platform in the evidence of the automobile system in Turin. *Economics of Innovation and New Technology,* 20 (5), 477–493.

Pavlou, P. & O. El Sawy (2011): Understanding the Elusive Black Box of Dynamic Capabilities. *Decision Sciences,* 42 (1), 239–273.

Pekkarinen, S. & V. Harmaakorpi (2006): Building Regional Innovation Networks: The Definition of an Age Business Core Process in a Regional Innovation System. *Regional Studies,* 40 (4), 401–413.

Penrose, E. (1959). *The Theory of the Growth of the Firm.* Chichester u.a.: Wiley.

Penrose, E. (1995). *The Theory of the Growth of the Firm.* 2. Aufl. New York: Oxford University Press.

Perks, H. & S. Moxey (2011): Market-facing innovation networks: How lead firms partition tasks, share resources and develop capabilities. *Industrial Marketing Management,* 40 (8), 1224–1237.

Perry, N. (1993): Scientific communication, innovation networks and organization structures. *Journal of Management Studies,* 30 (6), 957–973.

Peter, J. (1981): Construct Validity: A Review of Basics and Recent Practices. *Journal of Marketing Research,* 18 (2), 133–145.

Peteraf, M. (1994): The Cornerstones of Competitive Advantage: A Resource-Based View. *Strategic Management Journal,* 14 (3), 179–191.

Peterson, R. (1994): A Meta-Analysis of Cronbach's Alpha. *Journal of Consumer Behavior,* 21 (2), 381–391.

Petroni, A. (1998): The analysis of dynamic capabilities in a competence-oriented organization. *Technovation,* 18 (3), 179–189.

Pfeffer, J. & G. Salancik (1978). *The external control of organizations.* New York: Harper & Row.

Pfirrmann, O. (2007). Genese und Entwicklung geförderter regionaler Innovationsnetzwerke. In Feuerstein, G. (Hrsg.), *Strategien biotechnischer Innovation* (91–120). Hamburg: Hamburg Univ. Press.

Phillips, F. (2001). *Market-oriented technology management.* Berlin: Springer.

Picot, A. & R. Reichwald (1994): Auflösung der Unternehmung? *Zeitschrift für Betriebswirtschaft,* 64 (5), 547–570.

Picot, A.; Reichwald, R. & R. Wigand (2003). *Die grenzenlose Unternehmung.* 5. Aufl. Wiesbaden: Gabler.

Pitelis, C. & D. Teece (2009): The (new) nature and essence of the firm. *European Management Review,* 6 (1), 5–15.

Pittaway, L.; Robertson, M.; Munir, K.; Denyer, D. & A. Neely (2004): Networking and innovation: a systematic review of the evidence. *International Journal of Management Reviews,* 5/6 (3/4), 137–168.

Pleschak, F. (1996). *Innovationsmanagement.* Stuttgart: Schäffer-Poeschel.

Plümper, T. (2008). *Effizient Schreiben.* 2. Aufl. München: Oldenbourg.

Podolny, J. & K. Page (1998): Network forms of organization. *Annual Review of Sociology,* 24 (1), 57–76.

Popper, K. (1966). *Logik der Forschung.* 2. Aufl. Tübingen: Mohr.

Popper, K. (1982). *Logik der Forschung.* 7. Aufl. Tübingen: Mohr.

Popper, K. (1993). *Objektive Erkenntnis.* Hamburg: Hoffmann und Campe.

Popper, K. (1995). *Eine Welt der Propensität.* Tübingen: Mohr.

Popper, K. & J. Eccles (1997). *Das Ich und sein Gehirn.* 6. Aufl. München: Piper.

Porter, M. (1979): The Structure within industry and Companies' Performance. *The Review of Economics and Statistics,* 61 (2), 214–227.

Porter, M. (1985). *Competitive Advantage: Creating and Sustaining Superior Performance.* New York: The Free Press.

Powell, W. (1990): Neither market nor hierarchy: network forms of organization. *Research in Organizational Behavior,* 12, 295–336.

Powell, W.; Koput, K. & L. Smith-Doerr (1996): Interorganizational Collaboration and the Locus of Innovation: Networks of Learning in Biotechnology. *Administrative Science Quarterly,* 41 (1), 116–145.

Prahalad, C. & G. Hamel (1990): The Core Competency of the Corporation. *Harvard Business Review*, 68 (3), 79–91.

Preacher, K. & A. Hayes (2004): SPSS and SAS Procedures for Estimating Indirekt Effects in Simple Mediation Models. *Behavior Research Methods, Instruments & Computers*, 36 (4), 717–731.

Provan, K.; Fish, A. & J. Sydow (2007): Interorganizational Networks at the Network Level: A Review of the Empirical Literature on Whole Networks. *Journal of Management*, 33 (3), 479–516.

Provan, K.; Isett, K. & H. Milward (2004): Cooperation and compromise. *Nonprofit and Voluntary Sector Quarterly*, 33 (3), 489–514.

Provan, K.; Leischow, S.; Keagy, J. & J. Nodora (2010): Research collaboration in the discovery, development, and delivery networks of a statewide cancer coalition. *Evaluation & Program Planning*, 33 (4), 349–355.

Provan, K. & H. Milward (1995): A Preliminary Theory of Interorganizational Effectiveness. *Administrative Science Quarterly*, 40 (1), 1–33.

Provan, K. & J. Sydow (2008). Evaluating interorganizational Relationships. In Copper, S.; Ebers, M.; Huxham, C. & P. Ring (Hrsg.), *The Oxford Handbook of Interorganizational Relations* (691–716). Oxford: Oxford University Press.

Pümpin, C.; Kobi, J. & H. Wüthrich (1985). Unternehmenskultur – Basis strategischer Profilierung erfolgreicher Unternehmen. *Die Orientierung – Schriftenreihe der Schweizerischen Volksbank Nr. 85*. Bern: Schweizerische Volksbank.

Pyka, A.; Gilbert, N. & P. Ahrweiler (2003). Simulating Innovation Networks. In Pyka, A. & G. Küppers (Hrsg.), *Innovation networks – theory and practice* (169–196). Cheltenham u.a.: Elgar.

Quintana-García, C. & C. Benavides-Velasco (2005): Agglomeration economies and vertical alliances: the route to product innovation in biotechnology firms. *International Journal of Production Research*, 43 (22), 4853–4873.

Quéré, M. (2008): Innovation Networks in the Life Sciences Industry: A Discussion of the French Genopoles Policy. *European Planning Studies*, 16 (3), 411–427.

Rafferty, A. & M. Griffin (2004): Dimensions of transformational leadership: Conceptual and empirical extensions. *The Leadership Quarterly*, 15 (3), 329–354.

Rammert, W. (1997): Innovation im Netz. Neue Zeiten für technische Innovationen: heterogen verteilt und interaktiv vernetzt. *Soziale Welt*, 48 (4), 397–416.

Rasche, C. (1994). *Wettbewerbsvorteile durch Kernkompetenzen*. Wiesbaden: Gabler.

Rasche, C. & B. Wolfrum (1994): Ressourcenorientierte Unternehmensführung. *Die Betriebswirtschaft (DBW)*, 54 (4), 501–517.

Rasmus, A. (2012). *Entstehung von Kooperationsfähigkeit*. Wiesbaden: Gabler-Springer.

Raueiser, M. (2005). *Das Biotechnologie-Cluster im nordeuropäischen Wachstumsraum Éresundregion.* Köln: Kölner Wiss.-Verl.

Reichert, L. (1994). *Evolution und Innovation.* Berlin: Duncker und Humblot.

Reichwald, R.; Hensel, J.; Dannenberg, J. & R. Kelp (2005). *Management von Unternehmensnetzwerken in der Automobilindustrie.* http://www.netswork.info/3-downloads/vortraege.../vortrag_reichwald.pdf [12.02.2012].

Reichwald, R. & F. Piller (2006). Interaktive Wertschöpfung in der Innovation: Open Innovation. In Reichwald, R. & F. Piller (Hrsg.), *Interaktive Wertschöpfung* (95–189). Wiesbaden: Gabler.

Reimer, K. (2007). Bootstrapping und andere Resampling Methoden. In Albers, S.; Klapper, D.; Konradt, U.; Walter, A. & J. Wolf (Hrsg.), *Methodik der empirischen Forschung,* 2. Auflage (391–406). Wiesbaden: Gabler.

Reith, R.; Pichler, R. & C. Dirninger (Hrsg.), (2006). *Innovationskultur in historischer und ökonomischer Perspektive.* Innsbruck: Studien-Verlag.

Rentzl, B. (2004). Zentrale Aspekte des Wissensbegriffs – Kernelemente der Organisation von Wissen. In Wyssusek, B.; Schwartz, M. & D. Ahrens (Hrsg.), *Wissensmanagement komplex* (27–42). Berlin: Schmidt.

Ridder, H.; Hoon, C. & A. McCandless (2009): The 'Hows' of Dynamic Capabilities: Underlying Processes and their Drivers. *Business Policy and Strategy (BPS) Best Paper Proceedings of the 2009 Academy of Management Meeting.* Chicago 2009.

Ring, P. & A. Van de Ven (1992): Structuring cooperative relationships between organizations. *Strategic Management Journal,* 13 (7), 483–498.

Ringle, C. (2004). *Gütemaße für den Partial Least Squares-Ansatz zur Bestimmung von Kausalmodellen. Arbeitspapier Nr. 16.* Hamburg: Universität Hamburg.

Ringle, C. (2004a). *Messung von Kausalmodellen – Ein Methodenvergleich. Arbeitspapier Nr. 14.* Hamburg: Universität Hamburg.

Ringle, C.; Boysen, N.; Wende, S. & A. Will (2006): Messung von Kausalmodellen mit dem Partial-Least-Squares-Verfahren. *WiSt,* 6 (1), 81–87.

Ringle, C.; Sarstedt, M. & D. Straub (2012): A Critical Look at the Use of PLS-SEM in MIS Quarterly. *MIS Quarterly,* 36 (1), iii–xiv.

Ringle, M.; Wende, S. & A. Will (2005). *SmartPLS Release 2.0 (beta).* http://www.smartpls.de [01.05.2011].

Ritter, T. (1998). *Innovationserfolg durch Netzwerkkompetenz.* Wiesbaden: Gabler.

Ritter, T. & H. Gemünden (1999). Wettbewerbsvorteile im Innovationsprozess durch Netzwerk-Kompetenz: Ergebnisse einer empirischen Untersuchung. In Engelhard, J. & E. Sinz (Hrsg.), *Kooperation im Wettbewerb* (385–410). Wiesbaden: Gabler.

Ritter, T. & H. Gemünden (2003): Interorganizational relationships and networks: An Overview. *Journal of Business Research,* 56 (9), 691–697.

Ritter, T. & H. Gemünden (2003a): Network competence: Its impact on innovation success and its antecedents. *Journal of Business Research,* 56 (9), 745–755.

Roberts, E. (2001): Benchmarking Global Strategic Management of Technology – Reports the findings from a survey of the world's 400 largest R&D performers. *Research Technology Management,* 44 (2), 25–36.

Robson, M.; Katsikeas, C. & D. Bello (2008): Drivers and Performance Outcomes of Trust in International Strategic Alliances. *Organization Science,* 19 (4), 647–665.

Rometsch, M. (2008). *Organisations- und Netzwerkidentität.* Wiesbaden: Gabler.

Rometsch, M. & J. Sydow (2006). On identities of networks and organizations – The case of franchising. In Kronberger, M. & S. Gudergan (Hrsg.), *Only connect: Neat words, networks and identities* (19–47). Copenhagen: Liber.

Rometsch, M. & J. Sydow (2010). Steuerung von Franchisenetzwerken – Identität und Reflexivität. In Ahlert, D. & M. Ahlert (Hrsg.), *Handbuch Franchising und Cooperation* (451–469). Frankfurt: Deutscher Fachverlag.

Rossiter, J. (2002): The C-OAR-SE procedure for scale development in marketing. *International Journal of Research in Marketing,* 19 (4), 305–335.

Rost, J. (2004). *Lehrbuch Testtheorie – Testkonstruktion.* 2., vollst. überarb. und erw. Aufl. Bern: Huber.

Rost, J. (2005). *Differentielle Indikation und gemeinsame Qualitätskriterien als Probleme der Integration von qualitativen und quantitativen Methoden.* http://www.berlinermethodentreffen. de/material/2005/rost.pdf [20.04.2012].

Rothaermel, F. & A. Hess (2007): Building Dynamic Capabilities: Innovation Driven by Individual-, Firm-, and Network-Level Effects. *Organization Science,* 18 (6), 898–921.

Rothwell, R. (1992): Successful industrial innovation: Critical factors for the 1990s. *R&D Management,* 22 (2), 221–239.

Rühl, V. (2001). *Vertragliche Gestaltung von Innovationskooperationen: Optimierung bei Informationsasymmetrie.* Wiesbaden: Gabler.

Rumelt, R. (1984). Towards a Strategic Theory of the Firm. In Lamb, R. (Hrsg.), *Competitive Challenge* (556–570). Englewood Cliffs: Prentice-Hall.

Rycroft, R. & D. Kash (1999). *The Complexity Challenge: Technological Innovation for the 21st Century.* London: Pinter Press.

Rycroft, R. & D. Kash (2004): Managing innovation networks in the knowledge-driven economy. *Technovation,* 24 (3), 187–198.

Salomo, S. (2003). Konzept und Messung des Innovationsgrades – Ergebnisse einer empirischen Studie zu innovativen Entwicklungsvorhaben. In Schwaiger, M. & D. Harhoff (Hrsg.), *Empirie und Betriebswirtschaft* (399–427). Stuttgart: Schäffer-Poeschel.

Sammarra, A. & L. Biggiero (2008): Heterogeneity and Specificity of Inter-Firm Knowledge Flows in Innovation Networks. *Journal of Management Studies,* 45 (4), 800–829.

Sammerl, N.; Wirtz, B. & O. Schilke (2008): Innovationsfähigkeit von Unternehmen. *Die Betriebswirtschaft*, 68 (2), 131–158.

Sand, N.; Rese, A. & D. Baier (2010). *Innovation Communities – Aufbau und Entwicklung von Promotorennetzwerken als Erfolgsfaktor radikaler Innovationen.* Arbeitspapier des Lehrstuhls für Marketing und Innovationsmanagement. Brandenburgische Technische Universität Cottbus, Cottbus.

Santoro, M. & K. McGill (2005): The effect of uncertainty and asset co-specialization on governance in biotechnology alliances. *Strategic Management Journal*, 26 (13), 1261–1269.

Santos, F. & K. Eisenhardt (2005): Organizational Boundaries and Theories of Organization. *Organization Science*, 16 (5), 491–508.

Šaric, S. (2012). *Competitive Advantages through Clusters.* Wiesbaden: Gabler.

Sauer, D. (1999). Perspektiven sozialwissenschaftlicher Innovationsforschung – Einleitung. In Sauer, D. & C. Lang (Hrsg.), *Paradoxien der Innovation – Perspektiven sozialwissenschaftlicher Innovationsforschung* (9–24). Frankfurt/M.: Campus.

Saxenian, A. (1991): The origions and dynamics of production networks in Silicon Valley. *Research Policy*, 20 (5), 423–437.

Saxenian, A. (1994). *Regional Advantage.* Cambridge: Harvard University Press.

Schefczyk, M. (2001): Determinants of Success of German Venture Capital Investments. *Interfaces*, 31 (5), 43–61.

Scherrer, W. (2006). Elemente eines regionalen Innovationssystems: das Beispiel Salzburg. In Reith, R.; Pichler, R. & C. Dirninger (Hrsg.), *Innovationskultur in historischer und ökonomischer Perspektive* (211–228). Innsbruck: Studien-Verl.

Schilke, O. (2007). *Allianzfähigkeit.* Wiesbaden: DUV.

Schilling, M. (2005). *Strategic Management of Technological Innovation.* Boston, Mass: Harvard Business School Press.

Schirmer, F.; Knödler, D. & M. Tasto (2012). *Innovationsfähigkeit durch Reflexivität: Neue Perspektiven auf Praktiken des Change Management.* Wiesbaden: Springer-Gabler.

Schirmer, F. & M. Tasto (2010): Reflexive Power(s)? *Dresden Discussion Papers on Organization Research*, 10 (1), 1–25.

Schirmer, F.; Tasto, M. & D. Knödler (2013). Regimes and Reflexivity: Exploring Self-reinforcing Mechanisms Fostering and Impeding Innovation Capability. In Sydow, J. & G. Schreyögg (Hrsg.), *Self-reinforcing Processes in and among Organizations* (81–103). Basingstoke, Hampshire: Palgrave Macmillan.

Schirmer, F. & K. Ziesche (2010). Dynamic Capabilities – Das Dilemma von Stabilität und Dynamik aus organisationspolitischer Perspektive. In Barthel, E.; Hanft, A. & J. Hasebrook (Hrsg.), *Integriertes Kompetenzmanagement im Spannungsfeld von Innovation und Routine* (15–44). Münster: Waxmann.

Schlaak, T. (1999). *Der Innovationsgrad als Schlüsselvariable.* Wiesbaden: Gabler.

Schnell, R.; Hill, P. & E. Esser (1999). *Methoden der empirischen Sozialforschung*. 6. Aufl. München: Oldenbourg.

Schön, B. & A. Pyka (2012). *A taxonomy of innovation networks*. FZID discussion papers, No. 42/2012. Universität Hohenheim, Hohenheim.

Schöne, R. (2000). *Kooperationen von kleinen und mittleren Unternehmen*. 2. Aufl. Chemnitz: Technische Universität Chemnitz.

Schreyögg, G. & M. Kliesch (2005). Dynamic Capabilities and the Development of Organizational Competencies. In Bresser, R.; Krell, G. & G. Schreyögg (Hrsg.), *Diskussionsbeiträge des Instituts für Management* (1–39). Berlin: FU Berlin.

Schreyögg, G. & M. Kliesch-Eberl (2007): How dynamic can organizational capabilities be? Towards a dual-process model of capability dynamization. *Strategic Management Journal*, 28 (9), 913–933.

Schreyögg, G. & J. Koch (2007). *Grundlagen des Managements: Teil 3 – Gestaltung organisatorischer Strukturen*. Wiesbaden: Gabler.

Schuh, G. & T. Friedli (1999). Die virtuelle Fabrik: Konzepte, Erfahrungen, Grenzen. In Nagel, K.; Erben, R. & F. Piller (Hrsg.), *Produktionswirtschaft 2000: Perspektiven für die Fabrik der Zukunft* (217–242). Wiesbaden: Gabler.

Schulz, K. (2005). Lernen und Reflexion in Netzwerken. In Aderhold, J.; Rosenberger, M. & R. Wetzel (Hrsg.), *Modernes Netzwerkmanagement: Anforderungen – Methoden – Anwendungsfelder* (213–236). Wiesbaden: Gabler.

Schumann, S. (1999). *Repräsentative Umfrage*. 2. Aufl. München: Oldenbourg.

Schumpeter, J. (1912). *Theorie der wirtschaftlichen Entwicklung*. 1. Aufl. Leipzig: Duncker & Humblot.

Schumpeter, J. (1931). *Theorie der wirtschaftlichen Entwicklung*. 3. Aufl. Leipzig: Duncker & Humblot.

Schumpeter, J. (1961). *Konjunkturzyklen: Eine theoretische, historische und statistische Analyse des kapitalistischen Prozesses*. Göttingen: Vandenhoeck & Ruprecht.

Schumpeter, J. (1964). *Theorie der wirtschaftlichen Entwicklung, unveränderter Nachdruck der 1934 erschienenen 4. Auflage*. Berlin: Duncker & Humblot.

Schwarz, E. (Hrsg.), (2004). *Nachhaltiges Innovationsmanagement*. Wiesbaden: Gabler.

Semlinger, K. (1993). Effizienz und Autonomie in Zuliefernetzwerken. In Staehle, W. & J. Sydow (Hrsg.), *Managementforschung 3* (310–354). Berlin: de Gruyter.

Semlinger, K. (1998). *Innovationsnetzwerke: Kooperation von Kleinbetrieben, Jungunternehmen und kollektiven Akteuren*. Eschborn: RKW.

Semlinger, K. (2000). Kooperation und Konkurrenz in japanischen Netzwerkbeziehungen. In Sydow, J. & A. Windeler (Hrsg.), *Steuerung von Netzwerken* (126–155). Wiesbaden: VS.

Siebert, H. (1999). Ökonomische Analyse von Unternehmensnetzwerken. In Sydow, J. (Hrsg.), *Management von Netzwerkorganisationen* (7–27). Wiesbaden: Gabler.

Simmie, J. (2003): Innovation and urban regions as national and international nodes for the transfer and sharing of knowledge. *Regional Studies,* 37 (6/7), 607–620.

Smart, P.; Bessant, J. & A. Gupta (2007): Towards technological rules for designing innovation networks: a dynamic capabilities view. *International Journal of Operations & Production Management,* 27 (10), 1069–1092.

Soete, B.; Wurzel, U. & H. Drewello (2002): Innovationsnetzwerke in Ostdeutschland: ein noch zu wenig genutztes Potential zur regionalen Humankapitalbildung. *DIW Wochenbericht,* 69 (16), 251–256.

Specht, G.; Beckmann, C. & J. Amelingmeyer (2002). *F&E-Management: Kompetenz im Innovationsmanagement.* 2., überarb. Aufl. Stuttgart: Schäffer-Poeschel.

Stadlbauer, F.; Hess, T. & S. Wittenberg (2007). Managementpraxis in Unternehmensnetzwerken. Eine Analyse des Instrumenteneinsatzes in deutschen Netzwerken am Anfang des 21. Jahrhundert. In Berghoff, H. & J. Sydow (Hrsg.), *Unternehmerische Netzwerke* (257–270). Stuttgart: Kohlhammer.

Stadlbauer, F.; Wilde, T. & T. Hess (2007): Management in mittelständischen Unternehmensnetzwerken – eine empirische Untersuchung. *Zeitschrift für Betriebswirtschaft,* Special Issue (6), 1–20.

Staehle, W. (1981). Deutschsprachige situative Ansätze in der Managementlehre. In Kieser, A. (Hrsg.), *Organisationstheoretische Ansätze* (215–226). München: Vahlen.

Staehle, W. (1999). *Management.* 8. Aufl. München: Vahlen.

Stegbauer, C. (Hrsg.), (2008). *Netzwerkanalyse und Netzwerktheorie.* Wiesbaden: VS.

Stegmüller, W. (1970). *Beobachtungssprache, theoretische Sprache und die partielle Deutung von Theorien.* Berlin: Springer.

Stephan, M.; Kerber, W.; Kessler, T. & M. Lingenfelder (Hrsg.), (2010). *25 Jahre ressourcen- und kompetenzorientierte Forschung – Der kompetenzbasierte Ansatz auf dem Weg zum Schlüsselparadigma in der Managementforschung.* Wiesbaden: Gabler.

Stone, M. (1974): Cross-validatory choice and assessment of statistical predictions. *Journal of the Royal Statistical Society,* 36 (2), 111–147.

Story, V.; O'Malley, L. & S. Hart (2011): Roles, role performance, and radical innovation competences. *Industrial Marketing Management,* 40 (6), 952–966.

Strasser, H.; Gabriel, K.; Strasser-Randall, S.; Gabriel, K.; Krysmanski, H. & K. Tjaden (1979). *Einführung in die Theorien des sozialen Wandels.* Darmstadt: Luchterhand.

Strebel, H. & A. Hasler (2007). Innovations- und Technologienetzwerke. In Strebel, H. (Hrsg.), *Innovations- und Technologiemanagement,* 2. Aufl. (349–384). Wien: Facultas.

Struthoff, R. (1999). *Führung und Organisation von Unternehmensnetzwerken: Ein Konzeptentwurf am Beispiel intraorganisatorischer Netzwerke in der Automobilzulieferindustrie.* Göttingen: Vandenhoeck und Ruprecht.

Sundbo, J. (2003). Innovation and Strategic Reflexivity: An Evolutionary Approach Applied to Services. In Shavinina, L. (Hrsg.), *The International Handbook on Innovation* (97–114). Oxford: Elsevier.

Swan, J.; Newell, S.; Scarbrough, H. & D. Hislop (1997): Knowledge management and innovation: networks and networking. *Journal of Knowledge Management*, 3 (4), 262–275.

Sydow, J. (1991). *Unternehmensnetzwerke: Begriffe, Erscheinungsformen und Implikationen für die Mitbestimmung.* HBS-Manuskripte. Nr. 30, Hans Böckler Stiftung, Düsseldorf.

Sydow, J. (1992). *Strategische Netzwerke – Evolution und Organisation.* Wiesbaden: Gabler.

Sydow, J. (1999). Führung in Netzwerkorganisationen – Fragern an die Führungsforschung. In Schreyögg, G. & J. Sydow (Hrsg.), *Managementforschung 9 – Führung neu gesehen* (279–292). Berlin u.a.: de Gruyter.

Sydow, J. (2004): Network development by means of network evaluation? Explorative insights from a case in the financial services industry. *Human Relations,* 57 (2), 201–220.

Sydow, J. (2005). Managing Interfirm Networks – Towards More Reflexive Network Development? In Theurl, T. (Hrsg.), *Economics of Interfirm Networks* (217–236). Tübingen: Mohr.

Sydow, J. (2006). Editorial – Über Netzwerke, Allianzsysteme, Verbünde, Kooperationen und Konstellationen. In Sydow, J. (Hrsg.), *Management von Netzwerkorganisationen – Beiträge aus der "Managementforschung"*, 4., aktualisierte und erw. Aufl. (1–6). Wiesbaden: Gabler.

Sydow, J. (2006a). Management von Netzwerkorganisationen – Zum Stand der Forschung. In Sydow, J. (Hrsg.), *Management von Netzwerkorganisationen – Beiträge aus der "Managementforschung"*, 4., aktualisierte und erw. Aufl. (385–469). Wiesbaden: Gabler.

Sydow, J. (2008). Die Evaluationsperspektive in der Netzwerkforschung. In Aulinger, A. (Hrsg.), *Netzwerkevaluation* (55–72). Stuttgart: Kohlhammer.

Sydow, J. (2009). Organisationale Pfade: Wie Geschichte zwischen Organisationen Bedeutung erlangt. In Endress, M. & T. Matys (Hrsg.), *Organisation von Ökonomie – Ökonomie der Organisation* (15–31). Wiesbaden: Gabler.

Sydow, J. (2009a). Innovation durch Netzwerkorganisation? – Nicht ohne Management von Persistenzen und Pfadabhängigkeiten. In Rösner, H. & F. Schulz-Nieswandt (Hrsg.), *Beiträge der genossenschaftlichen Selbsthilfe zur wirtschaftlichen und sozialen Entwicklung – Teilband 1* (87–97). Münster: LIT.

Sydow, J. (2010). Management von Netzwerkorganisationen – Zum Stand der Forschung. In Sydow, J. (Hrsg.), *Management von Netzwerkorganisationen – Beiträge aus der "Managementforschung"*, 5., aktualisierte. Aufl. (373–470). Wiesbaden: Gabler.

Sydow, J. (2010a). Führung in Netzwerkorganisationen – Fragen an die Führungsforschung. In Sydow, J. (Hrsg.), *Management von Netzwerkorganisationen – Beiträge aus der "Managementforschung"*, 5., aktualisierte. Aufl. (359–372). Wiesbaden: Gabler.

Sydow, J.; Duschek, S.; Möllering, G. & M. Rometsch (2003). *Kompetenzentwicklung in Netzwerken.* Wiesbaden: Westdeutscher Verlag.

Sydow, J. & F. Lerch (2011): Netzwerkzeuge – Zum reflexiven Umgang mit Methoden und Instrumenten des Netzwerkmanagements. *Zeitschrift Führung und Organisation,* 81 (6), 372–378.

Sydow, J.; Lerch, F.; Huxham, C. & Hibbert. P. (2011): A silent cry for leadership: Organizing for leading (in) clusters. *The Leadership Quarterly,* 22 (2), 328–343.

Sydow, J. & A. Windeler (Hrsg.), (2000). *Steuerung von Netzwerken.* Wiesbaden: Westdeutscher Verlag.

Sydow, J. & A. Windeler (2001). Strategisches Management von Unternehmungsnetzwerken – Komplexität und Reflexivität. In Ortmann, G. & J. Sydow (Hrsg.), *Strategie und Strukturation. Strategisches Management von Unternehmen, Netzwerken und Konzernen.* (129–143). Wiesbaden: Gabler.

Sydow, J. & A. Windeler (2004). Projektnetzwerke: Management von (mehr als) temporären Systemen. In Sydow, J. & A. Windeler (Hrsg.), *Organisation der Content-Produktion* (37–54). Wiesbaden: Gabler.

Sydow, J.; Windeler, A. & F. Lerch (2007). *Bewertung und Begleitung der Netzwerkentwicklung von OpTecBB – Abschlussbericht.* Berlin: o.V.

Sydow, J. & Zeichhardt. R. (2008): Führung in neuen Kontexten: Netzwerke und Cluster. *zfo – Zeitschrift Führung und Organisation,* 77 (3), 156–162.

Szeto, E. (2000): Innovation capacity: working towards a mechanism for improving innovation within an inter-organizational network. *The TQM Magazine,* 12 (1), 149–158.

Tai-Young, K.; Hongseok, O. & A. Swaminathan (2006): Framing interorganizational Network change: a network inertia perspective. *Academy of Management Review,* 31 (3), 704–720.

Taylor, A.; MacKinnon, D. & J. Tein (2008): Tests of the Three-Path Mediated Effect. *Organizational Research Methods,* 11 (2), 241–269.

Teece, D. (2007): Explicating dynamic capabilities: the nature and microfoundations of (sustainable) enterprise performance. *Strategic Management Journal,* 28 (13), 1319–1350.

Teece, D. (2009). *Dynamic capabilities and strategic management.* Oxford: Oxford Univ. Press.

Teece, D. & M. Augier (2008): Strategy as Evolution with Design: The Foundations of Dynamic Capabilities and the Role of Managers in the Economic System. *Organization Studies,* 29 (8/9), 1187–1208.

Teece, D. & G. Pisano (1994): The Dynamic Capabilities of Firms: an Introduction. *Industrial und Corporate Change,* 3 (3), 537–556.

Teece, D.; Pisano, G. & A. Shuen (1997): Dynamic capabilities and strategic management. *Strategic Management Journal,* 18 (7), 509–533.

Temme, D. & H. Kreis (2005). Der PLS-Ansatz zur Schätzung von Strukturgleichungsmodellen mit latenten Variablen: Ein Softwareüberblick. In Bliemel, F.; Eggert, A.; Fassott, G. & J. Henseler (Hrsg.), *Handbuch PLS-Pfadmodellierung* (193–208). Stuttgart: Schäffer-Poeschel.

Theobald, A. (2000). *Das World Wide Web als Befragungsinstrument.* Wiesbaden: DUV.

Tidd, J.; Bessant, J. & K. Pavitt (2001). *Managing Innovation. Integrating Technological, Market and Organizational Change.* 2. Aufl. Chichester u.a.: Wiley.

Tracey, P. & G. Clark (2003): Alliances, Networks and Competitive Strategy: Rethinking Clusters of Innovation. *Growth and Change,* 34 (1), 1–16.

Trommsdorff, V. & P. Schneider (1990). Grundzüge des betrieblichen Innovationsmanagements. In Trommsdorff, V. (Hrsg.), *Innovationsmanagement* (1–25). Stuttgart: Schäffer-Poeschel.

Troy, K. (2004). *Making Innovation Work.* http://www.conference-board.org/topics/publicationdetail.cfm?publicationid=792 [04.01.2012].

Tsai, W. (2001): Knowledge transfer in intraorganizational networks. *Academy of Management Journal,* 44 (5), 996–1004.

Un, C. (2002). Innovative Capability Development in U.S. and Japanese Firms. *Academy of Management Best Papers Proceedings 2002* (E1–E6).

Vahs, D. & R. Burmester (1998). *Innovationsmanagement: von der Produktidee zur erfolgreichen Vermarktung.* 1. Aufl. Stuttgart: Schäffer-Poeschel.

Vahs, D. & R. Burmester (2005). *Innovationsmanagement: von der Produktidee zur erfolgreichen Vermarktung.* 3. Aufl. Stuttgart: Schäffer-Poeschel.

Vahs, D. & J. Schmitt (2010): Innovationspotenziale ausschöpfen. *zfo – Zeitschrift Führung und Organisation,* 79 (1), 4–11.

Valle, J. (1994): Small firm innovation networks in the Valencia Region. *European Planning Studies,* 2 (2), 207–223.

van Burg, E.; Berends, H. & E. van Raaji (2008). Organizing knowledge sharing in networks: the theory. In de Man, A. (Hrsg.), *Knowledge Management and Innovation in Networks* (32–53). Cheltenham: Elgar.

Van de Ven, A. (1993): The development of an infrastructure for entrepreneurship. *Journal of Business Venturing,* 8 (3), 211–230.

Van de Ven, A.; Angle, H. & M. Poole (Hrsg.), (1989). *Research on the Management of Innovation.* New York: Oxford University Press.

van Kleef, J. & N. Roome (2007): Developing capabilities and competence for sustainable business management as innovation: a research agenda. *Journal of Cleaner Production,* 15 (1), 38–51.

van Wijk, R.; Jansen. J. & M. Lyles. (2008): Inter- and Intra-Organizational Knowledge Transfer: A Meta-Analytic Review and Assessment of its Antecedents and Consequences. *Journal of Management Studies,* 45 (4), 830–853.

van Wijk, R.; van den Bosch, F. & H. Volberda (2003). Knowledge and Networks. In Easterby-Smith, M. & M. Lyles (Hrsg.), *Handbook of Organizational Learning and Knowledge Management* (428–453). New York: Wiley.

Venkatraman, N. (1989): Strategic Orientation of Business Enterprises: The Construct, Dimensionality, and Measurement. *Management Science,* 35 (8), 942–962.

Verona, G. & D. Ravasi (2003): Unbundling Dynamic Capabilities: An Exploratory Study of Continuous Product Innovation. *Industrial and Corporate Change,* 12 (3), 577–606.

Veugelers, R. (1998): Collaboration in R&D. *De economist,* 146 (3), 419–443.

Virilio, P. (1992). *Rasender Stillstand.* München: Hanser.

Voigt, K. & S. Wettengl (1999). Innovationskooperation im Wettbewerb. In Engelhard, J. & E. Sinz (Hrsg.), *Kooperation im Wettbewerb* (411–443). Wiesbaden: Gabler.

von der Oelsnitz, D. & V. Tiberius (2007). Zur Dynamisierung interorganisationaler Lernstrategien. In Schreyögg, G. & J. Sydow (Hrsg.), *Managementforschung 17 – Kooperation und Konkurrenz* (121–159). Wiesbaden: Gabler.

von Hippel, E. (1988). *The Sources of Innovation.* Oxford: Oxford Univ. Press.

Voßkamp, R. (2004): Regionale Innovationsnetzwerke und Unternehmensverhalten. *DIW Wochenbericht,* 2004 (23), 338–342.

Wahren, H. (2004). *Erfolgsfaktor Innovation – Ideen systematisch generieren, bewerten und umsetzen.* Berlin: Springer.

Walter, A. (2003): Relationship-specific factors influencing supplier involvement in customer new product development. *Journal of Business Research,* 56 (9), 721–733.

Walter, S. (2006). Netzwerkökonomie und Kultur – Verhaltensstandards in innovativen KMU-Netzwerken. In Initiative für Beschäftigung OWL; Universität Bielefeld; Survey; Bertelsmann Stiftung (Hrsg.), *Netzwerkwelt 2006* (209–220). Bielefeld: Kleine.

Wang, C. & P. Ahmed (2004): The development and validation of the organisational innovativeness construct using confirmatory factor analysis. *European Journal of Innovation Management,* 7 (4), 303–313.

Wang, C. & P. Ahmed (2007): Dynamic Capabilities: A review and research agenda. *International Journal of Management Reviews,* 9 (1), 31–51.

Weber, S. (2006): Systemreflexive Evaluation von Netzwerken und Netzwerk-Programmen. *DIE-Bonn Report,* 29 (4), 17–25.

Weissenberger-Eibl, M. & J. Schwenk (2010). Dynamische Beziehungsfähigkeit von Unternehmen. In Stephan, M.; Kerber, W.; Kessler, T. & M. Lingenfelder (Hrsg.), *25 Jahre ressourcen- und kompetenzorientierte Forschung – Der kompetenzbasierte Ansatz auf dem Weg zum Schlüsselparadigma in der Managementforschung* (255–276). Wiesbaden: Gabler.

Werle, R. (2011). *Institutional Analysis of Technical Innovation. A Review.* SOI Discussion Paper – Research Contributions to Organizational Sociology and Innovation Studies. Nr. 4, Universität Stuttgart, Stuttgart.

Wernerfelt, B. (1984): A resource-based view of the firm. *Strategic Management Journal,* 5 (5), 171–180.

Wernerfelt, B. (1985): Brand loyalty and user skills. *Journal of Economic Behavior and Organization,* 6 (2), 381–385.

Weyer, J. & J. Abel (Hrsg.), (2000). *Soziale Netzwerke.* München: Oldenbourg.

Wheeler, B. (2002): NEBIC: A Dynamic Capabilities Theory for Assessing Net-Enablement. *Information Systems Research,* 13 (2), 125–146.

Wiedmann, K.; Lippold, A. & H. Buxel (2008): Status quo der theoretischen und empirischen Innovationskulturforschung sowie Konstruktkonzeptualisierung des Phänomens Innovationskultur. *Der Markt,* 47 (1), 43–60.

Wieland, T. (2004). *Innovationskultur.* München: Münchner Zentrum für Wissenschafts- und Technikgeschichte.

Wildemann, H. (1997): Koordination von Unternehmensnetzwerken. *Zeitschrift für Betriebswirtschaft,* 67 (4), 417–439.

Wildemann, H. (1998): Zulieferer. Im Netzwerk erfolgreich. *Harvard Business Manager,* 20 (4), 93–104.

Wildemann, H. (1998a). Wissensmanagement in Unternehmensnetzwerken. In Handlbauer, G.; Matzler, K. & E. Sauerwein (Hrsg.), *Perspektiven im strategischen Management* (403–418). Berlin: de Gruyter.

Williams, L.; Vandenberg, R. & J. Edwards (2009). Structural Equation Modeling in Management Research: A Guide for Improved Analysis. In Academy of Management (Hrsg.), *The Academy of Management Annals* (543–604).

Williamson, O. (1985). *The economic institutions of capitalism.* New York: Free Press.

Windeler, A. (2001). *Unternehmungsnetzwerke.* Wiesbaden: Westdeutscher Verlag.

Winkler, I. (2004). Personale Führung in Netzwerken kleiner und mittlerer Unternehmen. In Baitsch, C.; Lang, R. & P. Pawlowsky (Hrsg.), *Arbeit, Organisation und Personal im Transformationsprozess* (Band 21). München: Hampp.

Winkler, I. (2006): Personale Führung in Unternehmensnetzwerken. Eine Analyse der Netzwerkliteratur. *M@n@gement,* 9 (2), 49–71.

Winter, S. (2003): Understanding Dynamic Capabilities. *Strategic Management Journal,* 24 (10), 991–995.

Witt, H. (2008). *Dynamic Capabilities im Strategischen Electronic Business-Management.* Wiesbaden: Gabler.

Wohlgemuth, O. (2002). *Management netzwerkartiger Kooperationen: Instrumente für die unternehmensübergreifende Steuerung.* Wiesbaden: DUV.

Wold, H. (1966). Estimation of Principle Components and Related Models by Iterative Least Squares. In Krishnajah, P. (Hrsg.), *Multivariate Analysis* (391–420).

Wold, H. (1982). Soft Modeling: the basic design and some extensions. In Jöreskog, K. & H. Wold (Hrsg.), *Systems under indirect observation. Part II.* (1–54). Amsterdam: North-Holland.

Wu, L. (2006): Resources, dynamic capabilities and performance in a dynamic environment: Perceptions in Taiwanese IT enterprises. *Information und Management,* 43 (4), 447–454.

Wüthrich, H.; Philipp, A. & M. Frentz (1997). *Vorsprung durch Virtualisierung: Lernen von virtuellen Pionierunternehmen.* Wiesbaden: Gabler.

Wurche, S. (1994). Vertrauen und ökonomische Rationalität in kooperativen Interorganisationsbeziehungen. In Sydow, J. & A. Windeler (Hrsg.), *Management interorganisationaler Beziehungen* (142–159). Opladen: Westdeutscher Verlag.

Yi, M. & F. Davis (2003): Developing and Validating an Observational Learning Model of Computer Software Training and Skill Acquisition. *Information Systems Research,* 14 (2), 146–169.

Yukl, G. (1999): An Evaluation of Conceptual Weaknesses in Transformational and Charismatic Leadership Theories. *Leadership Quarterly,* 10 (2), 285–305.

Zaheer, A.; Gözübüyük, R. & H. Milanov (2010): It's the Connections: The Network Perspective in Interorganizational Research. *Academy of Management Perspectives,* 24 (1), 62–77.

Zahra, S. & G. George (2002): The Net-Enabled Business Innovation Cycle and the Evolution of Dynamic Capabilities. *Information Systems Research,* 13 (2), 147–150.

Zahra, S. & G. George (2002a): Absorptive Capacity: A Review, Reconceptualization, and Extension. *Academy of Management Review,* 27 (2), 185–203.

Zahra, S.; Sapienza, H. & P. Davidsson (2006): Entrepreneurship and Dynamic Capabilities: A Review, Model and Research Agenda. *Journal of Management Studies,* 43 (4), 917–955.

Zajac, E. & C. Olsen (1993): From transaction cost to transactional value analysis: Implications for the study of interorganizational strategies. *Journal of Management Studies,* 30 (1), 131–145.

Zentes, J.; Swoboda, B. & D. Morschett (2005). Kooperationen, Allianzen und Netzwerke-Entwicklung der Forschung und Kurzabriss. In Morschett, D.; Swoboda, B. & J. Zentes (Hrsg.), *Kooperationen, Allianzen und Netzwerke. Grundlagen – Ansätze – Perspektiven* (3–32). Wiesbaden: Gabler.

Zentes, J.; Swoboda, B. & D. Morschett (Hrsg.), (2005). *Kooperationen, Allianzen und Netzwerke – Grundlagen – Ansätze – Perspektiven.* Wiesbaden: Gabler.

Zinnbauer, M. & M. Eberl (2004): Die Überprüfung von Spezifikation und Güte von Strukturgleichungsmodellen. *EFOplan,* 2004 (21), 1–33.

Zollo, M. & S. Winter (2002): Deliberate learning and the evolution of dynamic capabilities. *Organization Science,* 13 (3), 339–351.

Zott, C. & R. Amit (2009). The Business Model as the Engine of Network-Based Strategies. In Kleindorfer, P.; Wind, Y. & R. Gunther (Hrsg.), *The Network Challenge: Strategy, Profit, and Risk in an Interlinked World* (259–276). Englewood Cliffs: Prentice-Hall.